家训粹语集

张衍田 译注

图书在版编目(CIP)数据

家训粹语集/张衍田译注. —上海：上海古籍出版社，2022.3
ISBN 978-7-5732-0250-5

Ⅰ.①家… Ⅱ.①张… Ⅲ.①家庭道德—中国—古代 Ⅳ.①B823.1

中国版本图书馆 CIP 数据核字(2022)第 029826 号

家训粹语集

张衍田　译注
上海古籍出版社出版发行
(上海市闵行区号景路 159 弄 1-5 号 A 座 5F　邮政编码 201101)
(1) 网址：www.guji.com.cn
(2) E-mail：guji1@guji.com.cn
(3) 易文网网址：www.ewen.co
上海惠敦印务科技有限公司印刷
开本 890×1240　1/32　印张 19.125　插页 3　字数 458,000
2022 年 3 月第 1 版　2022 年 3 月第 1 次印刷
ISBN 978-7-5732-0250-5
B·1250　定价：88.00 元
如有质量问题,请与承印公司联系

编首说明

家,既谓家庭,又谓家族。训,教育,教导。家训者,谓记述教导家人修养道德,学习知识,做人治家,待人处世的重语、要言。

本书所辑条目皆来自古人书中。首以四部分类为框架,其后选到之书,先整体介绍,再分列条目。这样编排,既尽力搜罗全面,又兼习文献、历史知识。为便阅读,所辑诸条皆有"原文""注释""译文"三部分。三者之后,有的还写有"提示",以供读者参阅。

本书依古文"经史子集"四部,编为四卷,只是第四卷不称"集",而据其实际收书改作"家训专书"。

目 录

卷一 经书 1

五经 7
  一、周易 8
  二、尚书 21
  三、诗经 40
  四、礼记 60
  五、春秋左氏传 113

四书 149
  一、大学 150
  二、中庸 161
  三、论语 185
  四、孟子 240

附录：孝经 265

卷二 史书 271
  一、史记 277
  二、汉书 318
  三、后汉书 341
  四、三国志 352
  五、晋书 361
  六、隋书 369

七、旧唐书 …………………………………………… 374
　　八、新唐书 …………………………………………… 381
　　九、宋史 ……………………………………………… 386
　　一〇、元史 …………………………………………… 397
　　一一、明史 …………………………………………… 405

卷三　子书 ……………………………………………… 443
　　一、老子 ……………………………………………… 455
　　二、墨子 ……………………………………………… 465
　　三、荀子 ……………………………………………… 472
　　四、韩非子 …………………………………………… 489
　　五、白虎通义 ………………………………………… 500
　　六、潜夫论 …………………………………………… 512
　　七、风俗通义·姓氏篇 ……………………………… 532

卷四　家训专书 ………………………………………… 535
　　一、颜氏家训 ………………………………………… 539
　　二、家范 ……………………………………………… 557
　　三、小学 ……………………………………………… 568
　　四、曾文正公家训 …………………………………… 582

后记 ……………………………………………………… 599

卷一 经书

儒家经典，先秦有六经说。《庄子·天运篇》云："孔子谓老聃(dān)曰：'丘治《诗》《书》《礼》《乐》《易》《春秋》六经，自以为久矣。'"把儒家的这六部书合称为六经，这是第一次。虽然我们不相信这是孔子的话，但是它说明在战国时期，已经把这六本书合称六经。儒家经典原有六部，经秦代焚书及秦末战乱，《乐》亡；入汉，仅有《易》《书》《诗》《礼》《春秋》五部。所以，言经合称五经。

解经之作称为传、记，地位低于经。后来，随着社会的发展与统治阶级加强思想统治的需要，经的范围逐渐扩大，一些本来属于传、记等的儒家典籍，地位不断提高，也升入经的行列。

据《后汉书·张纯传》记载，张纯于光武帝建武年间欲上奏"建辟雍"时，曾"案'七经'谶(chèn)"，唐人李贤注这里的"七经"，谓"《诗》《书》《礼》《乐》《易》《春秋》及《论语》也"。这说明，东汉初年已有"七经"之名。《后汉书·赵典传》"博学经书"句，李贤注引谢承所写《后汉书》曰："典学孔子'七经'、河图、洛书。"《三国志·秦宓(mì)传》载宓语曰："文翁遣相如东受'七经'。"赵典、秦宓都是东汉末年人，秦宓所说文翁、司马相如虽为西汉人，但"七经"的名称只有东汉人才有可能说得出来。由此可证，东汉时儒家经典已由"五经"扩大为"七经"。东汉"七经"，所指何书？清代全祖望《经史问答》："七经者，盖'六经'之外加《论语》。东汉以后，则加《孝经》而去《乐》。"东汉末年，曾镌(juān)刻石经立于太学。《后汉书·孝灵帝纪》：熹平四年(175)"春三月，诏诸儒正'五经'文字，刻石立于太学门外。"东汉石经用隶书一种字体镌刻，又称一字石经。因其刻于灵帝熹平年间，史称"熹平石经"。根据《后汉书·蔡邕（yōng）传》记载，东汉石经乃邕"书丹于碑，使工镌刻"，且共刻"六经"。《隋书·经籍志》也记及东汉石经，曰："后汉镌刻'七经'，著于石碑。"从以上征引的资料可知，关于东汉石经所刻经数，有五部、六部、七部三种说法。检《隋书·经籍志》经部末附"小学"类所收录，一字石经有七部，为《周易》《尚书》《鲁诗》《仪礼》《春秋》《公羊传》《论语》。王国维在《魏石经考》中对东汉一字石经详加考证后所得结论，与《隋志》正相吻合。至于东汉石经之数，如果以经、传分视，其中五经二传，所以言其镌刻"五经"；如果以是否立于学官、置博士教授分视，其中"除《论语》为专经者所兼习不特置博士外，其余皆当时博士之所教授"，所以言其镌刻"六经"也未尝不可。由此可知，东汉石经镌刻七经，而其数却有五、六、七之说，实为事出有因。但从实际镌刻经数与经之范围逐渐扩大的趋势来认识，当以"七经"之说为是。至于东汉"七经"之书，因汉时已无《乐》经，可知上引李贤注之七经绝非东汉所称"七经"之书；全祖望之说系后人推度之见，也不足信据；熹平石经乃时人据实而刻，东汉"七经"之书自当以熹平石经所刻为是。

南北朝时期，战乱频仍，政分南北，经学也分为南学与北学。在唐代国子监教授的儒家经典，有九经。《旧唐书·职官志》于"国子监"条记载："凡教授之经，以《周易》《尚书》《周礼》《仪礼》《礼记》《毛诗》《春秋左氏传》《公羊传》《穀梁传》各为一经，《孝经》《论语》兼习之。"代宗宝应二年（763），有人提议升《孟子》为经，未成。唐朝后期，文宗时曾镌刻石经。事情始议于文宗大和四年（830）。镌刻经数，据《唐会要》卷六六"国子监"条记载，文宗大和七年"十二月，敕于国子监讲论堂两廊创立石壁九经并《孝经》《论语》《尔雅》"。石经于文宗开成二年（837）镌刻完成，史称"开成石经"。从以上征引的资料可知，唐代以《周易》、《尚书》、《诗经》、"三礼"(《周礼》《仪礼》《礼记》)、"《春秋》三传"(《左氏传》《公羊传》《穀梁传》)合称"九经"。另外，有《孝经》《论语》《尔雅》，虽不在"九经"之数，但其地位重于其他儒家著作，仅次于经，国子监修业及科举考试皆与"九经"同科，"开成石经"也包括这三种。所以，可以这样说，在唐代，《孝经》《论语》《尔雅》虽未名经，实同于经。有人称"开成石经"镌刻经数为十二经，不无道理。

历五代十国至北宋末年，儒家经典广其传布。至宋宣和间，席文献又刻孟轲书于其间。至此，儒家经典足成"十三经"之数。

由上述可知，用经与传记分视的观点认识图书四部分类中"经部"所收录的儒家经典"十三经"，原本并非皆属经，实为经与传记的混合体，是自汉至宋经历代拼凑组合而形成的一部经学丛书。它既不作于一时，又体例不一，内容庞杂。《周易》是一部古代占筮的书，书中既有殷、周之际的历史资料，又蕴涵丰富的哲学思想。《尚书》是上古历史文件与追述上古史事的文章的汇编，记载内容从传说人物尧、舜到春秋中期秦穆公。《诗经》是一部周代诗歌总集，其中有大量反映社会问题的现实主义作品，也有不少具有重要史料价值的叙事诗篇。《周礼》是一部记述周代设官分职的政典，分述天官冢宰、地官司徒、春官宗伯、夏官司马、秋官司寇、冬官司空(阙，以《考工记》补之)等六官的职掌。《仪礼》记载上古冠、婚、丧、祭、朝、聘、乡、射等礼仪，反映了古代的亲族关系、宗法思想以及统治阶级各方面的生活情况。《礼记》是一部解释《礼经》之书，内容涉及上古宗法制度、儒学思想、教育文化等。《春秋》依年、时、月、日的时间顺序记载春秋时期鲁国的历史，是中国第一部编年史。"《春秋》三传"，相传为解释《春秋》之书，《左传》重在记述史实，是继《春秋》之后又一部编年史，而记事范围远远突破鲁史，还较为详细地记载了晋、秦、齐、楚、郑、宋、卫等诸侯国的史事；《公羊传》《穀梁传》对于春秋史事叙及很少,重在阐发《春秋》的微言大义,内容涉及儒学思想、经学历史等诸多方面。《论语》《孟子》分别记载孔子、孟子言行(主要是言),是了解孔、孟思想的主要著作。《孝经》专讲伦理孝道。《尔雅》是一部按内容分类编纂的词典。"十三经"内容庞杂的特点,从另一方面认识,它多角度记录中华民族早年的生活历程,描绘中国传统文化源头的风貌,为后人保存了多学科的丰富资料。

五　　经

先秦战国时期,《庄子·天运篇》记载儒家时有《诗》《书》《礼》《乐》《易》《春秋》,合称"六经"。入汉,《乐》亡,仅有《易》《书》《诗》《礼》《春秋》,合称"五经"。后汉末至唐代,历经数百年,重归大一统,十分需要适应统一的政治、经济制度与思想、学术规范。《旧唐书·儒学列传》记载:太宗"以儒学多门,章句繁杂,诏国子祭酒孔颖达与诸儒撰定'五经'义疏。"《旧唐书·高宗本纪》记载:高宗永徽四年(653),"颁孔颖达《五经正义》于天下",令科举"依此考试"。唐太宗命孔颖达等人撰"五经"义疏,首先确定《周易》《尚书》《诗经》三经,另外二经,《礼》选用《礼记》,《春秋》选用《春秋左氏传》。也就是说,孔颖达撰《五经正义》的"五经",是《周易》、《尚书》、《诗经》、《礼记》、《春秋左氏传》。《五经正义》为皇帝命令撰写,由朝廷颁行天下,作为科举考试的依据。此后,特别是宋代以后与"四书"合称的"五经四书"中的"五经",就是唐代所定的"五经"。本书选用的"五经",即是此义。

一、周　易

　　《周易》，本是一部占筮(shì)书，内容分为经、传两部分。经的部分，是六十四卦。卦用卦画组成，三横画组成一卦叫作经卦。经卦八组，合称八卦。八经卦两两上下组合，共成六十四卦，叫作别卦。别卦由六横行排列组成，叫作爻(yáo)，一卦六爻。每卦有卦画、卦名、卦辞、爻辞四部分。卦画是一种表示象征意义的卦象符号，根据卦画摆列的卦体形状象物，预测吉凶。卦以象言，各卦皆有其象。《周易·系辞下》云："《易》者，象也。象也者，像也。"这是说，《周易》记载的六十四卦，是用来象物的，用各卦六爻卦画组合的形象来象物，一卦多象，六十四卦则象万物。卦辞与爻辞是经的文字部分，说明卦与每爻的意义，虽蒙着一层神学外衣，但其内容，有些是叙述历史事件，有些是记载社会习俗，有些是总结生产与生活经验，是研究殷、周之际历史的珍贵史料。传是经的最古解释，共有七种十篇，其传目次：（一）《彖(tuàn)传上》、（二）《彖传下》、（三）《象传上》、（四）《象传下》、（五）《文言》、（六）《系辞上》、（七）《系辞下》、（八）《说卦》、（九）《序卦》、（一〇）《杂卦》，合称"十翼"。经大约编定于西周初年，传的成文当在战国时期，或迟至秦汉之际。经、传原本各自单行，东汉末年，郑玄为《周易》作注，始将经、传编在一起。从此，传中的《彖传》、《象传》与经编在一起，依其内容分列于六十四卦，又把《文言》文字一分为二，分列于乾、坤二卦。《系辞》《说卦》《序卦》《杂卦》四篇独立为篇，编排在六十四卦之后。这就是《周易》后世传本的编排形式。经、传产生于不同时代，哲学思想不尽相同。从经到传，基本上反映了哲学从神学中逐步脱胎出来所经历的漫长的演进过程。《周易》是研究先秦哲学思想的重要文献。

1.1 《象》曰[1]：天行健[2]。君子以自强不息[3]。

(《乾卦》)

【注释】

〔1〕《象》：传名。传，解释经的文字。这里的《象传》解说《乾卦》的卦义。

〔2〕天：《周易》首卦是乾，《乾卦》象天，所以《周易·说卦传》云："乾，天也。"行：运行。健：刚毅强健。别卦的《乾卦》由二经卦《乾卦》重叠，为乾乾组合，天而又天，刚劲强健，所以《说卦传》又云："乾，健也。"天行健，指《乾卦》的卦象。此谓《乾卦》象天之运行，强劲有力，永不止息。

〔3〕君子：有德才的人。以：作介词用，下省其宾语"之"。以之，因此，据此。自强：自我图强。古代认为，太阳围绕着地球转，其性刚劲强健，运行永不停息。君子视此天道，心受感悟，于是勤勉自励，发奋进取，永不止步。

【译文】

《象传》说：天的运行强劲不停。君子观此卦象，效法天道，于是勤奋进取，自我图强，永不止息。

1.2 君子终日乾乾，夕惕若，厉无咎[1]。

(《乾卦》)

【注释】

〔1〕终日：整天，此指白天。乾乾：勤勉努力的样子。夕：晚上，夜间。惕：警惕，心惧。若：语气助词，无实义。惕若，犹"惕然"，谓心惧警惕的样子。厉：危险。咎：灾祸。

【译文】

君子白天勤勉努力，夜间也谨慎小心，这样，即使身处危险境地，也不会遭受灾祸。

1.3 《象》曰：地势，坤〔1〕。君子以厚德载物〔2〕。（《坤卦》）

【注释】

〔1〕地势：地表的形势状态，指《坤卦》的卦象，《坤卦》象地。坤：卦名。以卦象言，《周易·说卦传》云："坤也者，地也，万物皆致养焉。"致，得到。养，养护，资助。乾象天，坤象地。古人直观，天在上，用它无边际的苍穹覆盖掩护着人类万物；地在下，用它广袤厚实的大地托载养护着人类万物。乾为天，坤为地，所以天行地静。天通过自己的运行，将一年四季春夏秋冬的暖热凉冷带给大地，将干旱与洪水、大山与沙漠带给大地，给人类万物提供条件使其得以生活在大地上。地对天行给自己带来的一切，不仅顺来顺受，且又逆来顺受，无论美好丑恶、喜欢厌恶，都包涵容纳，同样对待，一视同仁，默默承受起自己应该承受的责任，所以《说卦传》又云："坤，顺也。"就是说，地有柔顺的德性。

〔2〕厚德：即所谓大德。载：托载。此谓人类万物都生育成长在这个大地上。

【译文】

《象传》说：《坤卦》的卦象是地表的形状，坤象地，有负载包容与柔顺之德。君子观此卦象，根据卦象显示的意义，修养深厚品德与柔顺性情，资助包容众人。

1.4 积善之家必有余庆，积不善之家必有余殃[1]。

(《坤卦》)

【注释】
〔1〕积：聚集，积累。余：丰足，多。庆：福。殃：灾祸。

【译文】
多做善事的家一定得到很多福，多干坏事的家一定遭遇很多祸。

1.5 《象》曰：火在天上，大有[1]。君子以遏恶扬善，顺天休命[2]。

(《大有卦》)

【注释】
〔1〕火在天上：指《大有卦》的卦象。《大有卦》的组成，下乾上离。以卦象言，《周易·说卦传》云"乾为天"，又云"离为火，为日"。《大有卦》下乾上离，乃天上有日，日发火光之象，所以说"火在天上"。大有：多有，丰厚，此谓该卦卦象的意义。卦象显示，日在天上发出火光，光亮照耀之地无所不到，照耀之物无所不有，人类万物的生育成长无不受惠于它。
〔2〕遏：制止，杜绝。扬：褒扬，倡导，发扬。日光照耀人类万物生育成长，无论善恶，不管好坏，同样对待，一视同仁。但是，人类万物生成之后，却有了善恶好坏之分，所以需要"遏恶扬善"，以顺应天意。休：美好。命：命运。

【译文】
《象传》说：《大有卦》的卦象是日在天上发出火光照耀人类万物生育成长，人类万物受惠甚多。君子观此卦象与卦名，据以遏止邪恶，发扬善行，顺应天意，得享美好命运。

1.6 人道恶盈而好谦[1]。谦,尊而光,卑而不可逾,君子之终也[2]。

(《谦卦》)

【注释】
〔1〕道:道理,规律,谓人们对盈、虚认识的一般理念。恶:憎恶,讨厌。盈:满。人自满则骄傲。
〔2〕尊:身居受人尊重的高位。光:光明,显亮。谓谦虚之德更加光明显亮,意即更加谦虚。卑:低,此谓社会地位低。逾:超越,此谓超过他的谦虚之德。终:好结果。

【译文】
人们认识盈、谦的规律,是憎恶自满而爱好谦虚。有谦虚之德,身处受人尊重的高位而更加谦虚,身处低下地位而谦虚之德他人仍不能超越,这是君子始终如一坚守谦德的好结果。

1.7 《象》曰:地中有山,谦[1]。君子以裒多益寡,称物平施[2]。

(《谦卦》)

【注释】
〔1〕地中有山:指《谦卦》的卦象。谦:卦名。经卦上下两两重叠组成别卦,一卦六爻,六爻之序,自下上数,下三爻经卦为别卦之内卦,上三爻经卦为别卦之外卦。《谦卦》下艮(gèn)上坤,即内艮外坤。以卦象言,《周易·说卦传》云"艮,山也",又云"坤,地也"。《艮卦》卦画组合,山在地下,外地内山,乃山在地中之象,所以说"地中有山"。人观卦象而得到感悟,用其象人,犹如高亨撰《周易大传》所说:"谦者才高而不自许,德高而不自矜,功高而不自居,名高而不自誉,位高而不自傲,皆是内高而外卑,是以卦名曰谦。"
〔2〕裒(póu):取。益:增多。称:衡量轻重。平:公平,平均。施:

给予。根据《谦卦》的《象传》,卦象可有二解。其一,地中有山则谦者,地之貌低平,山之形高突。山在地中,中即内。地中有山,即内高而外低,言君子自身德、才、功、名及地位皆高,而其外在之态却谦卑待人。其二,平地与高山,表示人类社会的不平等,所以君子取多补少,以使社会趋向公平。

【译文】

《象传》说:《谦卦》的卦象是地中有山,山高在下,地低在上。以之象人,一则象德才高者以谦卑之态对待社会地位低下的人;一则象人的社会地位高低不同造成财富多寡有别,所以需要取多补少,以使社会趋向公平。

1.8 《象》曰:谦谦君子,卑以自牧也[1]。

(《谦卦》)

【注释】

[1]谦谦:谦而又谦,谓非常的谦逊恭卑。卑:谦恭。卑以,即"以卑",用谦恭之貌。牧:治理,修养。

【译文】

《象传》说:非常谦逊的君子,用谦卑的态度自我修养。

1.9 《象》曰:山下有雷,颐[1]。君子以慎言语,节饮食[2]。

(《颐卦》)

【注释】

[1]山下有雷:指《颐卦》的卦象。《颐卦》的组成,下震上艮。以卦象言,《周易·说卦传》云"震为雷",又云"艮为山"。《颐卦》

下震上艮，乃山下有雷之象。《周易·序卦传》云："震者，动也。物不可以终动，止之，故受之以艮。艮，止也。"雷动而发声，雷动于高处其声威震远播，动于低处其声低沉缓弱，且遇山阻即止。颐：卦名。《周易·序卦传》云："颐者，养也。""颐"义为"养"，则《颐卦》是一个养生之卦。

〔2〕慎：谨慎，小心。节：节制，控制。《周易·颐卦》的卦辞云："颐，贞吉。"其《象传》云："颐，贞吉，养正则吉也。"贞，占卦问吉凶。《周易·杂卦传》云："颐，养正也。"君子观卦名与卦辞，以为雷之动与止象人之口的言谈与饮食。言谈、饮食都有适宜与不适宜，山止雷动以象控制口的言谈与饮食的适宜度，所以说："山下有雷，颐。"徐志锐《周易大传新注》云："《颐卦》训为养，养为养生。养生有正道，遵循正道去养生，不仅身体四肢得其养，德性也能得其养，不遵循正道而得食，不仅身体四肢不能得其养，德也不能得其养。《颐卦》所谓的养，是讲养生的正道，故言'颐，贞吉，养正则吉也'。"关于"山下有雷"之象，尚有另解。高亨著《周易大传今注》云："按《象传》，又以山比贵族，以雷比刑，以山下有雷比贵族在上位施刑罚于下。君子观此卦象及卦名，从而慎言语，节饮食，以免因失言、多欲遭受贵族之刑罚，此乃养德保身之道也。故曰：'山下有雷，颐。君子以慎言语，节饮食。'"

【译文】

《象传》说：《颐卦》的卦象是山下有雷。以之象人，一则象人以口养生。口出言不当害德性，就制止它；口入食过量伤身体，就节制它。言从口出，谨慎言谈以养德；食从口入，节制饮食以养身。一则象人以上刑下。在上位者以刑罚治下民，君子于是谨慎言谈，抑制欲望，以免因失言、多欲而受伤害。

1.10　《象》曰：山上有泽，咸[1]。君子以虚受人[2]。

（《咸卦》）

【注释】

〔1〕山上有泽：指《咸卦》的卦象。咸：卦名。《咸卦》的组成，下艮上兑。以卦象言，《周易·说卦传》云"艮为山"，又云"兑为泽"。

《咸卦》下艮上兑,乃山上有泽之象。泽,即潭。潭,则深水坑。山本高象,而山之顶却有低洼深坑。低洼深坑,容水成泽,泽中则可养育多种动物与植物。
〔2〕受:接受,包容。

【译文】
《象传》说:《咸卦》的卦象是山上有泽。君子观此卦象,从而感悟,于是以高尚之德,谦虚之心,广泛接受众人的教诲,包容帮助他人。

1.11 《象》曰:雷在天上,大壮[1]。君子以非礼弗履[2]。

(《大壮卦》)

【注释】
〔1〕雷在天上:指《大壮卦》的卦象。大壮:卦名。《大壮卦》的组成,下乾上震。以卦象言,《周易·说卦传》云"乾为天",又云"震为雷"。《大壮卦》下乾上震,乃雷在天上之象。雷在天上,处高声巨威强,所以卦名大壮。
〔2〕非:不符合。弗:不。履:行。

【译文】
《象传》说:《大壮卦》的卦象是雷在天上。君子观此卦象与卦名,心有感悟,于是在位高势强的时候,遇有不符合礼数的事情不去做。

1.12 《象》曰[1]:家人,女正位乎内,男正位乎外[2]。男女正,天地之大义也[3]。家人有严君焉,父母之谓也[4]。父父、子子、兄兄、弟弟、夫夫、妇妇,而家道正。正家，而天下定矣[5]。

(《家人卦》)

【注释】
〔1〕《象》：传名。《象传》解卦义。
〔2〕家人：卦名。正位：应该在的位置。乎：于，在。内：谓家中。
〔3〕大义：大道理。
〔4〕严君：家长，此谓父母。
〔5〕父父：上"父"，父亲。下"父"，像父，即在父亲应该在的位置上。"子子"至"妇妇"，注解同"父父"。家道：家的规矩。正：正确，端正。

【译文】
《象传》说：《家人卦》的卦义，是说一个家中，女人应该在的位置在家内，男人应该在的位置在家外。男人、女人都在他们应该在的位置，这是天地人间的大道理。家有家长，说的是父母。父子、兄弟、夫妇各自在自己应该在的位置做自己应该做的事情，这样，家的规矩就端正了。家家都能正确地按家规做人做事，天下就安定了。

【提示】
家有家规，国有国法。家规维系伦理之序，国法保障社会安定。以家言之，家规是维系人伦的保证。所谓人伦，就是人与人之间尊卑长幼的关系。幼尊长则家和，家和万事兴。要使家和，必遵家规；要遵家规，孝悌为本。

1.13 《象》曰：山下有泽，损[1]。君子以惩忿、窒欲[2]。

(《损卦》)

【注释】

〔1〕山下有泽：指《损卦》的卦象。损：卦名。《损卦》的组成，下兑上艮。以卦象言，《周易·说卦传》云"兑为泽"，又云"艮为山"。《损卦》下兑上艮，乃山下有泽之象。低洼之地，容水为泽。水荡山石，浸损山基，所以卦名叫作损。

〔2〕惩：止。忿：怒。窒：堵塞。欲：欲望，此谓个人欲望，即私欲。

【译文】

《象传》说：《损卦》的卦象是山下有泽。君子观此卦象，心有感悟，认为为使高尚道德持守无损，就要抑止忿怒，堵塞欲望。

【提示】

忿怒多悖礼，欲望易生贪。

1.14　《象》曰：风雷，益[1]。君子以见善则迁，有过则改[2]。

(《益卦》)

【注释】

〔1〕风雷：指《益卦》的卦象。益：卦名。《益卦》的组成，下震上巽。以卦象言，《周易·说卦传》云"震为雷"，又云"巽为风"。《益卦》下震上巽，乃下雷上风之象。雷多在上而在下，以显沉雷之威；风多在下而在上，以见扬风之势。风乘雷威，雷借风势，风雷交互助力，其威势更加增益壮大，所以卦名叫作益。以风雷之义引申其象，以风象教化，以雷象刑罚。风在上，以象在上的人施行教育使人止恶行善；雷在下，以象对社会下层不止恶行善的人施行刑罚惩处。教化增德，刑罚减恶，一增一减，益德良多。

〔2〕迁：就，移动。

【译文】

　　《象传》说:《益卦》的卦象是风雷。君子观此卦象,心有感悟,于是看到有善德善行的人就向对方学习,发现自己有了过错就改正,以增正损误,增益自己的道德。

　　1.15　《象》曰:洊雷,震[1]。君子以恐惧修省[2]。

(《震卦》)

【注释】

　　[1]洊(jiàn):再,重叠。洊雷,指《震卦》的卦象。震:卦名。《震卦》的组成,下震上震。以卦象言,《周易·说卦传》云:"震为雷。"《震卦》下上皆震,乃二雷叠响之象。二雷连作,雷声巨大,人闻之而心惧,恐遭雷击之灾,修身省过以求安。引申二雷连作使人心惧之象,以象繁重刑罚迭用。
　　[2]修:修养。省:反省,检查。

【译文】

　　《象传》说:《震卦》的卦象是雷声连作。君子观此象而心惧,于是以恐惧谨慎之心修养德性,反省自身,以免言行误而遭刑罚。

　　1.16　《象》曰:山上有木,渐[1]。君子以居贤德,善俗[2]。

(《渐卦》)

【注释】

　　[1]山上有木:指《渐卦》的卦象。渐:卦名。《渐卦》的组成,下艮上巽。以卦象言,《周易·说卦传》云"艮为山",又云"巽为木"。《渐卦》下艮上巽,乃山上有木之象。山上之木,有大有小,由小长大,需要一个缓慢成长的过程。渐,徐进为渐。这是一个解说渐进的卦。引申山木渐长之象,以象君子积德行善也需要一个日积月累的渐进过程。

〔2〕居：积聚，积累。善：使善，改善。

【译文】
《象传》说：《渐卦》的卦象是山上有木。君子观此象，心有感悟，知事欲速不达，急进难成，于是日渐积累自己的德性，改善社会的习俗。

1.17 子曰：德薄而位尊，知小而谋大，力少而任重，鲜不及矣[1]。

(《系辞传下》)

【注释】
〔1〕薄：微少而不丰厚。知：同"智"，智慧。鲜：少。及：招惹，遭受，此指及于灾祸。

【译文】
孔子说：道德微薄而在高尊之位，智谋不多而筹划重大之事，力量微小而担当重要职任。这种情况，很少不招致灾祸。

【提示】
自知之明，量力而行。

1.18 子曰：君子安其身而后动，易其心而后语，定其交而后求[1]。君子修此三者，故全也[2]。危以动则民不与也，惧以语则民不应也，无交而求则民不与也[3]。莫之与，则伤之者至矣[4]。

(《系辞传下》)

【注释】

〔1〕安：安全，此作动词，使动用法，使某安全。易：平易，平和。言心平气和，平心静气。定：稳定。求：求助。

〔2〕修：修养。三者：谓安身、易心、定交。全：全面，此谓于己于人、言谈行事都做得很好。

〔3〕危：危险，此言冒着危险，处于危险之境。民：众人。与：助。

〔4〕莫：没有谁，没有人。莫之与，即"莫与之"。之：指代这里说的"君子"。交友，彼此谊厚，信任相助。此谓做到三者，自身可安全而无损；反之而无助。

【译文】

孔子说：君子在自身安全有保障之后才行动做事，在心态平和之后才发表意见，在与人交情深厚之后才张口求助。君子加强安身、易心、定交三方面的修养，所以于己于人在言谈行事方面都做得很好。冒着危险的行动人们不会参加相助，自己内心惧怕而提出让人帮助的意见人们不会响应，没有深厚交情而向人提出求助对方不会伸出援手。没有人帮助，也就处于孤立无援的地步，那么，伤害自己的人也就来了。

【提示】

言谈、行事，先做好三件事：安身，平心，定交。

二、尚　书

《尚书》，先秦称《书》，汉代尊为儒家经典，又称《书经》。《尚书》是中国上古历史文件与部分追述上古史迹著作的汇编。相传原有百篇之多，经秦焚书，入汉，原秦博士济南伏生求其壁藏《尚书》，得二十八篇，口授弟子。因伏生传授的《尚书》是弟子用汉初通行的文字隶书抄写的，所以称今文《尚书》。汉武帝时，从孔子旧宅的墙壁里发现古文经传数十篇，其中，《尚书》比伏生传本多十六篇。因孔壁《尚书》是用汉代以前的古文字（所谓蝌蚪文）抄写的，所以称古文《尚书》。古文《尚书》约于魏晋之际亡佚，今只存篇目。

东晋初年，豫章内史梅赜献出一部孔安国作传的《尚书》，将今文二十八篇析为三十三篇，另有古文二十五篇，书前有孔安国作的《尚书序》，共五十九篇。记事时间，上起尧舜，下讫春秋中期的秦穆公。记事内容，多数篇章重在记言，所记多为君主训誓臣民与近臣告诫君主之辞，另有少数叙事之篇。全书依时间顺序，编为《虞书》《夏书》《商书》《周书》四部分。这是一个今古文的合编本。自南宋以来，经历代学者研究，认定梅献《尚书》的古文部分、孔传、《尚书序》皆为伪作。这就是我们今天看到的《尚书》。

2.1　无稽之言勿听，弗询之谋勿庸[1]。

(《大禹谟篇》)

【注释】

〔1〕稽：考察，验证。弗：不。询：咨询，征求。庸：用。

【译文】

没有考察验证的话不要听，未经征询众人意见的谋略不要用。

2.2 慎厥身，修思永，惇叙九族，庶明励翼[1]。迩可远，在兹[2]。

(《皋陶谟篇》)

【注释】

〔1〕厥：其，此指自身。永：永久。惇：厚道。叙：次序。九族：九世。从自身，上始高祖，下至玄孙，即高祖、曾祖、祖、父、自身、子、孙、曾孙、玄孙。庶：众。明：指贤明的人。励：努力。翼：辅助。

〔2〕迩：近。兹：此。

【译文】

要谨慎自身的言行，加强修养，要有坚持不懈的思想，宽厚对待辈次在九族的近亲，这样，众多贤明的人都会努力辅助自己。由近及远，就从这里做起。

【提示】

谨慎自身，宽厚待人，由近及远。

2.3 皋陶曰[1]："都，亦行有九德[2]……"禹曰[3]："何？"皋陶曰："宽而栗，柔而立，愿而恭，乱而敬，扰而毅，直而温，简而廉，刚而塞，强而义[4]。"

(《皋陶谟篇》)

【注释】

〔1〕皋陶：舜时臣名。

〔2〕都：叹词，表示赞美。亦：助词，无实义。九德：九种品性。

〔3〕禹：原始社会末期部落联盟首领名，现在还是舜臣。中国原始社会末期各部落联盟的首领由推选产生，即所谓禅（shàn）让制度。尧让给了舜，舜让给了禹。禹死后，没有让给别人，而传位于自己的儿子启。启建夏朝，中国的奴隶社会由此开始。

〔4〕宽：宽宏大量。栗：庄肃严厉。柔而立：谓性情优柔寡断而行为却能立事决断。愿：老实，厚道。恭：恭谨庄重。乱：治，此谓有治国才干。敬：言谦敬不傲。扰：和顺，顺服。毅：刚强。直：正直，耿直。温：温和。简：谓重大志而不重小节。廉：谓事无大小都认真对待而不草率马虎。塞：充实，此谓重实际。强：坚定不移。义：道义，道理。

【译文】

皋陶说："啊，人的行为有九种美德……"禹问："都是什么呀？"皋陶说："性情宽宏大量而行为却能庄肃严厉，性情优柔寡断而行为却能立事决断，性情实诚厚道而却能恭谨庄重，有治理国家的才能而行为却能谦敬不傲，性情和顺而行为却能刚强不挠，性情端正耿直而却能温和待人，性情重大志不重小节而行为却能事无大小都认真对待不草率，性情刚烈勇断而行为却能重视实际不失于武断，性情坚定不移而行为却能符合道义。"

2.4 予违，汝弼^[1]。汝无面从，退有后言^[2]。

（《益稷篇》）

【注释】

〔1〕予：我。违：误。汝：你。弼：辅佐，帮助。

〔2〕无：毋，不要。面：当面。从：顺从，同意。退：离开，走开。后：背后，指不在当面的时候。言：说，指背后说不同意的话。

【译文】

我有过失,你们指出来使我改正。你们不要当面说同意,不在一起的时候又在背后说不同意。

【提示】

面从后言,自己不要如此对人,也要留意别人如此对己。

2.5　民可近,不可下[1]。民惟邦本,本固邦宁[2]。予视天下愚夫愚妇,一能胜予[3]。一人三失,怨岂在明,不见是图[4]。予临兆民,懔乎若朽索之驭六马[5]。为人上者,奈何不敬[6]?

(《五子之歌篇》)

【注释】

〔1〕下:低,谓社会地位低、卑贱,此言视为卑贱。

〔2〕惟:助词,无实义。邦:国。

〔3〕予:我。愚夫愚妇:愚昧无知的人,常用来泛指普通百姓。一:全。胜:胜过,超过。

〔4〕三:多数。在古文中,"三"常用来泛指多数。失:误。岂:难道。明:明显。不见:看不到,没发现。是:结构助词,无实义,起前置宾语的作用。图:考虑。不见是图,是一个宾语前置的语式,动词"图"的宾语"不见"本来该在动词"图"后,在结构助词"是"的作用下,宾语"不见"移到了动词"图"前,"图不见"便为"不见是图"。

〔5〕临:面对。兆:孔安国传云"十万曰亿,十亿曰兆。言多"。懔:危惧,恐惧。乎:叹词,用于句中。朽:腐烂。索:绳。驭:驾。

〔6〕为人上:地位在人之上。奈何:为什么。

【译文】

民众可以亲近,不可以视为下贱的人而瞧不起。民众是国家的根本,根本稳固,国家安定。我看天下的普通百姓都能胜过我。

一个人多次失误，引起人们怨恨，难道在失误已经十分明显的时候才考虑改正吗？应该在尚未产生失误的时候就考虑避免失误的产生。我面对广大民众，危惧的心情啊就像用腐烂的绳子驾着六匹马一样。地位在人们之上的人，怎么能对民众不敬重呢？

2.6 用人惟己，改过不吝[1]。克宽克仁，彰信兆民[2]。

(《仲虺(huī)之诰篇》)

【注释】

〔1〕惟：助词，无实义。己：自己。吝：吝惜，舍不得。
〔2〕克：能够。彰：表明，显示。信：诚信。兆：十万为亿，十亿为兆。兆民，众民，广大民众。彰信兆民，即"彰信于兆民"，谓向民众表明诚信。

【译文】

任用别人做事要如同自己做事一样信任，改正过错不要吝惜。要能够对人宽厚，要能够对人仁爱，用这些实际行动向民众表明自己的诚信。

2.7 德日新，万邦惟怀[1]。志自满，九族乃离[2]。

(《仲虺之诰篇》)

【注释】

〔1〕邦：国。万邦，谓各诸侯国。怀：归服。
〔2〕九族：九世。离：背离，离开。

【译文】

道德一天一天的深厚，各诸侯国都会前来归顺。心志自我满足,即使九族近亲也会背离而去。

2.8 能自得师者王,谓人莫己若者亡[1]。好问则裕,自用则小[2]。呜呼[3]!慎厥终,惟其始[4]。

(《仲虺之诰篇》)

【注释】
〔1〕能自得师:谓人心志谦虚,认为自己需要向人学习。三人行必有我师,处处都可以找到自己学习的老师。王:统治天下的人称王,此作动词,称王。莫:没有谁,没有人。若:比得上。莫己若,即"莫若己",言没有人比得上我。
〔2〕裕:充足,富有,此谓知识丰富。自用:自行其是,不接受别人的意见。小:渺小,此谓无知。
〔3〕呜呼:叹词,无实义。
〔4〕慎:忧惧,害怕。厥:其。终:结局,最后结果。

【译文】
能够自己找到老师的人可以称王天下,认为没有人比得上自己的人会要灭亡。好向人求教就知识丰富,自以为是就渺小无知。啊,要怕事情没有好的结果,就要从事情开始时认真做起。

【提示】
《诗经·荡篇》诗句:"靡不有初,鲜克有终。"

2.9 与人不求备,检身若不及[1]。

(《伊训篇》)

【注释】
〔1〕与:结交,和人交往。备:完备,什么都好,没有一点缺点。

检：约束。及：达到。

【译文】
和人交往不求别人什么都好，约束自己要像没有达到要求那样严而再严。

2.10 制官刑，儆于有位[1]。曰：敢有恒舞于宫，酣歌于室，时谓巫风[2]。敢有殉于货色，恒于游畋，时谓淫风[3]。敢有侮圣言，逆忠直，远耆德，比顽童，时谓乱风[4]。惟兹三风十愆，卿士有一于身家必丧，邦君有一于身国必亡[5]。

(《伊训篇》)

【注释】
〔1〕制：制定。官刑：惩治官吏的刑法。儆：警诫，告诫。于：对。有位：指有官位的人。
〔2〕恒：经常。宫：室，房舍。上古房屋皆可称宫，非仅君主之房称宫。酣：尽情饮酒。时：是，代词，此，这。谓：叫作。巫：装神弄鬼祈祷为人治病消灾的做法为巫，从事巫的活动的人叫作巫师。巫师装神弄鬼，一边手舞足蹈，一边口中念念有词，或者口中含水而不时口喷水雾。人在房中歌舞饮酒，犹如巫师装神弄鬼时的场景，所以指其为巫风。
〔3〕殉：谋求，追求。货：财物。色：女色。游：游玩，游乐。畋：打猎。淫：过度。淫风，心志沉迷于逸乐的风气。孔安国传云："昧求财货美色，常游戏畋猎，是淫过之风俗。"
〔4〕侮：轻慢，瞧不起。圣言：圣贤的言论，谓圣贤的主张、学说、教诲。逆：排斥，拒绝。耆：年高。耆德，年高有德的人。比：亲近。顽童：谓愚钝无知犹如孩童的人。乱风：有悖常理的坏风气。
〔5〕兹：这。三风：指巫风、淫风、乱风。愆(qiān)：罪过，过错。十愆，指舞、歌、货、色、游、畋、侮圣言、逆忠直、远耆德、比顽童。卿士：谓卿、大夫。家：谓卿、大夫的采地食邑。上古周朝，王治之区称天下，诸侯治域称国，卿、大夫的采地食邑称家。丧：丧失，指失去封

地。邦：国。邦君，指诸侯国的君主。

【译文】
　　制定惩治官吏的刑法，警诫百官。规定：胆敢有经常在房中欢歌跳舞，尽情饮酒，这种风气叫作巫风。胆敢有谋求财物女色，经常游乐打猎，这种风气叫作淫风。胆敢有轻慢圣贤言论，排斥忠诚正直的人，疏远年高有德的人，亲近愚钝无知的人，这种风气叫作乱风。这三风十愆，卿、大夫的作为有一条符合，封地必定丧失；诸侯国国君的作为有一条符合，诸侯国必定灭亡。

【提示】
　　此言治国官吏。百姓治家做人，同样可以参此律己。

2.11　作善降之百祥，作不善降之百殃[1]。

（《伊训篇》）

【注释】
　　[1] 百：泛指多。殃：灾难，灾祸。

【译文】
　　人行善，上天就赐给他各种吉祥；人作恶，上天就降给他各种灾祸。

【提示】
　　俗话说：善有善报，恶有恶报。不是不报，时候未到。时候一到，善恶都报。

2.12　天作孽，犹可违[1]；自作孽，不可逭[2]。

（《太甲中篇》）

【注释】

〔1〕孽：灾祸。犹：还。违：避开。
〔2〕逭(huàn)：逃。

【译文】

上天造成的灾祸还可以避开，人自己惹起的祸端就不能逃避了。

2.13 奉先思孝，接下思恭[1]。

(《太甲中篇》)

【注释】

〔1〕奉：奉祀，即供奉祭祀。先：先人，祖先。孝：谓念祖德。接：接近，接待，接触。下：指社会地位低于自己的人。恭：谦逊，恭敬，不骄慢。

【译文】

奉祀祖先要思念祖先的恩德，接近社会地位低于自己的人要想到态度谦恭。

2.14 有言逆于汝心，必求诸道[1]；有言逊于汝志，必求诸非道[2]。

(《太甲下篇》)

【注释】

〔1〕逆：不合，相反。汝：你。诸："之于"二字的合音字。之，指代逆心之言是否正确的答案。道：道义，情理。
〔2〕逊：恭顺，迎合。

【译文】

　　有人的言论反对你的想法，一定要从情理上探求它是否正确。有人的言论迎合你的想法，一定要从情理上探求它是否不正确。

【提示】

　　在自己的意见有人反对时，一定要冷静，要清醒，要用原则、用道理从正反两方面认真权衡，而后做出决断。在自己的意见有人吹捧时，一定要冷静，要清醒，要用原则、用道理从正反两方面认真权衡，是否拍马屁讨好自己。

　　2.15　弗虑胡获[1]？弗为胡成[2]？

（《太甲下篇》）

【注释】

　　[1] 弗：不。胡：怎么。
　　[2] 为：做，作为，实干。

【译文】

　　不思考怎么会有收获？不做事怎么能有成果？

　　2.16　惟口起羞。

（《说命中篇》）

【译文】

　　言从口出，言谈不慎，会招惹是非使自己蒙羞。

　　2.17　人求多闻，时惟建事[1]。学于古训乃有获，事不师古以克永世，匪说攸闻[2]。惟学逊志，务时敏，厥修乃来[3]。允怀于兹,道积于厥躬[4]。惟教学半,念终始典于学,厥德修罔觉[5]。

(《说命下篇》)

【注释】

〔1〕时:是,这。建事:做一番事业,建功立业。

〔2〕训:教诲,教导。师:效法,学习。克:能够。永世:终生,一辈子,长久。匪:通"非",不是。说:即傅说,殷朝高宗武丁的名相。这里所选文字,是傅说训诫殷高宗的话,文中傅说自称己名"说"。攸:所。

〔3〕逊:谦虚,此言使谦虚。务:务必,一定。时:时时。敏:勤勉,努力。厥:其。修:修养。

〔4〕允:确实,真的。怀:心念,心里想着。兹:这。道:道义,才智。积:积累,积聚。躬:自身。

〔5〕敩(xiào):教。典:从事。罔:不。

【译文】

人要多学知识,这是想要干出一番事业。学习古人教诲就会有收获,遇事不效法古人的做法能够长久不出问题,傅说我没有听到过。学习使心志谦虚,务必时时勤勉努力,那修养的效果就会显现出来。心里真的想着学习这事,自身的道德才智就会积聚得高深丰厚。教是学的一半,自始至终念念不忘从事学习,那道德的修养在不知不觉中就得到了提高。

【提示】

学习使心志谦虚,道德提高,才智丰厚。何乐而不学?

2.18 树德务滋,除恶务本[1]。

(《泰誓下篇》)

【注释】

〔1〕务：务必，一定。滋：成长，发展。本：根。

【译文】

建树道德务必使道德滋长，清除邪恶务必使邪恶根除。

2.19 玩人丧德，玩物丧志[1]。

(《旅獒篇》)

【注释】

〔1〕玩人：戏弄人，捉弄人。玩物：玩赏器物，欣赏器物。

【译文】

玩弄人丧失道德，玩赏器物丧失心志。

2.20 夙夜罔或不勤[1]。不矜细行，终累大德[2]；为山九仞，功亏一篑[3]。

(《旅獒篇》)

【注释】

〔1〕夙(sù)：早。夙夜，早晚。罔：不。或：有。勤：勤劳，辛劳。
〔2〕矜(jīn)：谨慎。细：小。细行，小事。累：连累，妨碍，使受伤害。
〔3〕为：做。为山，堆垒土山。仞(rèn)：长度单位，八尺为仞，一说七尺为仞。功：效果，成效，此言堆山最后的结果。亏：缺，缺少。篑(kuì)：盛土的竹筐。

【译文】

一天从早到晚没有不勤劳辛苦的时候。如果不谨慎小节，终究会伤害到大德；就像积土堆垒九仞高的土山，只差最后一筐土，还是算没有完成。

2.21 元恶大憝,矧惟不孝不友[1]。子弗祗服厥父事,大伤厥考心[2];于父不能字厥子,乃疾厥子[3]。于弟弗念天显,乃弗克恭厥兄[4];兄亦不念鞠子哀,大不友于弟[5]。

(《康诰篇》)

【注释】

[1] 元:大。憝(duì):憎恶,仇恨。矧(shěn):何况。孝:善事父母为孝。友:善事兄弟为友。孔传云:"言人之罪恶,莫大于不孝不友。"孝友是维系宗法等级制度的伦理道德规范,所以把不孝不友看得比杀人抢劫还要严重。

[2] 弗:不。祗(zhī):恭敬,尊敬,敬重。服:做。厥:其。考:父。对父亲的称呼,一般生曰父,死曰考;但是,父生时也可称考。

[3] 于:为,做。字:爱抚。乃:却,反而。疾:憎恶,讨厌。

[4] 念:顾念,考虑。天显:天伦,天理。克:能够。孔传云:"天之明道。"

[5] 亦:也。鞠:幼稚。鞠子,指年幼的弟弟。哀:哀怜,哀痛。大:很,甚,非常。

【译文】

罪大恶极的人被人们深恶痛绝,何况是不孝敬父母、不友爱兄弟的人呢?儿子不恭敬地做他父亲要他做的事,严重地伤害他父亲的心;做父亲的不能爱抚他儿子,反而讨厌他儿子。做弟弟的不考虑天理,而不能尊敬他的哥哥;哥哥也不考虑年幼的弟弟值得哀怜,对弟弟极不友爱。

【提示】

孔传云:"言人之罪恶,莫大于不孝不友。"莫,没有什么罪恶。

这里说的是：人间所有罪恶，再大的罪恶，都没有"不孝、不友"的罪恶大，都比不上"不孝、不友"最坏。

家和万事兴。子不孝而父不慈，弟不悌而兄不爱，人伦乱则家难和。

2.22 古人有言曰："人无于水监，当于民监[1]。"

(《酒诰篇》)

【注释】

〔1〕无：通"毋"，不要。监：通"鉴"，镜子。镜子照人，怎么照？鉴中盛水，用水映照人形，所以这里说"水鉴"。水鉴，就是用水照。水鉴、民鉴，孔传云："视水见己形，视民行事见吉凶。"

【译文】

古人有句格言说："人不要只在水中照看自己，还应该到民众中间察看自己。"

【提示】

察看大众如何行事，是映照自己应该如何做人的很好的一面镜子。

2.23 相小人，厥父母勤劳稼穑，厥子乃不知稼穑之艰难，乃逸乃谚[1]。既诞，否则侮厥父母曰[2]："昔之人无闻知[3]。"

(《无逸篇》)

【注释】

〔1〕相：视，看。小人：小民。此称"小人"，以社会地位低下言，

非以道德卑劣言。厥：其。稼穑(sè)：农事。种曰稼，收曰穑，此"稼穑"连文，泛指农业生产。逸：安乐享受。诞：通"喭"，粗鲁，指言行俗野不恭。

〔2〕既：已经。诞：通"延"，长，此言时间长久。否：通"丕"，乃。否则，于是。侮：轻慢，瞧不起。

〔3〕昔之人：老年人，此指他的父母。无闻知：无闻无知，即无知识，没见识。

【译文】

看那社会下层的民众，他们的父母辛勤劳动从事农业生产，耕种收获，他们的儿子却不知道耕种收获的艰难，而是安逸享乐，且又言行粗俗。时间久了，于是就轻慢不恭他们的父母，说："老年人无知识，没见识。"

【提示】

对于子女，不能只知道娇惯，只有重视教育，引领到正道，才有可能成才。

2.24 古之人犹胥训告，胥保惠，胥教诲，民无或胥诪张为幻[1]。

（《无逸篇》）

【注释】

〔1〕犹：还。胥(xū)：互相。或：有。诪(zhōu)张：欺诈。幻：惑乱。

【译文】

过去的人还互相告诫，互相爱护，互相教诲，民众没有互相欺诈来惑乱彼此之间关系的。

【提示】

　　净化心灵，做一个厚道无欺的人。

　　2.25　慎厥初，惟厥终，终以不困[1]。不惟厥终，终以困穷[2]。

（《蔡仲之命篇》）

【注释】

　　〔1〕厥：其。惟：思，想，考虑。终：终结，结束。困：困难。
　　〔2〕困穷：窘迫艰难。

【译文】

　　谨慎事情的开始，从事情的开始就考虑到事情的终结，直到事情的终结就不会遇到困难。事情开始时不考虑事情的发展与终结，到事情的最后就会遭遇窘迫艰难的状况。

【提示】

　　慎初惟终，才能好始好终，有始有终。

　　2.26　休兹知恤，鲜哉[1]。

（《立政篇》）

【注释】

　　〔1〕休：美。兹：语气词，哉，呀。恤：谨慎。鲜：少。

【译文】

　　顺心得意的时候知道谨慎，这样的人少呀。

【提示】
　　得意忘形的时候，思考问题、言谈行为都容易出错误，岂不当慎？当得意不忘形，仍持平常心。

2.27　蓄疑败谋，怠忽荒政[1]。不学墙面，莅事惟烦[2]。

(《周官篇》)

【注释】
　　[1] 蓄：积。败：扰乱。
　　[2] 不学墙面：孔颖达正义"不学，如面向墙，无所睹见"。莅：治，管理。烦：杂乱无序。

【译文】
　　心中有疑，疑而不决，就扰乱谋划，懈怠疏忽，荒废政事。不学习，就像脸向着墙，什么都看不到，处理事情就杂乱无章。

2.28　黍稷非馨，明德惟馨[1]。

(《君陈篇》)

【注释】
　　[1] 黍：谷类作物，去皮后叫黄米，比小米稍大，煮熟后有黏性。黍子可以酿酒。稷(jì)：谷类作物，一说是谷子，一说是黍类。古代以稷为百谷之长，作为谷神，与地神合称"社稷"，供奉祭祀。这里是说，黍稷作为祭祀神灵的祭品。非：不。馨：远处可以闻到的香气。明德：光明之德。黍稷是祭祀时用作祭品的谷物，神灵只享用明德之人的祭品。

【译文】
　　黍稷不算芳香，明德之人祭祀时的祭品才芳香。

【提示】

物香不算香,有德才算香。人惟德香。

2.29 惟日孜孜,无敢逸豫[1]。

(《君陈篇》)

【注释】

[1]日:日日,每天。孜孜:勤勉,努力。无:通"毋",不。逸豫:安闲享乐。

【译文】

天天勤奋努力,不敢安闲享乐。

2.30 骄淫矜侉,将由恶终[1]。虽收放心,闲之惟艰[2]。资富能训,惟以永年[3]。惟德惟义,时乃大训[4]。不由古训,于何其训[5]?

(《毕命篇》)

【注释】

[1]骄:骄横。淫:放荡,奢纵。矜:自我尊大,自我夸耀。侉(kuǎ):夸大,夸张。矜侉:夸耀。孔传云:"矜其所能,以自侉大。"
[2]虽:即使。收:收敛,约束,控制。放心:放纵之心。闲:防止,限制。
[3]资:财富。富:多有,丰足。训:教诲,教导,此作动词,谓遵行教导的话,即遵照先贤教诲的话做人行事。永年:时间长久,此谓长寿。
[4]德:道德。义:信义,即信用与道义。时:是,这。大训:重要教导。
[5]于何:从哪里。

【译文】

　　骄横放荡、恃能夸耀、自我尊大的人,将由作恶,了此一生。因为,即使收敛放纵的心,但要防止骄横尊大而不再作恶,实在太难了。如果资财富足,又能够遵照先贤教导的话做人行事,由此就可延年益寿,安度晚年。要重道德,要有信义,这是重要的教导。不听从先贤的教导,又从哪里听到这些教导呢?

2.31　心之忧危,若蹈虎尾,涉于春冰[1]。
（《君牙篇》）

【注释】

　　[1] 蹈:踩。涉:徒步过水,此言行走。

【译文】

　　心里忧虑陷入危险境地,像踩住了老虎尾巴,又像行走在春天的薄冰上。

2.32　责人斯无难,惟受责俾如流,是惟艰哉[1]。
（《秦誓篇》）

【注释】

　　[1] 责:责备,批评。斯:则。俾:使。是:这。

【译文】

　　责备别人不难,使接受别人责备像流水一样畅快,这就难啦。

三、诗　经

《诗经》，先秦称《诗》，汉后称《诗经》，是中国最早的一部诗歌总集，收周代诗歌三百零五首。收诗时间，上起西周初年，下至春秋中期，前后五百余年。半数以上是各地民歌，其他是贵族作品。

《诗经》分编为《风》《雅》《颂》三大部分。这种分类体例，和音乐的曲调有关。后来，乐谱亡失，独有歌词流传下来。《风》，是地方音乐，分为十五国风，收诗一百六十首。《风》中，绝大部分是民间歌谣，极少数是贵族作品。国风保存大量各地劳动人民的口头创作，是《诗经》的精华部分。这些民歌，以鲜明的画面，反映劳动人民的生活处境，揭露统治阶级的剥削本质，表达劳动人民对压迫、剥削的不平与对美好生活的憧憬与追求，是中国最早的现实主义诗篇。《雅》，是王室官廷与京畿一带的乐歌，分为《大雅》《小雅》两部分，收诗一百零五首。从来源看，大部分是贵族作品，《小雅》中有少数作品是民间歌谣。从时间看，《大雅》全部是西周作品，《小雅》兼有春秋作品。从内容看，大致可分为两个部分：一部分是西周初期的作品。这些诗篇适应周初社会比较繁荣的景象，歌颂太平盛世及周王祖先，并且注意对统治阶级生活的描写。另一部分是在西周末年周室衰微到平王东迁的历史背景下产生的作品。这些诗篇大都反映深刻的社会内容，对统治阶级的昏庸腐败持批判态度，并且表现出对国家命运的关心与对劳动人民的同情。《颂》,是用于宗庙祭祀的乐歌,分为《周颂》《鲁颂》《商颂》三部分,收诗四十首。《周颂》全是西周初期的作品,主要内容是叙述周祖起源,歌颂周先人的业绩及周王室的文治武功。《鲁颂》与《商颂》都产生于春秋前期,《鲁颂》主要歌颂鲁僖公的才略与功业,《商颂》是宋国作品而歌颂的是宋国先人商王的业绩。总的说来,《诗经》所反映的内容是多方面的。它对现实生活的描写,为了解当时的社会情况,提供丰富而生动的素材。它的一些叙事诗,有的记述当时的社会制度,有的反映重大的历史事件,有的保存古代的传说历史,都具有不可低估的史料价值。《诗经》是中国最早的一部诗歌总集,有很高的文学成就与史料价值,在中国文学史与史学史上都有极为重要的地位。就文学言,它是中国诗歌的源头;就史学言,它可以说是先秦历史的一部史诗。

秦代焚书禁学,《诗经》也遭劫难。入汉,《诗经》复传。传授《诗经》有四家:即《鲁诗》《齐诗》《韩诗》《毛诗》。汉代以后,三家亡佚,只有《毛诗》流传后世。

3.1 《邶风·凯风篇》全四章:

(一)

凯风自南,吹彼棘心[1]。棘心夭夭,母氏劬劳[2]。

(二)

凯风自南,吹彼棘薪[3]。母氏圣善,我无令人[4]。

(三)

爰有寒泉,在浚之下[5]。有子七人,母氏劳苦。

(四)

睍睆黄鸟,载好其音[6]。有子七人,莫慰母心[7]。

【注释】

〔1〕凯：和乐。凯风，南风。南风带来温暖，所以作为和乐之风。毛亨传云："南风谓之凯风。"孔颖达正义引李巡云："南风长养万物，万物喜乐，故曰凯风。凯，乐也。"棘：酸枣树，是一种丛生灌木。彼：那。心：谓草木的萌芽。

〔2〕夭夭：茂盛。母氏：母亲。劬（qú）：劳苦，勤劳。诗以凯风比母亲，以棘心比七子。言棘心没有凯风的温暖吹拂不能茂盛生长，七子没有母亲的辛劳抚养不能健壮成长。

〔3〕薪：柴。此言棘心已长大可作柴用，喻指七子已长大成人。

〔4〕圣：有智慧，明事理。善：心地善良。令：善。

〔5〕爰（yuán）：语助词，无实义。寒泉：泉名。《太平御览》卷一九三引《郡国志》云："水冬夏常冷，故曰寒泉。"浚（xùn）：当时卫国邑名，其地在今河南省浚县。高亨注云："诗以寒泉之水可以灌溉田苗，比喻母亲养育子女。"所以，下句接述其意云："有子七人，母氏劳苦。"

〔6〕睍睆（xiàn huàn）：美丽，好看。黄鸟：黄雀，一说指黄莺。其羽色黄，所以称它黄鸟。载：乃，则。好其音：即"其音好"。言美丽好看的黄鸟，它的鸣叫声悦耳动听。

〔7〕莫：没有谁。高亨注云："诗以黄鸟可以娱人反比七子不能安慰母亲，有人不如鸟的意思。"

【译文】

《邶风·凯风篇》全四章：

（一）

暖风从南方吹来，吹那酸枣树丛发新芽。
酸枣树芽茂盛长，母亲辛劳养育娃。

（二）

暖风从南方吹来，吹那酸枣树芽长成柴。
母亲明理心地善，我们做儿子的不成才。

（三）

有个寒泉水常凉，寒泉就在浚邑旁。
有子七人养育大，母亲劳苦整日忙。

（四）

黄鸟长得真美丽，叫声动听人欢喜。

有子七人养育大,没谁慰母称心意。

【提示】

《诗经·邶风·凯风篇》全四章,写一位母亲生了七个儿子,在家庭贫困的条件下,将七个儿子都养大成人。七个儿子长大后,没有尽孝侍奉母亲,而使母亲依旧整日劳苦。后来,儿子们良心发现,写诗责备自己:有子七人,母氏劳苦,莫慰母心。

3.2 《卫风·木瓜篇》全三章:

(一)

投我以木瓜,报之以琼琚[1]。匪报也,永以为好也。

(二)

投我以木桃,报之以琼瑶[2]。匪报也,永以为好也。

(三)

投我以木李,报之以琼玖[3]。匪报也,永以为好也。

【注释】

〔1〕投:投赠,赠送。木瓜:一种落叶灌木,果实为椭圆形,秋季熟,黄色,有浓烈香味,可食用。报:报答,回赠。琼:美玉。琚:一种佩玉名。琼琚,美玉做成的佩玉。

〔2〕木桃:即桃。瑶:一种佩玉名。琼瑶,义同"琼琚"。

〔3〕木李:即李。李子,是李子树的果实,可作为水果食用。清代胡承珙撰《毛诗后笺》云:"桃、李本皆木耳,自不必复称为木,诗言木桃、木李者,因上章'木'字以成文耳。"玖:一种佩玉名。琼玖,义同"琼琚"。

【译文】

《卫风·木瓜篇》全三章：

（一）

他用木瓜送给我，我用美玉佩回报他。不是只为回报他，表示和他永远好。

（二）

他用桃子送给我，我用美玉佩回报他。不是只为回报他，表示和他永远好。

（三）

他用李子送给我，我用美玉佩回报他。不是只为回报他，表示和他永远好。

【提示】

《诗经·卫风·木瓜篇》全三章，是一首交好诗。《诗序》云，狄人灭卫，齐桓公救而存之。卫国人思报齐恩，故作此诗赞美之。南宋朱熹《诗集传》云，诗写男女情人相互赠答。后人多从朱说。

惠薄报厚，希望双方永远交好之心非常殷切。与人交往，可鉴此行。

3.3 《郑风·扬之水篇》全二章：

（一）

扬之水，不流束楚[1]。终鲜兄弟，维予与女[2]。无信人之言，人实迁女[3]。

（二）

扬之水，不流束薪[4]。终鲜兄弟，维予二人。无信人之言，人实不信[5]。

【注释】

〔1〕扬：激扬，激荡。流：谓顺水流冲走。不流，不能冲走。束：

捆。楚：一种灌木名，又称荆。束楚，一捆荆条。此用"扬水"比喻流言，用"束楚""束薪"比喻兄弟情谊，用"不流"比喻流言再凶也动摇不了兄弟之间的深情厚谊。

〔2〕终：既。鲜：少。少的程度，一个没有，所以说只有我和你兄弟二人，别的兄弟一个也没有了。维：只有。予：第一人称代词，我。女（rǔ）：通"汝"，第二人称代词，你。

〔3〕无：毋，不要。言：说的话，此谓流言蜚语，不实谎言。迋（kuāng）：通"诳"，欺骗，说谎。

〔4〕薪：柴。

〔5〕不信：不实，不是真的，所以不可相信。

【译文】

《郑风·扬之水篇》全二章：

（一）

激荡流动的水，冲不走捆好的荆条。既然没有别的兄弟，只有我和你兄弟二人。不要相信别人的流言蜚语，那人实在是编造谎言欺骗你。

（二）

激荡流动的水，冲不走捆好的木柴。既然没有别的兄弟，只有我和你兄弟二人。不要相信别人的流言蜚语，那人实在是不诚实可信。

【提示】

《诗经·郑风·扬之水篇》全二章，写兄弟二人的一方劝告另一方，不要听信谗言而伤害兄弟之间的深厚情谊。

3.4 《唐风·葛生篇》全五章：

（一）

葛生蒙楚，蔹蔓于野[1]。予美亡此。谁与[2]？独处[3]。

（二）

葛生蒙棘，蔹蔓于域[4]。予美亡此。谁与？独息[5]。

（三）

角枕粲兮，锦衾烂兮[6]。予美亡此。谁与？独旦[7]。

（四）

夏之日，冬之夜[8]。百岁之后，归于其居[9]。

（五）

冬之夜，夏之日。百岁之后，归于其室[10]。

【注释】

〔1〕葛：多年生藤类草本植物，茎附于他物攀缠蔓生，茎皮纤维可织制葛布。蒙：覆盖。楚：丛生灌木，又名荆。蔹(liǎn)：多年生蔓生草本植物。蔓：蔓延，攀缠着他物向外爬附生长。

〔2〕予：我。美：美好，此谓好人。亡：死。此：这里。亡此，谓死后埋在这里。与：介词，跟，和。谁与，即"与谁"。

〔3〕独处：独自一人生活。

〔4〕棘：酸枣树，是一种丛生灌木。域：区域，此谓茔域，即墓地。

〔5〕息：止。

〔6〕角：牛、羊、鹿等动物头上长出的细长而弯曲又上端较尖的坚硬物。枕：枕头。角枕，用兽角作装饰制作的枕头。粲：鲜艳，华美。兮：语气助词，无实义。锦：有彩色花纹的丝织品。衾(qīn)：被子。烂：华美，鲜明。

〔7〕旦：天明，此谓到天明。

〔8〕日、夜：夏天日长，冬天夜长。这里举出两个长时段，表示悲愁之人更觉难熬。

〔9〕百岁：死的讳称。归：归向。居：居处，指墓穴。

〔10〕室：与上句"居"义同。

【译文】

《唐风·葛生篇》全五章：

（一）

葛藤遮盖着荆条，蔹藤爬长在荒郊。我的美人死后葬这里。让我和谁在一起？生活孤独只自己。

（二）

葛藤遮盖着酸枣树，蔹藤爬长在墓地。我的美人死后葬这里。让我和谁在一起？生活孤独只自己。

（三）

角饰枕头真鲜艳，织锦被子好美观。我的美人死后葬这里。让我和谁在一起？孤独一人熬过今天等明日。

（四）

夏天日长，冬天夜长。去世以后，夫妇墓穴同葬。

（五）

冬天夜长，夏天日长。去世以后，夫妇墓穴同葬。

【提示】

《诗经·唐风·葛生篇》全五章，是一首悼亡诗。夫妇情深，如藤缠物，难离难分。一人离去，未亡人缅怀伤悲，日夜熬煎，只等着自己死后夫妇墓穴安卧同眠。

3.5 《唐风·采苓篇》全三章：

（一）

采苓采苓，首阳之颠[1]。人之为言，苟亦无信[2]。舍旃舍旃，苟亦无然[3]。人之为言，胡得焉[4]？

（二）

采苦采苦，首阳之下[5]。人之为言，苟亦无与[6]。舍旃舍旃，苟亦无然。人之为言，胡得焉？

（三）

采葑采葑，首阳之东[7]。人之为言，苟亦无从[8]。舍旃舍旃，苟亦无然。人之为言，胡得焉？

【注释】

〔1〕苓：又名甘草，可作药。首阳：山名，在今山西省境内。颠：山顶。

〔2〕为：通"伪"，假。为言，假话，谎言。苟：实，实在。亦：助词，无实义。无：通"毋"，不要。信：相信。

〔3〕舍：舍弃，抛弃。旃(zhān)：之。然：是，对，此言认为对。

〔4〕胡：疑问代词，什么。得：得到。胡得，即"得胡"。焉：兼词（即一词兼有两词义），于此。胡得焉，即"得胡于此"，从谎言得到什么。

〔5〕苦：菜名。苦菜可食。

〔6〕与：用。

〔7〕葑：即芜菁，草本植物，块根可做菜用。

〔8〕从：听从。

【译文】

《唐风·采苓篇》全三章：

(一)

采甘草，采甘草，首阳山顶去采它。有人编造了假话，实在不要真信它。舍弃它，舍弃它，实在不要当真话。有人编造了假话，从那些假话能得到什么？

(二)

采苦菜，采苦菜，首阳山下去采它。有人编造了假话，实在不要真用它。舍弃它，舍弃它，实在不要当真话。有人编造了假话，从那些假话能得到什么？

(三)

采芜菁，采芜菁，首阳山东去采它。有人编造了假话，实在不要听从它。舍弃它，舍弃它，实在不要当真话。有人编造了假话，从那些假话能得到什么？

【提示】

《诗经·唐风·采苓篇》全三章，劝人不要听信谎言而走错路。

人言不可轻信。当有人编造假话破坏你与家人、邻里、亲戚、朋友的关系时，要冷静，不要冲动，当时听到而到明天、后天再断其是非。这样冷处理，或许可以避免因一时冲动听信谎言而犯的错误。

3.6　《桧(kuài)风·素冠篇》全三章：

(一)

庶见素冠兮，棘人栾栾兮，劳心慱慱兮[1]。

(二)

庶见素衣兮，我心伤悲兮，聊与子同归兮[2]。

(三)

庶见素韠兮，我心蕴结兮，聊与子如一兮[3]。

【注释】

〔1〕庶：幸。素：白色。冠：帽子。素冠，白布冠，服孝时所戴。兮：语气助词，无实义。高亨注云："当时差不多没人服丧三年，今得一见，所以称幸。"棘：瘦。栾栾：非常瘦的样子。此言孝子依礼服丧，悲恸哀伤，饮食少进，身体瘦弱。劳心：忧心，忧愁。慱(tuán)慱：忧劳不安的样子。

〔2〕素衣：谓丧服。我：乐见依礼服丧行孝的人，即写这首诗的人。聊：愿意。子：谓依礼服丧行孝的人。归：趋于一致。同归，和你一样。毛传云："愿见有礼之人，与之同归。"此言我也要和你一样依礼服丧行孝。

〔3〕韠(bì)：古代官服上的装饰，上窄下宽，系在衣服前面，如围裙；大官红色，小官黑色，居丧者白色。蕴：蓄积。结：集聚一起。蕴结，郁结，心里忧郁就像结了一个疙瘩。如一：与上句"同归"义同。

【译文】

《桧风·素冠篇》全三章：

(一)

有幸见到穿着丧服依礼服丧的孝子啊，身子瘦得好凄惨啊，忧劳悲愁心不安啊。

(二)

有幸见到穿着丧服依礼服丧的孝子啊，我的心里好悲伤啊，我要和你一起依礼行孝做孝子啊。

(三)

有幸见到穿着丧服依礼服丧的孝子啊，我的心里好郁结啊，我要和你一起依礼行孝做孝子啊。

【提示】

《诗经·桧风·素冠篇》全三章，是一篇赞美孝子依礼服丧行孝的诗。

3.7 《小雅·鹿鸣篇》全三章：

(一)

呦呦鹿鸣，食野之苹[1]。我有嘉宾，鼓瑟吹笙[2]。吹笙鼓簧，承筐是将[3]。人之好我，示我周行[4]。

(二)

呦呦鹿鸣，食野之蒿[5]。我有嘉宾，德音孔昭[6]。视民不恌，君子是则是效[7]。我有旨酒，嘉宾式燕以敖[8]。

(三)

呦呦鹿鸣，食野之芩[9]。我有嘉宾，鼓瑟鼓琴。鼓瑟鼓琴，和乐且湛[10]。我有旨酒，以燕乐嘉宾之心[11]。

【注释】

〔1〕呦(yōu)呦：鹿的鸣叫声。苹：草名。
〔2〕鼓：弹奏乐器。瑟：弦乐器，形似琴。笙：管乐器。

〔3〕簧:乐器,形似摇鼓。承:捧着。是:乃,于是。将:献,送。
〔4〕好:爱,喜爱。示:指示,启示。周:大。行:道,路。周行,谓修德、立身、处事、待人的正确道路。
〔5〕蒿:草本植物名,有一种特殊气味,有杆可直立生长。
〔6〕德音:有道德的言谈。孔:很,非常。昭:明。孔昭,谓有高尚道德的言谈讲的道理非常明白。
〔7〕视:看,看待,对待。佻(tiāo):同"佻",轻薄,不正经。是:于是。则:准则,标准,此谓作为准则。效:效法,学习,看齐。
〔8〕旨酒:美酒。式:助词,无实义。燕:通"宴",饮酒。以:而,从而。敖:畅快玩乐。
〔9〕芩(qín):草名。
〔10〕和乐:和睦快乐,气氛融洽。湛(dān):通"媅",沉浸在欢乐中。
〔11〕燕乐:快乐,娱乐。

【译文】

《小雅·鹿鸣篇》全三章:

(一)

呦呦鹿叫声,野地吃草苹。我有嘉宾客,鼓瑟吹笙迎。吹笙又鼓簧,赠宾礼品用筐盛。嘉宾爱护我,提醒要我正道行。

(二)

呦呦鹿鸣叫,野地吃蒿草。我有嘉宾客,德行言谈特别好。对待民众宽厚不轻薄,君子又是学习又仿效。我有美酒请宾喝,嘉宾畅饮乐呵呵。

(三)

呦呦鹿鸣叫,野地吃芩草。我有嘉宾客,为他弹琴又弹瑟。弹奏琴瑟乐声美,气氛融洽好快乐。我有美酒请宾喝,嘉宾畅饮乐融融。

【提示】

《诗经·小雅·鹿鸣篇》全三章,为《小雅》首篇,是写热情接待宾客的诗。主宾之间,真心相交,热诚相待,所以气氛融洽乐和。孔子曰:"有朋自远方来,不亦乐乎!"

3.8 《小雅·常棣篇》全八章：
(一)
常棣之华，鄂不韡韡[1]。凡今之人，莫如兄弟[2]。
(二)
死丧之威，兄弟孔怀[3]。原隰裒矣，兄弟求矣[4]。
(三)
脊令在原，兄弟急难[5]。每有良朋，况也永叹[6]。
(四)
兄弟阋于墙，外御其务[7]。每有良朋，烝也无戎[8]。
(五)
丧乱既平，既安且宁[9]。虽有兄弟，不如友生[10]。
(六)
傧尔笾豆，饮酒之饫[11]。兄弟既具，和乐且孺[12]。
(七)
妻子好合，如鼓瑟琴[13]。兄弟既翕，和乐且湛[14]。
(八)
宜尔室家，乐尔妻帑[15]。是究是图，亶其然乎[16]！

【注释】

〔1〕常棣(dì)：树木名。华：花。清代王先谦撰《诗三家义集疏》云："《释草》：'木谓之华，草谓之荣。'对言则异，散言则通。……后世代以'花'字。"鄂：《说文》引《诗》作"萼"。可知，鄂通"萼"，花萼。花萼，由环列在花最外面一圈绿色薄片组成，托护着花。不(fū)：花蒂。徐中舒主编《甲骨文字典》解甲骨文"不"字云："象花萼之柎形，乃'柎'之本字。《诗·小雅·常棣》：'常棣之华，鄂不韡韡。'郑玄笺云：'承华者曰鄂，"不"当作"柎"。柎，鄂足也。古音"不""柎"同。'王国维、郭沫若据此皆谓'不'即'柎'字，可从。

卜辞假为否定词,经籍亦然,用其本义者仅《常棣》一见。"花外有萼,萼下有蒂。韡(wěi)韡:鲜明茂盛的样子。

〔2〕凡:凡是,总括所有的。莫:无定指代词,没有人,没有谁。

〔3〕威:通"畏",畏惧,惧怕。孔:很,非常。怀:关怀,思念。郑玄笺云:"死丧可畏怖之事,惟兄弟之亲甚相思念。"

〔4〕原:高而平的土地。隰:低而湿的土地。王先谦撰《诗三家义集疏》云:"凡人之于兄弟同气相爱,不间幽明,生则求其人,死则求其穴,虽高原下隰抔聚一丘,犹洒涕墓门,含悲永隔。"裒(póu):聚土成坟为裒。矣:语气词,常用于句末,无实义。求:寻找。生时关爱担心而寻人,死后缅怀祭念而寻坟。

〔5〕脊令:即鹡鸰,水鸟名。原:原野。鹡鸰本水鸟,今落在陆地原野,水鸟失水,所在非其应在之处,比喻有难。

〔6〕每:虽然。良朋:好朋友。况:增加。也:语气词,用于句中,无实义。永叹:长叹。

〔7〕阋(xì):争吵,争斗。于墙:在墙内,谓家庭之中,兄弟之间。外:指墙外,谓外人。御:抵抗,对付。务:通"侮",欺负,侮辱。

〔8〕烝:众多。戎:帮助。

〔9〕丧乱:指死亡祸乱的事。既:已经。平:平定无事。

〔10〕生:语助词,无实义。此言人在平安无事的时候,会感到兄弟不如朋友。

〔11〕傧:陈列,摆上。尔:你。笾、豆:都是祭祀和宴飨时用来盛食品的器具,形似高足盘。之:助词,无实义。饫(yù):满足,吃饱。

〔12〕既:尽,都。具:齐备。谓兄弟们都来了,一个不缺。和乐:和睦快乐。孺:骨肉相亲。

〔13〕妻子:妻。好合:情投意合。如鼓瑟琴:此用琴瑟音调的和谐比喻夫妻相处的恩爱和好。郑玄笺云:"好合,志意合也。合者,如鼓瑟琴之声相应和也。"

〔14〕翕(xī):聚会,会合。和乐:和睦快乐,气氛融洽。

〔15〕宜:安,此谓使安。室家:家庭,此谓家中的人。乐:快乐,此谓使快乐。帑:通"孥",儿子。

〔16〕是:于是。究:研究,探求。图:考虑。亶(dǎn):诚然,确实。其:代词,此指上面所说的话。然:这样。

【译文】

《小雅·常棣篇》全八章：

（一）

常棣花一串串，萼蒂护托真鲜艳。如今世上所有人，没人能比兄弟亲。

（二）

人有死丧好惧怕，兄弟之间最牵挂。荒野聚土堆成坟，兄弟寻坟吊亲人。

（三）

水鸟鹡鸰落陆地，兄弟有难我心急。虽有不少好朋友，他呀只增长叹息。

（四）

兄弟在家闹意见，对付外人欺负齐向前。虽有不少好朋友，大都呀不肯站出帮帮手。

（五）

丧乱情势已稳定，既平安来又宁静。虽有兄弟是亲人，不如朋友更热情。

（六）

你的饭菜都摆好，畅饮美酒吃得饱。兄弟全都聚一起，和和乐乐真欢喜。

（七）

情投意合夫妻好，如弹瑟琴和谐调。兄弟全都聚一起，和和乐乐好热闹。

（八）

使你家人都平和，使你妻儿都快乐。于是深究又思量，事情确实是这样。

【提示】

《诗经·小雅·常棣篇》全八章，是一篇写兄弟亲爱、相聚宴饮的诗。兄弟与朋友相比，兄弟骨肉亲情，朋友情谊真挚。兄弟不可疏远，朋友不可慢待。和乐之家，家和万事兴。

3.9 《小雅·小宛篇》全六章之末章：

温温恭人，如集于木[1]。惴惴小心，如临于谷[2]。战战兢兢，如履薄冰[3]。

【注释】
〔1〕温温：温柔和气。恭：谦逊有礼貌。集：群鸟栖在树上。木：树。
〔2〕惴(zhuì)惴：恐惧。临：临近，靠近。谷：山谷。
〔3〕战战兢兢：形容因害怕而微微发抖，从而小心谨慎的样子。履：踩，走。

【译文】
《小雅·小宛篇》全六章之末章：
做人温柔又谦和，像鸟栖树怕坠落。惧怕出错特小心，像在山谷崖，面对万丈深。战战兢兢常自量，就像走在薄冰上。

【提示】
《诗经·小雅·小宛篇》全六章，是一篇写自戒并劝人谨慎做人以免祸的诗。温和谦恭待人，小心谨慎处事。

3.10 《小雅·蓼莪篇》全六章：

（一）
蓼蓼者莪，匪莪伊蒿[1]。哀哀父母，生我劬劳[2]。

（二）
蓼蓼者莪，匪莪伊蔚[3]。哀哀父母，生我劳瘁[4]。

（三）
瓶之罄矣，维罍之耻[5]。鲜民之生，不如死之久矣[6]。无父何怙，无母何恃[7]。出则衔恤，入则靡至[8]。

（四）

父兮生我，母兮鞠我[9]。拊我畜我，长我育我[10]。顾我复我，出入腹我[11]。欲报之德，昊天罔极[12]。

（五）

南山烈烈，飘风发发[13]。民莫不穀，我独何害[14]。

（六）

南山律律，飘风弗弗[15]。民莫不穀，我独不卒[16]。

【注释】

〔1〕蓼（lù）蓼：长大的样子。莪（é）：一种蒿。李时珍撰《本草纲目》云："莪，抱根丛生，俗谓之抱娘蒿。"莪抱宿根而生，有子依母之象，所以诗人借以起兴。匪：通"非"，不是。伊：为，是。蒿：谓青蒿、香蒿，又称罗蒿。

〔2〕劬：义同"劳"。劬劳，辛苦，劳累。

〔3〕蔚：蒿的一种，名牡蒿。

〔4〕瘁（cuì）：憔悴，谓人瘦弱乏力疲惫的样子。

〔5〕瓶：盛酒或水之器。罄（qìng）：空。维：是。罍（léi）：盛酒或水之器。瓶与罍皆为盛酒或水之器，瓶小而罍大。清代姚际恒撰《诗经通论》云："瓶小罍大，皆盛水器，瓶所以注水于罍也。瓶喻子，罍喻父母。瓶既罄竭则罍无所资为罍之耻，犹子不得养父母而贻亲之辱也。"

〔6〕鲜：寡，孤，指父母死去。鲜民，犹言孤子。后世居丧的孤子自称"鲜民"，源于此。

〔7〕怙（hù）：依靠。恃（shì）：依仗。

〔8〕出：指走出家门。衔：此言心理活动，意谓心里怀着。恤：忧虑。入：指走进家门。靡：无，没有。至：到，此谓到家。父母已死，家贫空空，虽然走进了家门，心里却无到家的温馨感觉。

〔9〕兮：语气词，相当于现代汉语的"啊"。鞠：养育，抚养。诗"父"句、"母"句互文，意谓父母生我，父母鞠我。

〔10〕拊（fǔ）：抚，抚育，抚养。畜：好，喜欢，溺爱。长：成长。此为使动用法，长我，意谓使我成长。育：教育，培养。

〔11〕顾：照顾，关怀。复：通"覆"，庇护。腹：怀抱，即抱在

怀里。

〔12〕之：其，谓父母。昊天：皇天，上帝。罔：不，没有。极：标准，中正的准则。

〔13〕烈烈：山高峻险阻的样子。飘风：旋风，暴风。发发：疾风声。

〔14〕莫：没有人。谷：善。此谓人们的日子都过得很好。独：唯独，只有。我独，即"独我"。何：通"荷"，承受，遭受。害：祸害，灾难。

〔15〕律律：意犹"烈烈"，谓山高峻险阻的样子。弗弗：意犹"发发"，谓疾风声。

〔16〕卒：终，谓终养父母。此言我独不得终养父母。

【译文】

《小雅·蓼莪篇》全六章：

（一）

高又大的抱娘蒿，不是莪蒿是青蒿。可怜我的父和母，生我养我受辛劳。

（二）

高又大的抱娘蒿，不是莪蒿是牡蒿。可怜我的父和母，生我养我受煎熬。

（三）

小瓶空无物，大罍受耻辱。孤苦儿子活在世，不如早早死了好。没了父亲依靠谁？死了母亲谁依靠？离家心里怀忧虑，回家觉得家没到。

（四）

父母生了我，父母养育我：抚育我，溺爱我，使我成长，培养教育我，照顾我，庇护我，外出回家都抱着我。想报父母大恩德，苍天不公降灾祸。

（五）

南山高峻陡如墙，大风刮得哗哗响。人们生活无不好，唯我独自遭祸殃。

（六）

南山高峻陡如墙，大风刮得哗哗响。人们生活无不好，唯我不能把父母自始至终来奉养。

【提示】

　　这是一首怀念父母的诗。全诗六章。诗中忆起父母生养自己的辛劳,愧感自己一生艰难,未能很好地奉养父母,尽孝始终,报答父母的恩德。诗的第四章,使用"生""鞠""拊""畜""长""育""顾""复""腹"九字之下各缀一"我"字的写法,连述父母生、养自己的点点滴滴,字字深情,声声泪泣。为人子者,读之谁不动容!

　　清人姚际恒撰《诗经通论》云:"勾人眼泪全在此无数'我'字。"清人方玉润撰《诗经原始》云:"诗首尾各二章,前用比,后用兴;前说父母劬劳,后说人子不幸,遥遥相对。中间二章,一写无亲之苦,一写育子之艰,备极沉痛,几于一字一泪,可抵一部《孝经》读。"

3.11　《大雅·文王篇》全七章之第六章:

　　无念尔祖,聿修厥德[1]。永言配命,自求多福[2]。

【注释】

　　[1] 无、聿(yù):皆语气助词,无实义。无念,即"念"。念:想念,怀念。尔:你。厥:其,他的。厥德,谓祖先的道德。

　　[2] 言:语气助词,无实义。配:合。命:指天命。配命,合乎天命。

【译文】

　　《大雅·文王篇》全七章之第六章:

　　怀念你的祖先,修养祖先的德行。一生顺应天命,自会福寿康宁。

【提示】

　　所谓合于天命,也就是要顺应自然,顺应社会。如能长期如此,自可福寿安康。孝父母是做人之本,报祖恩是孝道之根。

3.12 《大雅·荡篇》全八章之首章:
靡不有初,鲜克有终[1]。

【注释】
〔1〕靡:无,没有。靡不,无不。初:始,此谓人生之初始。人之初,性本善。有初,谓人生初始,都具备善良的本性。鲜:少。克:能。终:完了,到头,结束。

【译文】
《大雅·荡篇》全八章之首章:
人生初始人人具有善良之性,很少有人能把善良之性保持至最后。

四、礼　　记

　　记，是对经而言，它是解释经的文字。所谓《礼记》，就是解释《礼经》之书。

　　礼学家在世代传授《礼》的过程中，逐渐积累了解释、说明或补充经文的大量资料《记》，以帮助传习者加深对经文的理解。

　　西汉初年，传授《礼》的是鲁人高堂生，传授《士礼》十七篇。到汉宣帝时，传至后仓，戴德、戴圣、庆普都是后仓的弟子。从此，《礼》有二戴与庆氏三家之学。戴德、戴圣在向弟子传授经义的过程中，各自选编一部分《记》，作为辅助资料。戴圣是戴德的侄子，所以，称戴德所辑为《大戴礼记》，戴圣所辑为《小戴礼记》。后经传习者的辗转增删，最终成为定本，《大戴礼记》辑文八十五篇，《小戴礼记》辑文四十九篇。东汉末年，郑玄为《周礼》《仪礼》《小戴礼记》作注，合称"三礼"。此后，郑学受到社会推重，《小戴礼记》的地位逐渐提高，最终升入了经的行列，而《礼记》也成了《小戴礼记》的专用名称。相反，《大戴礼记》却遭到了冷遇，研读的人越来越少，使得原本八十五篇多有散失，只有三十九篇流传至今。

　　《礼记》所辑之文，既非一人之作，又非成于一时，编次凌乱，内容庞杂，很难做一个面面俱到的综合概括。大体说来，有的记述古代日常生活习俗，有的记述各种礼仪制度，有的记述教育问题与礼乐效用，有的记述孔子言行，还有的是解说《仪礼》经文的专篇与儒门后学阐述儒学思想的论文。正由于《礼记》内容庞杂，涉及面广，所以为后人保存多方面的珍贵资料，使它成为研究中国古代宗法制度、儒学思想及教育文化等问题的重要典籍。

4.1 毋不敬，俨若思，安定辞[1]。

(《曲礼上篇》)

【注释】

〔1〕毋不：否定之否定，即肯定，意谓"要"。敬：恭敬。俨：严肃，庄重。思：思考，沉思。安定：安详稳重。

【译文】

不要不恭敬，严肃庄重像是在沉思的样子，言谈安详稳重。

【提示】

做人要有两方面：一是对人，谦虚恭敬；一是自身，安详稳重。

4.2 敖不可长，欲不可从，志不可满，乐不可极[1]。

(《曲礼上篇》)

【注释】

〔1〕敖：同"傲"，骄傲，傲慢，蛮横。长：生长，发展。欲：欲望。从：同"纵"，纵容，任其发展。极：极端，极限。俗云"乐极生悲"。

【译文】

骄傲不可滋生发展，私欲不可任其膨胀，心志不可自满自足，快乐不可过度放荡。

4.3 爱而知其恶，憎而知其善。

(《曲礼上篇》)

【译文】
喜欢的人了解他的不好之处，憎恶的人了解他的善良方面。

4.4 临财毋苟得，临难毋苟免[1]。很毋求胜，分毋求多[2]。

(《曲礼上篇》)

【注释】
[1]临：面对。苟：贪求。苟得，不正当地得到，不当得而得。难：灾难。面对灾难，勇于担当。
[2]很：忿争，争斗。

【译文】
面对钱财，不要贪求得到。面对灾难，不要不负责任地随意逃避。与人争执，不要一定强占上风压伏对方。分配财物，不要贪求多得。

4.5 夫礼者，所以定亲疏、决嫌疑、别同异、明是非也[1]。

(《曲礼上篇》)

【注释】
[1]夫：句首语气词，帮助判断，无实义。所以：依语意，即"以所"。以，用来。所，指所用之物；此指规范，意为约定俗成的标准、规矩。定：确定。决：判断。嫌疑：疑惑难辨的事理。别：区分。明：辨

明，搞清楚，弄明白。

【译文】

礼是用来确定亲近疏远、判断疑惑难辨的事理、区别同与不同、分辨清楚对与错的约定俗成的规范。

4.6 道德仁义，非礼不成[1]。教训正俗，非礼不备[2]。分争辩讼，非礼不决[3]。君臣上下、父子兄弟，非礼不定[4]。宦学事师，非礼不亲[5]。班朝治军、莅官行法，非礼威严不行[6]。祷祠祭祀、供给鬼神，非礼不诚不庄[7]。是以君子恭敬、撙节、退让以明礼[8]。

（《曲礼上篇》）

【注释】

〔1〕成：成就。此言不依礼之规范，是做不到有道德、合仁义的。

〔2〕备：齐全，完备。

〔3〕讼：争论。

〔4〕定：确定。此指确定名分地位与尊卑等级关系。

〔5〕宦：出仕做官从政。学：学习知识。事：侍奉。事师，从师，谓跟随老师学习。亲：双亲，即父母，此谓父。俗话说："师徒如父子。"

〔6〕班：职位等次。朝：朝廷。莅：来，到。莅官，到职，居官。

〔7〕祷：祈求福寿。祠：得福报谢。供给：谓奉献的供品。庄：庄重肃穆。

〔8〕是以：依语意，即"以是"。以，因，由。是，此。以是，因此。撙：节减。撙节，节制。以：用。恭敬撙节退让以，即"以恭敬撙节退让"，属于介词"以"的宾语前置。

【译文】

要有道德、合仁义，不合礼数是达不到的。要通过教育训诫端正风俗，不遵礼数是不能做到齐全完备的。分辨争论是非，不遵礼数是无法判断的。君臣、上下、父子、兄弟的名分地位与尊卑等级关系，不遵礼数是无法确定的。随从老师学习做官从政与学业知识，不遵礼数做不到师徒如父子。在朝廷按职位等级排列次序及担任军职治理军队，施行法令，不遵礼数就没有威严能使人服从。祈求福寿、得福报谢及例行一般祭祀，向神灵、祖先奉献供品，不遵礼数做不到心诚意笃，庄重肃穆。因此，遵从礼数的君子用恭敬、节制、谦让的做法宣扬礼，使人明白遵礼做人的道理。

4.7 鹦鹉能言不离飞鸟，猩猩能言不离禽兽[1]。今人而无礼，虽能言，不亦禽兽之心乎[2]？夫唯禽兽无礼，故父子聚麀[3]。是故圣人作，为礼以教人，使人以有礼，知自别于禽兽[4]。

（《曲礼上篇》）

【注释】

〔1〕言：说话。禽兽：飞者为禽，走者为兽。鹦鹉是鸟，猩猩是兽。

〔2〕亦：也，也是。乎：句末语气词，表示疑问或感叹的语气，此表疑问。此言人而无礼，外表虽是人形，内在之心不是与禽兽的心一样吗？

〔3〕唯：只是。故：所以。聚：共。麀：母鹿。

〔4〕是故：所以。作：出现，兴起。为礼：制作礼。

【译文】

鹦鹉会说话，终究是鸟。猩猩会说话，终究是禽兽。今天的人不懂得礼数，不遵礼做人，虽然会说话，不也是禽兽一样的心吗？只有禽兽没有礼数，所以父子共一个母兽交配。所以圣人出现，制作礼用来教育人，使人因为有了礼，知道自己与禽兽不一样。

4.8 大上贵德，其次务施报[1]。礼尚往来，往而不来非礼也，来而不往亦非礼也[2]。

（《曲礼上篇》）

【注释】
〔1〕大上：太上，太古，上古。贵：崇尚，重视。其次：其后。务：致力于，着重于。施：己助人，己对人施恩。报：报答；人助己，人对己施恩，己报答人对己之恩。
〔2〕尚：重视。

【译文】
上古，人们崇尚有道德。后来，着重在助人与报恩。己助人，对人施恩，合乎礼数；人助己，对己施恩，己回报，也合乎礼数。所以，礼数很重视当事双方互相之间的有来有往，一方的礼到了，另一方不用礼回应，不合乎礼数；同样，另一方的礼来了，这一方不用礼回应，也不合乎礼数。

4.9 夫礼者，自卑而尊人[1]。虽负贩者，必有尊也[2]。

（《曲礼上篇》）

【注释】
〔1〕卑：低。自卑，放低自己的身价，谓谦恭，逊让。
〔2〕虽：即使。负：用背载物。负贩，担货贩卖。

【译文】
以礼待人，就是放低自己的身价以尊重别人。即使担货贩卖的人，虽然社会地位不高，也一定有值得尊重的地方。

4.10 富贵而知好礼，则不骄、不淫[1]。贫贱而知好礼，则志不慑[2]。

(《曲礼上篇》)

【注释】
〔1〕富：资财丰厚，经济条件好。贵：社会地位高。淫：贪婪，无节制。
〔2〕贫：资财少，经济条件差。贱：社会地位低。慑：因畏惧而丧气。

【译文】
富有而又有社会地位的人知道依礼待人做事，就能做到不骄傲，不过度贪婪、淫佚。贫穷而又社会地位低的人知道依礼待人做事，就能做到不因畏惧而丧气。

4.11 人生十年曰幼，学[1]。二十曰弱，冠[2]。三十曰壮，有室[3]。四十曰强，而仕[4]。五十曰艾，服官政[5]。六十曰耆，指使[6]。七十曰老，而传[7]。八十、九十曰耄。七年曰悼，悼与耄，虽有罪，不加刑焉[8]。百年曰期，颐[9]。

(《曲礼上篇》)

【注释】
〔1〕学：出外就学。
〔2〕弱：懦弱，谓其尚无社会阅历，缺乏生活经验。冠：谓举行加冠礼。男子举行了加冠礼，表示已为成年人。
〔3〕室：家。有室，有家，即成家，谓结婚有了妻子。
〔4〕仕：做官，任职做事。
〔5〕艾：年长。服：从事。官：职位。年长，阅历丰富，有办事经

验，善于处理职位承担的诸多事项。

〔6〕耆：长者，师长。指使：年已花甲，做事时感力不从心，指使年轻人代劳。

〔7〕传：传递，传交。七十岁为老，既老则致仕（退休），所以将自己承担的诸事交给接替自己的年轻人。

〔8〕耄(mào)：老人疲惫衰弱、迷惑昏乱的样子。虽：即使。焉：兼词，意为"于他"。

〔9〕期：时间词，百年为期。颐：保养，养老。此谓百岁老人，诸事都无需思虑，只是颐养天年而已。

【译文】

人出生后，十岁称"幼"，走出家门，上学学习。二十岁称"弱"，举行加冠礼，已为成年人。三十岁称"壮"，娶妻成家。四十岁称"强"，出仕做官。五十岁称"艾"，致力于职位负责的事务。六十岁称"耆"，做事力不从心者指使年轻人代劳。七十岁称"老"，老而致仕，将自己承担的诸事交给接替自己的年轻人。八十岁、九十岁称"耄"。七岁的孩童称"悼"，耄、悼即使犯法有罪，也不对他们施加刑罚。一百岁称"期"，百岁老人对诸事都无需思虑，只颐养天年就是了。

4.12 谋于长者，必操几杖以从之[1]。长者问，不辞让而对，非礼也[2]。

（《曲礼上篇》）

【注释】

〔1〕谋：咨询。操：持，拿着，带着。几：人坐时凭依的小桌。杖：老人行、立时扶持的手杖。几杖为老人坐、立、行所用，所以晚辈与长辈在一起时，晚辈要带着长辈坐、立、行所需之物。从：跟在后面。

〔2〕辞让：推辞谦让。对：回答。

【译文】

　　向长辈请教问题时，一定拿着长辈坐、立、行需要的坐几、手杖跟在长辈后面。长辈有问题问时，先要说自己对长辈所问问题了解不多、知之甚少的意思以表谦让，然后回答长辈所问问题，这样才被认为是合乎礼数。如果不先说表示谦虚推让的话而直接回答所问问题，显得做人不知谦逊，就被视为不懂得礼数。

【提示】

　　谦虚逊让，言表于外，内生于心。因为由其外而知其内无谦虚逊让之美德，所以视其为"非礼"。

　　4.13　凡为人子之礼。冬温而夏清，昏定而晨省[1]。在丑夷，不争[2]。

(《曲礼上篇》)

【注释】

　　[1]清：凉。昏：黄昏，傍晚，此指晚上。定：安定，安稳。昏定，言子女侍奉父母，晚上收拾整理好床铺被褥，服侍父母就寝。省：看望。晨省，言子女侍奉父母，早晨到父母床前看望问安。
　　[2]丑：众。夷：同辈。此指自己的兄弟姐妹。

【译文】

　　凡做人子的，应该遵行的礼数。冬天要使父母暖和，夏天要使父母凉快。晚上，要收拾好父母的床铺被褥使父母睡得好；早晨，要到父母床前看望问安。在与兄弟姐妹相处中，平和谦让而不争执。

　　4.14　夫为人子者，出必告，反必面[1]。所游必有常，所习必有业[2]。恒言不称老[3]。年长以倍则父事之，十年以长则兄事之，五年以长则肩随之[4]。群居五人，则长者必异席[5]。

（《曲礼上篇》）

【注释】
〔1〕出：离家外出。告：告诉，告知。反：同"返"，回来。面：谓当面回禀。
〔2〕游：外出，离开家在外地。常：固定不变。习：学习，练习。业：古代书册所用大版叫作业。
〔3〕恒：常。
〔4〕事：对待。肩：谓并肩，二人等齐。肩随，与人并肩而行时，斜出其左右而稍后，以此表示对年长者的尊重。
〔5〕群：众，多人。居：坐。席：坐席。古人席地而坐，一席坐四人。若有五人，年长者一人独自坐在另一席上。以此表示对年长者的尊重。

【译文】
做人子的，离开家到外地时一定告诉父母，从外地回家后一定当面回禀父母你回来了，免得父母挂念。去的地方一定是固定不变的，学习的内容一定是书册上的知识。平时说话，不说自己是老人。年长自己一倍的人像父亲一样对待他，年长自己十岁的人像哥哥一样对待他，年长自己五岁的人作为平辈而又屈居其下。多人在一起坐，如果是五个人，因为一席只坐四人，年长的人一定一人独自坐在另一席上，以显示对年长者的尊重。

4.15　为人子者，居不主奥，坐不中席，行不中道，立不中门[1]。食飨不为概，祭祀不为尸[2]。听于无声，视于无形[3]。不登高，不临深[4]。不苟訾，不苟笑[5]。

（《曲礼上篇》）

【注释】

〔1〕居：住。主：主要，重要。奥：室内西南隅。隅，角落。古代屋内西南角是祭祀时设置神主，平时尊长住、坐的地方，故云"主奥"。主奥之处，年轻晚辈自然不可居住在这里。

〔2〕食飨：用酒食宴请宾客。概：标准。尸：上古祭祀时，代死者受祭的人。

〔3〕听于无声：谓在没有说出来的时候，就听到心里想要说的话了。视于无形：谓在没有做出来的时候，就看到心里想要做的样子了。这是说，子女要时时留意观察揣摩父母的心思，在父母想说还没说、想做还没做的时候，子女就将父母想说、想做的事办妥了。子女尽孝心，不要"马后炮"，要知道，父母的要求，是很难张口向子女提出来的。

〔4〕临：居高临下，站在高处的边沿往下看。深：指深沟，深坑等。攀登高崖，站在深坑边沿，都不安全，若被摔下，伤及身体，便使父母担惊受怕。此乃孝心之一端，所以说"不登高，不临深"。

〔5〕苟：随便，随意。訾：诋毁，指责。笑：指耻笑，嘲弄。

【译文】

做人子的，住不在屋内西南角尊上的位置，坐不在席的正中央，行走不在道路的正中间，站不在屋门的正当中。设置酒食宴请宾客，不乱定各种酒、菜的标准；祭祀的时候，不充当受祭神主的替代人。时时留意观察揣摩父母的心思，在父母想说还没说、想做还没做的时候，就知道了父母的心思，就将父母想说、想做的事办妥了。不攀登高崖，不站在深沟、深坑的边沿，避免发生危险，伤及身体。不随便诋毁指责人，不随便耻笑嘲弄人。

4.16 博闻强识而让，敦善行而不怠，谓之君子〔1〕。

(《曲礼上篇》)

【注释】

〔1〕博：广，多。识：记。让：谦让。敦：勤勉，努力去做。

【译文】
　　见闻广博、记忆力强而做人谦让，努力做善事而从不懈怠，这样的人称为君子。

4.17　入竟而问禁，入国而问俗，入门而问讳[1]。
(《曲礼上篇》)

【注释】
　　〔1〕竟：同"境"。禁：禁忌，忌讳，包括不能说的，或不能做的。讳：名讳。人名有字，不能说，所以称名讳。

【译文】
　　到了一个地方，问清楚当地都有什么禁忌。进入一个国家，问清楚该国都有什么风俗习惯。走进一户人家，问清楚该户的人都叫什么名字。

4.18　天子死曰崩，诸侯曰薨，大夫曰卒，士曰不禄，庶人曰死[1]。在床曰尸，在棺曰柩[2]。
(《曲礼下篇》)

【注释】
　　〔1〕天子：古代以为，帝王是上天的儿子，派来统治人间，所以称天子。诸侯：帝王在各地分封的国君。大夫：职官名。士：职官名，地位低于大夫。庶人：平民百姓。
　　〔2〕柩：棺材，无尸称棺，有尸称柩。

【译文】
　　天子死叫作"崩"，诸侯死叫作"薨"，大夫死叫作"卒"，士死叫作"不禄"，平民百姓死叫作"死"。人死了，尸体放在床上叫作"尸",放进棺材里叫作"柩"。

4.19 祭,王父曰皇祖考,王母曰皇祖妣[1];父曰皇考,母曰皇妣[2];夫曰皇辟[3]。生,曰父,曰母,曰妻;死,曰考,曰妣,曰嫔[4]。寿考曰卒,短折曰不禄[5]。

(《曲礼下篇》)

【注释】
〔1〕王父:祖父,又称太父。皇祖考:对已故祖父的敬称。皇,对先代的敬称。王母:祖母。皇祖妣:对已故祖母的敬称。
〔2〕皇考:对已故父亲的敬称。皇妣:对已故母亲的敬称。
〔3〕夫:丈夫。皇辟:对已故丈夫的敬称。辟,主。妻子以丈夫为己之主,故而以"皇辟"作为对已故丈夫的敬称。
〔4〕嫔:对已故妻子的美称。
〔5〕寿考:长寿,高龄。短折:夭折,早死。

【译文】
祭祀,祖父神主称"皇祖考",祖母神主称"皇祖妣";父亲神主称"皇考",母亲神主称"皇妣";丈夫神主称"皇辟"。在世时,叫"父亲",叫"母亲",叫"妻子";去世后,称"考",称"妣",称"嫔"。老年人去世,像大夫去世一样称"卒";年轻人早死,像士去世一样称"不禄"。

4.20 孔子曰:"拜而后稽颡,颓乎其顺也[1]。稽颡而后拜,颀乎其至也[2]。三年之丧,吾从其至者[3]。"

(《檀弓上篇》)

【注释】

〔1〕拜：行礼时，下跪，低头与腰平，两手按地。稽：叩头至地。颡：额头。稽颡，屈膝下拜，以额触地，这是极度虔诚的礼节。颀：恭顺的样子。此言以恭顺之态依序行礼。由此可知，先拜而后稽颡，合乎行礼的顺序。

〔2〕顽(qí)：极度哀痛的样子。至：极限。此言哀痛到了极点，跪地就稽颡而恸，哪里还管什么行礼之序。前者先拜而后稽颡，是理性化的依序行礼；后者先稽颡而后拜，是感情化的乱序行礼。前者是为了完成应该有的礼数，后者是内在感情的真实倾泻。孔子轻虚而重实，所以弃前者而从后者。

〔3〕三年之丧：父亲去世，儿子要服孝三年。

【译文】

孔子说："父亲去世，祭祀，先拜而后稽颡，态度恭顺而又合乎行礼顺序。如果行礼时乱了前后顺序，先稽颡而后拜，应该是心里哀痛到了极点。儿子为父亲守孝三年的礼数，我赞同宁可乱行礼之序而也要带着感情祭拜父亲。"

4.21 曾子寝疾，病[1]。乐正子春坐于床下，曾元、曾申坐于足[2]。童子隅坐而执烛[3]。童子曰："华而睆，大夫之箦与[4]？"子春曰："止。"曾子闻之，瞿然曰[5]："呼[6]！"曰："华而睆，大夫之箦与？"曾子曰："然[7]。斯，季孙之赐也，我未之能易也[8]。元，起易箦[9]。"曾元曰："夫子之病革矣，不可以变[10]。幸而至于旦，请敬易之[11]。"曾子曰："尔之爱我也不如彼[12]。君子之爱人也以德，细人之爱人也以姑息[13]。吾何求哉[14]？吾得正而毙焉，斯已矣[15]。"举扶而易之，反席未安而没[16]。

(《檀弓上篇》)

【注释】

〔1〕曾子：名参，孔子弟子。寝：卧，躺着。寝疾，卧病。病：病得很重。古代得病称疾，疾重称病。

〔2〕乐正子春：人名，曾参弟子。曾元、曾申：曾参二子名。

〔3〕童子：谓未成年的仆人。隅：角落。执：拿着，手持。烛：烛火。

〔4〕华：华美，有文采。睆：平整光滑的样子。簀(zé)：用竹片或芦苇编制的床垫子。与：同"欤"，句末语气词，表示疑问或感叹，这里表示疑问。

〔5〕瞿(jù)然：惊视的样子。

〔6〕呼：叹词，表示感叹的语气。

〔7〕然：是，是这样。

〔8〕斯：此，这。季孙：鲁国强势掌权的大夫。易：改换。未之能易，即"未能易之"，意思是没能改换它。

〔9〕起：站起来。

〔10〕夫子：老人家，称曾参。革：危急。变：谓移动，挪动。

〔11〕幸：希望。旦：明日早晨。敬：表敬用词，义为谨慎、慎重、小心。

〔12〕尔：你。也：语气词。

〔13〕细人：见识短浅的人。姑息：图一时的安逸，无原则的宽容。

〔14〕何求：即"求何"。哉：语气词，表示疑问或感叹，这里表示疑问。

〔15〕得正：谓符合名分礼制。毙：死。

〔16〕举：双手托起。扶：搀扶。反：同"返"。没：死。

【译文】

曾子卧病在床，病得很重。弟子乐正子春坐在床边的地上，儿子曾元、曾申坐在曾参的脚旁。小仆人坐在角落，手里拿着烛火。小仆人说："这床垫华美光滑，是大夫用的床席吧？"子春说："不要说了。"曾子听到小仆人的话，心里惊了一下，看着床席"吁"了一声。小仆人又说："这床垫华美光滑，是大夫用的床席吧？"曾子说："是。这床席是大夫季孙送的，我没能换掉它。曾元，站起来，换了这个床席。"曾元说："您老人家的病已经加重，很危急了，不可以挪动。希望到明天早晨天亮了，再谨慎小心地将这个床席换下来。"曾子说："你爱我的心不如那小孩子。有道德才能的君子爱人，用道德作标准，是为成全受爱人的道德；见识短浅的人爱人，用无原则的宽容，为受爱人图一时的安逸。我求什么呢？我能在符合名分礼数的情况下死去，这就行了。"于是人们用手托起曾子，搀扶着他，用自家的床席把季孙送给的床席换了下来。曾子躺回床后，身子还没有躺安稳就去世了。

【提示】

名分不能僭越，礼数岂能乱制。

4.22　君子曰："……礼，不忘其本[1]。古之人有言曰：'狐死正丘首，仁也[2]。'"

(《檀弓上篇》)

【注释】

[1] 本：根本，根基。对于一个人来说，祖先、父母是本，因为没有祖先、父母就没有自己。祖先、父母生活的地方，本人出生的地方，也是本，因为这些地方是你来到人间的必要条件。

[2] 丘：土陵子，土堆。丘是狐穴的所在地。首：头。狐死时头对所居丘穴，不忘本，这是仁心的表现。

【译文】

君子说："……礼的精神，是人不要忘记自己的根本。古人有句说法：'狐狸死的时候，把头正对着自己居住洞穴所在的土丘，这是死不忘本的仁心表现。'"

【提示】

兽尚如此，何况是人？

4.23　舜葬于苍梧之野，盖三妃未之从也[1]。季武子曰[2]:"周公盖祔[3]。"

(《檀弓上篇》)

【注释】
〔1〕舜:原始社会末期的一位部落联盟首领。苍梧:山名,又名九疑山,其地在今湖南省宁远县境内。相传舜南巡死,葬于此。盖:揣测之词,大概。三妃:相传有三位妻子。
〔2〕季武子:春秋时鲁国大夫。
〔3〕周公:周文王之子,武王弟,名旦。周公辅佐武王灭殷建周,是西周初年一位重要政治家,相传周朝的礼制就是由他制定的。祔:合葬。

【译文】
相传舜南巡死后葬在南方的苍梧山,没有妻子殉葬,大概是三位妻子都没有跟着舜到南方去。季武子说:"大概西周初年周公制定周礼的时候,才规定夫妻合葬的。"

【提示】
夫妻合葬之始。

4.24 子路曰[1]:"吾闻诸夫子[2]:'丧礼,与其哀不足而礼有余也,不若礼不足而哀有余也。祭礼,与其敬不足而礼有余也,不若礼不足而敬有余也。'"

(《檀弓上篇》)

【注释】
〔1〕子路:孔子弟子。
〔2〕诸:"之于"二字的合音字。之,代词,指代"闻"的对象。于,介词,介绍出从何"闻"到,义为"从"。夫子:老人家,老师,

此指孔子。

【译文】

子路说:"我从老师那里听说过下面的话:'丧葬的礼数,与其内心不够悲哀而在礼仪上过分讲究,不如礼仪做得不够而内心过度得悲哀。祭祀的礼数,与其内心不够敬重而在礼仪上过分讲究,不如礼仪做得不够而内心充满着敬意。'"

【提示】

强调内心,心重于礼。心是礼之内源,礼是心之外征。

4.25 丧礼,哀戚之至也;节哀,顺变也,君子念始之者也[1]。

(《檀弓下篇》)

【注释】

[1]戚:悲伤。至:最,极限。节:节制。变:改变,变化。念:思念,想。始:郑玄注"始,犹'生'也。念父母生己,不欲伤其性"。性,谓身体。此言父母死,孝子极度悲哀,总想常陪伴在父母身边,但多日不葬,恐怕会伤害到父母的尸体,腐烂变形。所以,必须节制悲哀,压制内心的悲痛,顺应父母已死这种不可逆改的变化,限定日子发丧下葬,使父母早日入土为安。

【译文】

丧葬的礼数,孝子内心极度悲哀;但是,必须节制悲哀,顺应父母已死的变化,限定日子发丧下葬,使父母早日入土为安。这是因为,孝子想到父母生养自己的艰难,多日不葬,恐怕会伤害到父母的尸体。

4.26 子路曰："伤哉，贫也[1]。生无以为养，死无以为礼也[2]。"孔子曰："啜菽饮水，尽其欢，斯之谓孝[3]。敛首足形，还葬而无椁，称其财，斯之谓礼[4]。"

(《檀弓下篇》)

【注释】
〔1〕伤：忧愁悲伤，此作使动用法，意谓使人忧愁悲伤。伤哉贫也，语序当为"贫也伤哉"，贫穷使人忧愁悲伤。
〔2〕生：谓父母在世。无以：没有什么用来。养：谓赡养父母。礼：丧礼。为礼，谓办丧事。
〔3〕啜：吃。菽：豆。植物菽，汉后称豆。尽：竭尽。其：谓父母。尽其欢，使父母享尽欢乐。斯：这。之谓：即"谓"。
〔4〕敛：通"殓"，给死者穿衣入棺。形：形体，身体。还：同"旋"，马上，很快。椁：棺外之棺。称(chèn)：相称，相当，符合。

【译文】
子路说："贫穷使人忧愁悲伤。父母在世，没有什么用来赡养的东西；父母去世，没有什么用来办丧事的东西。"孔子说："父母在世，吃着豆面馍，喝着水，使父母享尽欢乐，做到这样，就是尽到了孝道。父母去世，入殓的时候，手、脚及整个身子都有衣被遮掩，很快就下葬掩埋，而内棺外面没有罩椁，这样办丧事正与孝子的经济条件相当，就是做到了丧葬的礼数。"

4.27 父之齿随行，兄之齿雁行，朋友不相逾[1]。

(《王制篇》)

【注释】
〔1〕齿：年龄。随：跟在后面。雁行：像雁飞一样并行而稍后。逾：越过，超过。

【译文】

　　与人同行，对方年龄与父亲相仿，就跟随在后面走；对方年龄与兄长相仿，就并排走而稍后一些；对方若是朋友，行走中间不超越对方。

【提示】

　　与人交往，随时都要注意尊重对方。

4.28　七教：父子，兄弟，夫妇，君臣，长幼，朋友，宾客[1]。

(《王制篇》)

【注释】

　　[1] 七教：七种伦理规范准则的教育，包括七种人际关系。七种关系中，各有自己的规矩礼数，不遵守规矩礼数，就没有办法分辨确定君臣、上下、长幼的位次，就没有办法区别男女、父子、兄弟的亲情与婚姻远近、亲疏之间的相互关系。各以自己遵循的规矩礼数教育自己要教育的人。所以七教者，乃治民之本。《孔子家语·王言解篇》：曾子曰："敢问何谓七教？"孔子曰："上敬老则下益孝，上尊齿则下益悌，上乐施则下益宽，上亲贤则下择友，上好德则下不隐，上恶贪则下耻争，上廉让则下耻节。此之谓七教。七教者，治民之本也。"《家语》所记七教为：敬老、尊齿、乐施、亲贤、好德、恶贪、廉让。

【译文】

　　七种伦理规范准则的教育，包括人在社会上生活，彼此之间形成父子、兄弟、夫妇、君臣、长幼、朋友、宾客七种关系。

【提示】

　　七教既是治民之本，当然也就是民修身之本。

4.29　乐所以修内也，礼所以修外也[1]。礼乐交错于中，发形于外，是故其成也怿，恭敬而温文[2]。

（《文王世子篇》）

【注释】
〔1〕修：治理，修饬。内：指心。
〔2〕中：指心。成：成功，成效。怿：愉悦，高兴。

【译文】
　　乐是用来提高内在思想修养、道德素质的教育方法，礼是用来加强外在待人处事能力的教育方法。礼乐在心中相互融会作用，在待人处事中良好地表现出来，所以它的效果使人高兴，且使人变得谦恭敬重、温和文雅。

4.30　昔者仲尼与于蜡宾[1]。事毕，出游于观之上，喟然而叹[2]。仲尼之叹，盖叹鲁也。言偃在侧，曰[3]："君子何叹[4]？"孔子曰："大道之行也，与三代之英，丘未之逮也，而有志焉[5]。大道之行也，天下为公[6]。选贤与能，讲信修睦[7]。故人不独亲其亲，不独子其子，使老有所终，壮有所用，幼有所长，矜、寡、孤、独、废、疾者皆有所养[8]。男有分，女有归[9]。货，恶其弃于地也，不必藏于己[10]；力，恶其不出于身也，不必为己。是故谋闭而不兴，盗窃乱贼而不作，故外户而不闭[11]。是谓大同[12]。今大道既隐，天下为家[13]。各亲其亲，各子其子，货力为己，大人世及以为礼，城郭沟池以为固，礼义以为纪[14]。以正君臣，以笃父子，以睦兄弟，以和夫妇，以设制度，以立田里，以贤勇知，以功为己[15]。故谋用是作，而兵由此起[16]。禹、汤、文、武、成王、周公，由此其选也[17]。此六君子者，未有不谨于礼者也[18]。以著其义，以考其信，著有过，刑仁、讲让，示民有常[19]。如有不由此者，在势者去，众以为殃[20]。是谓小康[21]。"

(《礼运篇》)

【注释】

〔1〕仲尼：即孔子。孔子名丘，字仲尼。《礼记》所汇编的释《礼》作品，出自战国、秦、汉时期的儒家学者之手，其中所引孔子之言，多不见载于《论语》，为作者假托孔子以自重。所以，把它看作儒家之言则可，如果认定为孔子之言则须审慎。与：参与，参加。蜡(zhà)：祭名，周代于十二月举行的年终祭祀，合祭万物之神，亦祭宗庙。宾：助祭人员。

〔2〕观：宫门及宗庙门两旁的高建筑物，又叫阙。喟(kuì)然：叹气的样子。

〔3〕言偃：字子游，春秋末期吴国人，孔子的学生。

〔4〕君子：指孔子。何叹：即"叹何"。何，疑问代词，什么。

〔5〕大道：公而无私之道，指原始共产社会的各项准则。三代：指夏、商、周三个朝代。英：指英明君主。未之逮：即"未逮之"。逮，赶上。焉：兼词，于此。

〔6〕公：共有。此言大道推行的时代，天下是共有的，当时尚无私有观念。此即原始共产社会时期。

〔7〕与：连词，和；一说"与"，通"举"，与"选"同义，选拔，推举。

〔8〕亲其亲：亲爱父母。第一个"亲"字作动词用，意动用法，谓亲近，亲爱。终：终养，安享天年。矜：通"鳏"，年老无妻。孤：年幼无父。独：年老无子。废：残废。

〔9〕分：职分，职责。归：女子出嫁。

〔10〕货：财物。

〔11〕是故：所以。谋：此指奸诈的阴谋。闭：闭塞。乱贼：造反作乱的人。作：发生，兴起。外：动词，向外开着。户：单扇门，此指门。此

言门向外开着而不关闭。

〔12〕同：和，平。大同，高度的和平。

〔13〕今：如今，指"大道既隐"以后的夏、商、周三代。因孔子生活于三代的末世，所以称三代为"今"。隐：消逝，此言原始共产社会制度已经解体。家：一家私有。

〔14〕大人：指天子、诸侯。世及：父死传位给儿子叫世，兄死传位给弟弟叫及。"世及以"即"以世及"，宾语前置。城：内城。郭：外城。沟池：护城河。

〔15〕正：端正。笃：淳厚，厚道。这里，正、笃、睦、和都是使动用法，是说使君臣关系端正，使父子关系厚道，使兄弟之间和睦，使夫妇之间和谐。田：土地。里：社会基层组织名称。周代以二十五家为一里。设田里，指划分田地的阡陌疆界，设立居住的间里制度。贤：尊崇。知：同"智"。功：推重，奖励。

〔16〕用：以。用是，因此。兵：指战争。

〔17〕禹：传说为原始社会末期夏后氏部落首领。当时的部落联盟首领推举实行所谓禅让制。尧传舜，舜传禹，至禹而传子启建立夏朝。所以，这里叙述"天下为家"自禹始。汤：建立商朝的君主。文、武、成王：周的三代君主。文王时，周是商朝在西方的一个诸侯国，国力日强，为日后武王灭商建立西周奠定了基础。文王死后，其子武王灭商，建立周朝。武王死，其子成王年幼，武王弟周公代理政事，制定了各种制度。成王长大以后，周公还政成王。儒家把禹、汤、文王、武王、成王视为圣明君主，把周公视为圣贤。所以，这六人统治的时期，也成为他们向往的时代。

〔18〕谨：敬重，谨慎，此指郑重而认真地对待。

〔19〕著：明，使动用法，意为表彰。下句"著有过"之"著"，用法同此，因使之明者是"过"，所以意谓揭露。义：行为正当。考：成全。刑：典范，法则。示：给人看。常：常规，一定的纲纪法则。

〔20〕在势：指居权势之位。去：罢免。殃：祸害。

〔21〕康：安。

【译文】

从前，孔子作为助祭人员参加蜡祭活动。祭祀活动结束以后，走出来漫步于门阙上的平台，喟然长叹。孔子叹气，大概是哀叹礼崩乐坏的鲁国吧。学生言偃站在旁边，问道："老师您哀叹什么呢?"孔子说:"大道推行的时代和夏、商、周三个朝代的贤明君主统治的时期,我都没有赶上它,但是,那是我向往的时代。大道推行的时代,天下是共有的。选举有贤德和有才干的人治理天下,讲究信用,加强友好团结。所以,人们不只是亲爱自己的父母,不只是爱抚自己的儿女,使老年人安享天年,壮年有从事的工作,小孩有成长的条件,老无妻、妇丧夫、幼无父、老无子的人和残废、患病的人,都有生活保障。男的都有自己的工作,女的都要出嫁到男方家。财物,讨厌它被抛弃在地上,但是捡起来不一定归自己;力气,讨厌它不从自己身上使出来,但是出力气不一定为自己。所以,奸诈的阴谋不产生,盗贼和造反的人不出现。所以门向外开着而不用关闭。这叫作大同社会。如今,大道推行的时代已经消逝,天下成为一家私有。人们各自亲爱自己的父母,各自爱抚自己的儿女,得到财物归自己所有,出力气为自己谋利,天子、诸侯把传位给儿子或者兄弟作为礼,把有城郭和护城河作为坚固,把礼仪作为纲纪。用礼义来使君臣关系端正,使父子关系厚道,使兄弟和睦,使夫妇和谐,用礼义来设立各种制度,划定土地阡陌疆界,建立居民间里制度,用礼义来尊崇有勇有谋的人,奖励能为自己谋利益的人。所以,奸诈的阴谋因此产生,战争由此兴起。夏禹、商汤、周文王、周武王、周成王、周公这六个人,恐怕就是因为这种情况而选拔出来的吧。这六位有贤德的人,没有不郑重而认真地对待礼的。他们用礼来表彰那正确的,成全那有信用的,揭露那有错误的,把仁作为典范,提倡谦让不争,以此向民众显示,治理天下有一定的纲纪法规。如果有不依照礼办事的人,是居于权势之位的就罢免他,大家都把不依照礼办事看作是祸殃。这叫作小康社会。"

【提示】

　　这是《礼记·礼运篇》首一段文字。作者假托孔子之言,概括地叙述了中国原始共产社会与继之出现的私有制社会的基本特征。早在两千年前,学者们根据古史传说描绘的"大同"社会与"小康"盛世,反映了儒家学派的政治理想,证明中国曾经历过原始共产社会,从夏代开始进入私有制社会。这是一份极为珍贵的上古史资料。

4.31　孔子曰:"夫礼,先王以承天之道,以治人之情,故失之者死,得之者生[1]。《诗》曰[2]:'相鼠有体,人而无礼[3]。人而无礼,胡不遄死[4]。'是故夫礼,必本于天,殽于地,列于鬼神,达于丧、祭、射、御、冠、昏、朝、聘[5]。故圣人以礼示之,故天下国家可得而正也[6]。"

(《礼运篇》)

【注释】

〔1〕夫:句首语气词。先王:前代君王。以:用。承:奉承,顺应。天之道:即天道。天道是自然运行规律向人们显示的天象。《左传》鲁昭公二十五年"则天之明,因地之性"句,孔颖达疏云:"覆而无外,高而在上,运行不息,日月星辰,温凉寒暑,皆是天之道也。"此言先王用礼接受上天统治人间的旨意。故:所以。失:失去,不用,违背。之:指礼。者:指人或国家。死:人则死,国则亡。

〔2〕《诗》:引诗见《诗经·相鼠篇》。

〔3〕相:看。体:形体。

〔4〕胡:为什么。遄:迅速,赶快。

〔5〕本:根据。天:谓天象。此言根据天象显示的天意制礼。殽:通"效",效法,仿效。地:谓地貌。地貌有高低,此言效法地貌高低制定人间社会的尊卑等级。列:行列,序列,次序,此作动词用,义为布列、排列次序。此言参照宗庙、山川等鬼神的尊卑贵贱、名位先后等制定礼法秩序。达:通,至,此谓贯彻。丧、祭、射、御、冠、昏、朝、聘:指社会生活与政治生活各方面的礼制。射,射箭。古代重射。从礼制说,古有射礼。《礼记》有《射义篇》,记载:"古者天子以射选诸侯、卿、大夫、士。"《仪礼》有《乡射礼篇》,记载:"宾主人射,则司射摈升降。"从技艺说,射为古代六大技艺之一。《周礼·地官·大司徒》:"六艺,礼、乐、射、御、书、数。"御,驾驭车马。冠,行冠礼,男子一般在二十岁前后举行加冠礼,表示已到成年。昏,古"婚"字,此谓婚

礼。朝:诸侯朝见天子。聘,《礼记·曲礼下篇》:"诸侯使大夫问于诸侯曰聘。"

〔6〕示之:示民,即向民显示。天下:天子统治的疆域称天下。国家:诸侯统治的疆域称国家。可得而正:谓使天下国家能够得到正常发展。

【译文】

孔子说:"礼是前代君王用奉承上天的旨意,来治理人间的社会,所以违背礼的死,遵行礼的生。《诗经·相鼠篇》说:'看那老鼠还有个形体,做人却不遵守礼。做人既不遵守礼,干嘛还不快点死!'"所以,礼的制定,根据天象显示的上天旨意,仿效地貌的高低不平,参照鬼神名位的序列,规范人间的尊卑贵贱、名分等级,将其贯彻到社会生活与政治生活中丧、祭、射、御、冠、婚、朝、聘等各个方面,圣人向人们显示礼,所以天下、国家都能够得到正常发展。

4.32 何谓人情[1]?喜、怒、哀、惧、爱、恶、欲,七者弗学而能[2]。何谓人义[3]?父慈、子孝,兄良、弟弟、夫义、妇听、长惠、幼顺、君仁、臣忠,十者谓之人义[4]。讲信修睦,谓之人利。争夺相杀,谓之人患。故圣人之所以治人七情,修十义,讲信修睦,尚辞让,去争夺,舍礼何以治之[5]?

(《礼运篇》)

【注释】

〔1〕人情:人的情绪生发于心,所以常说"人的心情"。心的活动有多种,这里概括为七种,合称"七情"。

〔2〕恶(wù):憎。欲:欲望,希望得到。弗:不。

〔3〕人义:谓人按照正义或道德规范的要求做人处事。义,宜,适宜,正确的行为。所以,人按照正义或道德规范的要求做人处事称"人

义"。义行有多种，这里概括为十种，合称"十义"。

〔4〕慈：父母爱子女。弟弟：身为弟弟，敬重兄长与长辈。夫义：谓丈夫对待妻子和善有情。听：从。惠：仁爱宽厚。顺：听从训教。

〔5〕故：所以。所以：用来。尚：重视，推崇。去：抛弃。舍：舍弃，不用。何以：即"以何"，用什么。

【译文】

什么是人情：喜、怒、哀、惧、爱、恶、欲，这七种情绪，不用学便都能产生。什么是人义？父慈、子孝，兄良、弟弟，夫义、妇听，长惠、幼顺，君仁、臣忠，这十种义行是人义。讲究信用，加强友好团结，这样做对人有利，叫它作人利。彼此争夺，互相残杀，成为人的祸害，叫它作人患。所以，圣人用来治理人的七欲，加强人的十义，讲究信用，加强和睦团结，推崇辞让，抛弃争夺，不用礼，用什么治理这些呢？

【提示】

人情、人害，无礼不能治理。人义、人利，无礼不能加强。

4.33 父母有过，下气怡色柔声以谏，谏若不入，起敬起孝[1]。说则复谏；不说[2]，与其得罪于乡、党、州、闾，宁孰谏[3]。父母怒，不说，而挞之流血，不敢疾怨，起敬起孝[4]。

(《内则篇》)

【注释】

〔1〕过：过失，错误。下气：降下语气。怡：喜悦。色：脸色，面部表情。柔：柔和，温顺。谏：规劝。下气怡色柔声以谏，宾语前置，即"以下气怡色柔声谏"。起：上升。这里上升的是敬、孝，则意思即为比原来更加敬、孝。

〔2〕说：音、义同"悦"，后用"悦"字。复：再一次。

〔3〕与其……宁：选择结构，意谓与其这样做，宁可那样做。乡、党、州、闾：社会基层组织名称。周朝都城外百里为郊，郊分为六乡，乡下设置州、党、族、闾、比。五家为比，五比为闾，闾则二十五家。四闾为族，族则百家。五族为党，党则五百家。五党为州，州则二千五百家。五州为乡，乡则一万二千五百家。乡、州、党、族、闾、比各设长官一人，比有比长，闾有闾胥，族有族师，党有党正，州有州长，乡有乡大夫。郊设六乡，总归司徒管理。孰谏：即"熟谏"，婉转地规劝说服。

〔4〕挞：用鞭子或棍子打人。疾：恨。

【译文】

父母有过错，用降下气势、和颜悦色、柔和的话规劝，规劝的话如果听不进去，就更加恭敬，更加孝顺。等到父母高兴的时候，就再规劝；又惹得父母不高兴，与其因为父母的过错得罪乡、党、州、闾的人，不如婉转地规劝说服父母。父母发怒，生气之下，用棍棒将儿子打得血流不止，儿子不仅不怨恨，对父母更加恭敬，更加孝顺。

4.34 其不可得变革者则有矣[1]。亲亲也，尊尊也，长长也，男女有别，此其不可得与民变革者也[2]。

（《大传篇》）

【注释】

〔1〕不可得：不能够得到。矣：句末语气词，多用于叙述句。

〔2〕亲亲、尊尊、长长：亲、尊、长三句结构同，皆各字重叠，皆上字作动词用。上"亲"，亲近。上"尊"，尊重，尊敬。上"长"，敬重。

【译文】

社会发展，时代变革，本该事事与时俱进，但在与时俱进的大潮流中，也有世代传承下来的礼规不能改变。亲近亲近的人，尊重该尊重的人，敬重长者，还有男女有别，这些都是不能随社会变化而成为民众不遵守的礼规。

4.35　君子如欲化民成俗，其必由学乎！

(《学记篇》)

【译文】

君子如果想要提高人民的素质，形成良好的风俗，那就一定要通过学习达到。

4.36　玉不琢，不成器。人不学，不知道[1]。是故古之王者建国君民，教学为先[2]。《兑命》曰[3]："念终始典于学[4]。"其此之谓乎[5]。

(《学记篇》)

【注释】

〔1〕道：道理。
〔2〕是故：所以。君：治理。教学：教与学，谓教育。
〔3〕《兑命》：《尚书》篇名，今作《说命》。兑，通"说(yuè)"。
〔4〕典：经常。
〔5〕此之谓：即"谓此"。之，结构助词，起宾语前置的作用，无实义。

【译文】

玉不琢磨，不能成为器具。人不学习，不能懂得道理。所以古代的君王建立国家，治理人民，教育作为首先要做的事。《尚书·说命篇》说："自始至终念念不忘的，常常是学习。"这句话说的就是这个意思。

4.37 学,然后知不足;教,然后知困[1]。知不足,然后能自反也;知困,然后能自强也。故曰:教学相长也。《兑命》曰:"学学半[2]。"其此之谓也。

(《学记篇》)

【注释】
〔1〕困:谓知识贫乏。
〔2〕上"学":同"敩(xiào)",教育,教导。半:一半。教者在教人过程中,也在学习知识充实提高自己,所以说教人过程有一半是学习。

【译文】
学习,然后知道知识不够;教人,然后知道知识贫乏。知道知识不够,然后能够促使自己反省;知道知识贫乏,然后能够促使自己发愤图强。所以说:教与学是相互促进的。《尚书·说命篇》说:"教人过程有一半是学习。"这句话说的就是这个意思。

4.38 学者有四失……或失则多,或失则寡,或失则易,或失则止[1]。

(《学记篇》)

【注释】
〔1〕或:有的。则:助词,用于句中,无实义。易:改,换。

【译文】
学习的人有四种失误……有的失于学习内容过于宽泛,贪多而难以深入;有的失于学习内容过于狭窄而不广博,难以融会贯通;有的失于学习内容不固定,见异思迁,改来换去,学不专一;有的失于学习意志不坚定,乍学即止,半途而废,难以坚持到底。

4.39　凡学之道，严师为难[1]。师严，然后道尊；道尊，然后民知敬学。

(《学记篇》)

【注释】
〔1〕严：尊重，尊敬。

【译文】
　　学习要做的，尊重老师很难做到。老师受尊重，然后学习中老师教给的道理就受尊重；学习中老师教给的道理受尊重，然后民众就知道敬重学习。

【提示】
　　尊师重道。

4.40　乐者，天地之和也；礼者，天地之序也。和，故百物皆化[1]；序，故群物皆别。

(《乐记篇》)

【注释】
〔1〕化：化育，生长。

【译文】
　　乐，显示大自然的和谐；礼，显示大自然的秩序。和谐，所以万物都被化育出来；有秩序，所以万物都有了名分等级的分别。

4.41　子贡问丧[1]。子曰："敬为上，哀次之，瘠为下[2]。颜色称其情，戚容称其服[3]。"

(《杂记下篇》)

【注释】
〔1〕子贡：孔子弟子。
〔2〕瘠：身体瘦弱憔悴。
〔3〕颜色：谓脸上的表情。称(chèn)：适合。戚：悲哀。服：谓丧服。丧服依亲疏差等分为五等。

【译文】
子贡问丧礼。孔子说："心怀敬意最重要，其次是悲哀之情，出现身体憔悴不支的情况最不好。脸上的表情要与心中的哀情相称，悲哀的面容要与所穿丧服的等次相称。"

【提示】
亲人去世，悲痛万分。节哀顺变，办好丧事。

4.42 君子有三患[1]：未之闻，患弗得闻也[2]。既闻之，患弗得学也[3]。既学之，患弗能行也。

(《杂记下篇》)

【注释】
〔1〕患：忧虑。
〔2〕未之闻：即"未闻之"，宾语前置。弗：不。得：此作能愿动词，义为"能够"。
〔3〕既：已经。

【译文】
君子有三方面的忧虑：一是，没有听到过的知识，担心不能有机会听到它。二是，已经听到过的知识，担心不能有机会认真地学习它。三是，已经学习到的知识，担心不能在实践中运用它。

4.43 君子有五耻：居其位，无其言，君子耻之。有其言，无其行，君子耻之。既得之而又失之，君子耻之。地有余而民不足，君子耻之。众寡均而倍焉，君子耻之[1]。

(《杂记下篇》)

【注释】
〔1〕寡：少。焉：兼词，义为"于他"。倍于他，比民众多一倍。

【译文】
君子有五方面的羞耻：一是，在自己的职位上，提不出职内诸事的意见或建议，君子感到羞耻。二是，只是提出意见或建议，而落实不到实际行动中，君子感到羞耻。三是，提出的意见或建议施行以后，不久就被搁置而不再施行，君子感到羞耻。四是，土地辽阔而百姓收入不足，君子感到羞耻。五是，民众的收入平均数很少，而自己的收入比民众成倍丰裕，君子感到羞耻。

4.44 君子生则敬养，死则敬享，思终身弗辱也[1]。

(《祭义篇》)

【注释】
〔1〕生、死：皆谓父母在世与否。享：谓献供品使去世的父母享用。

【译文】
君子在父母在世的时候恭敬地赡养父母，在父母去世以后恭敬地奉献供品请父母享用，总想着自己一辈子不做有辱父母的事情。

4.45 君子有终身之丧，忌日之谓也[1]。

(《祭义篇》)

【注释】

〔1〕忌日：人去世的日子。忌日之谓，即"谓忌日"，宾语前置。之，结构助词。

【译文】

君子有一辈子都像给父母过丧事一样度过的日子，就是父母去世的那一天。

【提示】

终生不忘本。

4.46 事死者如事生，思死者如不欲生。忌日必哀，称讳如见亲[1]。

(《祭义篇》)

【注释】

〔1〕讳：人的名。父母与长者、尊者的名都不能直呼，要避开，称避讳。

【译文】

侍奉去世的父母，像侍奉在世时的父母一样恭敬；追思去世父母的时候，悲痛得简直都不想活了。父母去世的日子，必然悲哀；提起父母生前的名字，脑子里就会浮现出父母那慈祥的音容笑貌，像亲眼看见了父母一样。

4.47 子曰："立爱自亲始，教民睦也；立敬自长始，教民顺也。教以慈睦，而民贵有亲[1]；教以敬长，而民贵用命。孝以事亲，顺以听命，错诸天下，无所不行[2]。"

(《祭义篇》)

【注释】
〔1〕慈睦：慈爱和睦。教以慈睦，即"以慈睦教"。下文"教以敬长""孝以事亲""顺以听命"的语式，皆同此。贵：崇尚，重视。
〔2〕错：通"措"，施行。诸：兼词，义为"之于"。无所：没有什么。

【译文】
孔子曰："确立爱心的起点从侍奉父母开始，教育民众懂得和睦；确立敬意从尊重长辈开始，教育民众懂得顺从。用慈爱和睦进行教育，民众崇尚有亲情；用敬重长辈教育民众，民众崇尚听从命令。用孝心侍奉父母，用顺从听从命令，将这样的做法在天下施行，没有什么事情行不通。"

4.48 君子反古复始，不忘其所由生也[1]。是以致其敬，发其情，竭力从事，以报其亲，不敢弗尽也[2]。

(《祭义》)

【注释】
〔1〕反古：返回古代，此谓追祭祖先。反，同"返"。复始：回复到初始。

〔2〕是以：因此。致：极尽。从事：做事。报：回报，报答。亲：亲人，此指自始祖至历世先祖到自己的父母。

【译文】

君子追祭祖先，回复到初始，不忘自己的老祖宗。因此，尽其敬意，抒发感情，竭尽全力做事，用来报答自己的亲人，不敢不尽心尽力。

【提示】

初祖何人，后人不知。初祖大恩，后人当报。何以报之？反古复始，不忘所由生。

4.49 曾子曰："孝有三：大孝尊亲，其次弗辱，其下能养。"

(《祭义篇》)

【译文】

曾子说："孝有三种情况：最好的，是使父母受到尊重；其次的，是不使父母受到侮辱；较差的，只是能够养活父母。"

4.50 众之本，教曰孝，其行曰养。养，可能也，敬为难[1]。敬，可能也，安为难。安，可能也，卒为难[2]。

(《祭义篇》)

【注释】

〔1〕可能："可"与"能"皆能愿动词，可以，能够。
〔2〕卒：结束，到底。

【译文】

人们做人的根本,教养是孝父母,具体做法是赡养父母。赡养父母能够做到,要做到敬重父母就难了。敬重父母能够做到,要做到使父母安逸快乐就难了。使父母安逸快乐能够做到,要做到始终如一、坚持到底就难了。

4.51　父母既没,慎行其身,不遗父母恶名,可谓能终矣[1]。

(《祭义篇》)

【注释】

〔1〕既:已经。没:谓去世。身:谓自身,即本人。遗:留。终:最后,到底。

【译文】

父母去世以后,谨慎自己的行为,不给父母留下坏名声,可说是能够自始至终地为父母行孝了。

4.52　父母爱之,喜而弗忘。父母恶之,惧而无怨[1]。父母有过,谏而不逆[2]。

(《祭义篇》)

【注释】

〔1〕恶(wù):讨厌,不喜欢。
〔2〕谏:下对上的规劝。逆:反方向,对着干。

【译文】

父母爱自己,就心里高兴而常记着。父母讨厌自己,就心里惧怕而不怨恨。父母有过错，就尽心规劝而不抵触对抗。

4.53 恶言不出于口，忿言不反于身[1]。

(《祭义篇》)

【注释】
〔1〕恶言：坏话。忿：因心中不满引起感情激动而发怒。反：回到，还给。

【译文】
自己不说别人的坏话，别人就不会用怒气冲冲的话回击自己。

【提示】
我不犯人，人不犯我。

4.54 居乡以齿，而老穷不遗，强不犯弱，众不暴寡。

(《祭义篇》)

【译文】
居住在乡里，根据年龄长幼为序，年长者受尊重，即使穷困的老人也包括在内而不遗漏，强的不欺凌弱的，人多的不祸害人少的。

4.55 善则称人，过则称己，教不伐以尊贤也[1]。

(《祭义篇》)

【注释】
〔1〕伐：自夸。

【译文】
好事，说是别人做的；错事，说是自己做的；教人不要自大自夸，而要懂得尊重品德高尚的人。

4.56 孝子之事亲也，有三道焉[1]：生则养，没则丧，丧毕则祭[2]。养则观其顺也，丧则观其哀也，祭则观其敬而时也。尽此三道者，孝子之行也。

(《祭统篇》)

【注释】
〔1〕亲：谓父母。焉：句末语气词，无实义。
〔2〕毕：结束。

【译文】
孝子侍奉父母，有三个时间段的不同方式：父母在世的时候是赡养父母，父母去世后是为父母办丧事，丧事办完后是祭祀父母。赡养时看他是否顺从，办丧事时看他是否悲哀，祭祀时看他是否心怀敬意而又遵时。这三个时间段应该做的事都做到，这就是孝子的做法。

4.57 夫鼎有铭，铭者，自名也[1]。自名，以称扬其先祖之美，而明著之后世者也[2]。为先祖者，莫不有美焉，莫不有恶焉，铭之义，称美而不称恶，此孝子孝孙之心也，唯贤者能之[3]。铭者，论撰其先祖之有德善，功烈、勋劳、庆赏、声名，列于天下，而酌之祭器，自成其名焉，以祀其先祖者也[4]。显扬先祖，所以崇孝也。身比焉，顺也[5]。明示后世，教也。夫铭者，壹称而上下皆得焉耳矣[6]。

(《祭统篇》)

【注释】

〔1〕鼎：古代炊器名，盛行于商周，多用作宗庙礼器与墓葬明器。铭：文体名。铭文多刻在碑版或器物上，其内容，有的称颂功德，有的用来自警。自名：语意同下文"自成其名"，意谓通过撰写铭文颂扬先祖使自己出名。"铭者，自名也"，运用以音求义的诠释方法说明"铭"的意思是"名"。

〔2〕明著：明显，显著。

〔3〕莫：没有人，没有谁。义：做应该做的事为义，此谓记述应该记述的内容。

〔4〕德善：道德善行。功烈：功业。烈，业绩。勋劳：功勋，功劳。《周礼·夏官司马·司勋》："王功曰勋，国功曰功。"庆赏：赏赐。庆，与"赏"同义连用。声名：名声。列：显。酌：酌情选取。祭器：这里指鼎。

〔5〕身：自身。比：附从，跟从其后。焉：兼词，于他，此谓在先祖名字后。

〔6〕上下：谓先祖与后人。焉耳矣：三个句末语气词连用，无实义，而是用加重的语气表示肯定。

【译文】

鼎，其上大多铸有铭文，铭，是自我扬名的文体。自我扬名，是通过赞颂宣扬先祖的美德善行，而明显地使后世的人知道了自己的名字。作为先祖，没人没好的地方，也没人没不好的地方，而铭文应该记述的内容，是记述好的而不记述坏的，这是孝子孝孙的想法，但是只有品德高尚的贤者才能做到全好没不好。铭文，论述先祖所有的道德善行，将先祖的业绩、功勋、赏赐、名声宣扬于天下，选铸在鼎上，自我扬名，就是用祭祀先祖做到的。宣扬先祖，是用来提倡崇尚孝道的做法。自己的名字写在先祖名字的后面，合乎伦理，顺于人情。宣扬先祖美德善行，将自己的名字写在先祖的后面，这些都明白地显示给后世的人，就是使后世的人从中受到孝道与伦理的教益。写篇铭文，赞颂一次先祖，先祖与后人都得到各自应该得到的，也就是先祖得到扬名，后人受到教益。

4.58　孔子曰："入其国，其教可知也。其为人也：温柔敦厚，《诗》教也[1]；疏通知远，《书》教也[2]；广博易良，《乐》教也[3]；洁静精微，《易》教也[4]；恭俭庄敬，《礼》教也[5]；属辞比事，《春秋》教也[6]。故《诗》之失，愚[7]；《书》之失，诬[8]；《乐》之失，奢[9]；《易》之失，贼[10]；《礼》之失，烦[11]；《春秋》之失，乱[12]。其为人也：温柔敦厚而不愚，则深于《诗》者也[13]；疏通知远而不诬，则深于《书》者也；广博易良而不奢，则深于《乐》者也；洁静精微而不贼，则深于《易》者也；恭俭庄敬而不烦，则深于《礼》者也；属辞比事而不乱，则深于《春秋》者也。"

（《经解篇》）

【注释】
〔1〕敦：诚恳。《诗》：即《诗经》。
〔2〕疏通：通晓。远：谓远古。《书》：即《尚书》。
〔3〕广博：宽广博大，指人的学识、胸怀等，此重在指人的胸怀。易良：平易良善。《乐》：即《乐经》。有无《乐经》这部书，学界有两说。一说，只有乐谱，从来就没有《乐经》；一说，本有《乐经》，经秦焚书，《乐经》亡。
〔4〕洁静：清静。精微：精深微妙。孔颖达正义："《易》之于人，

正则获吉，邪则获凶，不为淫滥，是洁静；穷理尽性，言入秋毫，是精微。"《易》：即《周易》。

〔5〕恭俭：恭谨。庄敬：庄严敬重。《礼》：即《礼经》。先秦至汉的《礼经》，即今《仪礼》。

〔6〕属（zhǔ）：连接，连缀。比：排列。事：指历史事件。《春秋》：书名。

〔7〕失：不足。愚：愚钝，不明智。

〔8〕诬：欺骗，虚而不实，此谓史事不实而受骗。

〔9〕奢：过分，此言过分逸乐，而不知节制检束。

〔10〕贼：邪辟不正。

〔11〕烦：烦琐而不简约。

〔12〕乱：扰乱，此谓扰乱礼法等级制度。

〔13〕深：深入，加深。

【译文】

孔子说："到了一个国家，这个国家的人受到的教育可以知道。主要通过考察国民做人的素养情况：温柔忠厚的，一般应是受到《诗》的教育；通晓历史，知道远古史事的，一般应是受到《书》的教育；胸怀宽广博大，心地平易良善的，一般应是受到《乐》的教育；清静而有节制，虑事慎细而精深微妙的，一般应是受到《易》的教育；恭谨谦逊，庄严敬重的，一般应是受到《礼》的教育；连缀文辞，排列史事的，一般应是受到《春秋》的教育。由于各经的教育收效都偏重在一个方面，所以各经的教育效果都有不足的地方：受《诗》教育的，愚钝而不明智；受《书》教育的，因史事不实而受骗；受《乐》教育的，过分逸乐而不知节制检束；受《易》教育的，邪辟不正；受《礼》教育的，烦琐而不知简约；受《春秋》教育的，扰乱礼法等级制度。国民做人的素养也有以下情况：温柔忠厚，不愚钝而明智，是对《诗》意有深刻领会的人；通晓历史，知道远古史事，不因史事不实而受骗，是对《书》的内容有深刻了解的人；胸怀宽广博大，心地平易良善，不过分逸乐而知节制检束，是对《乐》的社会作用有深刻认识的人；清静而有节制，虑事慎细且精深微妙，而不走邪辟不正的邪路，是对《易》书性质有深刻理解的人；恭谨谦逊,庄严敬重,简约而不烦琐,是对《礼》在维护伦理等级制度方面的作用有深刻认识的人;连缀文辞,排列史事,而不扰乱礼法等级制度,是对《春秋》有深入研究的人。"

【提示】
　　诠释六经的文字,以此为最早。

　　4.59　礼之教化也微,其止邪也于未形,使人日徙善远罪而不自知也,是以先王隆之也[1]。《易》曰[2]:"君子慎始,差若毫厘,缪以千里[3]。"此之谓也。

(《经解篇》)

【注释】
　　[1]未形:谓事情尚未显出迹象、征兆。徙:趋向,谓人思想品德的变化。隆:提倡,尊崇。
　　[2]《易》:其引文见于《易》纬,不见于《周易》经传。
　　[3]毫厘:毫、厘都是很微小的长度单位,二字连用,比喻极其短小。缪:错误。

【译文】
　　礼的教育作用是很小的,能够在邪恶还没有显露出苗头的时候制止它,使人天天在不知不觉中趋向良善、远离罪恶,因此前代君王非常尊崇礼。《周易》说:"君子在事情开始的时候特别谨慎小心,因为他们知道,初始差错如果只是毫厘那么短小,到了最后就会错到一千里的长度。"说的就是这个意思。

【提示】
　　邪念,不要因小而不在意。

4.60 孔子曰:"丘闻之,民之所由生,礼为大[1]。非礼无以节事天地之神也,非礼无以辨君臣、上下、长幼之位也,非礼无以别男女、父子、兄弟之亲,昏姻疏数之交也[2]。君子以此之为尊敬然[3]。"

(《哀公问篇》)

【注释】
〔1〕丘:孔子名。大:谓重要。
〔2〕无以:没有办法。节事:行事有节制,使其事合乎准则。昏:后写作"婚"。昏姻,即"婚姻"。疏数:远近,亲疏。交:交往,此谓彼此交往中的相互关系。
〔3〕以:因为,由于。以此,谓由这些事显示出的礼的作用。然:表示肯定的语气词,用于句末,无实义。

【译文】
孔子说:"我听说过这种说法,人得以生存的条件,礼是最重要的。没有礼就没有办法合乎准则地侍奉天地神明,没有礼就没有办法分辨君臣、上下、长幼的位次,没有礼就没有办法区别男女、父子、兄弟的亲情与婚姻、远近亲疏之间的相互关系。君子因为礼的这些作用而对礼十分尊重。"

4.61 子曰:"敬而不中礼谓之野,恭而不中礼谓之给,勇而不中礼谓之逆[1]。"

(《仲尼燕居篇》)

【注释】
〔1〕敬:尊重。中(zhòng):符合。野:谓质朴而不粉饰。恭:谦顺。给:谓巴结,奉承讨好。逆:施暴不顺。

【译文】

　　孔子说:"尊重而不符合礼数的说他是质朴而不粉饰,谦顺而不符合礼数的说他是巴结,勇猛而不符合礼数的说他是施暴不顺。"

　　4.62　子云:"君子贵人而贱己,先人而后己,则民作让[1]。"

(《坊记篇》)

【注释】

　　[1]贵:尊重,重视。贵人,认为人贵。贱:贱视。贱己,认为己贱。作:兴起。

【译文】

　　孔子说:"君子重人而轻己,先人而后己,那么,人们就会兴起谦让的风气。"

　　4.63　子云:"善则称人,过则称己,则民不争。善则称人,过则称己,则怨益亡[1]。"

(《坊记篇》)

【注释】

　　[1]称:说。益:更加。

【译文】

　　孔子说:"好事说是别人做的,错事说是自己做的,人们就不会有争斗。好事说是别人做的,错事说是自己做的,怨恨就更不会有了。"

4.64　子云:"善则称人,过则称己,则民让善。"

（《坊记篇》）

【译文】
　　孔子说:"好事说是别人做的,错事说是自己做的,当有善事出现,人们就会相互推说不是自己做的。"

4.65　子云:"善则称亲,过则称己,则民作孝。"

（《坊记篇》）

【译文】
　　孔子说:"好事说是父母做的,错事说是自己做的,人们就会兴起对父母尽孝的风气。"

4.66　子云:"君子弛其亲之过,而敬其美[1]。"

（《坊记篇》）

【注释】
〔1〕弛:舍弃,放下。

【译文】
　　孔子说:"君子放下父母的过错,而敬重父母的优点。"

4.67　子云:"从命不忿,微谏不倦,劳而不怨,可谓孝矣[1]。"

（《坊记篇》）

【注释】

〔1〕微：微而不显，谓在隐约之间。谏：规劝，劝说。

【译文】

孔子说："父母有事，顺从父母的指使不生气；父母有过错，用委婉的话再三劝说不厌烦；侍奉父母，劳累辛苦无怨言。做到这些，可以叫作孝。"

4.68　子曰："君子慎以辟祸，笃以不掄，恭以远耻[1]。"

（《表记篇》）

【注释】

〔1〕辟：同"避"。笃：笃实，厚道。掄：艰难窘迫。

【译文】

孔子说："君子用言行谨慎避免灾祸，用做人厚道免遭艰难窘迫，用恭敬待人免受耻辱。"

4.69　子曰："以德报德，则民有所劝。……以德报怨，则宽身之仁也。"

（《表记篇》）

【译文】

孔子说："用德报答德，人们就会受到劝勉激励。……用德回应怨，是自身厚道宽容的仁慈。"

4.70　子曰："口惠而实不至，怨灾及其身[1]。"

（《表记篇》）

【注释】

〔1〕口惠：口头上许诺给人好处。

【译文】

孔子说："口头答应给人好处而实际不兑现，怨恨的灾祸就会招惹到身上。"

4.71　子曰："言，从而行之，则言不可饰也[1]。行，从而言之，则行不可饰也。故君子寡言而行以成其信，则民不得大其美而小其恶[2]。"

(《缁衣篇》)

【注释】

〔1〕从而：紧随其后。
〔2〕寡：少。寡言而行以，即"以寡言而行"。成：成就。信：诚信，讲信用。得：能够。大：夸大。小：缩小。这里的"大"、"小"都作动词用。

【译文】

孔子说："先说，而后接着就做说的事，说的就不可能粉饰伪装。先做，而后接着就说，做的就不可能粉饰伪装。所以君子用少说多做成就他的诚信，这样，人们就不能将他好的地方夸大，也不能将他不好的地方缩小。"

4.72　三年之丧何也？曰：称情而立文，因以饰群，别亲疏贵贱之节，而不可损益也，故曰"无易之道"也[1]。创巨者其日久，痛甚者其愈迟，三年者，称情而立文，所以为至痛极也[2]。斩衰苴杖，居倚庐，食粥，寝苫枕块，所以为至痛饰也[3]。三年之丧，二十五月而毕[4]。哀痛未尽，思慕未忘，然而服以是断之者，岂不送死有已，复生有节也哉[5]？凡生天地之间者，有血气之属必有知，有知之属莫不知爱其类[6]。今是大鸟兽，则失丧其群匹，越月逾时焉，则必反巡，过其故乡，翔回焉，鸣号焉，蹢躅焉，踟蹰焉，然后乃能去之[7]。小者，至于燕雀，犹有啁噍之顷焉，然后乃能去之[8]。故有血气之属者莫知于人，故人于其亲也至死不穷[9]。将由夫患邪淫之人与，则彼朝死而夕忘之，然而从之，则是曾鸟兽之不若也，夫焉能相与群居而不乱乎[10]？将由夫修饰之君子与，则三年之丧，二十五月而毕，若驷之过隙，然而遂之，则是无穷也[11]。故先王焉为之立中制节，壹使足以成文理，则释之矣[12]。

(《三年问篇》)

【注释】

〔1〕称(chèn)：符合。情：谓人情，此指父母死后哀戚悲痛的内心情感。立：建立，制定。文：谓礼制。因：利用，凭借。饰：表现，显示。群：众，此谓五服内的人。孔颖达正义："饰，谓章表也。群，谓五服之亲也。因此三年之丧差降各表其亲党。"节：等级，等次。

〔2〕创：创伤，伤害。巨：大，此指严重。甚：厉害。愈：痊愈。迟：慢，晚。为：给。至：最。极：极限，此谓最长的时间。

〔3〕斩衰：五种丧服中最重的一种，用粗麻布制成，左右边与下边不缝，服制三年。子与未嫁女为父母服，媳为公婆服，妻为夫服，承重孙为祖父母服，都服斩衰。斩，剪裁，此特指丧服不缝左右边与下边。衰(cuī)，同"缞"，用粗麻布做的丧服。承重孙，指祖父母去世时，父已去世，由长孙承担祖父母的丧祭，称承重长孙。苴杖：在父母丧事中孝子所拿的竹杖。倚庐：为父母守丧时居住的简陋棚屋。寝：睡，卧。苫(shān)：用草编制的平状物件。块：谓土块。

〔4〕二十五月：以去世的实际月数计，去世的第二十五月是进入第三年的始月。自去世至第二十五月，依丧礼之制，丧期礼节及各礼节规定的行礼时日都有定制。始死日，刚死不久，首行"复"礼招魂，希望刚离开身体的灵魂能回来复其身。丧礼最后行禫礼，禫礼是除服祭祀，在去世第二十五月行禫礼，表示从此脱去丧服，服丧到此结束。毕：结束。大多丧礼民间已不再举行，只是以去世忌日计年，至第三年的去世忌日到墓前举行纪念祭祀礼，至此服丧结束，这一礼俗延续至今。

〔5〕尽：完了。思慕：怀念追慕。以：由，从。是：此，这。断：了结。送死：谓办丧事。已：停止。生：谓送死者。节：时节，日子。

〔6〕血气：血液与气息，谓人与动物体内维持生命活动的两种要素。属：类，种类。莫：没有什么。

〔7〕今：句首语气词，犹"夫"，无实义。是：这。鸟兽：泛指飞禽走兽。群：群体伙伴。匹：配偶。越、逾：二词同义，超过。时：季。古"季"称"时"，"四季"称"四时"。反：同"返"。焉：句末语气词，无实义。巡：前去察看。过：到达。故乡：谓禽兽原来筑巢垒窝居住生活的地方。翔回：在空中盘旋飞翔。焉：兼词，于此，在这里。号：拖长声音大声叫唤。蹢躅（zhí zhú）：谓兽用蹄子踏地。踟蹰（chí chú）：谓心里迟疑，要走不走的样子。《荀子·礼论篇》"蹢躅焉，踟蹰焉"句唐代杨倞注："蹢躅，以足击地也。踟蹰，不能去之貌。"乃：才。去：离开。

〔8〕啁噍：小鸟的叫声。顷：顷刻，短时间。

〔9〕知：古"智"字，聪明。知于人，为形容词的比较语式，意谓"比人还知"。穷：尽。

〔10〕邪淫：邪恶不正，放荡不检。与：同"欤"，句末语气词，表示感叹或疑问，此表疑问。然：这，此，此谓这样的人。是：这。曾：竟，竟然。不若：不如。焉：怎么。相与：一起，共同。

〔11〕修饰：谓有道德修养，不违礼仪。驷（sì）：马。隙：空隙，门缝，墙缝。驷之过隙，语出《墨子·兼爱下篇》："人之生乎地上之无几何，譬之犹驷驰而过隙也。"后用来比喻光阴飞逝。遂：顺从，顺应。

〔12〕焉：于是。立中：确立长短适中的时间。制节：制定有节制的丧葬礼制。壹：一律，都，全都。足以：完全能够。文理：礼仪，条理。释：消除，解除。解决了丧事时间过长、过短的难题，制定出时间适中合宜的丧葬礼制，所以云"释"。

【译文】

　　父母死后,丧期三年,为什么呢?回答是:符合父母死后孝子哀戚悲痛的内心情感,制定礼制,凭借制定的礼制来显示五服内各辈次亲人的差等关系,区分亲疏贵贱的不同等次,而不能够任意减少或增加,所以说是不能变动的丧礼准则。创伤严重的拖的日子要长,疼痛厉害的好得要慢。丧礼时间定为三年,是根据父母死后孝子哀戚悲痛的内心情感制定的,是用来给最悲痛的孝子确定一个丧事的时间限期。孝子穿着五等丧服中最重的丧服斩衰,拿着竹杖,住在临时靠墙搭建的草棚屋中,喝着稀饭,睡在草苫子上,头枕着大土块,记述的这些,是用来显示孝子在内心极度悲哀中服丧尽孝的孝行。三年的丧期,二十五个月服丧结束。孝子的哀戚悲痛还没有完了,怀念追慕还没有忘记,然而戴孝守丧从此了结,岂不是说明丧事有结束的日子,恢复人们正常生活有开始的时候?生长在天地之间的生物,所有有血气的动物一定有智能,有智能的动物没有不知道亲爱他的同类的。就那大的飞禽走兽,找不着群体伙伴或者配偶的时候,即使过了一个月,甚至超过了一季三个月,一定要回去察看寻找,到了筑巢垒窝居住生活的地方,要是鸟,就在空中盘旋飞翔,拖长声音大声叫唤,然后才舍得离去;要是兽,就用蹄子跺地,来回走动,徘徊迟疑,然后才舍得离去。小的禽兽,小到像燕子、麻雀,一旦找不着群体伙伴或者配偶,还有短时间在那里发出啁啾的哀叫,然后才舍得离去。有血气的动物没有什么比人还更聪明智慧,所以人对自己的父母,终生行孝,直到父母去世没有穷尽。制定丧礼要依着那像得了邪恶不正、放荡不检的病的人吗?这样的人,早晨父母去世,晚上就把父母忘记了,要是依着他们的意思制定丧礼,这样对待父母,真是禽兽不如!这样,怎么能够众人生活在一起而不乱呢?制定丧礼要依着修养道德、遵守礼仪的人吗?对这样的孝子来说,服丧三年,二十五个月丧期就结束了,丧期短得就像从门缝看奔驰的马跑过一样,瞬间即逝,时间太短暂了。要是依着他们的意思制定丧礼,父母的丧事就没有了结的时候了。所以,前代君王给丧事确立长短适中的时间,制定有节制的丧葬礼制,既满足了孝子的尽孝之心,又规定了丧期的时限,使人们都能依礼尽孝。这样,制定出时间适中合宜的丧葬礼制,丧事时间过长、过短的难题就解决了。

4.73 君子之学也博,其服也乡。

(《儒行篇》)

【译文】

君子的学识渊博,衣服随俗。

4.74 儒有不宝金玉,而忠信以为宝;不祈土地,立义以为土地;不祈多积,多文以为富[1]。

(《儒行篇》)

【注释】

[1] 儒:谓儒者,即认同、尊崇儒家学派思想学说的读书人。宝金玉:认为金玉是宝。忠信以:即"以忠信"。下文"立义以""多文以"的语序同此。祈:求。

【译文】

有的儒者不把金玉作为宝,而把忠信作为宝;不求有土地,把立身在义理作为土地;不求多积聚钱财,把有文化素质、知识丰富、多才多艺作为富有。

4.75 凡人之所以为人者,礼义也[1]。礼义之始,在于正容体,齐颜色,顺辞令[2]。容体正,颜色齐,辞令顺,而后礼义备,以正君臣、亲父子、和长幼。君臣正,父子亲,长幼和,而后礼义立。

(《冠义篇》)

【注释】

〔1〕礼义：礼法道义。礼，谓人所履。履，行。义，谓事之宜。宜，适宜，合理。

〔2〕容体：容貌体态。齐：整齐。颜色：面部表情。面部表情整齐而不乱，谓神态庄重。顺：谦顺。辞令：言辞。

【译文】

人之能够成为人，是因为人的思想行为有礼法道义作为规范准则。人要具备礼法道义，首先要做到端正容貌体态，庄重面部表情，恭顺言谈话语。容貌体态端正，面部表情庄重，言谈话语恭顺，然后就算具备了礼法道义的基础，就可以用来使君臣关系端正，使父子亲情加深，使长幼相互和睦。君臣关系端正了，父子亲情加深了，长幼相互和睦了，这样之后，礼法道义在人之所以为人这方面就确立了它稳固的地位。

4.76 昏礼者，将合二姓之好，上以事宗庙，而下以继后世也[1]。

(《昏义篇》)

【注释】

〔1〕昏：古"婚"字。合：结合。宗庙：祭祀祖宗的处所。

【译文】

婚礼，是要结合两姓间的欢好，对上传宗接代来侍奉宗庙，对下来继承后世家业。

五、春秋左氏传

《春秋》，为鲁国国史，相传经过孔子的整理编订。它以年、时、月、日为次记事，是中国留存下来的一部最早的编年史。因为《春秋》一书记载了这一阶段的历史，所以后人就把《春秋》记载的这一段历史时期称为春秋时期。《春秋》是鲁国的国史，其记事以鲁国十二个国君的纪年为序，始自鲁隐公元年（前722），中经桓公、庄公、闵公、僖公、文公、宣公、成公、襄公、昭公、定公，终于哀公十四年（前481），共计二百四十二年。《春秋》记载的内容，多是政治、军事活动，也有少量的自然现象。这些，都是春秋史事的信实记录。

《春秋》本是一部史书，因相传曾经孔子修订，所以被儒门弟子重视。但其文句特别简短，有的记一件事只用一个字，且措辞也比较隐晦。这样一部史书，人们要想读懂它，通过它了解史事的原委，是很不容易的。所以孔门后学在世代传习《春秋》的过程中，出现几种解释《春秋》的传授本。《春秋》本是一部独立的书，后来被各传授本按年或事拆开，与传合并，先经后传。于是，《春秋》不再有单行本传世，后世看到的只是经、传合编的传授本——《春秋左氏传》《春秋穀梁传》《春秋公羊传》，合称"《春秋》三传"。《左传》重在记述史实，《公》《穀》重在阐发《春秋》的"微言大义"。所以三传之中，从史学与文学的角度看，《左传》为优；从儒学与思想史的角度看，《公》《穀》

为重。

《左传》是《春秋左氏传》的简称。相传《左传》为春秋末期鲁国史官左丘明编撰。根据学者研究，尤其是通过对《左传》记事内容及行文风格的分析，《左传》大约成书于战国初期，很可能先由左丘明口头传授，后由授受的后学著之于简策，编纂成书。

《左传》经、传合编，传附于经，始于晋初杜预。杜预将《春秋》经文按年拆开，分别放在各年的传文之前，从此，《左传》经、传合一。

《左传》是一部记载春秋时期史事的编年史。《左传》的记事时间，纪年起自鲁隐公元年，与《春秋》同；止于鲁悼公四年（前463），末事记晋国赵、魏、韩三家灭智氏，此事发生在鲁悼公十四年（前453），比《春秋》记事下延二十八年。记事范围，远远突破《春秋》记鲁史的特点。它既是解释《春秋》，却又不受《春秋》记事范围的局限，不仅依据鲁史记载鲁国的史事，而且还利用各诸侯国的历史记载，较为详细地记述了晋、秦、齐、楚、郑、宋、卫等诸侯国的史事。记事内容，则重点记载当时的政治斗争与军事斗争，同时兼及社会的各个方面。在国与国之间及各国内部各种政治力量之间错综复杂的斗争中，既有大量贵族之间的矛盾、倾轧与斗争，又有一些人民群众与统治阶级之间的矛盾与斗争。这些记载，反映出春秋时期王权的衰落，诸侯的强大，卿大夫的专权及统治阶级的荒淫残暴，劳动人民的深重灾难。《左传》不仅记载了春秋的当代史，而且还保存不少春秋以前的史事与历史传说。所以，它是学习与研究春秋与春秋以前的历史的重要历史文献。

《左传》不仅是一部重要历史著作，还是一部文学名著。它语言简洁精炼，叙事层次分明，能用少量的笔墨描绘出事件的曲折情节与人物的生动形象。尤其擅长描写战争，生动地再现了春秋时期争霸斗争与互相征伐的情况。《左传》是中国历史散文的典范，在文学史上占有极为重要的地位。

5.1　郑武公、庄公为平王卿士[1]。王贰于虢[2]。郑伯怨王，王曰"无之"，故周、郑交质[3]。王子狐为质于郑，郑公子忽为质于周[4]。王崩，周人将畀虢公政[5]。四月，郑祭足帅师取温之麦[6]。秋，又取成周之禾[7]。周、郑交恶[8]。君子曰[9]："信不由中，质无益也[10]。明恕而行，要之以礼，虽无有质，谁能间之[11]？苟有明信，涧、溪、沼、沚之毛，蘋、蘩、蕰、藻之菜，筐、筥、锜、釜之器，潢污、行潦之水，可荐于鬼神，可羞于王公[12]。而况君子结二国之信，行之以礼，又焉用质[13]？"

（鲁隐公三年传）

【注释】
　　[1]郑：诸侯国名。西周后期周宣王之弟姬友始封，伯爵，在今陕西省华县。春秋初年，郑国东移，建都新郑（今河南省新郑市）。武公：名掘突，郑桓公姬友之子，继桓公立，公元前770年至前744年在位。庄公：名寤生，武公之子，继武公立，公元前743年至前701年在位。平王：周平王，名宜臼，幽王太子。幽王被杀后即位，把都城由镐京东迁洛邑，居王城（今河南省洛阳市西），为东周第一王，公元前770至前720年在位。卿士：执政大臣。
　　[2]贰：两属。虢（guó）：指西虢，诸侯国名。原在今陕西省宝鸡市，平王东迁，西虢随之东迁今河南省三门峡市与山西省平陆县一带。始都河北下阳，史称北虢；后徙都河南上阳，史称南虢。此言平王鉴于郑庄公继其父武公为王室执政大臣，权力过大，所以想分出一部分权力给同在王室为臣的西虢公。
　　[3]交：互相。质：人质，即以人为抵押品。古代两国交往，各派世

子或宗室子弟留居对方作为保证，叫作质。

〔4〕王子狐：平王子。公子忽：郑庄公太子，后继庄公立，为昭公。

〔5〕崩：天子死曰崩。畀(bì)：给予。

〔6〕祭(zhài)足：郑国大夫，有宠于庄公，为郑卿。庄公死，专国政。温：周王畿内小国，在今河南省温县。

〔7〕成周：周之东都，西周初年周公主持营建，在今河南省洛阳市东。

〔8〕恶：讨厌，怨恨。

〔9〕君子：有识之士，贤士。《左传》作者常假托于"君子曰"对所记史事发表评论。

〔10〕中：内心。

〔11〕恕：互相谅解。要(yāo)：约束。虽：即使。间：离间。

〔12〕苟：如果。涧：与"溪"同义，夹在两山间的水流。沼：水池。沚(zhǐ)：水中小块陆地。毛：草。苹：即浮萍，水生草本植物。蘩：即白蒿，多年生草本植物。薀(wēn)：水草名。藻：水生藻类植物。筐、筥(jǔ)：皆竹器名，方形竹器叫筐，圆形竹器叫筥。锜、釜：都是锅类烹饪器，有足者叫锜，无足者叫釜。潢：积水池。污：不流动的水。潢污，指池塘及低洼处停积不流动的水。行：通"洐"，水沟。潦(lǎo)：雨水。行潦，指水沟中的流水。荐：进献，指进献祭品供受祭神灵享用。羞：与"荐"同义，进献。

〔13〕况：况且，何况。君子：古文中，君子常指两种人，一是有道德、有智慧的贤者，一是统治者，贵族，这里指后者。焉：怎么，哪里。

【译文】

郑武公、郑庄公父子先后在周王室担任周平王的卿士，执掌朝政。平王同时又信任虢国的国君虢公。郑庄公怨恨平王。平王说："没有这样的事。"所以周王室与郑国公室互相交换人质。周平王子王子狐到郑国做人质，郑庄公的太子公子忽到周王室做人质。平王死，周王室的人准备把执掌朝政的大权交给虢公。这样，惹怒了郑国。四月，郑国大夫祭足率领军队割走了王畿内温地的麦子。到了秋天，郑国又割走了成周的谷子。于是，周王室与郑国相互结下仇恨。君子说："诚信不出于内心，有人质也没有用处。如果彼此做事都能够体谅对方，而用礼仪约束自己，即使没有人质，又有谁能够离间双方之间的关系呢？如果有诚信，水里长的水草,地里长的野菜,日常使用的炊具,普通的水作礼器,都可以供奉给鬼魂神灵,进献给王公贵族。何况两国的掌权者相互信任,都依礼对待对方,又哪里用得着人质呢?"

【提示】

诚信由衷,依礼而行。

5.2　夫宠而不骄,骄而能降,降而不憾,憾而能眕者,鲜矣[1]。且夫贱妨贵,少陵长,远间亲,新间旧,小加大,淫破义,所谓六逆也[2]。君义、臣行,父慈、子孝、兄爱、弟敬,所谓六顺也[3]。去顺效逆,所以速祸也[4]。

(鲁隐公三年传)

【注释】

〔1〕夫:句首语气词,无实义。降:指地位下降。能降,谓能接受地位下降的事实而不发怨言,言其安于逆境。憾:怨恨。眕(zhěn):克制。鲜:少。

〔2〕且夫:意犹"况且"。贱:谓地位低微。妨:害。贵:谓地位高而尊。少:年少。陵:侵害,欺负。长:年长。远:疏远者。间:离间。亲:亲近者。新、旧:依相互关系之时间,近期者新,久远者旧。小、大:依情势,势弱者为小,势强者为大。加:意犹"陵",侵害,欺负。淫:淫荡,浮华。逆:违背礼义者为逆。

〔3〕顺:符合礼义者为顺。

〔4〕效:效法。速祸:使灾祸很快到来。

【译文】

受宠而不骄傲,骄傲而能接受地位下降的处境。地位下降而不怨恨,怨恨而能自我克制,这样的人,少呀。况且,地位低微而妨害地位尊贵的,年少而欺负年长的,疏远而离间亲近的,新人而离间旧人,势力小而欺负势力大的,淫荡浮华而破坏道义的,这就是所说的"六逆"。君主的旨令得当,臣下遵照君命行事,父亲慈爱,儿子孝顺,兄长爱护弟弟,弟弟尊重兄长,这就是所说的"六顺"。去掉顺,效法逆,是加速遭受灾祸的做法。

【提示】
　　去逆行顺则福,去顺行逆则祸。

5.3　亲仁善邻,国之宝也[1]。

(鲁隐公六年传)

【注释】
　　[1]善:好好地对待。宝:宝物,最珍贵的东西,这里用来喻指最好的做法。

【译文】
　　亲近有仁德的,和自己的近邻好好相处,是治理国家的最好做法。

【提示】
　　做人、治家,也是如此。

5.4　善不可失,恶不可长……长恶不悛,从自及也[1]。虽欲救之,其将能乎[2]!《商书》曰[3]:"恶之易也,如火之燎于原,不可乡迩,其犹可扑灭[4]?"周任有言曰[5]:"为国家者,见恶,如农夫之务去草焉,芟夷蕴崇之,绝其本根,勿使能殖,则善者信矣[6]。"

(鲁隐公六年传)

【注释】

〔1〕悛(quān)：悔改。从：随着，跟着，表示时间的快速。自及：自己惹上，自取，此谓自取恶果，自己惹上祸害。

〔2〕其：岂，难道。

〔3〕《商书》：引文见《尚书·商书·盘庚上篇》。

〔4〕易：蔓延。燎：放火烧田。原：田野。乡：通"向"，向前。迩(ěr)：近。乡迩，靠近。其：岂，难道。犹：还。

〔5〕周任：古代良史。

〔6〕为：治，治理。国家：诸侯封地称国，大夫封地称家。务：务必，一定。去：拔去，铲除。焉：句末语气词，无实义。芟(shān)夷：割去，铲除。蕴崇：堆积，此谓古人除草肥田之法，将割除的杂草堆积在苗根处，使其发酵肥田，以助禾苗茁壮生长。绝：断，断绝。殖：孳生。善：好的。杨伯峻注云："善者，意义双关，既指嘉谷，又指善人、善政、善事。"信：通"伸"，发展，扩展。

【译文】

善不可丢失，恶不可滋长。滋长恶而不悔改，跟着就会自取灾祸。即使想要挽救灾祸，难道能做到？《商书》说："恶的蔓延，像大火在原野燃烧一样，不可以接近，难道还可以扑灭？"周任说过："治理国和家的人，见到恶，要像农夫见到杂草一定割除那样，把它割了堆积起来肥田壮苗，截断它的根，使它不能再孳生为害。这样，善就可以舒展自己而很好地发展了。"

【提示】

善不可失，恶不可长。

5.5 无骇卒，羽父请谥与族[1]。公问族于众仲[2]。众仲对曰："天子建德，因生以赐姓，胙之土而命之氏[3]。诸侯以字为谥，因以为族。官有世功，则有官族[4]。邑亦如之[5]。"公命以字为展氏。

(鲁隐公八年传)

【注释】

〔1〕无骇：鲁国之卿，公子展之孙，展禽之父。展禽，即柳下惠。羽父：公子翚，字羽父。谥：人死后，根据他生前品德行为赐他一个死后用名，叫作谥。族：即氏。生前国君未赐氏，所以死后羽父为他向君请氏。

〔2〕公：鲁隐公。众仲：鲁国大夫。据王符《潜夫论·志氏姓篇》，鲁国公族有仲氏。

〔3〕建德：谓天子建诸侯国，立有德的人作国君，为诸侯。因：根据。此谓根据他出生的情况赐姓。出生的各种情况，先祖多有其例。杨伯峻《春秋左传注》云，如夏禹祖先因其母吞薏苡而生，故夏姓苡（《史记》作"姒"）；商朝祖先契，其母曰简狄，吞燕子（卵）而生契，故商姓子；周朝祖先弃，其母曰姜原，践踏大人脚迹，怀孕以生弃，故周姓姬。又如舜生于妫汭，其后胡公满有德，周朝故赐姓曰妫；姜之得姓，居于姜水故也。此谓因其祖所生之地而得姓。胙（zuò）：赐。命：命名。

〔4〕世功：传世之功。官族：以长期担任的官职名作氏，如司徒氏、司马氏等。

〔5〕邑：谓大夫封地。亦：也。

【译文】

无骇死了，羽父请国君赐他谥与氏。鲁隐公询问众仲。众仲回答说："天子建诸侯国，立有德的人为诸侯，根据他出生的情况赐姓，赐封他土地建国而命名为氏。诸侯用字作为死后的谥号，后人因此用他的谥号作为氏。官员数代同职，且功绩显著，可赐官名为氏。有封地的大夫也可赐封地名为氏。"隐公命令无骇的后人用无骇的字作氏，为展氏。

【提示】

南宋初年郑樵撰《通志》二百卷，是一部纪传体通史，记事上起上古传说时代，下终唐代末年。其中"书志"称"略"，共二十略，是《通志》全书的精华部分，其性质实类各种典制的简编通史。

其中，《氏族略》是记述姓氏来源的氏族谱系，区分姓氏来源三十二类。郑樵在《氏族略序》中说："三代之前，姓氏分而为二，男子称氏，妇人称姓。氏所以别贵贱，贵者有氏，贱者有名无氏。……姓可呼为氏，氏不可呼为姓。姓所以别婚姻，故有同姓、异姓、庶姓之别。氏同姓不同者婚姻可通，姓同氏不同者婚姻不可通。三代之后，姓氏合而为一，皆所以别婚姻，而以地望明贵贱。于文，'女生'为'姓'，故姓之字多从'女'，如姬、姜、嬴、姒、妘、姞、妪、嫺、姶、嫪之类是也。所以为妇人之称，如伯姬、季姬、孟姜、叔姜之类，并称姓也。"这是说，夏商周三代以前，姓、氏分而为二，姓是姓，氏是氏，称男子用氏不用姓，称女子用姓不用氏。氏用来区分尊贵与卑贱，称地位尊贵的人有名有氏，称地位卑贱的人只有名而没有氏。姓可以称为氏，氏不可以称为姓。同姓不通婚，用是否同姓来辨别是否可以通婚，所以有同姓、异姓、庶姓的分别。氏同姓不同的可以通婚，姓同氏不同的不可以通婚。夏、商、周三代以后，姓、氏合而为一，能不能通婚都是用地位与名望显示的是尊贵还是卑贱来确定。从文字构形言，"女生"为"姓"，所以，人的姓所用字的偏旁多从"女"，如姬、姜、嬴、姒、妘、姞、妪、嫺、姶、嫪之类就是。用来作为妇人的名称，如伯姬、孟姜、叔姜之类，都是用姓称呼的。

郑樵还在《氏族略序》中将姓氏来源区分为三十二类，他说：三代姓氏分明，姓别婚姻，氏别贵贱。战国以后，姓氏混一，婚姻视尊卑贫富。"凡言姓氏者，皆本《世本》《公子谱》二书。二书皆本《左传》，然左氏所明者，因生赐姓、胙土命氏及以字、以谥、以官、以邑五者而已。今则不然，论得姓受氏者有三十二类，《左氏》之言隘矣。一曰以国为氏，二曰以邑为氏。天子、诸侯建国，故以国为氏，虞、夏、商、周、鲁、卫、齐、宋之类是也。卿大夫立邑，故以邑为氏，崔、卢、鲍、晏、臧、费、柳、杨之类是也。三曰以乡为氏，四曰以亭为氏。封建有五等之爵，降公而为侯，降侯而为伯，降伯而为子，降子而为男；亦有五等之封，降国侯而为邑侯，降邑侯而为关内侯，降关内侯而为乡侯，降乡侯而为亭侯。学者但知五等之爵，而不究五等之封，关内邑者温、原、苏、毛、甘、樊、祭、尹之类是也，但附邑类更不别著，裴、陆、庞、阎之类封于乡者故以乡氏，麋、采、欧阳之类封于亭者故以亭氏。五曰以地为氏，有封土者以封土命氏，无封土者以地居命氏。盖不得受氏之人，或有善恶显著，族类繁盛，故因其所居之所而呼之，则为命氏焉。居傅岩者为傅氏，徙嵇山者为嵇氏，主东蒙之祀则为蒙氏，守桥山之冢则为桥氏。肜氏因肜班食于肜门，颍氏因考叔为颍谷封人，东门襄仲为东门氏，桐门右师为桐门氏。皆此道也。隐逸之人，高傲林薮，居于禄里者呼之为禄里氏，居于绮里者呼之为绮里氏，所以为美也。优倡之人，取媚酒食，居于社南者呼之为社南氏，居于社北者呼之为社北氏，所以为贱也。又如介之推、烛之武未必亡氏，由国人所取信也，故特标其地以异于众。凡以地命氏者，不一而足。六曰以姓为氏。姓之为氏，与地之为氏，其初一也，皆因所居而命，得赐者为姓，不得赐者为地。居于姚墟者赐以姚，居于嬴滨者赐以嬴。姬之得赐，居于姬水故也。姜之得赐，居于姜水故也。故曰因生以赐姓。七曰以字为氏，八曰以名为氏，九曰以次为氏。凡诸侯之子称公子，公子之子称公孙，公孙之子孙不可复言公孙，则以王父字为氏，如郑穆公之子曰公子騑，字子驷，其子曰公孙夏，其孙则曰驷带、驷乞；宋桓公之子曰公子目夷，字子鱼，其子曰公孙友，其孙则曰鱼莒、鱼石。此之谓以王父字为氏。无字者则以名，鲁孝公之子曰公子展，其子曰公孙夷伯，其孙则曰展无骇、展禽；郑穆公之子曰公子丰，其子曰公孙段，其孙则曰丰卷、丰施。此诸侯之子也。天子之子亦然，王子狐之后为狐氏、王子朝之后为朝氏是也。无字者以名，然亦有不以字而以名者，如樊皮字仲文，其后以皮为氏，伍员字子胥，其后以员为氏，皆由以名行故也。亦有不以王父字为氏，而以父字为氏者，如公子遂之子曰公孙归父，字子家，其后为子家氏是也；又如公孙枝字子桑，其后为子桑氏者亦是也。亦有不以王父名为氏，而以名父为氏者，如公子牙之子曰公孙兹，字戴伯，其后为兹氏是也；又如季公鉏字子弥，其后为公鉏氏者亦是也。以名、字为氏者，不一而足，《左氏》但记王父字而已。以次为氏者，长幼之次也，伯仲叔季之类是也。次亦为字，人生其始也皆以长幼呼，及乎往来既多，交亲稍众，则长幼有不胜呼，然后命字焉，长幼之次可行于家里而已，此次与字之别也。所以鲁国三家，皆以次命氏，而亦谓之字焉，良由三家同出，其始也一家之人焉，故以长幼称。十曰以族为氏。按《左传》云，为谥因以为族。又按《楚辞》云，昭、屈、景，楚之三族也。昭氏、景氏则以谥为族者也，屈氏者因王子瑕食邑于屈初不因谥，则知为族之道多矣，不可专言谥也。族近于次，族者氏之别也，以亲别疏，以小别大，以异别同，以此别彼。孟氏、仲氏，以兄弟别也。伯氏、叔氏，以长少别也。丁氏、癸氏，以先后别也。祖氏、祢氏，以上下别也。第五氏、第八氏，同居之别也。南公氏、南伯氏，同称之别也。孔氏、子孔氏，旗氏、子旗氏，字之别也。轩氏、轩辕氏，熊氏、熊相氏，名之别也。季氏之有季孙氏，仲氏之有仲孙氏，叔氏之有叔孙氏，適庶之别也。韩氏之有韩余氏，傅氏之有傅余氏，梁氏之有梁余氏，余子之别也。遂人之族分而为四，商人之族分而为七，此枝分之别也。齐有五王合而为一谓之五王氏，楚有列宗合而为一谓之列宗氏，此同条之别也。公孙归父字子家，襄仲之子也，归父有二子，一以王父字襄仲为仲氏，一以父字子家为子家氏。公子郢字子南，其后为子南氏，而复有子郢氏。伏羲之后，有伏、虙二氏，同音异文。共叔段之后，有共氏，又有叔氏，又有段氏。凡此类，无非辨族。十一曰以官为氏，十二曰以爵为氏。有官者以官，无官者以爵。如周公之兄弟也，周公为太宰，康叔为司寇，聃季为司空，是皆有才能可任以官者也；五叔无官，是皆无才能不可任以官者也。然文王之子，武王、周公之兄弟，虽曰无官，而未尝无爵土。如此之类，乃氏以爵焉。以官为氏者，太史、太师、司马、司空之类是也，云氏、庾氏、籍氏、钱氏之类亦是也。以爵为氏者，皇、王、公、侯是也，公乘、公士、不更、庶长亦是也。十三曰以凶德为氏，十四曰以吉德为氏。此不论官爵，惟以善恶显著者为之。以吉德为氏者，如赵衰，人爱之如冬日，其后为冬日氏。古有贤人，为人所尊尚，号为老成子，其后为老成氏。以凶德为氏者，如英布被黥，为黥氏。杨玄感枭首，为枭氏。齐武恶巴东王萧子响为同姓，故萧为蛸。后魏恶安乐王元鉴为同姓，故改元为兀。十五曰以技为氏。此不论行而论能。巫者之后为巫氏，屠者之后为屠氏，卜人之后为卜氏，匠人之后为匠氏，以至豢龙为氏、御龙为氏、干将为氏、乌浴为氏者，亦莫不然。十六曰以事为氏。此又不论行能,但因其事而命之耳。夏后氏遭有穷之难,后缗方娠,逃出自窦而生少康,支孙以窦为氏。汉武帝时,田千秋为丞相,以年老诏乘小车出入省中,时号车丞相,其后因以车为氏。微子乘白马朝周,兹白马氏之所始也。魏初平中,有隐者常乘青牛,号青牛先生,兹青牛氏之所始也。十七曰以谥为氏。周人以讳事神,谥法所由立。生有爵,死有谥,贵者之事也,氏乃贵称,故谥亦可以为氏。庄氏出于楚庄王,僖氏出于鲁僖公。康氏者卫康叔之后也,宣氏者鲁宣伯之后也,文氏、武氏、哀氏、缪氏之类,皆氏于谥者也。凡复姓者,所以明族也,一字足以明此,不足以明彼,故益一字,然后见分族之义。言王氏则滥矣,本其所系而言则有王叔氏、王孙氏。言公氏则滥矣,本其所系而言则有公子氏、公孙氏。故十八曰以爵系为氏。唐氏虽出于尧,而唐孙氏又为尧之别族。滕氏虽出于叔绣,而滕叔氏又为叔绣之别族。故十九曰以国系为氏。季友之后,传家则称季孙,不传家则去孙称季。叔牙之后,传家则称叔孙,不传家则去孙称叔。故二十曰以族系为氏。士季者字也,有士氏,又别出为士季氏。伍参者名也,有伍氏,又别出为伍参氏。此以名氏为氏者也。又有如韩婴者,本出韩国,加国以名为韩婴氏。如臧会者,本出臧邑,加邑以名为臧会氏。如屠住者,本出住乡,加乡以名为屠住氏。故二十一曰以名氏为氏,而国、邑、乡附焉。禹之后为夏氏,杞他奔鲁,受爵为侯,又有夏侯氏出焉。妫姓之国为息氏,公子边受爵为大夫,又有息夫氏出焉。此以国爵为氏者也。白氏,旧国也,楚人取而邑之,以其后为白侯氏。故二十二曰以国爵为氏,而邑爵附焉。原氏以周邑而得氏,申氏以楚邑而得氏,及乎原加伯为原伯氏以别于原氏,申加叔为申叔氏以别于申氏,是之谓以邑系为氏。鲁有沂邑,因沂大夫相鲁,而以沂相为氏。周有甘邑,因甘平公为王卿士,而以甘士为氏。故二十三曰以邑系为氏,而邑、官附焉。师氏者,太师氏也。史氏者,太史氏也。师延之后为师延氏,史晁之后为史晁氏。此以名隶官,是之谓以官名为氏。吕不韦为秦相,子孙为吕相氏。郦食其之后为食其氏,曾孙武为侍中,改为侍其氏。此以官氏为氏者也。故二十四曰以官名为氏,而官氏附焉。以谥为氏,所以别族也。邑而加谥,如苦成子之后为苦成氏,臧文仲之后为臧文氏。氏而加谥者,如楚僖子之后为僖子氏,郑共叔之后为共叔氏。爵而加谥者,如卫成公之后为成公氏,楚成王之后为成王氏。故二十五曰以邑谥为氏,二十六曰以谥氏为氏,二十七曰以爵谥为氏也。按古人著复姓之书多矣,未有能明其义者也。有中国之复姓,有夷狄之复姓。中国之复姓所以明族,有重复之义,二字具二义也,以中国无侈语,一言见一义。夷狄多侈辞,数言见一义。夷狄有复姓者,侈辞也,一言不能具一义,必假数言而后一义具焉。其于氏也,则有二字氏,有三字氏,有四字氏。其于音也,则有二合音,有三合音,有四合音。观译经润文之义,则知侈辞之道焉。臣昔论中国亦有二合之音,如'者焉'二合为'旃'者与'之与'二合为'诸'之类是也。惟无三合、四合之音。今论中国亦有二字之氏,惟无三字、四字之氏,此亦形声之道,自然相应者也。二十八曰代北复姓,二十九曰关西复姓,三十曰诸方复姓。此皆夷狄二字姓也。三十一曰代北三字姓,侯莫陈之类是也。三十二曰代北四字姓,自死独膊之类是也。此外,则有四声,又有复姓:四声者,以氏族不得其所系之本,乃分为四声以统之;复姓者,以诸有复姓而不得其所系之本者,则附四声之后。氏族之道终焉。"

5.6 九月丁卯,子同生[1]。以大子生之礼举之[2]:接以大牢,卜士负之,士妻食之,公与文姜、宗妇命之[3]。公问名于申繻[4]。对曰:"名有五[5]:有信,有义,有象,有假,有类[6]。以名生为信,以德命为义,以类命为象,取于物为假,取于父为类[7]。不以国,不以官,不以山川,不以隐疾,不以畜牲,不以器币[8]。周人以讳事神,名,终将讳之[9]。故以国则废名,以官则废职,以山川则废主,以畜牲则废祀,以器币则废礼[10]。晋以僖侯废司徒,宋以武公废司空,先君献、武废二山，是以大物不可以命[11]。"公曰："是其生也，与吾同物，命之曰同[12]。"

（鲁桓公六年传）

【注释】

〔1〕九月：鲁桓公六年九月。丁卯：干支纪日的丁卯日。子：鲁桓公之子。同：子之名。

〔2〕大：同"太"。大子，即太子，诸侯的继承者，此谓同。举：举行，举办。之：代词，指代同出生的喜庆礼仪活动。

〔3〕接：接新生儿出来，也就是把新生儿抱出来。大牢：古代隆重的祭祀礼仪，祭品用牛、羊、豕三牲，称大牢。大，同"太"，大牢又称太牢。《礼记·内则篇》云："接子……庶人特豚，士特豕，大夫少牢，国君世子大牢，其非冢子则皆降一等。"卜：占卜。用火烧灼龟甲或兽骨，甲、骨呈现出裂纹（兆），根据裂纹判断吉凶，叫作卜。士：周代统治者分为公卿大夫士几个阶层，士是统治阶级中最低的一个阶层，在大夫、庶人之间。负：抱。此谓使占卜吉的士人抱着太子。食（sì）：给人吃。《礼记·内则篇》云"卜士之妻、大夫之妾使食子"。杨伯峻解之曰："盖其母不自乳其子，卜士之妻或大夫之妾之有乳汁者，其吉者使之乳太子。"公：指鲁桓公。文姜：公之夫人，太子的生母。宗妇：同姓族人大夫的妇人。命：同"名"。名之，为之取名，此谓给太子取名。

〔4〕申繻（rú）：鲁国大夫。问名：询问有关取名的事。《仪礼·丧服传》云："子生三月，则父名之。"《礼记·内则篇》云："三月之末，择日……父执子之右手，咳而名之。"名子之礼在子生三月之后，可知此问必在命名礼举行之前。

〔5〕名：命名。五：谓有五种情况。

〔6〕信：真实情况。下文云"以名生为信"，意谓用取名的字说明出生的真实情况，这种取名的做法叫作信。如用出生的日子做名、用出生时婴儿哭声所合音律的名字做名等。义：德才皆备，行事合理适宜。下文云"以德命为义"，意谓用吉祥美好的字取名，这种取名的做法叫作义。如周文王取名"昌"，武王取名"发"等。象：像，类似。下文云"以类命为象"，意谓用与婴儿形象类似的外物取名，这种取名的做法叫作象。如孔子，父母到尼丘山祷告求子，生孔子。孔子头顶，中间低，四周高，像尼丘山顶形状，于是取名"丘"。假：借。下文云"取于物

为假",意谓借用外物的名字做名,这种取名的做法叫作假。如春秋时期宋昭公取名"杵臼",孔子之子取名"鲤"等。类:类同。下文云"取于父为类",王充撰《论衡·诘术篇》云"取于父为类,有似类于父也",意谓用与父亲有关的字做名,这种取名的做法叫作类。如鲁庄公生子,其子出生的日子与庄公出生是同一天,于是取名"同"。

〔7〕以:用。

〔8〕不以国:谓不用本国国名取名。不以官:谓不用本国官名取名。不以山川:谓不用本国山名、河名取名。隐:疾病。隐、疾,同义连用,疾病。不以隐疾,谓不用疾病名取名。不以畜牲:谓不用畜牲名取名。器:指礼器,如俎、豆、钟、鼎等。币:古代用来赠人的礼物曰币,如各种玉器、皮、帛、锦、绣等。不以器币,谓不用各种器币名取名。

〔9〕周:谓周朝时。讳:古代,对当代君主及所尊者的名字,不能直接说出或写出,或避而不说不写该字,或改用他字替代。这种习俗礼制始于周代,当时人活着不避讳,死后才避讳,所以说"周人以讳事神"。汉代以后,活着、死后都避讳。终:去世,人死曰终。将:要。之:代词,指代死者名。杨伯峻注云:"人死曰终,终则讳之,生则不讳。所讳世数,天子、诸侯讳其父、祖、曾祖、高祖之名。高祖以上,五世亲尽,其庙当迁,则不讳矣。《檀弓下》云'既卒哭,宰夫执木铎以命于宫曰"舍故而讳新"',即是此意。《曲礼》云:'逮事父母则讳王父母,不逮事父母则不讳王父母。'郑玄云:'此谓庶人,适士以上。'则自卿大夫以下皆讳一代。父在而讳祖者,以祖之名乃父所讳,故亦讳祖之名。"

〔10〕废:舍弃。废名,谓舍弃与国名同的人名。如果用国名为人名,国名不能改,只能改人名,因为,人名不改就无法讳之,所以说"以国则废名"。职:职称。职称即官名,废其职称即舍弃原用官名而改换新官名,所以说"以官则废职"。主:谓山川受祭祀的神主。此谓用山川名取名,为避讳,就要舍弃山川原名而改换新名,山川之神也要随着改用新的山川名。以畜牲则废祀:杨伯峻注云"以牛、羊、豕等为人名,则不可以用之为牺牲,是废祭也"。以器币则废礼:杨伯峻注云"器币皆为行礼仪之物,以之为人名,由于避讳而不用其物,是废礼仪"。

〔11〕晋:诸侯国名。西周初年周成王之弟叔虞始封,侯爵。其始,封国甚小,仅有"河、汾之东方百里"(《史记·晋世家》)之地。春秋初期,晋献公先后灭掉耿、霍、魏、虢、虞等国,统一了汾河流域,使晋"西有河西,与秦接境,北边翟,东至河内"(《史记·晋世家》),南至黄河南岸与成周邻接,成为一个拥有今山西省大部(中部和南部)及

陕西、河南、河北等省部分地区的山河险固的大国。以：因为。僖侯：晋僖侯，名司徒。此谓因晋僖侯名司徒于是晋国废弃官名司徒，改称中军。宋：诸侯国名。商后微子启始封，公爵，都商丘，其地在今河南省商丘市东南。武公：宋武公，名司空。此谓因宋武公名司空，于是宋国废弃官名司空，改称司城。先君：此称本国去世君主。献、武：鲁献公，名具；鲁武公，名敖。此谓因鲁献公名具、鲁武公名敖，于是鲁国废弃国内具山、敖山二山之名，改称他名。孔颖达正义云："《晋语》云：范献子聘于鲁，问具、敖之山。鲁人以其乡对。献子曰：'不为具、敖乎？'对曰：'先君献、武之讳也，是其以乡名山也。'《礼》称'舍故而讳新'，亲尽不复更讳。计献子聘鲁在昭公之世，献、武之讳久已舍矣，而尚以乡对者，当讳之时改其山号，讳虽已舍，山不复名，故依本改名以其乡对，犹司徒、司空，虽历世多而不复改名也。"是以：因此。大物：重要事物。杨伯峻注云："大物，包括上所言国、官、山、川、隐疾、畜牲、器、币。《贾子·胎教篇》云：'卜王大子名，上毋取于天，下毋取于地，中毋取于名山通谷，毋悖于乡俗，是故君子名难知而易讳也。'《贾子》与《左传》所言虽异，其意则同。"

〔12〕是：此，这，这里指此人，这孩子。吾：我。同物：同一种物，指出生的日子在同一天。据《左传》鲁昭公七年记载，以岁、时（季）、日、月、星、辰为六物。《史记·鲁世家》云："夫人生子，与桓公同日，故名曰'同'"。

【译文】

鲁桓公六年九月丁卯日，子同出生。用太子出生的礼仪举行喜庆活动：接出太子给父亲（国君桓公）见，礼用太牢；使占卜吉祥的士人抱着太子，使占卜吉祥的士人有奶的妻子给太子喂奶；桓公与夫人文姜，还有同姓族人的妇人，给太子取名。桓公向申繻询问有关给太子取名的事，申繻回答说："人名有五种取义：一是信，二是义，三是象，四是假，五是类。用出生时显示出的真实情况取名叫作信，用吉祥美好的字取名叫作义，用与婴儿形象类似的外物取名叫作象，借用外物的名字做名叫作假，用与父亲有关的字做名叫作类。取名，不用本国的国名，不用本国的官名，不用本国的山名、河名，不用疾病名，不用祭祀用的畜牲名，不用礼器名、礼品名。周朝人用避讳死者的名字事奉死者的灵魂，名字，人死后就要避讳它。所以，用本国国名做名，因国名不能改，就要废弃人的原名而改换新名。用本国官名做名，就要舍弃原用官名而改换新官名。用本国山名、河名做名，为避讳，就要舍弃山、河原名而改换新名，山神、河神也要随着改用新的山名、河名称呼。用牛、羊、猪等牲畜名做人名，牛、羊、猪等牲畜就不能做牺牲，这就无法进行祭祀了。用礼器俎、豆、钟、鼎等名或赠人的礼物如各种玉器、皮、帛、锦、绣等名做人名，各种礼器、礼品就不能做礼器、礼品，这就无法施行礼仪了。晋国因为晋僖侯名司徒而废弃官名司徒，宋国因为宋武公名司空而废弃官名司空，我们鲁国因为去世君主献公名具、武公名敖于是废弃国内具山、敖山二山之名而改用二山所在地的乡名称呼二山。因此，重要事物不可以做名。"桓公说："这孩子出生，和我同一个日子，给他取名叫作'同'。"

5.7 酒以成礼，不继以淫[1]。

（鲁庄公二十二年传）

【注释】

〔1〕淫：过度。

【译文】

饮酒是用来完成礼仪的，礼成饮止。过度饮酒，失礼出丑。

【提示】

凡事，过度皆为失。办事适度，事事顺利。

5.8 俭，德之共也[1]。侈，恶之大也。

（鲁庄公二十四年传）

【注释】

〔1〕共：通"洪"，大。

【译文】

节俭，是善行中的大德。奢侈，是恶行中的大恶。

5.9 礼，国之干也[1]；敬，礼之舆也[2]。不敬则礼不行，礼不行则上下昏[3]。

（鲁僖公十一年传）

【注释】

〔1〕干：主干。用人比喻，谓身体躯干。
〔2〕舆：车。敬犹载礼之车，无敬，礼便没了着落。
〔3〕上下：谓社会的上下等级秩序。

【译文】

礼，是支撑国家的躯干；敬，是承载行礼必备的大车。不知恭敬礼就无法施行，不施行礼社会的上下秩序就会混乱。

【提示】

国家要有体制，做人要遵规矩。

5.10 背施，无亲[1]；幸灾，不仁[2]；贪爱，不祥[3]；怒邻，不义[4]。四德皆失，何以守国[5]！

（鲁僖公十四年传）

【注释】

〔1〕背：弃。施：施恩，对方帮助过自己。

〔2〕幸灾：幸灾乐祸。
〔3〕贪爱：贪求自己喜欢的东西。
〔4〕怒邻：自己的待人处事使邻近的人恼火发怒。
〔5〕四德：背施、幸灾、贪爱、怒邻四者的反面，即报施、救灾、不贪、友邻。

【译文】
　　背弃帮助过自己的，就没有人和自己亲近。对别人的灾难幸灾乐祸，不仁。贪图自己喜爱的东西，不吉利。自己的待人处事使邻近的人恼火发怒，不义。这四种道德都没有了，用什么守卫国家？

【提示】
　　对一个人来说，四德皆无，何以做人！

5.11　弃信、背邻，患孰恤之[1]？
（鲁僖公十四年传）

【注释】
　　〔1〕孰：谁。恤：救助。

【译文】
　　不讲信用，不与近邻友好交往，有了灾难，谁救助你？

5.12　以欲从人，则可[1]；以人从欲，鲜济[2]。
（鲁僖公二十年传）

【注释】
　　〔1〕从：顺从，服从。欲：欲望，愿望。

〔2〕鲜：少。济：成功。

【译文】
　　使自己的愿望顺从别人的愿望，就可以事情顺利；强使别人的愿望顺从自己的愿望，事情很少能够顺利办成。

【提示】
　　弃己欲而从人欲，人从者众。

5.13　兄弟虽有小忿，不废懿亲[1]。

（鲁僖公二十四年传）

【注释】
　　〔1〕虽：即使。废：弃，不要。懿(yì)：善，好的。亲：亲人，亲情，此谓兄弟。

【译文】
　　兄弟之间即使有点小的怨气，也不能抛弃好兄弟的亲情。

5.14　《诗》《书》，义之府也[1]。礼、乐，德之则也[2]。德、义，利之本也。

（鲁僖公二十七年传）

【注释】
　　〔1〕《诗》：《诗经》。《书》：《尚书》，即《书经》。义：道义，即道理与正义。府：府库，储藏物品的地方。
　　〔2〕则：准则，标准。

【译文】
　　《诗经》《尚书》是道义的府库。礼、乐是德行的准则。道德、义理是利益的根本。

5.15　礼以行义,信以守礼,刑以正邪[1]。
（鲁僖公二十八年传）

【注释】
　　〔1〕以:用来。正:纠治。

【译文】
　　礼仪用来施行道义,信用用来维持礼仪,刑法用来纠治邪恶。

5.16　敬,德之聚也。能敬,必有德。
（鲁僖公三十三年传）

【译文】
　　恭敬,是有道德的集中表现。能够恭敬,一定有道德。

5.17　忠,德之正也[1]。信,德之固也[2]。卑让,德之基也[3]。
（鲁文公元年传）

【注释】
　　〔1〕忠:尽力无私。
　　〔2〕固:保障。
　　〔3〕卑让:不自骄,不凌人,谦卑逊让。

【译文】
　　做事尽力，不存私心，是道德的纯正。诚实有信用，是道德的保障。不自骄，不凌人，谦卑逊让，是道德的基础。

　　5.18　毁则为贼，掩贼为藏[1]。窃贿为盗，盗器为奸[2]。主藏之名，赖奸之用，为大凶德，有常无赦[3]。

（鲁文公十八年传）

【注释】
　　[1]毁：破坏。此谓破坏废弃礼仪之制。掩：藏匿。
　　[2]贿：财物。器：谓作为宝物的大器。
　　[3]主：自己得有。常：指国家有长期执行的刑罚。无赦：不赦免。

【译文】
　　破坏礼仪之制是贼，藏匿贼是藏。偷窃财物是盗，盗窃重器是奸。有藏的名声，依赖奸盗供己用，是有大凶德的恶人，国家有长期执行的刑罚惩办治罪，不赦免。

　　5.19　布五教于四方[1]：父义，母慈，兄友，弟共，子孝，内平外成[2]。

（鲁文公十八年传）

【注释】
　　[1]布：宣传，传播，传扬。五教：五方面的教育，即父义、母慈、兄友、弟共、子孝。
　　[2]义：道义，贤德。共：恭。恭，古作"共"。内：指家中。外：指街坊乡里。成：谓成规，即长期遵守的规矩。

【译文】

向四方宣传五个方面的教育：父亲有贤德，母亲慈爱，哥哥友爱，弟弟恭敬，儿子孝顺，五教行则家中老小遵伦理而有序，街坊乡亲守规矩而不乱。

5.20 见可而进，知难而退。

(鲁宣公十二年传)

【译文】

看到可以向前走的就前进，已经知道难于前进的就后退。

【提示】

重视现实的客观情势，一切从实际出发。

5.21 夫文，止戈为武[1]。……夫武，禁暴、戢兵、保大、定功、安民、和众、丰财者也，故使子孙无忘其章[2]。……武有七德[3]。

(鲁宣公十二年传)

【注释】

〔1〕文：文字。谓汉字"武"由"止""戈"二字组成，所以说"止戈为武"。
〔2〕武：武力。戢：收敛，消弭。兵：谓用兵进行的武事，指战争。定：固定，巩固。功：功业。章：显著。凡功之显著者谓之章。
〔3〕德：功用，好处。七德，禁暴、戢兵、保大、定功、安民、和众、丰财。

【译文】

从文字说，"止""戈"二字组成"武"字。……从武功的作用说，是禁止暴力、消弭战争、保持强大、巩固功业、使百姓安定，使大众和睦相处、使财物富足。所以使子孙不忘先人的显著功德。……武功有这七方面的作用，所以说"武有七德"。

5.22　礼，身之干也[1]。敬，身之基也[2]。

（鲁成公十三年传）

【注释】
〔1〕干：指树干。树无干不立，以喻礼仪对人立世做人的重要性。
〔2〕基：指房屋的地基。房屋的地基不牢固就会倾斜坍塌，以喻恭敬对人立世做人的重要性。

【译文】
礼仪是身体的躯干。恭敬是身体的基础。

【提示】
做人立世，必重礼敬。

5.23　国之大事，在祀与戎[1]。

（鲁成公十三年传）

【注释】
〔1〕祀：祭祀，谓祭祀众神与祖先。戎：战争。

【译文】
国家的大事情，在于祭祀与战争。

【提示】
　　自古重祀,祀不可轻。

　　5.24　晋三郤害伯宗,谮而杀之[1]。……初,伯宗每朝,其妻必戒之曰[2]:"盗憎主人,民恶其上[3]。子好直言,必及于难[4]。"

（鲁成公十五年传）

【注释】
　　[1]晋:诸侯国名,春秋时据有今山西省大部与河北、河南两省部分地区。战国中期,于公元前376年,被其大夫魏、赵、韩三家分其地而灭亡。郤(xì):姓。三郤,晋国大夫郤锜、郤犨、郤至。伯宗:晋大夫。谮(zèn):中伤,诬陷。
　　[2]初:当初,早先。
　　[3]主人:谓被盗人。恶(wù):憎恶,怨恨,讨厌。上:谓管治自己的官员。
　　[4]子:您。

【译文】
　　晋国三家郤姓大夫害伯宗,采用诬陷手段杀了他。……当初,伯宗每次去朝廷参与议事,他的妻子一定告诫他说:"盗贼憎恨被盗的人,百姓怨恨管治自己的官员。您好直言,一定会遭受灾祸。"

【提示】
　　直言惹祸,人当慎之。

　　5.25　人所以立,信、知、勇也[1]。信不叛君,知不害民,勇不作乱。失兹三者,其谁与我[2]?

（鲁成公十七年传）

【注释】

〔1〕所以：用来。立：立世做人。谓人生在世，行得正，站得直。信：诚信，信实，有信用。知：同"智"，智慧，明智。

〔2〕与：交好，亲近。

【译文】

人能够做人立世，是靠诚信、智慧、勇敢。诚信不背叛君主，明智不损害百姓，勇敢不动武作乱。做不到这三条，还有谁和自己交好亲近呢？

【提示】

人立世做人的三条：不违背上司，不损害众人利益，不动武惹事捣乱。

5.26　祁奚请老，晋侯问嗣焉[1]。称解狐，其雠也，将立之而卒[2]。又问焉，对曰"午也可"[3]。于是，羊舌职死矣，晋侯曰"孰可以代之"，对曰"赤也可"[4]。于是使祁午为中军尉，羊舌赤佐之。君子谓[5]："祁奚于是能举善矣，称其雠不为谄，立其子不为比，举其偏不为党[6]。"

（鲁襄公三年传）

【注释】

〔1〕祁奚：晋国大夫，此时为中军尉。老：谓告老，犹今言退休。晋侯：晋君，侯爵，故称晋侯，此时晋君是晋悼公。嗣：继承。焉：兼词，于他。

〔2〕称：举荐，选拔。解狐：晋国大夫。雠(chóu)：同"仇"。立：谓任命就职。

〔3〕午：祁午，祁奚子。

〔4〕是：这，谓这时。于是，在这时。羊舌职：中军尉的副职。孰：谁。代：接替。赤：羊舌赤，羊舌职子。

〔5〕君子：有识之士，贤者。《左传》作者常假托"君子"对所记史事发表评论。谓：说，此指评论。

〔6〕是：这，指"晋侯问嗣"这件事。谄：谄媚，讨好。比：偏袒，济私。偏：副职，助手。党：拉派，结党。

【译文】

祁奚请求告老退休，晋侯向他征询接替他的人选。祁奚举荐解狐，解狐是他的仇人，将要任命就职，解狐死了。晋侯又向他征询接替他的人选，祁奚回答说："祁午可以。"就在这时，羊舌职死了，晋侯说："谁可以接替羊舌职？"祁奚回答说："羊舌赤可以。"于是，晋侯命祁午为中军尉，命羊舌赤为副职。君子评论说："祁奚在这次回答晋侯征询接替人选的事情中，能够举荐贤能良才。举荐他的仇人却不是谄媚讨好，安排自己的儿子却不是偏袒济私，举荐自己的副职却不是拉派结党。"

【提示】

祁奚，举善不避仇、不避亲，至今作为佳话被人征引传颂。

5.27　众怒难犯，专欲难成。……专欲无成，犯众兴祸。

（鲁襄公十年传）

【译文】

众人的忿怒难于触犯，专权的愿望难于成功。……专权的愿望不会成功，触犯众人的忿怒会惹来灾祸。

5.28　让，礼之主也。

（鲁襄公十三年传）

【译文】

　　谦让,是礼的主体。

　　5.29　宋人或得玉,献诸子罕,子罕弗受[1]。献玉者曰:"以示玉人,玉人以为宝也,故敢献之。"子罕曰:"我以不贪为宝,尔以玉为宝[2]。若以与我,皆丧宝也,不若人有其宝[3]。"稽首而告曰[4]:"小人怀璧,不可以越乡,纳此以请死也[5]。"子罕寘诸其里。使玉人为之攻之,富而后使复其所[6]。

(鲁襄公十五年传)

【注释】

　　[1]宋:诸侯国名,其地在今河南省商丘市一带。或:有人。诸:兼词,之于。献诸,献它给。子罕:宋国大夫。弗:不。
　　[2]尔:你。
　　[3]以:用,拿,把。"以"下省"玉"。丧:失去。
　　[4]稽首:跪地叩头。
　　[5]不可以:不能够。言如果自己怀藏璧玉而行,一乡之地走不过去就会被盗玉贼杀死。越:穿越,穿过。杜预注"不可以越乡"云:"言必为盗所害。"纳:交纳,献上。杜预注"请死"云:"请免死。"意谓请您帮我免此一死。
　　[6]寘(zhì):安置。诸:兼词,之于。之,代词,指玉主人;于,在。里:社会基层组织的单位名称。其里,谓子罕的家乡。玉人:治玉工匠。为:给。上"之":指玉主人。攻:治理,雕琢。下"之":指玉。富:服虔注云"卖玉得富"。复:回。所:家乡。杨伯峻注云:"复其所,则谓送其回乡里。"

【译文】

　　宋国有人得到一块玉,献玉给子罕,子罕不接受。献玉的人说:"拿玉给治玉工匠看,治玉工匠认为是块宝玉,所以才敢把它献给您。"子罕说:"我把不贪作为宝,你把玉作为宝。你如果把玉给了我,你我都失去了自己的宝,不如两人都各自掌有自己的宝。"玉的主人跪地叩头说:"小人我怀藏璧玉,不能走过一乡的地方就会被盗玉贼杀死,献上这块玉用来请您帮我免此一死。"子罕把玉的主人安置在自己的家乡,使治玉工匠给玉的主人雕琢这块玉,雕好之玉卖了以后,玉主人富有,而后让他回到家中。

5.30　祸福无门,唯人所召[1]。

(鲁襄公二十三年传)

【注释】
〔1〕唯:只是。召:召唤使来,招来。

【译文】
祸与福都没有进来的门,遭祸或者得福都是自己招来的。

【提示】
《荀子·大略篇》云:"祸与福邻,莫知其门。"《淮南子·人间训篇》云:"夫祸之来也人自生之,福之来也人自成之。祸与福同门,利与害为邻。"

5.31　大上有立德,其次有立功,其次有立言,虽久不废,此之谓三不朽[1]。若夫保姓受氏,以守宗祊,世不绝祀,无国无之,禄之大者,不可谓不朽[2]。

(鲁襄公二十四年传)

【注释】
〔1〕上:高。大上,即太上,最高。不朽:作为做人立世的榜样,传

之永远。虽：即使。

〔2〕夫：那。祊(bēng)：宗庙门内设祭的祭祀。宗祊，此谓宗庙。

【译文】

　　最高是树立有德行，第二是树立有功业，第三是树立有言论。即使人已死了很久，后人还不废弃忘却，这样的，叫作三不朽。像那通过保住己姓、受授新氏来守护宗庙，世世不断祭祀烟火，没有国家没有这种情况，这只是有官爵俸禄的高位大族，不能说不朽。

【提示】

　　做人立世"三不朽"。

　　5.32　郑人游于乡校，以论执政[1]。然明谓子产曰[2]："毁乡校，何如[3]？"子产曰："何为[4]？夫人朝夕退而游焉，以议执政之善否，其所善者吾则行之，其所恶者吾则改之，是吾师也，若之何毁之[5]？我闻忠善以损怨，不闻作威以防怨，岂不遽止[6]？然犹防川，大决所犯，伤人必多，吾不克救也，不如小决使道，不如吾闻而药之也[7]。"然明曰："蔑也今而后知吾子之信可事也[8]。小人实不才，若果行此，其郑国实赖之，岂唯二三臣[9]？"仲尼闻是语，曰[10]："以是观之，人谓子产不仁，吾不信也。"

（鲁襄公三十一年传）

【注释】

　　〔1〕游：游乐，游玩，闲逛散步。乡：社会基层行政区划名。周代之制，一万二千五百家为乡。校：学校。论：谈论，议论。执：执掌，掌

握。执政,谓治理国家的情况。

〔2〕然明:郑国大夫。子产:郑国执政大夫,公族,姓姬,公孙氏,名侨,字子产。子产是春秋时期著名政治家,在郑执政二十多年,使地处大国之间的郑国免遭兵革之祸,所以深受人民的拥戴。

〔3〕何如:如何,怎么样。

〔4〕何为:为何,为什么。

〔5〕夫:句首语气词,无实义。焉:兼词,于此,在这里。议论,品评。否(pǐ):坏,恶,劣。善否,好坏,优劣。其所善者:人们认为好的治国方法。是:这。如之何:犹"如何",为什么。

〔6〕忠:尽心尽力,无私做事。损:减少。忠善以:即"以忠善"。下句"作威以"的语式同此。岂:难道。遽(jù):马上,赶紧。止:谓阻止怨恨。

〔7〕川:河流。克:能。道:通"导",疏导,引导。药:用药给人治病。这里用河水大决、小决造成的不同后果,来比喻用忠善损怨与用作威防怨的不同后果,使人像吃了一服良药,明白了以忠善损怨才是治国良方。

〔8〕蔑:鬷蔑,人名,即然明。吾子:男子之间对对方的敬爱之称。信:确实。事:事奉,作其下属任职做事。

〔9〕小人:自称用的卑称。不才:无能,没有能力。果:真的,确实。赖:依赖,依仗,仗恃。

〔10〕仲尼:孔子字。孔子名丘,字仲尼。是:这,谓子产说的这些话。

【译文】

郑国人好在乡校游玩,在游玩的时候议论评说执掌国政者治理国家的情况。然明对子产说:"毁掉乡校,怎么样?"子产说:"为什么毁掉乡校?人们每天早出晚归,回家以后到乡校休闲游玩,议论国家治理情况的好坏。人们认为好的我采纳施行,人们认为坏的我改正它。在乡校议论国事的人们,是我的老师,为什么要毁掉乡校?我听说,用尽心尽力治理国家、采用好的办法为人民做事来减少怨恨,没有听说用权势、威严来防止怨恨。权势威严难道不能很快防止人们的怨恨吗?可以做到,但是,防止人们的怨恨,像河水冲破堤坝外流一样,冲破一个大口子,洪水外流,所到之处,伤害的人必然很多,我不能挽救;与其如此,不如事先想办法使它开个小口子,使水在疏导下缓缓流出;不如我听到这种情况,它像治病良方,可以作为确定好治国措施的参考。"然明说:"我从今以后,知道您确实是可以事奉的。小人实在没有才能,若是真的这样做,郑国实在要仰仗它,难道只是有利于二三位大臣吗?"孔子听到这些话,说:"从这件事来看,如果有人说子产没有仁德,我不会相信。"

【提示】
　　两种弭怨之方:一是"忠善以损怨",一是"作威以防怨"。

5.33　无礼而好陵人,怙富而卑其上,弗能久矣[1]。

（鲁昭公元年传）

【注释】
　　[1]陵:欺侮。怙(hù):依仗,凭借。卑:轻视,瞧不起。上:谓官位比自己高者与年岁辈次比自己长者。

【译文】
　　没有礼貌而好欺侮人,仗恃富有而瞧不起尊长,这样的人平安日子不可能长久。

5.34　仲尼曰:"能补过者,君子也。"

（鲁昭公七年传）

【译文】
　　孔子说:"能够弥补自己过错的人,是君子。"

5.35　君令、臣共、父慈、子孝、兄爱、弟敬、夫

和、妻柔、姑慈、妇听，礼也[1]。君令而不违、臣共而不贰、父慈而教、子孝而箴、兄爱而友、弟敬而顺、夫和而义、妻柔而正、姑慈而从、妇听而婉，礼之善物也[2]。

（鲁昭公二十六年传）

【注释】
　　[1] 共：恭。姑：婆婆。
　　[2] 违：违背，不正确。贰：不同想法，有二心。箴(zhēn)：劝告，劝诫。义：适宜，合适。

【译文】
　　国君发号施令，臣子恭敬实行；父亲爱抚儿子，儿子孝顺父亲；哥哥亲爱弟弟，弟弟敬重哥哥；丈夫对妻子和蔼，妻子对丈夫温柔；婆婆对儿媳慈祥，儿媳对婆婆顺从听话。这些，都是合乎礼的。国君发号施令没有不合适的，臣子恭敬实行而没有二心；父亲爱抚儿子而谆谆教导，儿子孝顺父亲而好言劝诫父亲的过失；哥哥亲爱弟弟而友善，弟弟敬重哥哥而顺从；丈夫对妻子态度和蔼而言谈合宜，妻子对丈夫温柔而端正；婆婆对儿媳慈祥而肯听从规劝，儿媳对婆婆顺从听话而有不同意见时能委婉说出。这些，又都是合乎礼中的好事情。

【提示】
　　治国齐家，可参考。

　　5.36　礼也者，小事大、大字小之谓[1]。事大在共其时命，字小在恤其所无[2]。

（鲁昭公三十年传）

【注释】

〔1〕事：事奉，臣服。字：安抚、救助。
〔2〕共：恭。时命：谓恭于时事，承受大国之命。恤：抚恤，救济。

【译文】

礼，说的是小国臣服大国，大国安抚小国。小国臣服大国在于恭敬地按时执行大国命令，大国安抚小国在于援助救济小国缺乏的东西。

5.37 无始乱，无怙富，无恃宠，无违同，无敖礼，无骄能，无复怒，无谋非德，无犯非义[1]。

（鲁定公四年传）

【注释】

〔1〕怙：依仗，仗恃，凭借。恃（shì）：义与"怙"同。宠：宠爱，宠信。同：谓与人的共同意愿或约定。敖：同"傲"，骄傲，蔑视，瞧不起。骄：骄傲。骄能，骄以能，以自己有才能而骄傲。复：重复。

【译文】

不要首先挑起事端，不要仗恃富有，不要仗恃宠信，不要违背与人共同的意愿或约定，不要傲视有礼的人，不要自负有才能，不要经常发怒，不要谋划不道德的事情，不要做不应该做的事情。

5.38 好不废过，恶不去善[1]。

（鲁哀公五年传）

【注释】

〔1〕好：喜爱。恶：讨厌，憎恨。

【译文】
　　自己喜爱的人也要注意他的过错一面，自己讨厌的人也要注意他的良善一面。

【提示】
　　人之两面，皆当知之，以免知人有偏激之失。

5.39　史黯何以得为君子[1]？黯也，进不见恶，退无谤言[2]。

（鲁哀公二十年传）

【注释】
　〔1〕史黯：即史墨，晋臣。何以：以何，凭什么。
　〔2〕进：谓做官时。退：谓不做官时。

【译文】
　　史黯凭什么能成为君子？史黯这个人，做官的时候没见有人讨厌他，不做官的时候没有人诋毁诽谤他。

【提示】
　　有权势众赞之，无权势众骂之，小人！

四 书

　　经学发展到宋代，一反汉唐训诂、义疏传统，抛开传注，直接从经文中寻求义理，借助经学论究理欲心性等哲学问题，称为理学。因宋儒标榜自己是儒学正宗，并以继承孔孟道统自居，所以又称道学。实际上，宋代经学是吸收佛家与道家思想中某些成分形成的新经学，是哲学化的经学。南宋学者朱熹是宋代理学的集大成者。他把《礼记》书中的《大学》《中庸》两篇文章抽出来，配上《论语》《孟子》两部书，合称《四书》，并为之作注，称《四书章句集注》。《四书》与朱注，是元明清三代读书人的必修教科书，是科举考试的法定标准。

一、大　　学

　　《大学》是《礼记》中收载的一篇文章，是论学的专篇，旧传为孔子弟子曾参作，依内容看，当是曾子后学所编定。文中论述修己治人之道，阐释个人修养与社会政治的关系，具体记述了大学进行教学活动的法规条例与学子在大学学习的渐进次第。

　　《大学》的内容，南宋朱熹分为十一章，认为首章是经，后十章是解释经的传。经是曾参记述的孔子的话，传是曾参的后学记述的曾参对经的解释。如此，则《大学》全篇内容为一经十传。

　　按照朱说，本文的篇旨主要在经的一章。经章中说：

　　　　大学之道，在明明德，在新民，在止于至善。

　　　　古之欲明明德于天下者先治其国，欲治其国者先齐其家，欲齐其家者先修其身，欲修其身者先正其心，欲正其心者先诚其意，欲诚其意者先致其知，致知在格物。

　　　　物格而后知至，知至而后意诚，意诚而后心正，心正而后身修，身修而后家齐，家齐而后国治，国治而后天下平。

　　这段经文的意思是：

　　　　《大学》教育人的宗旨，在于使人光明正大的品德更加显明美好，在于使人抛弃旧习而勉力进取自新，在于使人一切都达到最好的境界。

　　　　古代想要在天下使人光明正大的品德更加显明美好，首先要治理好自己的国家；想要治理好自己的国家，首先要整治好自己的家庭;想要整治好自己的家庭,首先要修养自身;想要修养自身,首先要端正自己的心态;想要端正自己的心态,首先要自己的意念真诚;想要自己的意念真诚,首先要使自己获取知识,而获取知识的方法在于透彻探求事物的道理。

对事物的研究认识深刻透彻,而后对知识的掌握才能达到最好的境界;对知识的掌握达到最好的境界,而后才能意念真诚;意念真诚,而后才能心态端正;心态端正,而后才能做好自身的修养;做好自身的修养,而后才能把家庭整治好;家庭整治好了,而后才能把国家治理好;国家治理好了,而后才能使天下太平。

朱熹认为,经章是《大学》篇的纲与目。他说,明明德、新民、止于至善,"此三者,《大学》之纲领也"。又说,格物、致知、诚意、正心、修身、齐家、治国、平天下,"此八者,《大学》之条目也"。

根据朱熹的"三纲八目"说,可作如下图示:

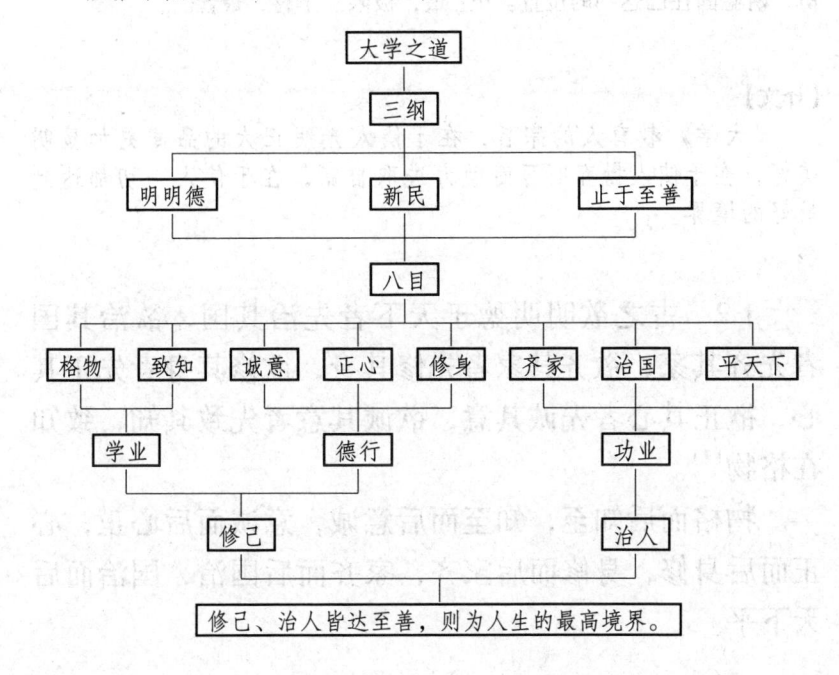

```
                    大学之道
                       │
                      三纲
         ┌─────────────┼─────────────┐
        明明德         新民        止于至善
                       │
                      八目
    ┌────┬────┬────┬──┼──┬────┬────┬────┐
   格物 致知 诚意 正心 修身 齐家 治国 平天下
    │    │    │    │    │         │
    └─学业─┘   └─德行─┘           功业
         │         │                │
         └────修己──┘              治人
                    │                │
                    └────────┬───────┘
          修己、治人皆达至善,则为人生的最高境界。
```

从图示更能清楚地了解,人生道路的两大阶段,一是修己,二是治人;是先修己,后治人。进取学业,修养身心,是为了从政做官,治国平天下。这里,突出强调的是修己的政治意义,刻意追求的是由"内圣"达到"外王"的贤人德政的政治目标。由此可知,《大学》是一篇政治哲学著作,它对中国两千年来的政治哲学思想与知识分子的人生道路都产生了深远的影响。

1.1　大学之道,在明明德,在新民,在止于至善[1]。

【注释】

〔1〕道:谓办学原则、宗旨。上"明":作动词用,使动用法。下"明":谓光明正大。新:作动词用,使动用法,使新。止:至,到,停留,谓稳固在已达到的位置。至:最,极限。至善,最善。

【译文】

《大学》教育人的宗旨,在于使人光明正大的品德更加显明美好,在于使人抛弃旧习而勉力进取自新,在于使人一切都达到最好的境界。

1.2　古之欲明明德于天下者先治其国,欲治其国者先齐其家,欲齐其家者先修其身,欲修其身者先正其心,欲正其心者先诚其意,欲诚其意者先致其知,致知在格物[1]。

物格而后知至,知至而后意诚,意诚而后心正,心正而后身修,身修而后家齐,家齐而后国治,国治而后天下平。

【注释】

〔1〕齐：整齐，治理。修：修养。正：端正。致：获取。知：知识。格：深入研究，透彻探求。至：尽，极限。知至，知之已尽，无所不知。

【译文】

古代想要在天下使人光明正大的品德更加显明美好，首先要治理好自己的国家；想要治理好自己的国家，首先要整治好自己的家庭；想要整治好自己的家庭，首先要修养自身；想要修养自身，首先要端正自己的心态；想要端正自己的心态，首先要自己的意念真诚；想要自己的意念真诚，首先要使自己获取知识，而获取知识的方法在于透彻探求事物的道理。

对事物的研究认识深刻透彻，而后对知识的掌握才能达到最好的境界；对知识的掌握达到最好的境界，而后才能意念真诚；意念真诚，而后才能心态端正；心态端正，而后才能做好自身的修养；做好自身的修养，而后才能把家庭整治好；家庭整治好了，而后才能把国家治理好；国家治理好了，而后才能使天下太平。

1.3 为人君，止于仁。为人臣，止于敬。为人子，止于孝。为人父，止于慈。与国人交，止于信。

【译文】

作为人君，要做到对臣民仁爱。作为人臣，要做到对君主尊敬。作为人子，要做到对父母尽孝。作为人父，要做到对儿女抚爱。和他人交往，要做到待人诚信。

1.4 所谓诚其意者，毋自欺也[1]。如恶恶臭，如好好色，此之谓自谦[2]。故君子必慎其独也。小人闲居为不善，无所不至，见君子而后厌然，掩其不善，而著其善[3]。人之视己，如见其肺肝然，则何益矣[4]。此谓诚于中,形于外,故君子必慎其独也[5]。曾子曰:"十目所视,十手所指,其严乎[6]!"富润屋,德润身,心广体胖,故君子必诚其意[7]。

【注释】

〔1〕毋:不要。

〔2〕上"恶":憎恶,讨厌。臭:气味。恶臭,不好的气味,难闻的气味。上"好":喜爱。色:指女子。好色,美丽漂亮的女子。谦:通"慊(qiè)",满足,满意。

〔3〕闲居:谓独处时。厌:掩蔽,掩藏。厌然,遮掩,躲闪的样子。掩:遮掩,掩盖。著:明,彰显。

〔4〕如……然:像……一样。

〔5〕中:谓内心。形:显露,表现。

〔6〕十目、十手:言目视、手指者众。严:严峻,威严。谓众人目视手指,甚为威严,十分可畏。

〔7〕润:饰,修饰。胖(pán):安泰舒适。

【译文】

所谓诚其意者,是要自己的意念真诚,不要自己欺骗自己。譬如憎恶不好闻的气味,譬如喜好美丽漂亮的女子,因为是憎恶、喜好都出自真心意念,所以这叫作自我满足。所以,君子一定谨慎自己独处时候的所想所做。小人平时一人独处的时候,胡作非为,干尽坏事,遇见君子以后想要掩饰自己,遮掩自己做的坏事,而显示自己的好处。别人看自己,像看见自己的肺、肝一样清楚,遮盖有什么好处呢?这是说,内心的真实意念会显露在外面。所以,君子一定谨慎自己独处时候的所想所做。曾子说:"十只眼睛看着你,十只手指指着你,真是严峻啊!"财富修饰房屋,道德修养自身,心胸开阔,身体安泰舒适。所以,君子一定使其意念真诚。

1.5 所谓修身在正其心者,身有所忿懥则不得其正,有所恐惧则不得其正,有所好乐则不得其正,有所忧患则不得其正[1]。心不在焉,视而不见,听而不闻,食而不知其味[2]。此谓修身在正其心。

【注释】
〔1〕身:自身,自己。懥(zhì):怒的样子。忿懥,愤怒,愤恨。所忿懥,"所"与其下动词组合成"所"字结构,"所"表示动词涉及的对象。有所忿懥,谓有愤恨的时候,或有愤恨的人、事。忧患:忧虑患难。
〔2〕心:指已端正之心。焉:兼词,于此。此,指自身。

【译文】
所谓修身在正其心者,是说自身有所愤怒,心就得不到端正;有所恐惧,心就得不到端正;有所好乐,心就得不到端正;有所忧患,心就得不到端正。已端正之心不在自身,其内心是一颗没有端正的私心,看东西看不清楚,听东西听不明白,吃东西吃不出食品的滋味。这是说,修身在于端正自己的心。

【提示】
心平气和,以平常心待人、处事,看破红尘,淡泊名利,与世无争,自会心正。

1.6　所谓齐其家在修其身者,人之其所亲爱而辟焉,之其所贱恶而辟焉,之其所畏敬而辟焉,之其所哀矜而辟焉,之其所敖惰而辟焉[1]。故好而知其恶、恶而知其美者,天下鲜矣[2]。故谚有之曰[3]:"人莫知其子之恶,莫知其苗之硕[4]。"此谓身不修不可以齐其家。

【注释】
〔1〕之:犹"于",对于。辟:偏,偏向。焉:兼词,于他。贱:鄙视,

瞧不起。恶：憎恶，讨厌。矜：怜悯。敖：同"傲"，骄傲。惰：怠慢。
〔2〕鲜：少。
〔3〕谚：俗语。
〔4〕莫：没有谁。苗：庄稼的幼苗。硕：大。

【译文】

所谓齐其家在修其身者，是说人对自己亲爱的人会更加亲爱他，对自己鄙视厌恶的人会更加鄙视厌恶他，对自己畏惧而又敬重的人会更加畏惧敬重他，对自己哀伤怜悯的人会更加哀伤怜悯他，对自己傲气十足怠慢的人会更加傲气十足怠慢他。所以，喜欢他而又知道他的缺点，厌恶他而又知道他的优点，这样的人，天下少啊！所以，谚语有这样的说法："人，没有谁知道自己儿子的缺点，没有谁知道自己庄稼苗长得茁壮。"这是说，自身不修养就不能治理好自己的家庭。

1.7 君子有诸己而后求诸人，无诸己而后非诸人[1]。所藏乎身不恕，而能喻诸人者，未之有也[2]。

【注释】

〔1〕诸：之于。非：没有，使动用法，使之没有。
〔2〕恕：己所不欲，勿施于人，此言推己及人。喻：知晓，明白，使动用法，使之明白，使之知晓。未之有：即"未有之"。

【译文】

君子自己具备的而后要求别人也要具备，自己不具备的而后使别人也不要具备。自己内心没有仁爱待人的想法，而能够使别人明白仁爱待人，这是从来没有的事。

【提示】

推己及人，做好表率。

1.8　所谓平天下在治其国者，上老老而民兴孝，上长长而民兴弟，上恤孤而民不倍，是以君子有絜矩之道也[1]。所恶于上，毋以使下[2]；所恶于下，毋以事上；所恶于前，毋以先后；所恶于后，毋以从前；所恶于右，毋以交于左；所恶于左，毋以交于右。此之谓絜矩之道。

【注释】

〔1〕上：谓在上位的人。上"老"：尊敬。上"长"：尊重。弟：同"悌(tì)"，尊重兄长。恤：抚恤，怜悯。倍：通"背"，违背。不倍，不背弃恤孤的善行。是以：所以。絜矩：规范道德的准则。絜(xié)，衡量，度量。矩，法度，常规。

〔2〕恶：厌恶。毋：不要。下：谓在下位的人。

【译文】

所谓平天下在治其国者，是说在上位的人尊敬老人，民众就会兴起尽孝父母的风气。在上位的人尊重长辈，民众就会兴起尊重长辈的风气。在上位的人抚恤孤儿，民众就不会背弃孤幼。所以，君子遵守着规范道德的絜矩之道。厌恶在上位的人使用的做法，就不要使用他的做法对待在下位的人。厌恶在下位的人使用的做法，就不要使用他的做法对待在上位的人。厌恶前面的人的做法，就不要使用他的做法对待后面的人。厌恶后面的人的做法，就不要使用他的做法对待前面的人。厌恶右面的人的做法，就不要使用他的做法与左面的人交往。厌恶左面的人的做法，就不要使用他的做法与右面的人交往。这就叫作絜矩之道。

【提示】

上行下效，孝悌成风。己所不欲，勿施于人。

1.9 《诗》云[1]:"乐只君子,民之父母[2]。"民之所好好之,民之所恶恶之,此之谓民之父母。

【注释】
〔1〕《诗》:此引自《诗经·南山有台篇》。
〔2〕只:语气词,无实义。

【译文】
《诗经》说:"快乐啊君子,您是民众的父母。"民众喜好的君子也喜好他,民众厌恶的君子也厌恶他,这样的君子就像是民众的父母一样。

【提示】
与人同好恶。

1.10 道得众则得国,失众则失国,是故君子先慎乎德[1]。有德此有人,有人此有土,有土此有财,有财此有用[2]。德者本也,财者末也[3]。外本内末,争民施夺[4]。是故财聚则民散,财散则民聚。是故言悖而出者亦悖而入,货悖而入者亦悖而出[5]。

【注释】
〔1〕是故:所以。乎:于。
〔2〕此:就。
〔3〕本:根本,最重要的。末:其次。
〔4〕外:轻,轻视。内:重,重视。争民:争于民,与民争利。施夺:施行掠夺。
〔5〕悖(bèi):违背道理。亦:也。货:财物。

【译文】

　　有道德得到民众拥护就得到国家,没道德失去民众拥护就丧失国家,所以君子首先注重道德。有道德就有民众拥护,有民众就有国土,有国土就有财富,有财富就有费用。道德是根本,财货在其次。如果轻道德而重财货,就会与民争利,施行掠夺。所以,国家的财富聚集在国君就会民心散而为己,国家的财富分散给民众就会民心聚而为国。所以,话,自己违悖着道理说给人,人也会违悖着道理回应自己;财富,自己违悖着道理得到,也会违悖着道理失去。

【提示】

　　成语"悖入悖出",是据此"货悖而入者亦悖而出"而成。

　　1.11　《楚书》曰[1]:"楚国无以为宝,惟善以为宝[2]。"

【注释】

　　[1]《楚书》:此引文见《国语·楚语下》。
　　[2]善:谓有才干的杰出人才。

【译文】

　　《国语·楚语下》说:"楚国没有什么用来作为宝,只是把有才干的杰出人才作为宝。"

　　1.12　舅犯曰[1]:"亡人无以为宝,仁亲以为宝[2]。"

【注释】

　　[1]舅犯:此引舅犯语见《礼记·檀弓下篇》。舅犯,晋文公重耳的舅父狐偃,字子犯。

〔2〕亡人：谓重耳。重耳，晋献公之子。献公宠爱骊姬，骊姬谋害群公子，公子重耳出逃，在外流亡十九年，历经多国，最后到秦国，在秦穆公的帮助下，于鲁僖公二十四年（前636）回国为君，是为晋文公。晋文公是春秋五霸之一，继首霸齐桓公之后，为第二位称霸诸侯。仁亲：亲爱亲人。

【译文】
　　舅犯说："逃亡在外的人没有什么用来作为宝，只是把亲爱自己的亲人作为宝。"

二、中　庸

《中庸》是《礼记》中阐述儒家学派"中庸"学说的专篇，旧传为孔子之孙子思作。子思，名伋，字子思，孔子弟子曾参的弟子。孟子受学于子思门人，史称思孟学派。依本文内容看，《中庸》应该是子思所传授，晚至秦汉之际由其后学编定。

《中庸》全文的主要内容，是论述什么是中庸及如何达到中庸。《中庸》开篇首句说："天命之谓性，率性之谓道，修道之谓教。"这是说，天赋给人的资质叫作性，遵循天赋的善性行动叫作道，按照天赋的善性进行修养叫作教。全篇的论述，皆由这一句引发出来而加以申说。

一、什么是中庸

中，中和。不偏不倚、无过无不及，叫作中。庸，平常。从本文所论述的情况来认识，中庸是人人可知可行的中和之道。

二、中庸的特征

中庸为中和而平常可行之道，具体地说，其特征有五：

（一）执端用中

"中"的地位是相对的，无边侧便无中，所以，要用中，就必须了解边侧，把握两端。所以，要执其两端用其中。执两端，不是要用其两端，而是为了由端知中，更好地用它的中。以用中为最好，超过与没有达到都不好，过犹不及，只有既没有超过，又不是没有达到，才是中和景象，理想境界。

(二) 时中

《中庸》引孔子的话说:"君子之中庸也,君子而时中。"什么是"时中"呢?时中,就是"随时处中"。"中"的形态,有静有动。静态的"中",静止不变;动态的"中","中"无定准,应时而变,随着时、地、事、势的不同而不同。孔子处事,皆用"时中",所以,都能顺应当时形势,处理得适宜。《论语·先进篇》记载:"子路问:'闻斯行诸?'子曰:'有父兄在,如之何其闻斯行之?'冉有问:'闻斯行诸?'子曰:'闻斯行之。'公西华曰:'由也问闻斯行诸?子曰"有父兄在";求也问闻斯行诸?子曰"闻斯行之"。赤也惑,敢问。'子曰:'求也退,故进之;由也兼人,故退之。'"子路、冉有各处两端的一端。子路勇于作为,退缩一下就到了"中";冉有遇事畏缩,前进一下就到了"中"。进、退是两种动作形态相反的行为,分别用于两个弟子,两个弟子各得其"中"。孔子因材施教,"中"之标准,随人而异。又,《孟子·公孙丑上篇》记载孔子处理做官的事情时说:"可以仕则仕,可以止则止;可以久则久,可以速则速。孔子也。""仕"与"止","久"与"速",都是"中"的一端,由于孔子总是审时度势,根据时、势的变化而改变做法,随时、势而异,以用"时中",所以,都能处理得很好,达到完美的境界。

(三) 和而不同

"和"与"同"是春秋时期表示两个不同概念的术语。《左传》鲁昭公二十年记载晏婴与齐景公谈到景公宠幸的大夫梁丘据时,齐景公说:"唯据与我和夫!"晏婴不同意景公的意见,论辩说:"据亦同也,焉得为和?"景公问:"和与同异乎?"晏婴回答说:"异。和如羹焉,水、火、醯(xī,醋)、醢(hǎi,肉酱)、盐、梅,以烹鱼肉,燀(chǎn,炊)之以薪,宰夫和之,齐之以味,济其不及,以泄其过。君子食之,以平其心。君臣亦然。君所谓可而有否焉,臣献其否以成其可;君所谓否而有可焉,臣献其可以去其否，是以政平而不干，民无争心。""今据不然。君所谓可，据亦曰可；君所谓否，据亦曰否。"和，是首先分清是非，然后改非为是，双方统一在"是"的平衡点上。显然，和，是有原则的一致。同，是不分正误是非，掩盖矛盾存在，人云亦云，不表示反对意见，只追求表面的统一。显然，同是无原则的一致。《论语·子路篇》记载孔子的话说："君子和而不同，小人同而不和。"儒家后学坚持孔说。所以，《中庸》提出"中和"之说。可知，儒家主张执两端而用其中，并不是不问两端的是非，和稀泥，而是有原则的矛盾统一，达到和谐。《中庸》说："致中和，天地位焉，万物育焉。"达到中和的境界，天地各得其所，万物发育生长，自然界与人类就处于一种正常发展的和谐状态。这是儒家期望的最高的理想境界。

(四) 道不远人

这里的道，就是指中庸之道。《中庸》说："道也者，不可须臾离也，可离非道也。"中庸之道是不可以片刻离开的，如果可以离开，那就不是中庸之道了。《中庸》又引孔子的话说："道不远人。人之为道而远人，不可以为道。"中庸之道是不离开人的，随身而在。如果有人说是要实行中庸之道，但是，好高骛远，远远离开了贴近人们日常生活的事物，那他实行的就不是中庸之道。《中庸》还说："君子之道，辟如行远必自迩，辟如登高必自卑。"中庸之道，人人都可以施行，从近处、低处开始，最后达到远处、高处的目标。这里，强调了中庸之道贴近人们日常生活的普及性、实用性。

(五) 费而隐

《中庸》说："君子之道，费而隐。"费，谓用途广大。隐，谓其体精微。君子所施行的中庸之道，用途广大而又隐微精深。中庸之道，因其用途广泛，无处不在，贴近生活，所以人人可知可行；因其隐微精深，所以，只有一部分人能够达到最高深精妙的境界。

三、如何加强中庸之道的修养

前面已经谈到，中庸之道，广大精微，随身而在，贴近生活，人人可知可行。那么，人们应该如何加强自身中庸之道的修养呢？修养内容有两个大的方面：一是"尊德性"，二是"道问学"。《中庸》说："君子尊德性而道问学。"这是说，加强中庸之道的修养，既要重视道德方面，又要进取学业方面。

（一）道德方面

道德方面，最重要的，是要有真诚之德。修养中庸之道，首先要明善，因为"不明乎善，不诚乎身"。诚身，也就是自身心诚，是加强中庸之道修养的基础。诚是自我修养的内在完善，又是化育外物的思想基础。一切修养，皆从"诚"来。所以，修养真诚之德特别被人重视。朱熹说："所谓'诚'者，实此篇之枢纽也。"

《中庸》说知、仁、勇是三种天下通行的道德。了解了智、仁、勇这三种道德，就知道应该怎样修养自身，怎样治理众人，怎样治理天下国家。智、仁、勇如此重要，所以，称它们为"达德"，也就是天下通行的道德。

（二）学业方面

学业方面，提出"学、问、思、辨、行"五个学习环节。《中庸》说："博学之，审问之，慎思之，明辨之，笃行之。有弗学，学之；弗能，弗措也。有弗问，问之；弗知，弗措也。有弗思，思之；弗得，弗措也。有弗辨，辨之；弗明，弗措也。有弗行，行之；弗笃，弗措也。人一能之，己百之；人十能之，己千之。果能此道矣，虽愚必明，虽柔必强。"这是说，对于各种知识，广泛地学习它，详细地询问它，认真地思考它，明白地辨别它，切实地实践它。有没有学习过的知识，就学习它；没有能够学会，学习就不停止。有没有询问过的知识，就询问求教；没有完全懂得，询问求教就不停止。有没有思考过的知识，就思考它；没有能够思考明白，思考就不停止。有没有辨别过的知识，就辨别它；没有辨别清楚，辨别就不停止。有没有实践过的知识，就实践它；没有达到切实做到，实践就不停止。别人一次能够做到的，自己用一百次去做它；别人十次能够做到的，自己用一千次去做它。果真能够做到这样，即使愚昧也一定变得聪明起来，即使柔弱也一定变得刚强起来。这里，提出"学、问、思、辨、行"五个学习环节，并且指出，只要以"人一能之，己百；人十能之，己千之"的精神，次第进取，锲而不舍，坚持到底，最终就一定能够愚昧变聪明，柔弱变刚强，提高到一个新的境界。

（三）为政方面

前面讲授《大学》一篇的时候曾经说过，《大学》论述的是修己治人之道。《中庸》的篇旨与《大学》的篇旨有相通之处，也体现出修己治人的政治理念与教育思想。所以，"为政"也是修养中庸之道的一个部分，而且是一个重要的组成部分，既是对道德修养与学业修养的检验，也是对道德修养与学业修养的延伸，可以说，它是一个新的更为深化的中庸之道的修养过程。

关于为政，《中庸》提出三个方面：一是行"文武之政"。《中庸》记载孔子提出行文武之政，并指出"仁"与"义"在"为政"中的重要性。孔子说："仁者，人也，亲亲为大；义者，宜也，尊贤为大。亲亲之杀，尊贤之等，礼所生也。"亲亲，维护宗法制度；尊贤，施行贤人政治；礼生，用礼治国治天下。孔子认为，文武之政，是维护宗法制度，施行贤人政治，用礼治理国家天下。《中庸》说："夫孝者，善继人之志，善述人之事者也。"文王、武王上继父，下传子，是以孝治天下的典范。《论语》记尧命舜的话说"允执其中"，《中庸》记孔子的话说舜能"执其两端用其中"，文武之政，上承尧舜，则尧舜、文武都是上古用中庸之道治国平天下的圣明君主。也就是说，文武之政也就是中庸之政。二是行"达道"。《中庸》说："曰君臣也，父子也，夫妇也，昆弟也，朋友之交也。五者，天下之达道也。"这里所说的五达道，是五种伦理道德，孟子具体地指出了它们之间的伦理关系。《孟子·滕文公上篇》记载孟子的话说：舜时，"使契为司徒，教以人伦：父子有亲，君臣有义，夫妇有别，长幼有叙，朋友有信。"君臣、父子、夫妇、昆弟、朋友之间都能"中和"相处，那么，整个社会自然也就和谐了。三是行"九经"。《中庸》说："凡为天下国家，有九经，曰修身也，尊贤也，亲亲也，敬大臣也，体群臣也，子庶民也，来百工也，柔远人也，怀诸侯也。"治理天下国家，有九条原则，那就是：加强自身修养，尊重贤者，亲近亲人，敬重大臣，体恤众臣，爱民如子，招纳各种工匠，善待远方前来归顺的人，安抚各地诸侯。《中庸》认为"为政在人"，所以，要做到治理好天下国家的九条原则，就要"修身"居先。

四、总说

《中庸》这篇文章论述"中庸"，回答了什么是中庸、中庸的修养与实践等，建构了"中庸之道"一套完整的理论体系。人的一生，从提高道德素质、广泛学习知识到治理天下国家，无不生活在修养中庸、实践中庸的过程之中。中庸既随身而在，而要达到中庸的最高境界又是终生修养追求的目标。人的一生，都是在为中庸而活着，因为"中庸"是人生思想道德修养与社会政治实践的理想境界。

修养实践中庸之道，可作如下图示：

卷一 经书 | 167

```
                    ┌─ 费隐
                    │
                    ├─ 道不远人
                    │                      ┌─ 行九经
          ┌─ 和而不同 ┤            ┌─ 为政 ──┼─ 行达道 ──┐
          │         │            │        │          ├─ 治人
          │         │            │        └─ 行文武之政 ┘
中庸之道 ──┤         │            │
          ├─ 时中    │            │        ┌─ 笃行
          │         │            │        │
          └─ 执端用中 └─ 修养实践 ──┼─ 学业 ──┼─ 明辨
                                  │        ├─ 慎思
                                  │        ├─ 审问                中庸之德为人生修养实践中庸之道追求的最高境界
                                  │        └─ 博学 ──┐
                                  │                 ├─ 修己
                                  │        ┌─ 三达德 ─┘
                                  └─ 道德 ──┼─ 诚心
                                           └─ 明善
```

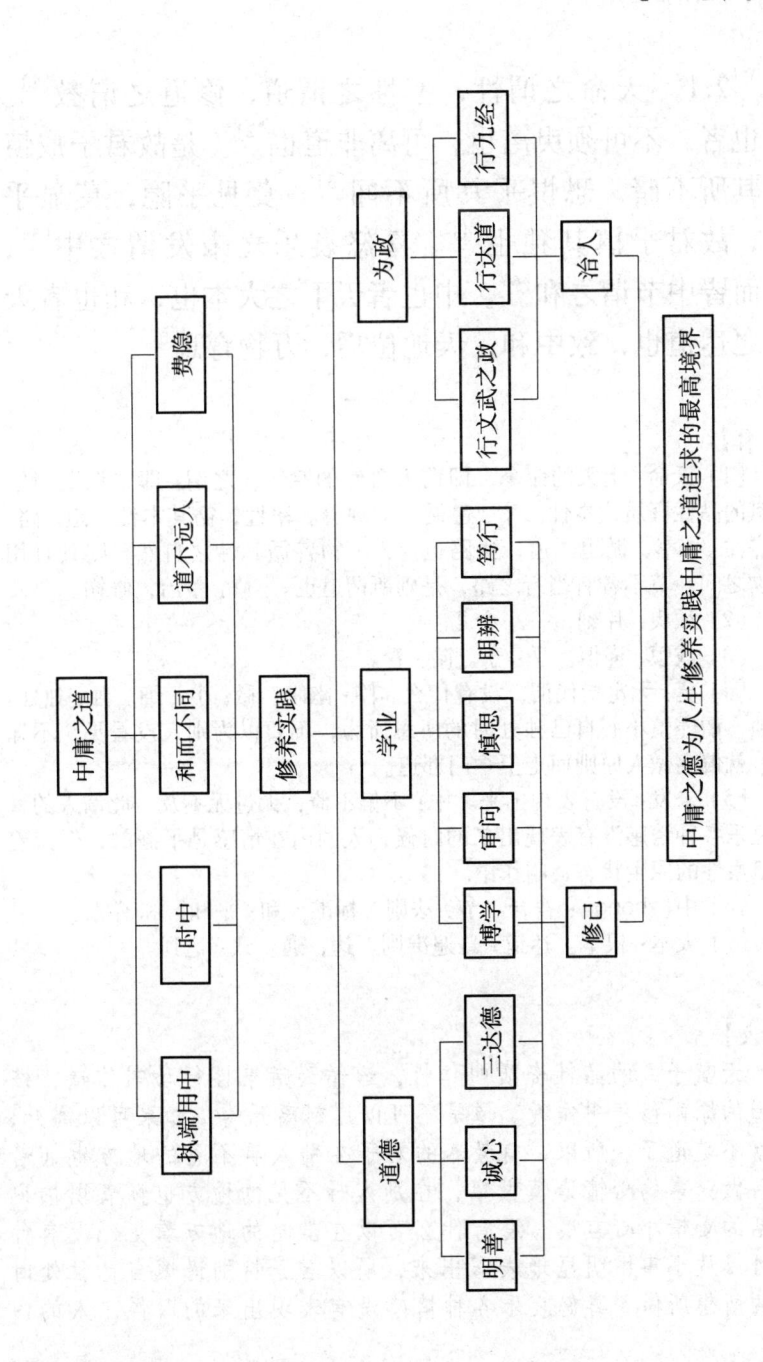

2.1　天命之谓性，率性之谓道，修道之谓教[1]。道也者，不可须臾离也，可离非道也[2]。是故君子戒慎乎其所不睹，恐惧乎其所不闻[3]。莫见乎隐，莫显乎微，故君子慎其独也[4]。喜怒哀乐之未发谓之中[5]，发而皆中节谓之和[6]。中也者天下之大本也，和也者天下之达道也，致中和，天地位焉，万物育焉[7]。

【注释】

〔1〕天命：上天的命令，即谓大自然的赋予。之谓：即"谓"。性：天赋的品性资质，本性。率：遵循，沿顺着。率性，循其本性。道：路。朱熹注："率，循也。道，犹路也。人、物各循其性之自然，则其日用事物之间，莫不各有当行之路，是则所谓道也。"修：整治，修饬。

〔2〕须臾：片刻，一小会儿。

〔3〕戒慎：谨慎。乎：于。睹：看。

〔4〕莫：无定指代词，没有什么。隐：幽暗。微：小，细。独：独处。慎独，谓谨慎小心自己独处时的所思所为，不要以为别人没看见，不知道，就偏离做人原则而走上歪门邪道。

〔5〕未发：没有表现出来。中：不偏不倚，无过无不及。此谓人的喜怒哀乐各种情感没有表现出来的时候，人的内在情感是平静的，保持着天赋禀性的原生状态，叫作中。

〔6〕中(zhòng)：符合。节：法则，标准。和：平和，和谐。

〔7〕大本：根本。达道：普遍准则。达，通。致：达到。

【译文】

　　天赋予人的品性资质叫作性，遵循天赋秉性行动叫作道，按照道的原则修养叫作教。道是不可以片刻离开的，如果可以离开，那就不是道了。所以，有教养的君子在别人看不见的地方也怀着防备做错事的心情谨慎做事，在别人听不见的地方也怀着惧怕说错话的心情小心言谈。没有什么可以在幽暗的地方看见，没有什么可以从小事中明显地表露出来，所以君子特别谨慎自己独处时候的所想所做。喜怒哀乐各种情感没有表现出来的时候，人的内在情感是平静的,保持着天赋禀性的原生状态,叫作中。人的喜怒哀乐各种情感表现出来的时候,如能既不过分,又达到应有的程度,不偏不倚,无过无不及,而与时势的要求适度和谐,叫作和。中是天下的根本原则,和是天下普遍遵循的标准。达到中和的境界,天地各在其位,万物繁茂生长。

【提示】

《中庸》开篇首句云:"天命之谓性,率性之谓道,修道之谓教。"全篇的论述,皆由这一句引发出来而加以申说。

2.2 仲尼曰:"君子中庸,小人反中庸[1]。君子之中庸也,君子而时中[2];小人之中庸也,小人而无忌惮也[3]。"

【注释】

〔1〕反:违背。与中庸反方向。
〔2〕时中:时时中,随时中,无时不中。
〔3〕忌惮:顾忌畏惧。

【译文】

孔子说:"君子遵行中庸,小人违背中庸。君子遵行中庸,所以能做到随时都处于中;小人违背中庸,所以做人处事违法乱纪毫无忌惮。"

2.3 子曰:"中庸其至矣乎[1]!民鲜能久矣[2]。"

【注释】

〔1〕其:表示论断,以加强论断语气,无实义。至:极限,此谓中庸是人生修养的最高最好的准则。矣乎:语气词连用,加重感叹语气。

〔2〕鲜：少。

【译文】

　　孔子说："中庸是人生修养的最高最好的准则啊！人们很少能做到中庸已经很久了。"

【提示】

　　这句话首见《论语·雍也篇》，文字稍有不同。《论语》云："子曰：'中庸之为德也，其至矣乎！民鲜久矣。'"

　　2.4　子曰："道之不行也我知之矣，知者过之，愚者不及也[1]。道之不明也我知之矣，贤者过之，不肖者不及也[2]。人莫不饮食也，鲜能知味也[3]。"

【注释】

　　〔1〕道：谓中庸之道。"知者"之"知"：音义同"智"，聪明。过：超过，过了头。不及：达不到。
　　〔2〕不肖：不善，不贤。
　　〔3〕莫：没有谁。

【译文】

　　孔子说："中庸之道不能实行，我知道原因了，聪明的人过了头，愚蠢的人达不到。中庸之道不能彰显，我知道原因了，贤德的人过了头，不贤的人达不到。人没有谁不吃饭，很少有人能品尝出饭食的滋味。"

【提示】

　　道不离身，随身而在，人却不知遵行其道，犹人于饮食，天天离不开饮食，却不知品尝饮食之滋味。

2.5 子曰:"舜其大知也与[1]！舜好问而好察迩言，隐恶而扬善，执其两端，用其中于民[2]。其斯以为舜乎[3]！"

【注释】
〔1〕舜：原始社会末期部落联盟首领。后世所谓上古传说历史中的三皇五帝，舜为五帝之一（最后一帝）。其：表示论断，加强论断语气，无实义。也与：句末语气词连用，表示感叹。与，同"欤"。
〔2〕察：考察，此谓揣摩其意。迩：近。迩言，谓浅近之言。执：拿着，抓住，此谓把握。
〔3〕斯：此，这。以为：作为，成为。

【译文】
孔子说："舜是有大智慧的人啊！舜喜好向人询问求教，喜好揣摩他人浅近之言的内涵语意。不宣扬人的恶言恶行，表彰人的善言善行。把握住过头与达不到两个极端，采用中庸之道治理民众。这就是舜所以成为舜的原因啊！"

【提示】
聚众智能，隐恶扬善，执其两端用其中。人人皆可从中受到教益。

2.6 子路问强。子曰："南方之强与[1]？北方之强与？抑而强与[2]？宽柔以教，不报无道，南方之强也，君子居之[3]。衽金革，死而不厌，北方之强也，而强者居之[4]。故君子和而不流，强哉矫[5]！中立而不倚，强哉矫！国有道，不变塞焉，强哉矫[6]！国无道，至死不变，强哉矫！"

【注释】

〔1〕与：同"欤"，句末语气词，表示疑问。
〔2〕抑：或者，抑或。而：代词，你。
〔3〕宽柔以：即"以宽柔"。
〔4〕衽（rèn）：卧席，此作动词用，睡在卧席上。金：金属，谓军械，兵器。革：皮属，谓甲胄。金革，谓军械兵器与军装。厌：放弃。
〔6〕不流：不放弃原则而随世俗。矫：强的样子。
〔7〕塞：阻而不通，此谓世途窘阻不顺。

【译文】

子路询问怎么做算是强。孔子说："是南方人的强呢？还是北方人的强呢？抑或是你认为的强呢？用宽厚柔和之心教诲人，不报复蛮横无礼、不讲道理的人，这是南方人的强，道德高尚的人这样做。手握兵器，穿着战衣，睡在卧席上，宁可战死而不放弃，这是北方人的强，强悍勇武的人这样做。所以，君子和顺而不随波逐流，真是刚强啊！中立而不偏倚，真是刚强啊！国家政治清明，社会稳定，不改变窘困不顺时的志向，真是刚强啊！国家政治黑暗，社会纷乱，至死不改变坚守的操守，真是刚强啊！"

2.7 子曰："索隐行怪，后世有述焉，吾弗为之矣〔1〕。君子遵道而行，半途而废，吾弗能已矣〔2〕。君子依乎中庸，遁世不见知而不悔，唯圣者能之〔3〕。"

【注释】

〔1〕索：原作"素"，形近而误。《汉书·艺文志》引作"索"是，今据改。索隐，探求隐僻的道理。弗：不。
〔2〕废：废弃而止。已：停止。
〔3〕乎：于。遁：隐藏，避开。见：被。

【译文】

孔子说："探求隐僻的道理，做一些怪诞的事情，后世可能会有人记载,我不做这样的事。君子遵照中庸之道做,但却半途而废,我是不能停止的。君子依照中庸之道做,隐遁避世,不被人知而不后悔,只有圣人能做到这样。"

【提示】

成语"半途而废"出处。

2.8　君子之道,费而隐[1]。夫妇之愚,可以与知焉,及其至也,虽圣人亦有所不知焉[2]。夫妇之不肖,可以能行焉,及其至也,虽圣人亦有所不能焉[3]。天地之大也,人犹有所憾[4]。故君子语大,天下莫能载焉[5];语小,天下莫能破焉[6]。《诗》云[7]:"鸢飞戾天,鱼跃于渊[8]。"言其上下察也。君子之道,造端乎夫妇,及其至也,察乎天地[9]。

【注释】

〔1〕费:广大。隐:隐微,微小。此谓中庸之道用途广大,其体微小,匹夫匹妇虽然愚钝无知,可也算是知道中庸之道的情况的。
〔2〕夫妇:谓平民百姓,匹夫匹妇。与:为,是。焉:代词,犹"之",此指道,即中庸之道。及:达到。其:它的。它,此指道。至:极限,此指道的最高、最深奥精妙的境界。虽:即使。亦:也。
〔3〕不肖:不善,没有德才。
〔4〕憾:不满意,不满足。
〔5〕莫:没有什么。载:承载,承受。
〔6〕破:分开。
〔7〕《诗》:引诗见《诗经·旱麓篇》。
〔8〕鸢(yuān):老鹰。戾(lì):到。渊:深水潭。
〔9〕造端:开端,开始。乎:于。

【译文】

　　君子实行的中庸之道，用途广大而又隐微精深。匹夫匹妇虽然愚昧无知，也可以懂得中庸之道的一般道理，至于达到中庸之道最精妙的高深境界，即使是圣人也有不知道的地方。匹夫匹妇虽然不算贤者，也是可以实行中庸之道的，至于达到中庸之道最精妙的境界，即使是圣人也有不能做到的地方。天地这样的辽阔广大，人们还是有不满意的地方。所以，君子从大处说起中庸之道，天下没有什么能够承载得了它的；从小处说起中庸之道，天下没有什么能够分开得了它的。《诗经》上说："老鹰高飞上青天，鱼儿跳跃入深渊。"诗句比喻说明，人行中庸之道，就可以像老鹰、鱼儿那样，对天地之间的一切事物上下明察。君子修养、实行中庸之道，从匹夫匹妇能懂得、能实行的地方开始，至于达到中庸之道最精妙的境界，可以明察天地之间的一切事物。

【提示】

　　君子之道，广大精微。因其广大，所以，愚夫愚妇也能知能行；因其精微，所以，即使君子也有不知不能。

　　2.9　子曰："道不远人，人之为道而远人，不可以为道[1]。……故君子以人治人，改而止。忠恕违道不远，施诸己而不愿，亦勿施于人[2]。"

【注释】

　　[1]远：作动词用，离得远。为：做，此谓实行。
　　[2]忠：尽心为人。恕：推己及人。《论语·里仁》"夫子之道，忠恕而已矣"句，朱熹注："尽己之谓忠，推己之谓恕。"忠恕是儒家的一种道德规范。违：离开。诸：兼词，之于。

【译文】

　　孔子说："中庸之道并不是离人很远，而是随身而在。如果有人说要实行中庸之道，却又远远离开贴近人们日常生活的事物，那他实行的就不能认为是中庸之道。……所以，君子用做人的道理治理人，改正了错误便作罢。忠恕思想与中庸之道离得不远，忠恕的意思是施加给自己不愿意接受的事，就不把它施加给别人。"

【提示】

这里强调中庸之道的普及性与实用性，以阐明中庸之道人人可知可行。以人人可知可行的中庸之道教化人、要求人，能知勉力改进从道即可。又，忠恕近道。

2.10　君子无入而不自得焉[1]。在上位不陵下，在下位不援上，正己而不求于人，则无怨[2]。上不怨天，下不尤人[3]。

【注释】

〔1〕入：进。无入，谓没有处于什么状况或进入什么境地。自得：自我满意。
〔2〕陵：欺侮，欺压。援：攀援，依附。求：要求，强求。
〔3〕尤：怨恨，责怪，归咎。

【译文】

君子没有处于什么状况而不满意的。在上位不欺侮在下位的人，在下位不攀附在上位的人，端正自己而对别人不过分要求，就没有怨恨。上不抱怨天，下不责怪人。

【提示】

无入而不自得，能时中者可做到。时中，随时而中，随地而中，随事而中，随势而中，既时时、地地、事事、势势皆能处中，自然凡入皆能自得。

2.11 君子之道,辟如行远必自迩,辟如登高必自卑[1]。《诗》曰[2]:"妻子好合,如鼓琴瑟[3]。兄弟既翕,和乐且耽[4]。宜尔室家,乐尔妻帑[5]。"子曰:"父母其顺矣乎[6]!"

【注释】
〔1〕辟:同"譬"。迩:近。卑:低。
〔2〕《诗》:此引诗见《诗经·常棣篇》。
〔3〕好合:情投意合。鼓:弹奏。琴瑟:两种弹奏乐器。《诗经》郑玄笺:"好合,志意合也。合者,如鼓琴瑟之声相应和也。"弹奏的琴瑟声,古人以之为雅乐正声,后常用来比喻夫妻之间的感情深厚,融洽和谐。
〔4〕既:已经。翕:和合,欢聚。耽:沉溺,入迷。
〔5〕宜:安。尔:你。室家:即家。帑(nú):通"孥",子。
〔6〕其:表示论断,加强论断语气,无实义。顺:安乐如意,舒畅顺心。

【译文】
君子实行中庸之道,好像走远路一定是从脚下开始走,好像登高处一定是从低处开始登。《诗经》说:"与妻子和谐相亲,就像那琴瑟之音。兄弟已经欢聚,和乐且又情深。使你的家庭平安,使你的妻子开心。"孔子说:"父母真是称心如意啊!"

【提示】
道之践行,可由近及远,由低到高。因为,道"不须臾离",道"费而隐"。近而广,所以人人可知可行(近、低);隐则精微高深,所以只有一部分人才能达到极至之境界。

2.12 子曰:"……三年之丧,达乎天子[1]。父母之丧,无贵贱,一也。"

【注释】

〔1〕三年之丧：即父母的丧制。达：通行。乎：于。

【译文】

孔子说："……父母三年的丧制，从平民百姓通行到天子。父母的丧制，无论地位高低、身份贵贱，都是一样的。"

2.13 子曰："武王、周公，其达孝矣乎[1]！夫孝者，善继人之志，善述人之事者也[2]。春秋修其祖庙，陈其宗器，设其裳衣，荐其时食[3]。宗庙之礼，所以序昭穆也[4]；序爵，所以辨贵贱也[5]；序事，所以辨贤也[6]；旅酬下为上，所以逮贱也[7]；燕毛，所以序齿也[8]。践其位，行其礼，奏其乐，敬其所尊，爱其所亲，事死如事生，事亡如事存，孝之至也[9]。郊社之礼，所以事上帝也[10]。宗庙之礼，所以祀乎其先也。明乎郊社之礼，禘尝之义，治国其如示诸掌乎[11]！"

【注释】

〔1〕武王：周武王，姓姬名发，周文王姬昌之子。殷末，继其父文王为殷西部方国周的国君。而后，起兵东进，伐纣灭殷，建立周朝，其时间，约在公元前11世纪。周公：周武王弟，姓姬名旦，辅佐武王灭殷建周。武王死，其子姬诵继位，是为成王。成王年幼，周公摄行国事，治理天下。成王长大，周公还政成王。周初分封诸侯，周公封于鲁。周公未就封，继续在朝廷辅佐周王，其子伯禽就封，为鲁君。其：表示论断，加强论断语气，无实义。达孝：朱熹注"达，通也。……言武王、周公之孝，乃天下之人通谓之孝"。一说，达，通"大"。达孝，即大孝。矣乎：句末语气词连用。

〔2〕夫：句首语气词，表示论断，无实义。述：继承，继续。

〔3〕宗器：宗庙祭器。裳衣：上身所穿为衣，下身所服为裳（裙子）。

裳(cháng)，此泛指先人在世时穿过的衣服。荐：进献。时食：四季应时的食品。古时季称时。

〔4〕所以：用来。序：作动词用，排列次序。昭穆：宗庙中神主排列次序的名称。宗庙中供奉的第一位先祖称太祖，神主居中。其下各世先祖的神主依世次左右排列，先昭后穆，左为昭，右为穆。

〔5〕爵：公、侯、伯、子、男，爵名。这里的爵，既指爵位，又指官位。

〔6〕事：谓祭祀中安排诸人分别负责的诸多事项。贤：谓才干，能力。

〔7〕旅酬：谓祭礼完毕后，众亲宾一起宴饮，相互敬酒。旅，众。酬，敬酒。逮：及，到。贱：地位低下的人。朱熹注："旅酬之礼，宾弟子、兄弟之子各举觯于其长而众相酬。盖宗庙之中，以有事为荣，故逮及贱者，使亦得以申其敬也。"

〔8〕燕：通"宴"，宴饮。毛：谓胡须头发。燕毛，谓祭祀后宴饮时，以须发的颜色区别长幼的座次，须发白年长者居上位。齿：年岁。

〔9〕践：实践，履行。其：谓受祭先人。本句五"其"字皆指受祭先人。死、亡：近期去世者称死，去世时间久者称亡；一说，于子之世称死，于孙之世称亡。至：极至，极限。

〔10〕郊：祭祀天称郊。社：祭祀地称社。

〔11〕禘尝：禘与尝皆宗庙时祭名。宗庙四时皆祭祖，称时祭。周代，夏祭名禘，秋祭名尝。这里举二时之祭以代一年四时之祭，以此指谓宗庙祭祖的大典。清代钱大昕撰《禘尝说》："宗庙之礼，莫重乎禘尝。禘尝，皆时祭也。""郊社之礼，禘尝之义"之"礼""义"：礼必有义，义必合礼，此处二字对举，为互文。其：表示论断，加强论断语气，无实义。示：通"视"。诸："之于"的合音词。

【译文】

孔子说："周武王、周公是大孝子啊！孝子，是善于继承先人的遗志，善于完成先人未竟事业的人。春秋季节修整祭祀先人的祖庙，陈列祭祀先人的礼器，摆设先人穿过的衣服，献给先人当季收获的供品。宗庙祭祀之礼，是用来排列先人左昭右穆的世次辈分的；排列官爵次序，是用来辨别身份的贵贱的；排列祭祀中的诸项职事，是用来辨别各办事人的办事才能的；祭祀结束后宴饮，众晚辈向长辈敬酒，是用来显示长辈的恩惠，下至地位低贱的晚辈都享受得到；按胡须头发的黑白颜色排列座次，是用来分别长幼年龄的。供奉先人的神主,遵行祭祀先人的祭礼,演奏祭祀先人的祭乐,敬重先人敬重的人,亲爱先人亲爱的人,事奉去世不久的先人像事奉活着时候的先人一样,事奉去世已久的先人像事奉在世时候的先人一样,这是孝行最好的了。祭祀天地的祭礼是用来事奉上帝的,宗庙的祭礼是用来祭祀自己先人的。明白了祭祀天地、先人的意义,如何治理国家就像察看手掌上托着的物件一样明明白白了。"

2.14 子曰:"……为政在人,取人以身,修身以道,修道以仁。仁者,人也,亲亲为大[1]。义者,宜也,尊贤为大。亲亲之杀,尊贤之等,礼所生也[2]。故君子不可以不修身,思修身不可以不事亲,思事亲不可以不知人,思知人不可以不知天[3]。"

【注释】

〔1〕亲亲:上"亲",作动词用,亲爱;下"亲",作名词用,谓父母。大:大事,谓重要。

〔2〕杀(shài):等差,即等级次序、等级差别。等:等级。

〔3〕天:谓天理,天性,自然法则。宋代理学家把封建伦理看作永恒的客观道德法则,称天理。朱熹撰《答何叔京》之二八:"天理只是仁、义、礼、智之总名,仁、义、礼、智便是天理之件数。"

【译文】

孔子说:"……治理政事在于人,取用什么人在于自身的修养,修身自身在于道德的修养,修养道德要根据仁。仁的意思是爱人,亲爱亲近的人就是最大的仁。义的意思是做事适宜,尊重贤者就是最大的义。亲爱亲近的人分辈分,尊重贤者分等级,礼制由此产生。所以,君子不能不修养自身,想要修养自身不能不事奉双亲,想要事奉双亲不能不了解他人,想要了解他人不能不晓得天理。"

【提示】

仁是做人之本。

2.15 天下之达道五,所以行之者三[1]。曰君臣也,父子也,夫妇也,昆弟也,朋友之交也,五者,天下之达道也[2]。知、仁、勇三者,天下之达德也,所以行之者一也[3]。……子曰:"好学近乎知,力行近乎仁,知耻近乎勇[4]。知斯三者则知所以修身,知所以修身则知所以治人,知所以治人则知所以治天下国家矣。"

【注释】

〔1〕达道:大道,公认的准则,共通的准则。达,通。
〔2〕昆:兄。
〔3〕知:同"智"。达德:大德,公认的德行,共通的德行。
〔4〕乎:于。

【译文】

天下共通的人伦大道有五项,用来实行这五项人伦大道的德行有三种。君臣、父子、夫妇、兄弟、朋友的交往,这五项是天下共通的人伦大道。智、仁、勇这三种是天下共通的德行,用来实行五项人伦大道的准则与效果都是一样的。……孔子说:"爱好学习接近智,努力实行接近仁,知道羞耻接近勇。知道这三点就知道如何修养自身,知道如何修养自身就知道如何治理民众,知道如何治理民众就知道如何治理天下国家了。"

【提示】

这里所说的五达道,是五种伦理道德,孟子具体地指出了它们之间的伦理关系。《孟子·滕文公上》记载孟子的话说:舜时,

"使契为司徒，教以人伦：父子有亲，君臣有义，夫妇有别，长幼有叙，朋友有信。"各种关系都能和谐相处，整个社会也就和谐、安定、太平了。

2.16　凡事，豫则立，不豫则废[1]。言前定则不跲，事前定则不困，行前定则不疚，道前定则不穷[2]。

【注释】

〔1〕豫：预备，事先准备。立：成功。废：废弃，搁置不办。
〔2〕跲(jiá)：窒碍不畅。东汉郑玄注："跲，踬也。"唐代孔颖达疏："将欲发言，能豫前思定，然后出口，则言得流行，不有踬蹙也。"疚：后悔，困惑。穷：尽头，终端。

【译文】

任何事情，凡是事先准备好的就能成功，不事先准备的就可能办不成。讲话前就把有关讲话的事想好就不会讲话窒碍而不流畅，做事前就把有关要做的事想好就不会做事中遇到困难，出行前就把有关出行的事想好出行中就不会心生困惑而后悔，道路事先确定好就不会途中发生路到尽头、走投无路的情况。

2.17　诚者天之道也，诚之者人之道也[1]。诚者不勉而中，不思而得，从容中道，圣人也[2]。诚之者，择善而固执之者也，博学之，审问之，慎思之，明辨之，笃行之[3]。有弗学，学之；弗能，弗措也[4]。有弗问，问之；弗知，弗措也。有弗思，思之；弗得，弗措也。有弗辨，辨之；弗明，弗措也。有弗行，行之；弗笃，弗措也。人一能之，己百之[5]；人十能之，己千之。果能此道矣，虽愚必明，虽柔必强[6]。

【注释】

〔1〕诚：真诚。诚之，使之诚。
〔2〕勉：努力。中：符合。从容：举动。
〔3〕固执：坚持己见而不肯改变。笃：切实，专一。
〔4〕弗：不。措：搁置，停止。
〔5〕一：一次，此谓学习一次。
〔6〕虽：即使。

【译文】

　　真诚是上天的准则，使自己真诚是做人的准则。生来就真诚的，不用努力就合乎真诚，不用思考就达到真诚，一举一动都符合中庸之道，这是圣人。使自己真诚的，是选择善事牢固把握，切实去做的人，对于各种知识，广泛地学习它，详细地询问它，认真地思考它，明白地辨别它，切实地实践它。有没有学习过的知识，就学习它；没有能够学会，学习就不停止。有没有询问过的知识，就询问求教；没有完全懂得，询问求教就不停止。有没有思考过的知识，就思考它；没有能够思考明白，思考就不停止。有没有辨别过的知识，就辨别它；没有辨别清楚，辨别就不停止。有没有实践过的知识，就实践它；没有达到切实做到，实践就不停止。别人一次能够做到的，自己用一百次去做它；别人十次能够做到的，自己用一千次去做它。果真能够做到这样，即使愚昧也一定变得聪明起来，即使柔弱也一定变得刚强起来。

【提示】

　　真实无妄，天理之本然。未能真实无妄而欲真实无妄，人事之当然。学、问、思、辨、行五者，朱熹注云："此'诚之'之目也。"

2.18　自诚明谓之性，自明诚谓之教[1]。诚则明矣，明则诚矣。

【注释】
　　〔1〕自：由，从。诚：真诚。明：明白，明了。性：天赋的本性。

【译文】
　　由真诚而明白道理是本性，由明白道理而真诚靠教育。真诚就会明白道理，明白道理就能做到真诚。

　　2.19　君子尊德性而道问学，致广大而尽精微，极高明而道中庸，温故而知新，敦厚以崇礼[1]。是故居上不骄，为下不倍[2]。国有道其言足以兴，国无道其默足以容[3]。《诗》曰[4]："既明且哲，以保其身[5]。"其此之谓与[6]！

【注释】
　　〔1〕尊：敬重，崇尚。德性：谓人的自然至诚之性。东汉郑玄注："德性，谓性至诚者。"唐代孔颖达疏："'君子尊德性'者，谓君子贤人尊敬此圣人道德之性，自然至诚也。""道问学"之"道"：由，行。问：询问，谓向人求教。问学，求学，求知。致：求取，取得。尽、极：皆谓极限，即达到最高点。精微：精深微妙。高明：谓道德高尚。"道中庸"之"道"：遵行。敦厚：诚朴宽厚。崇：尊重，崇尚。
　　〔2〕倍：通"背"，违背，悖逆。
　　〔3〕足以：完全能够。兴：谓兴国。默：谓沉默不言。容：容纳，容得下，谓保全自身。
　　〔4〕《诗》：引诗见《诗经·烝民篇》。
　　〔5〕哲：有智慧。
　　〔6〕其：这，指此引诗句所说。此之谓：即"谓此"。与：同"欤"，句末语气词，表示感叹。

【译文】
　　君子尊重人的自然至诚之性，通过向人求教及自我学习，达到广大、精深微妙的境界。道德非常高尚，遵行中庸之道，温习原有知识从而了解到新知识，用诚朴宽厚的态度崇尚礼仪。所以，身居高位不骄傲，身处下层不悖逆。国家政治清明，社会稳定，君子的见解完全能够振兴国家；国家政治黑暗，社会纷乱，君子的沉默不言完全能够保全自身。《诗经》说："明智又聪慧，用来保自身。"这句诗，就是说这个意思啊！

【提示】

《中庸》云："君子尊德性而道问学，致广大而尽精微，极高明而道中庸，温故而知新，敦厚以崇礼。"朱熹注："此五句，大小相资，首尾相应，圣贤所示入德之方，莫详于此。学者宜尽心焉。"

2.20 子曰："愚而好自用，贱而好自专，生乎今之世反古之道，如此者，灾及其身者也[1]。"

【注释】

〔1〕自用：自以为是。贱：社会地位低下。自专：自作主张，独断专行。乎：于。反：违背。

【译文】

孔子说："愚昧却喜好自以为是，卑贱却喜好独断专行，生活在今世却违背历代实行的制度，这样做的人，灾祸会降临到他的身上。"

三、论　　语

介绍《论语》，要从孔子说起。

一、孔子其人

孔子是中国古代伟大的思想家、教育家，儒家学派的创始人。孔子（前551—前479），名丘，字仲尼，春秋时期鲁国陬邑（今山东省曲阜市东南）人。先世是宋国人，宋襄公之后。宋襄公六世孙孔父嘉别为公族，以孔为氏。孔父嘉之曾孙孔防叔，为避华氏逼害，逃到鲁国。孔子乃孔防叔的曾孙。孔子的父亲叔梁纥，是一位武士，任陬邑大夫，在贵族的各阶层中地位较低。叔梁纥原娶施氏，生九女而无一男；后娶妾生一子，名孟皮，却是一个有足病的跛子；年过花甲，又娶颜氏之女征在，年不到二十，生一子，即孔子。传说颜征在怀孕期间，曾祷于尼丘山，故生子名丘字仲尼。孔子三岁丧父，幼年家境便日渐艰难，《论语·子罕篇》记载孔子的话说："吾少也贱，故多能鄙事。"年轻时，曾做小吏。《孟子·万章下篇》："孔子尝为委吏矣，曰'会计当而已矣'；尝为乘田矣，曰'牛羊茁壮长而已矣'。"委吏管理仓库，乘田管理牛羊。后至鲁定公时，孔子已年至半百，才出仕做官。据《史记·孔子世家》，"定公九年"，"孔子年五十"，"定公以孔子为中都宰，一年，四方皆则之。由中都宰为司空，由司空为大司寇"，"由大司寇行摄相事"，"与闻国政"。当时的鲁国国政，实权掌握在三桓（季孙氏、叔孙氏、孟孙氏）手中。孔子行摄相事,与三桓的矛盾日深。最后,孔子只好辞去官职,离开鲁国,开始周游国外的历程。他首先到卫国。根据《史记·卫世家》记载,卫灵公三十八年(前497),孔子来,此年为鲁定公十三年,孔子五十四岁。此后,又先后到陈、曹、宋、郑、蔡、楚等国。孔子周游列国,希望能有国家听从其说,请其任职主政,借以推行其德政礼治。他虽然奔波劳顿,走访各国,但其主张并未得到各国诸侯的青睐,而是到处遭受冷遇。不得已,只好结束游说,返回鲁国。根据《史记·卫世家》记载,卫出公九年(前484),"仲尼反鲁",此年为鲁哀公十一年,孔子六十七岁。晚年,孔子倾注心血致力于整理古代文献与从事教育事业,对保存与传播中国古代文化学术做出了重要贡献。

二、《论语》其书

《论语》,是一部记载孔子言行(其中也记有若干弟子的少量言行)的语录体著作。

孔子收徒授业,仅"受业身通者"就有七十多人(引《史记·仲尼弟子列传》语)。弟子们受业于孔子,记录了很多孔子的言行。孔子死后,孔门弟子相与辑录"孔子应答弟子、时人及弟子相与言而接闻于夫子之语"(引《汉书·艺文志》语),编纂成书,即是《论语》。成书年代,大约在战国初期。

汉代,传《论语》者有鲁、齐二家。汉武帝时,从孔子旧宅墙壁中发现一批先秦典籍,其中有《论语》,是谓古文《论语》。刘向《别录》:"鲁人所学,谓之《鲁论》;齐人所学,谓之《齐论》;合壁所得,谓之《古论》。"(南朝梁皇侃撰《论语义疏·自序》引)《汉书·艺文志》于"六艺略"收录:"《论语》古二十一篇,出孔子壁中,两《子张》。《齐》二十二篇,多《问王》《知道》。《鲁》二十篇。"

此即汉代的"三《论》"。西汉末年,安昌侯张禹"本授《鲁论》,晚讲《齐论》,后遂合而考之,删其烦惑,除去《齐论·问王》《知道》二篇,从《鲁论》二十篇为定,号《张侯论》"(引《隋书·经籍志》语)。张禹以《鲁论》篇目为基础,参考《齐论》,择善而从,把鲁、齐二《论》融为一本,成为一个新的传本,曰《张侯论》。今天看到的《论语》,基本上就是《张侯论》。

《论语》分篇、章编排,全书二十篇,三百二十二章。每篇摄取篇首二、三字作篇名,篇名与全篇内容无涉。每篇中根据内容分为若干章,章与章之间也没有逻辑与内容上的关联。其篇次:(一)学而。(二)为政。(三)八佾。(四)里仁。(五)公冶长。(六)雍也。(七)述而。(八)泰伯。(九)子罕。(一○)乡党。(一一)先进。(一二)颜渊。(一三)子路。(一四)宪问。(一五)卫灵公。(一六)季氏。(一七)阳货。(一八)微子。(一九)子张。(二○)尧曰。

《论语》主要记载孔子言论,为后人留下孔子丰富的思想财富。

孔子提出的"仁",可以说是其思想体系的核心。何谓仁?仁这个概念的内蕴,可以从两个方面来概括,一从自身,曰"克己";一从对人,曰"爱人"。克己,《论语·颜渊篇》:颜渊问仁。子曰:"克己复礼为仁。"何晏集解引马融、孔安国曰:"马曰:克己,约身。孔曰:复,反也。身能反礼,则为仁矣。"颜渊又请问其目,子曰:"非礼勿视,非礼勿听,非礼勿言,非礼勿动。"郑玄注曰:"此四者,克己复礼之目。"约束自己的一切言行皆合于礼即为仁。何谓礼?《礼记·礼器篇》曰:"礼有大有小,有显有微。"礼之大者,可以立国治民。《八佾篇》:子曰:"夏礼,吾能言之,杞不足征也;殷礼,吾能言之,宋不足征也。"这段话,《礼记·礼运篇》也有记载:言偃复问曰:"夫子之极言礼也,可得而闻与?"孔子曰:"我欲观夏道,是故之杞,而不足征也,吾得夏时焉。我欲观殷道,是故之宋,而不足征也,吾得坤乾焉。"《论语》《礼记》两处，当为同语异记，而《论语》言"礼"，《礼记》称"道"。又《礼记·祭统篇》"此周道也"句郑玄注曰："周道，犹周之礼。"可知，礼即指道，道亦谓礼，治国之道谓之礼，以礼治国谓之道，在这里，礼、道异词同义。此所谓礼之大者、显者。礼之小者，可以立身处事。《左传》鲁成公十三年"礼，身之干也"、《荀子·修身篇》"礼者，所以正身也"，言修身；《礼记·表记篇》"无礼不相见也"，言交往；《仪礼·聘礼篇》"主人毕归礼"句郑玄注曰"礼谓饔饩飨食"，言宴享；《礼记·礼器篇》"君子大牢而祭谓之礼"，言祭享。此所谓礼之小者、微者。《礼记·礼运篇》曰："夫礼，必本于天，殽于地，列于鬼神，达于丧祭射御冠昏朝聘，故圣人以礼示之，故天下国家可得而正也。"礼的制定，本于天象，效法地理，参据鬼神之序，所以，符合天地神灵之意。礼贯彻到人类社会的政治生活与社会生活的各个方面，以向人民显示，治理天下国家有一定之制，它就是礼。统治者以礼治国，人民以礼行事，如此，就可政治清明，人民安居，国家得到正常发展。显然，克己是为了复礼；复礼，换言之，就是拯救与维护正面临瓦解崩溃的以宗法等级制度为主干体制的各种制度。爱人，《论语·颜渊篇》："樊迟问仁。子曰：'爱人'。""如何爱人？"体现在"忠恕"二字。为人谋事做事，皆能竭尽心力，谓之忠。《子路篇》记载樊迟问仁，子曰："居处恭，执事敬，与人忠。"《学而篇》记载曾参"吾日三省吾身"的首省就是："为人谋而不忠乎？"足见"忠"被孔子及其弟子所重视。自己不愿意要的，不要施加在别人身上，谓之恕。《颜渊篇》记载仲弓问仁，子曰："己所不欲，勿施于人。"《论语·里仁篇》："子曰：'参乎，吾道一以贯之。'曾子曰：'唯。'子出，门人问曰：'何谓也？'曾子曰：'夫子之道，忠恕而已矣。'"曾子认为"忠恕"二字可以概括孔子的全部学说。《雍也篇》记载子贡问仁，子曰："夫仁者，己欲立而立人，己欲达而达人。""己欲立而立人,己欲达而达人",从积极方面言仁;"己所不欲,勿施于人",从消极方面言仁。正面的积极为之,负面的严禁防止,成为修身、爱人完美的人格规范。

孔子的诸种思想理念,皆由其仁说引发。

在社会政治经济方面,根据《礼记·礼运篇》的记载,以往的大同时代与小康时代都为孔子所向往,然而三代以前的大同时代已是远古而难及,三代出现的小康时代时尚未远,孔子生活的春秋末期犹为三代之季,社会制度由三代延续而来,只是原有制度有的方面已遭破坏,有的方面面临崩溃,已是千疮百孔难于维系的局面。夏、商、周三代由夏禹、商汤与周之文、武、周公这些"三代之英"治理的小康社会,将礼作为治理国家的纲纪准则。《论语·为政篇》记载子曰:"殷因于夏礼,所损益可知也;周因于殷礼,所损益可知也。"三代之礼制,代代损益,可以想见,至周愈加完善。《八佾篇》记载子曰:"周监于二代,郁郁乎文哉,吾从周。"孔子把恢复、维护周礼,当成了自己终生不渝的奋斗目标。恢复、维护周礼,最重要的就是恢复、维护宗法等级制度。《颜渊篇》:齐景公问政于孔子。孔子对曰:"君君,臣臣,父父,子子。"公曰:"善哉!信如君不君,臣不臣,父不父,子不子,虽有粟,吾得而食诸?"君君,就是君要像君,君要有君应有的权力。君不君,就是君不像君,君虽名为君而实际已无作为君主应有的权力。如周王,本是宗法制度下的天下宗主,但至春秋时期,王室衰微,强大诸侯尾大不掉,反而挟天子以令诸侯。诸侯本是诸侯国的一国之君,但不少诸侯国的国君都大权旁落,受制于大夫;有的大夫又受制于他的家臣,如此,国君的权力实际上掌握在大夫家臣的手中。孔子"君君,臣臣,父父,子子"这句话,可以说是孔子"复礼"内蕴在政治方面的高度概括;齐景公根据自己的亲身体验所发表的意见,充分表明,在春秋末期,宗法等级制度已遭受到严峻挑战,各国诸侯感受到其君主地位已处于风雨飘摇的险境之中。面对这样的现实，为恢复、维护宗法等级制度，孔子提出"正名"说。《子路篇》："子路曰：'卫君待子而为政，子将奚先？'子曰：'必也正名乎？'子路曰：'有是哉，子之迂也。奚其正？'子曰：'野哉，由也。君子于其所不知，盖阙如也。名不正则言不顺，言不顺则事不成，事不成则礼乐不兴，礼乐不兴则刑罚不中，刑罚不中则民无所措手足。故君子名之必可言也，言之必可行也。君子于其言，无所苟而已矣。'"名，谓人在宗法等级中的身份地位，即所谓名分；正名，就是纠正现实社会中那些与名分不相符合的行为。孔子希望通过正名，使名实相符，宗法等级中各种名分的人都各就各位，这样，既能使各安本分以尽职守，又可使宗法等级制度得以维持延续。不难看出，孔子的"正名"说，是为了"复礼"，妄图以空口说教来挽救与维系走上末路的周代宗法等级制度，只能是空忙一场。

在治国方略上，孔子主张德政、礼治。孔子在《为政篇》中提出"为政以德"，在《先进篇》中提出"为国以礼"，《为政篇》又记载孔子之言曰："道之以政，齐之以刑，民免而无耻。道之以德，齐之以礼，有耻且格。"这里，德、礼并提，且与政、刑对言，形成两种对立的社会政治观。

孔子重视人才，称许贤人政治。《子路篇》记载孔子回答仲弓问"为政"的问题时，其中一项就是"举贤才"。《泰伯篇》："舜有臣五人而天下治。"武王曰："予有乱臣十人。"孔子曰："才难，不其然乎？"又《卫灵公篇》：子曰："无为而治者其舜也与！夫何为哉？恭己正南面而已矣。"舜何以能够无为而治？《大戴礼记·主言篇》记载孔子回答曾参的问题时曰："参，女以明主为劳乎？昔者舜左禹而右皋陶，不下席而天下治。"《孟子·滕文公上篇》："尧以不得舜为己忧，舜以不得禹、皋陶为己忧。"赵岐注："言圣人以不得贤圣之臣为己忧。"《新序·杂事篇》："王者劳于求人，佚于得贤。舜举众贤在位，垂衣裳恭己无为而天下治。"这些,都为舜所以能够"无为而治"作了注脚,即得益于贤臣辅佐,也就是贤人政治。

孔子主张珍惜民力,反对重赋。《学而》:子曰:"道千乘之国,敬事而信,节用而爱人,使民以时。"治国要节俭财用,爱惜民力,不误农时。《先进篇》:"季氏富于周公,而求也为之聚敛而附益之。子曰:'非吾徒也,小子鸣鼓而攻之可也。'"《左传》鲁哀公十一年记载此事引孔子之言曰:"君子之行也度于礼,施取其厚,事举其中,敛从其薄。"孔子认为统治者对人民应该施厚敛薄,所以让弟子谴责冉求帮助季氏聚敛财富的行为。

孔子的理想社会状况,是庶、富、教三者皆具。《子路篇》:子适卫,冉有仆。子曰:"庶矣哉!"冉有曰:"既庶矣,又何加焉?"曰:"富之。"曰:"既富矣,又何加焉?"曰:"教之。"增加人口,使人民富裕,然后加强教育以提高素质。富而教之,成为后世儒家学派的理想社会蓝图。

在认识论、方法论方面,孔子提出"中庸"说。《论语·雍也篇》:子曰:"中庸之为德也,其至矣乎!"中,中和;庸,用。中庸,中和以为用。中庸,即用中。"中"的地位,是相对的,无边侧便无中,所以,要用中,就必须了解边侧,把握两端。由此可知,孔子的中庸思想的特征,是"执其两端用其中"。孔子提出的"过犹不及""文质彬彬"等命题,皆源于他的中庸思想。

孔子的教育思想,内容丰富。孔子生活于春秋末期,正是中国社会的剧烈变革时期。学术文化,也冲破原来"学在官府"的禁锢局面,流布民间。就在此时,孔子收徒传授学业知识,为中国开展私人教育的第一人,对学术文化向社会的广泛传播起了很大的推动作用。孔子"有教无类",使社会上各阶层多层面的人得到学习与掌握学术文化的机会。孔子分"文、行、忠、信"四个学科授业,又根据每个学生的特点因材施教,使学生的个性才能得到发挥。孔子的教育活动,重视道德,重视实践。《论语·学而篇》:子曰:"弟子入则孝,出则悌,谨而信,泛爱众而亲仁。行有余力,则以学文。"《学而篇》记载孔子弟子子夏曰:"贤贤易色,事父母能竭其力,事君能致其身,与朋友交言而有信。虽曰未学,吾必谓之学矣。"《雍也篇》记载鲁哀公问孔子"弟子孰为好学",孔子对曰"有颜回者好学"。何以言颜回好学?接着孔子说出颜回做人的两方面突出特点:一是"不迁怒,不贰过",一是"一箪食,一瓢饮,在陋巷,人不堪其忧,回也不改其乐"。这些都说明,孔子的教育,既非德才并重,更非重才轻德,而是首德次才,把如何做人、道德修养放到第一位。要学习如何做人,社会就是学校。《里仁篇》:子曰:"见贤思齐焉,见不贤而内自省也。"《述而篇》:子曰:"三人行必有我师焉,择其善者而从之,其不善者而改之。"孔子治学,重视向人求教。《八佾篇》:"子入太庙,每事问。"《公冶长篇》:子贡问曰:"孔文子何以谓之'文'也?"子曰:"敏而好学,不耻下问,是以谓之'文'也。"在孔子看来,学与问是治学的两个方面。孔子强调思考,重视培养学生举一反三的能力。《八佾篇》:子曰:"吾与回言终日,不违,如愚。退而省其私,亦足以发。回也不愚。"《八佾篇》:子曰:"温故而知新,可以为师矣。"又《为政篇》:子曰:"学而不思则罔,思而不学则殆。"《述而篇》:子曰:"不愤不启,不悱不发。举一隅不以三隅反,则不复也。"

《论语》作为语录体著作,语言简洁,文字凝练,蕴意深刻,很多语句成为后人习用的成语格言。

总之,《论语》记载了孔子关于政治、哲学、教育、伦理、道德修养、文学、语言等诸多方面的言论,是研究孔子思想与儒学的可信资料,也是研究中国社会史、思想史、教育史、文化史的一部重要典籍。

《论语》注本,有南宋朱熹撰《四书集注》,清代刘宝楠撰

《论语正义》,民国程树德撰《论语集释》,今人杨伯峻撰《论语译注》等。又,北京大学图书馆索引编纂研究部编《论语索引》,安作璋主编《论语辞典》,蔡希勤撰《四书解读辞典》等。

3.1　子曰[1]:"学而时习之,不亦说乎[2]?有朋自远方来,不亦乐乎?人不知而不愠,不亦君子乎[3]?"

(《学而篇》)

【注释】
〔1〕子:谓孔子。《论语》中的"子曰"之"子",皆谓孔子。
〔2〕时:时时,经常。习:复习。亦:语气词,无实义。说(yuè):同"悦",喜悦,高兴。
〔3〕愠(yùn):埋怨,怨恨。君子:《论语》中称"君子"指两种人,一是有道德的人,一是有官位的人。具体所指,以文句内容认定。

【译文】
孔子说:"学了经常复习它,不喜悦吗?有朋友从遥远的地方来,不高兴吗?别人不了解我,我却不怨恨,不是君子吗?"

【提示】
孔子所重,学业、交往、修身。

3.2　有子曰[1]:"其为人也孝弟,而好犯上者鲜矣[2]。不好犯上而好作乱者,未之有也[3]。君子务本,本立而道生[4]。孝弟者也,其为仁之本与[5]!"

(《学而篇》)

【注释】

〔1〕有子：孔子学生。

〔2〕孝：敬顺父母。弟(tì)：同"悌"，亲爱兄弟，也泛指敬重尊长。犯：违犯，冒犯，触犯。上：指官位的上级及社会地位高的人。鲜：少。

〔3〕作乱：扰乱，造反。未之有：即"未有之"，意谓没有过作乱的事。

〔4〕务：从事。

〔5〕与：同"欤"，句末语气词，表示感叹或疑问。

【译文】

有子说："做人，敬顺父母，尊重兄长，却喜欢触犯官府上级或社会地位高的人，这样的人很少。不触犯官府上级或社会地位高的人，却喜欢制造社会动乱，这样的人，从来没有过。君子修养自己的根本，根本确立了，道德就有了。敬顺父母，尊重兄长，就是仁德的根本啊。"

【提示】

孝悌是仁德的根本。

3.3　子曰："巧言令色，鲜矣仁[1]。"

(《学而篇》)

【注释】

〔1〕令：美好。色：面部表情。鲜：少。

【译文】

孔子说："花言巧语，美好表情，这样的人，很少是有仁德的人。"

【提示】

　　巧言令色之人，社会上多有，当时时防备，事事警惕。

　　3.4　曾子曰[1]："吾日三省吾身[2]：为人谋而不忠乎[3]？与朋友交而不信乎[4]？传不习乎？"

（《学而篇》）

【注释】

　　[1] 曾子：孔子学生。
　　[2] 吾：我。三：泛指多数。省（xǐng）：反省，自己检查自己的思想和行为。
　　[3] 忠：为人做事尽心尽力。
　　[4] 信：诚实。

【译文】

　　曾子说："我每天多次反省自己：为人谋划做事情有不尽心尽力的地方吗？和朋友交往有不诚实的地方吗？老师传授的学业有还没复习到的地方吗？"

【提示】

　　一日数省，所省有三：一为人忠，二交友信，三重学业。

　　3.5　子曰："弟子，入则孝，出则悌，谨而信，泛爱众，而亲仁[1]。行有余力，则以学文[2]。"

（《学而篇》）

【注释】

　　[1] 弟子：多指学生，有时指年龄小的人，此指后者。入：走进家门，即在家。出：走出家门，即在社会上。泛：广。

〔2〕行：做，实践。文：文献，即书。学文，即读书。

【译文】
　　孔子说："年岁小的人，在家敬顺父母，在社会上尊重兄长，谨慎诚实，广爱众多的人，亲近有仁德的人。这些都踏踏实实做了以后，还有多余的力量，就用多余的力量学习文献。"

【提示】
　　孔子之教，重在做人，重在社会实践而非书本知识。

　　3.6　子夏曰[1]："贤贤易色[2]。事父母能竭其力，事君能致其身，与朋友交言而有信[3]。虽曰未学，吾必谓之学矣。"

(《学而篇》)

【注释】
　　〔1〕子夏：孔子学生。
　　〔2〕贤贤：上"贤"作动词用，下"贤"谓贤人。贤贤，以贤为贤，把有贤德的人作为贤者。易：轻视。色：容貌，面部表情。此总言，下文用事亲、事君、交友三事查验。
　　〔3〕竭：尽。致：给，献出。

【译文】
　　子夏说："把内心有贤德的人作为贤者，轻视外部的容貌表情。事奉父母能够竭尽自己的全力，事奉君主能够献出自己的生命，与朋友交往说话诚实有信用。这样的人，即使他说没有学习过，我也一定说他学习过了。"

　　3.7　曾子曰："慎终追远，民德归厚矣[1]。"

(《学而篇》)

【注释】

〔1〕终：人死。追：回溯已经过去的人或事。所"追"是远代祖先，所"终"当是今时亲人父母。

【译文】

曾子说："谨慎办好父母死亡的丧事，追思远代祖先的恩德，民众的道德都集中在老实厚道这里了。"

3.8 子禽问于子贡曰[1]："夫子至于是邦也，必闻其政[2]。求之与？抑与之与[3]？"子贡曰："夫子温、良、恭、俭、让以得之[4]。夫子之求之也，其诸异乎人之求之与[5]？"

(《学而篇》)

【注释】

〔1〕子禽、子贡：孔子学生。
〔2〕夫子：老人家，指老师孔子。至：到。是邦：那国。
〔3〕抑：或者，还是。"抑与"之"与"：给予。
〔4〕以：用，由于，依靠，凭着。"温、良、恭、俭、让以"，即"以温、良、恭、俭、让"的倒置。
〔5〕其诸：齐、鲁间方言，意思"或者"。乎：于。

【译文】

子禽向子贡问说："老师他老人家到了那个国家，一定听到那个国家的政事。是他老人家请求人告诉的呢？还是有人主动告诉他老人家的呢？"子贡回答说："他老人家凭着温和、善良、恭敬、俭朴、谦让的美德与友善，得到人们的尊重与好感，人们肯把政事主动介绍给他老人家。他老人家求取那个国家政事的方法，或许与别人求取那个国家政事的方法不同吧？"

【提示】
　　做人之道：温、良、恭、俭、让。

　　3.9　有子曰："礼之用，和为贵[1]。先王之道斯为美，小大由之[2]。有所不行，知和而和，不以礼节之，亦不可行也[3]。"

(《学而篇》)

【注释】
　　[1] 和：和谐，适当，恰到好处。贵：珍贵，重要。
　　[2] 斯：这，那。
　　[3] 节：节制，控制。

【译文】
　　有子说："礼的作用，是使人们都能彼此和谐相处为好。过去的君主治理国家的做法，在这方面很好，小事、大事都用礼协调得和谐适当。但是，有行不通的时候，知道已经和谐还一味地继续过分强求和谐，而不用礼节制它，也是不可行的。"

【提示】
　　只求和谐，不求合制。和而违制，不可提倡。

　　3.10　子曰："君子食无求饱，居无求安，敏于事而慎于言，就有道而正焉，可谓好学也已[1]。"

(《学而篇》)

【注释】
　　[1] 安：安乐，舒适。就：接近，到某处去。正：匡正，端正。焉：

犹"之",此指自己。也已：句末语气词连用。

【译文】

　　孔子说："修养道德的人，吃食不要求吃得饱，居住不要求住得舒适，做事敏捷，说话谨慎，到有高尚道德的人那里匡正自己。这样的人，可以说是好学习的人。"

【提示】

　　就师求学。

　　3.11　子贡曰："贫而无谄，富而无骄，何如[1]？"子曰："可也。未若贫而乐道、富而好礼者也。"

(《学而篇》)

【注释】

　　[1]谄：用卑贱的态度、话语讨好人。

【译文】

　　子贡说："贫穷却不谄媚，富有却不骄傲，怎么样？"孔子说："可以。但不如贫穷却乐于修养道德，富有却喜欢礼貌待人。"

　　3.12　子曰："不患人之不己知，患不知人也[1]。"

(《学而篇》)

【注释】

　　[1]患：忧虑，担心。不己知：即"不知己"。

【译文】

　　孔子说:"不担心别人不了解自己,担心的是自己不了解别人。"

【提示】

　　重在知人。

　　3.13　子曰:"吾十有五而志于学,三十而立,四十而不惑,五十而知天命,六十而耳顺,七十而从心所欲、不逾矩[1]。"

(《为政篇》)

【注释】

　　[1]有(yòu):义同"又"。古代记数,在整数与小数之间有"有"字,作"又"用。逾:超越,超过。矩:规矩,制度。

【译文】

　　孔子说:"十五岁立志好好学习,三十岁成家立业待人处事,四十岁明白事理不糊涂,五十岁顺应自然不违背,六十岁耳闻人言不争辩,七十岁随心想要的都不会违制越规。"

【提示】

　　孔子所云"志学""而立""不惑""知天命""耳顺""不逾矩"等,已成后人年岁的别称。

　　3.14　孟懿子问孝[1],子曰"无违[2]"。樊迟御,子告之曰[3]:"孟孙问孝于我,我对曰'无违'[4]。"樊迟曰:"何谓也[5]?"子曰:"生,事之以礼;死,葬之以礼，祭之以礼。"

(《为政篇》)

【注释】

〔1〕孟懿子：鲁国大夫。
〔2〕无违：无违什么，文中未说；从下文看，当指礼制。
〔3〕樊迟：孔子学生。御：驾车。
〔4〕孟孙：氏。孟懿子是孟孙氏。此指孟懿子。
〔5〕何谓：即"谓何"，即"说什么"。

【译文】

孟懿子向孔子请教孝道，孔子说"不违背礼制"。一次孔子外出，弟子樊迟驾车，孔子告诉樊迟说："孟孙向我问孝道的事，我回答说'不违背礼制'。"樊迟说："您说的是什么意思？"孔子说："父母活着，根据礼事奉父母；父母死了，根据礼给父母办丧事，根据礼祭祀父母。"

3.15 孟武伯问孝[1]。子曰："父母唯其疾之忧。"

(《为政篇》)

【注释】

〔1〕孟武伯：孟懿子的儿子。

【译文】

孟武伯向孔子请教孝道。孔子说："父母，只有他们患病的时候儿子担忧不安。"

3.16 子游问孝[1]。子曰："今之孝者，是谓能养。至于犬马，皆能有养；不敬，何以别乎？"

(《为政篇》)

【注释】

〔1〕子游：孔子学生。

【译文】

子游向孔子请教孝道。孔子说："今天的孝道，是说能够养活父母就是孝子。至于狗、马，都能够得到喂养；心中对父母没有顺敬之意，与喂养狗、马有什么区别呢？"

【提示】

家境有好坏，孝道重孝心。

3.17　子夏问孝。子曰："色难[1]。有事弟子服其劳，有酒食先生馔，曾是以为孝乎[2]？"

（《为政篇》）

【注释】

〔1〕色：脸色，面部表情。此谓儿子在父母面前事奉，面容表情总使父母喜悦。做到这样，很难。

〔2〕弟子：指年轻人，非学生。服：从事，做。先生：指年长的人。馔：吃喝。曾：竟，表示出于意料之外。

【译文】

子夏向孔子请教孝道。孔子说："儿子事奉父母，做到面容表情总使父母喜悦，难呐。有事做，年轻的人做那劳累的；有酒有食，年长的人吃喝。这种境况，竟可认为是行孝？"

【提示】

色难，难以称孝。

3.18　子曰:"温故而知新,可以为师矣。"

(《为政篇》)

【译文】

孔子说:"温习原有知识,能从中有新的收获。这样的,可以做老师了。"

3.19　子贡问君子。子曰:"先行,其言而后从之。"

(《为政篇》)

【译文】

子贡向孔子请教怎样做是君子。孔子说:"有事先做,要说的话在事情做好以后才说。"

3.20　子曰:"由,诲女'知之'乎[1]!知之为知之,不知为不知,是知也[2]。"

(《为政篇》)

【注释】

〔1〕由:即仲由,字子路,孔子学生。诲:教,教诲。女(rǔ):义同"汝",你。
〔2〕是:这,此。

【译文】

孔子说:"由,我教给你了解人与事的应有态度。了解他(它)就是了解他(它),不了解就是不了解,这就是了解不了解的应有态度。"

3.21　子张学干禄[1]。子曰:"多闻阙疑,慎言其余,则寡尤[2];多见阙殆,慎行其余,则寡悔[3]。言寡尤,行寡悔,禄在其中矣。"

(《为政篇》)

【注释】
〔1〕子张:孔子学生。干:求。禄:官吏的俸给,俸禄。干禄,即求官。
〔2〕阙:同"缺"。阙疑,把疑难问题留着不下判断。寡:少。尤:错误。
〔3〕殆:与"疑"同义。阙殆,同"阙疑"。

【译文】
　　子张向孔子请教取得官职俸禄的事。孔子说:"多听,其中有疑问的,缺空着不谈论它,只是谨慎谈论自己认为正确的那些部分,这样就少出错误。多看,其中有疑问的,缺空着不实行它,只是谨慎地实行自己认为正确的那些部分,这样就减少懊悔。说话少出错误,做事少有懊悔,官职俸禄就在这里面了。"

【提示】
　　言行误少,官位可保,俸禄就丢不掉。故孔子说:"言寡尤,行寡悔,禄在其中矣。"历代任官享俸者,皆可从中受教。

3.22　子曰:"……见义不为,无勇也。"

(《为政篇》)

【译文】
　　孔子说:"……看到应该挺身而出做的事情却不做,是怯懦没有勇气。"

【提示】

见义勇为真好汉，见义不为是懦夫。

3.23　孔子谓季氏[1]："八佾舞于庭，是可忍也，孰不可忍也[2]？"

(《八佾篇》)

【注释】

〔1〕谓：说到，谈论。季氏：鲁国执政大夫，有权势。

〔2〕佾(yì)：古代奏乐舞蹈，舞蹈的人排成队列，一行八人叫一佾。天子舞蹈，舞者八佾，六十四人。诸侯舞蹈，舞者六佾，四十八人。大夫舞蹈，舞者四佾，三十二人。士舞蹈，舞者二佾，十六人。季氏作为大夫，在家奏乐舞蹈，竟用天子之制八佾舞于庭，所以孔子说季氏这种行为不可忍受。是：这，谓这种僭越行为。忍：忍受，一说忍心，这里采用前说。孰：什么。

【译文】

孔子谈论季氏说："季氏用八佾六十四人的天子之制，在自己家的庭院奏乐舞蹈，这种僭越行为可以忍受，还有什么不可以忍受呢？"

3.24　子曰："富与贵，是人之所欲也，不以其道得之，不处也[1]。贫与贱，是人之所恶也，不以其道失之，不去也[2]。君子去仁，恶乎成名[3]？君子无终食之间违仁，造次必于是，颠沛必于是[4]。"

(《里仁篇》)

【注释】

〔1〕富：多钱财。贵：官职高，权势大，尊贵，高贵。以：用。道：

正道，正当的方法。处：在，居。不处，此谓不占有那财富，不当那大官。

〔2〕失：原作"得"。富贵人想得，贫贱人想抛弃，怎么可能想得呢？"得"的反义词是"失"，这里误"得"，盖沿上文而致。今改"得"作"失"。

〔3〕乎：句中语气词。恶乎，怎么。

〔4〕终食：吃完一顿饭。终，结束，完了。造次：仓促，匆忙。颠沛：穷困，受挫折。

【译文】

孔子说："家多钱财，官职高贵，这是人人都希望的，不用正当的方法获取，不接受它。家无钱财，社会地位低微，这是人人都厌恶的，不用正当的方法摆脱，不抛弃它。君子失去仁德，怎么能称君子呢？君子没有一顿饭的时间背离仁德，仓促匆忙之间一定坚守着仁德，颠沛流离的时候一定坚守着仁德。"

3.25　子曰："士志于道，而耻恶衣恶食者，未足与议也[1]。"

(《里仁篇》)

【注释】

〔1〕士：读书人。道：指事理，真理。耻：以为耻。足：值得。

【译文】

孔子说："读书人专心探求真理，却以穿不好的粗糙衣服、吃不好的粗糙饭菜感到耻辱，这样的人，不值得与他讨论真理问题。"

【提示】

读书人，不耻吃穿不好，只求学业精深。

3.26 子曰:"放于利而行,多怨[1]。"

(《里仁篇》)

【注释】
[1] 放:根据。

【译文】
孔子说:"根据个人的利益做事,会招惹好多怨恨。"

3.27 子曰:"参乎,吾道一以贯之[1]。"曾子曰:"唯[2]。"子出,门人问曰[3]:"何谓也[4]?"曾子曰:"夫子之道,忠恕而已矣[5]。"

(《里仁篇》)

【注释】
[1] 参:曾子名,孔子学生。道:谓思想,主张,学说。贯:贯穿,贯通。一以贯之,即"以一贯之"。
[2] 唯:应答声。
[3] 门人:孔子的学生。
[4] 何谓:即"谓何",说什么。
[5] 夫子:他老人家,老师。忠恕:忠,为人做事,尽心尽力,诚实厚道,用孔子的话说,就是:"己欲立而立人,己欲达而达人。"恕,遇事对人谅解、宽恕,与人换位思考,即用自己的心意推想别人的心意,用孔子的话说,就是:"己所不欲,勿施于人。"而已:罢了。

【译文】
孔子说:"曾参呀,我的学说用一个思想贯穿着它。"曾子说:"是。"孔子走出去以后,孔子的其他学生问曾子说:"老师说的是什么意思?"曾子说:"他老人家的学说,只是忠恕思想罢了。"

【提示】

孔子学说，一以贯之，"忠恕"而已。

3.28　子曰："君子喻于义，小人喻于利^[1]。"

（《里仁篇》）

【注释】

〔1〕喻：懂得，知道，明白。

【译文】

孔子说："君子知道义，做应该做的事。小人知道利，做谋取私利的事。"

【提示】

君子、小人以义、利分。君子重义，小人重利。

3.29　子曰："见贤思齐焉，见不贤而内自省也^[1]。"

（《里仁篇》）

【注释】

〔1〕贤：谓贤者，即有贤德、做善事的人。焉：犹"之"，他，指贤者。齐焉，齐于他，即向他看齐。

【译文】

孔子说："见到贤良的人，要想向他看齐。见到不贤良的人，要反省自己有没有他那些恶习。"

3.30　子曰："事父母，几谏；见志不从，又敬不违,劳而不怨[1]。"

(《里仁篇》)

【注释】
　[1]几:轻微,婉转。谏:对长者的过错进行规劝。劳:忧愁。

【译文】
　孔子说:"事奉父母,发现父母有过错,就用轻微的话婉转地规劝改正;见自己的意见父母不听从,还照样对父母敬顺而不违背冒犯,忧愁而不埋怨。"

【提示】
　孝事父母。

3.31　子曰:"父母之年,不可不知也:一则以喜,一则以惧。"

(《里仁篇》)

【译文】
　孔子说:"父母的年岁,不可不记在心里:一方面是为父母的高寿而欢喜,另一方面是为父母的高寿而惧怕。"

3.32　子曰:"古者言之不出,耻躬之不逮也[1]。"

(《里仁篇》)

【注释】
　[1]耻:以为耻。此言"以'躬之不逮'为耻"。躬:亲自办,自己做。逮:及,达到。

【译文】
　　孔子说:"古时候,人做事情,一般事先都不轻易说出来,怕自己说到的实际做时达不到。"

【提示】
　　事先不放空炮。先做后说。

3.33　子曰:"以约失之者,鲜矣[1]。"
(《里仁篇》)

【注释】
　　[1]约:节制,制约,约束,拘束。鲜:少。

【译文】
　　孔子说:"因为对自己过于约束、节制而做错事、犯过失的,少呀。"

【提示】
　　以约做人,失误者少。

3.34　子曰:"君子欲讷于言而敏于行[1]。"
(《里仁篇》)

【注释】
　　[1]欲:要。讷:语言迟钝。

【译文】
　　孔子说:"君子要言谈迟钝放慢,做事敏捷利索。"

【提示】
　　说话放慢，以示稳重。做事利索，以显能力强。

3.35　子贡曰："我不欲人之加诸我也，吾亦欲无加诸人[1]。"子曰："赐也，非尔所及也[2]。"
（《公冶长篇》）

【注释】
　　[1]加：强加给人，欺侮，欺辱。诸："之于"二字的合音字。
　　[2]赐：子贡名。《论语》记事用字尊称，文中记师呼生称名。尔：你。

【译文】
　　子贡说："我不想被别人欺辱，我又想自己不去欺辱别人。"孔子说："赐呀，这不是你能够做到的。"

【提示】
　　人的一生，既未受人欺辱，又未欺辱过人，做到这个，难呀！

3.36　子贡问曰："孔文子何以谓之'文'也[1]？"子曰："敏而好学，不耻下问，是以谓之'文'也[2]。"
（《公冶长篇》）

【注释】
　　[1]孔文子：春秋后期卫国大夫，名孔圉，死后谥"文"。古代，人死后，根据他的一生言行为他起一个死后的用名，这个死后用名称为谥。何以：即"以何"的倒装。
　　[2]敏：聪明。耻：以为耻辱。下问：向地位比自己低、知识比自己少的人请教。是以：即"以是"的倒装，因此。

【译文】

子贡向孔子请教说:"孔文子凭什么谥号称'文'呢?"孔子说:"聪明爱读书,不怕丢失身份体面而向比自己地位低、知识少的人虚心求教。因此,他的谥号称为'文'。"

【提示】

敏而好学,不耻下问。知识的取得,一学一问,即一是读书,一是向人求教。知识由学、问得来,于是又称之为"学问"。

3.37 子曰:"晏平仲善与人交,久而敬之[1]。"

(《公冶长篇》)

【注释】

[1] 晏平仲:春秋时期齐国著名贤大夫,名婴,平仲是其字。

【译文】

孔子说:"晏平仲很会与人交朋友,彼此相交的时间越长,越恭敬对方。"

【提示】

人们交友,多时久熟而不敬。当"见贤思齐焉"。

3.38 子曰:"伯夷、叔齐不念旧恶,怨是用希[1]。"

(《公冶长篇》)

【注释】

[1] 伯夷、叔齐:殷朝末年孤竹君的两个儿子。念:记恨。用:犹

"以"，表原因。是用，即"是以"，因此。希：少。

【译文】

孔子说："伯夷、叔齐不记恨过去的怨仇，因此与他们结下怨仇的人就少。"

【提示】

自己不以别人为仇，还何仇之有？

3.39　子曰："已矣乎，吾未见能见其过而内自讼者也[1]。"

(《公冶长篇》)

【注释】

[1] 已：完结。讼：检查，责备。

【译文】

孔子说："算了吧，我没有见过能够看到自己的错误就内心自我检查责备的人。"

3.40　哀公问[1]："弟子孰为好学[2]？"孔子对曰："有颜回者好学，不迁怒，不贰过，不幸短命死矣[3]。今也则亡，未闻好学者也[4]。"

(《雍也篇》)

【注释】

[1] 哀公：春秋末期鲁国君主。春秋时期，鲁国十二君，鲁哀公是最后一位。孔子于哀公十四年去世。

〔2〕孰：谁。

〔3〕颜回：孔子最得意的学生，名回，字子渊，又称颜渊。迁：移。贰过：同样错误犯两次。

〔4〕亡：同"无"，没有。

【译文】

鲁哀公问孔子说："你的学生，谁是好学的人？"孔子回答说："有一个学生叫颜回，爱好学习，自己生气的时候不把怒气发泄到别人身上，不重犯同样的错误，不幸短命死了。今天没有像颜回那样的学生，没有听说哪位学生好学。"

【提示】

孔子的教育思想，学为做人。做人，重在道德，知识为次。

3.41 子曰："贤哉，回也！一箪食，一瓢饮，在陋巷，人不堪其忧，回也不改其乐[1]。贤哉，回也！"

(《雍也篇》)

【注释】

〔1〕箪：古代盛饭的圆形竹器。堪：忍受得住。

【译文】

孔子说："颜回是一个有贤德的人呀！吃一竹筐饭，喝一瓜瓢水，住在简陋的穷巷子里，别人忍受不了那穷苦生活的忧愁，颜回却不改变他自己的快乐。颜回是一个有贤德的人呀！"

【提示】

何谓贤者？颜回就是榜样。

3.42 子曰:"质胜文则野,文胜质则史,文质彬彬,然后君子[1]。"

(《雍也篇》)

【注释】
〔1〕质:朴实。胜:超过,多于。文:文采,在朴实的外面添加的修饰文采。野:粗糙不精。史:虚饰,浮夸。彬彬:文采与朴实配合适宜。这里形容君子既朴实又文雅,后来多用于指人文雅有礼貌。

【译文】
孔子说:"质朴超过文采显得粗野不文雅,文采超过朴实显得浮夸不实在。文采与朴实配合适宜,文质彬彬,既朴实,又文雅,这样之后,可以说是一位君子。"

3.43 子曰:"中庸之为德也,其至矣乎[1]!民鲜久矣[2]。"

(《雍也篇》)

【注释】
〔1〕中庸:中,中和,折中,取中;既要达到,又不超过。庸,一说庸常,平常,谓这种至高道德并不是高不可攀,而是在日常生活中处处都在,人人都可以做到。一说用。中庸,即中用;中用,即用中。至:最,极点。矣乎:两个语气词连用,加强感叹语气。
〔2〕民:众人。鲜:少,此谓少中庸之德。

【译文】
孔子说:"中庸作为道德,它是最高尚的!众人缺乏中庸道德已经很久了。"

3.44 子贡曰:"如有博施于民而能济众,何如[1]?可谓仁乎?"子曰:"何事于仁,必也圣乎[2]!尧舜其犹病诸[3]!夫仁者,己欲立而立人,己欲达而达人。能近取譬,可谓仁之方也已[4]。"

(《雍也篇》)

【注释】

〔1〕博:广,普遍。施:给予。济:救济,帮助。
〔2〕事:仅,只是。
〔3〕尧舜:传说历史中原始社会末期的两位君主,后世称作上古五帝中的最后二帝。孔子创儒家学派,推崇尧舜,尧舜成为孔子与儒家学者心目中的榜样。其:推断词,大概,或者,或许。犹:还。病:难,不容易。诸:"之乎"二字的合音字。
〔4〕譬:比方。方:规则,方法。已:同"矣",句末语气词。

【译文】

子贡向孔子请教说:"如果有人普遍给民众好处,民众能从中得到帮助,怎么样?可以说是仁德吗?"孔子说:"哪里只是仁德,一定是圣德了!尧舜或许还难做到呢!什么是仁德?仁德要能做到自己想要立身社会,就使别人也要立身社会;自己想要事事通达顺利,就使别人也要事事通达顺利。如果能就眼下自己身边找到实事例证作比方,可以说这就是实践仁德的方法。"

【提示】

己欲立而立人,己欲达而达人。

3.45 子曰:"默而识之,学而不厌,诲人不倦,何有于我哉[1]?"

(《述而篇》)

【注释】

〔1〕识(zhì)：记住。诲：教。何有："有何"的倒装，谓有何难。

【译文】

孔子说："默默地记住已学到的知识，学习不厌烦，教人不疲倦，对于我有什么难呢？"

3.46 子曰："德之不修，学之不讲，闻义不能徙，不善不能改，是吾忧也。"

（《述而篇》）

【译文】

孔子说："道德不修养，学业不讲习，听说义却不能用义改掉不义，听说不善却不能用善改掉不善。这些，都是我忧虑的。"

3.47 子曰："志于道，据于德，依于仁，游于艺[1]。"

（《述而篇》）

【注释】

〔1〕志：专心。道：指思想学说，政治主张。游：往来，活动。艺：技艺。古代教育学生，科目有六，谓之六艺。《周礼·地官·大司徒》云："六艺，礼、乐、射、御、书、数。"这里孔子言"艺"，当指六艺。《礼记·学记》云："不兴其艺，不能乐学，故君子之于学也藏焉，修焉，息焉，游焉。"据此，译文在孔子所言之首增"君子"以领之。

【译文】

孔子说："君子专心思想学说，根据品德，依托仁善，活动在各种技艺之间。"

【提示】

君子当备，道、德、仁、艺。

3.48 子曰："饭疏食、饮水，曲肱而枕之，乐亦在其中矣[1]。不义而富且贵，于我如浮云。"

(《述而篇》)

【注释】

[1] 饭：这里作动词用，吃饭。疏：粗疏不精。水：古代热的水称汤，这里直呼"水"，当指没有加热的凉水。肱(gōng)：胳膊。

【译文】

孔子说："吃粗疏不精细的饭菜，喝凉水，弯着胳膊作枕头睡觉，这样的生活也蛮有乐趣。用不正当的做法得来富贵，对我来说，像浮云一样瞧不上。"

3.49 叶公问孔子于子路，子路不对[1]。子曰："女奚不曰[2]：'其为人也，发愤忘食，乐以忘忧，不知老之将至云尔[3]。'"

(《述而篇》)

【注释】

[1] 叶公：春秋后期楚国叶县长官。当时，楚君已称王，所以地方长官称公。据《左传》记载，叶公姓沈，名诸梁，字子高，是楚国一位贤者。

[2] 女(rǔ)：同"汝"，你。奚：怎么，为什么。

[3] 云尔：如此罢了。

【译文】

叶公向子路询问孔子的为人情况,子路没有回答。孔子说:"你为什么不回答说:'他的为人,用功便忘记吃饭,快乐便忘记忧愁,连自己将要衰老也不知道,如此罢了。'"

3.50　子曰:"我非生而知之者,好古,敏以求之者也。"

(《述而篇》)

【译文】

孔子说:"我不是生下来就什么知识都知道的人,是爱好古代文化知识而用心探求得来的人。"

【提示】

学而知之,重在"学"。

3.51　子曰:"三人行必有我师焉[1]:择其善者而从之,其不善者而改之。"

(《述而篇》)

【注释】

〔1〕三:泛指多数。师:学习,效法,得到正反教育。

【译文】

孔子说:"几个人走路,一定有我可以从中学习到某些知识的人;选取那善良的人向他的优点学习,那不善良的人的错误,自己有的就改正。"

3.52 子曰:"盖有不知而作之者,我无是也[1]。多闻择其善者而从之,多见而识之,知之次也[2]。"

(《述而篇》)

【注释】
〔1〕盖:大概。作:造作,凭空编造。
〔2〕识(zhì):记住。

【译文】
孔子说:"大概有自己不懂却凭空编造的人,我没有这种毛病。多听而选择其中好的接受它,多见而用心记住它,这是掌握知识稍微差一些的方法。"

3.53 子曰:"仁远乎哉?我欲仁,斯仁至矣[1]。"

(《述而篇》)

【注释】
〔1〕斯:代词,这。至:到。

【译文】
孔子说:"仁离我很远吗?我想要仁,这仁就到来了。"

【提示】
任何人都可以随时仁,问题是你自己是不是真的愿意仁。

3.54 曾子曰:"以能问于不能,以多问于寡;有若无,实若虚,犯而不校[1]。昔者吾友尝从事于斯矣[2]。"

(《泰伯篇》)

【注释】

〔1〕犯：侵犯，凌辱，欺负。校：同"较"，较量，计较。
〔2〕昔：过去，从前。吾友：历来的注释者都认为是指颜回。尝：曾经。斯：这些。

【译文】

曾子说："有能力的人向没有能力的人请教，知识多的人向知识少的人请教；有知识好像没有知识，满腹知识好像满腹空空一点知识都没有，受人欺辱，不与计较。过去我的朋友曾经这样做。"

3.55　子绝四[1]：毋意，毋必，毋固，毋我。

(《子罕篇》)

【注释】

〔1〕绝：断。

【译文】

孔子一点没有下面四种思维问题的毛病：没有无事实的揣测猜想，没有绝对肯定，没有拘泥固执不变通，没有只相信自己不相信别人。

3.56　子在川上曰[1]："逝者如斯夫，不舍昼夜[2]。"

(《子罕篇》)

【注释】

〔1〕川：河。川上，河边，河岸。
〔2〕逝：去，此谓时间过去。斯：这，此指河水。舍：放弃。

【译文】

孔子站在河岸上说："时间的消逝像这河水一样，昼夜不停地流去。"

【提示】

感叹光阴流逝。

3.57 子曰："孝哉闵子骞，人不间于其父母昆弟之言[1]。"

(《先进篇》)

【注释】

〔1〕闵子骞：孔子学生，大孝子，古代所称"二十四孝"之一。间：插在中间说三道四。

【译文】

孔子说："闵子骞真是大孝子，人们对于他父母兄弟称赞他的话没有一点不同的议论。"

3.58 子贡问："师与商也孰贤[1]？"子曰："师也过，商也不及。"曰："然则师愈与[2]？"子曰："过犹不及。"

(《先进篇》)

【注释】

〔1〕师：孔子学生，姓颛孙，名师，字子张。商：孔子学生，即子夏，姓卜，名商，子夏是其字。
〔2〕然：这样。则：那么。愈：超过，更好。

【译文】

子贡向孔子请教说："颛孙师与卜商谁的学业好？"孔子说："颛孙师更好一些，卜商有些赶不上。"子贡说："这样，那么是颛孙师更好吗？"孔子说："超过与没有达到同样不好。"

【提示】

孔子认为，超过与不及皆偏于一端，不合执中之中庸思想，所以对过与不及皆不满意。

3.59　颜渊问仁。子曰："克己复礼为仁[1]。一日克己复礼，天下归仁焉。为仁由己，而由人乎哉？"颜渊曰："请问其目。"子曰："非礼勿视，非礼勿听，非礼勿言，非礼勿动。"颜渊曰："回虽不敏，请事斯语矣[2]。"

(《颜渊篇》)

【注释】

〔1〕克：克制，抑制。复：回到。此谓克制己欲，回到礼制为仁。
〔2〕请：谦辞，意谓请对方允许自己做。事：做，实行。斯语：这些教导的话。

【译文】

颜渊向孔子请教什么是仁？孔子说："克制自己的言语行动，使自己的言语行动都符合礼，就是仁。一旦做到这些，天下的人就会顺从有仁德的人。实行仁德靠自己，能靠别人吗？"颜渊说："请问仁的具体项目。"孔子说："不合礼的事不看，不合礼的话不听，不合礼的话不说，不合礼的事不做。"颜渊说："我虽然迟钝不聪明，请您让我按您教导的话做。"

3.60　司马牛问君子[1]。子曰："君子不忧不惧。"曰："不忧不惧，斯谓之君子已乎[2]？"子曰："内省不疚，夫何忧何惧[3]？"

(《颜渊篇》)

【注释】

〔1〕司马牛：孔子学生，复姓司马，名牛，字子牛。
〔2〕斯：这样。已：同"矣"，句末语气词。已乎，两个句末语气词连用。
〔3〕内省：内心自我反省。疚：对自己的错误内心感到痛苦。夫：句首用词，那。

【译文】

司马牛请教怎样做是一个君子？孔子说："君子不忧愁，不惧怕。"司马牛说："不忧愁，不惧怕，这样就可以称作君子了吗？"孔子说："自己反省，问心无愧，那有什么忧愁，又有什么惧怕的呢？"

3.61　司马牛忧曰："人皆有兄弟，我独亡[1]。"子夏曰："商闻之矣：'死生有命，富贵在天。'君子敬而无失，与人恭而有礼，四海之内皆兄弟也，君子何患乎无兄弟也[2]？"

(《颜渊篇》)

【注释】

〔1〕独：独自一个，单单。亡：音义同"无"。
〔2〕"敬而"至"有礼"：上言事，下说人。四海：天下。患：忧虑，担心。乎：于。

【译文】

司马牛忧愁地说："人们都有兄弟，我单单没有。"子夏说："我听说：'死生听从命运，富贵由天安排。'君子郑重做事而无错误，对人谦恭而有礼貌，天下之内都是兄弟，君子哪里用得着在没有兄弟上忧愁呢？"

3.62　齐景公问政于孔子[1]。孔子对曰："君君、臣臣、父父、子子[2]。"公曰："善哉！信如君不君，臣不臣，父不父，子不子，虽有粟，吾得而食诸[3]？"

(《颜渊篇》)

【注释】

〔1〕齐景公：春秋后期齐国国君。
〔2〕君君、臣臣、父父、子子：上字都作名词，指人；下字都作动词，意谓像君、像臣、像父、像子。
〔3〕信：确实，真的。如：如果，假如。虽：即使。诸："之乎"的合音字。

【译文】

齐景公向孔子询问政治的事。孔子回答说："君要像君，臣要像臣，父要像父，子要像子。"齐景公说："说得好呀！如果真的君不像君，臣不像臣，父不像父，子不像子，即使有粮食，我能得到粮食而又能吃到它吗？"

【提示】

"君君、臣臣、父父、子子",是孔子"复礼"内蕴在政治方面的高度概括。

3.63 子路无宿诺[1]。

(《颜渊篇》)

【注释】

[1]宿:旧,久。诺:答应。

【译文】

子路没有答应好长时间还不做的事情。

【提示】

说话算数,很快兑现。

3.64 子张问政。子曰:"居之无倦,行之以忠[1]。"

(《颜渊篇》)

【注释】

[1]居:在。居之,指在官位。行之:执行政令,进行工作。忠:尽心尽力。

【译文】

子张向孔子请教政治的事。孔子说:"在官位不疲倦懈怠,做工作尽心尽力。"

【提示】
　　做人干事都应这样：在位不逃懒，干事尽心力。

3.65　子曰："君子成人之美，不成人之恶。小人反是。"

（《颜渊篇》）

【译文】
　　孔子说："君子成全别人的好事，不促成别人的坏事。小人与这相反。"

3.66　季康子问政于孔子[1]。孔子对曰："政者正也。子帅以正，孰敢不正？"

（《颜渊篇》）

【注释】
　　[1] 季康子：鲁国大夫。

【译文】
　　季康子向孔子询问政治的事。孔子回答说："政，是'端正'的意思。您率先带头端正自己，谁敢不端正？"

【提示】
　　表率作用很重要。

3.67　子贡问友。子曰："忠告而善道之，不可则止，毋自辱焉[1]。"

（《颜渊篇》）

【注释】

〔1〕道：同"导"，引导，开导。

【译文】

子贡向孔子请教交朋友事。孔子说："诚心诚意地告诫他，好好地开导他，朋友不听从，就停止告诫、开导，以免自找侮辱。"

3.68　子曰："其身正，不令而行；其身不正，虽令不从。"

（《子路篇》）

【译文】

孔子说："自己做人行事心地端正，不用强让人学自己，人们也会学着自己做人行事；自己不端正做人行事，即使强让人学着你做人行事，人也不会听从你的。"

【提示】

自身正，什么都好办。

3.69　子适卫，冉有仆[1]。子曰："庶矣哉[2]！"冉有曰："既庶矣，又何加焉[3]？"曰："富之[4]。"曰："既富之，又何加焉？"曰："教之"。

（《子路篇》）

【注释】

〔1〕适：往。冉有：孔子的学生。仆：驾车。
〔2〕庶：众。矣哉：两个句末语气词连用。
〔3〕既：已经。加：增加。何加，即"加何"的倒装。焉：之，指

众民。

〔4〕富：作动词用，使动用法。富之，使之富。下文"教之"句式同此。

【译文】
　　孔子到卫国去，冉有驾车。进入卫国后，孔子说："人口好多呀！"冉有说："人口已经众多，再让民众增加什么呢？"孔子说："使民众富裕。"冉有说："民众富裕以后，再让他们增加什么呢？"孔子说："使他们受教育。"

【提示】
　　人众而富之，富而教之，是儒家社会政治思想。

3.70　樊迟问仁。子曰："居处恭，执事敬，与人忠。"
（《子路篇》）

【译文】
　　樊迟向孔子请教仁的事。孔子说："在平时日常生活中态度谦恭，做事严肃认真，对人诚心诚意。"

3.71　子曰："刚、毅、木、讷，近仁[1]。"
（《子路篇》）

【注释】
　　〔1〕刚：刚强。毅：果敢。木：质朴实在。讷：口拙，说话迟钝，此谓不巧言乱说。

【译文】
　　孔子说："刚强、果敢、质朴实在、口不轻易言谈。有此四者，接近仁德。"

3.72　子曰："君子耻其言而过其行[1]。"

(《宪问篇》)

【注释】

〔1〕耻：作动词，意动用法，意谓"以……为耻"。而：犹"之"。

【译文】

孔子说："君子以为说得多、做得少是可耻的。"

【提示】

少说多做。

3.73　子曰："不患人之不己知，患其不能也[1]。"

(《宪问篇》)

【注释】

〔1〕患：担心，忧虑。己知：即"知己"的倒装。

【译文】

孔子说："不担心别人不了解自己，担心自己没有能力。"

3.74　或曰[1]："以德报怨，何如？"子曰："何以报德？以直报怨，以德报德。"

(《宪问篇》)

【注释】

〔1〕或：有人。

【译文】

有人请教孔子说："用恩惠回报怨恨，怎么样？"孔子说："用什么回报恩惠呢？用正直公平回报怨恨，用恩惠回报恩惠。"

3.75 子曰："志士仁人，无求生以害仁，有杀身以成仁。"

（《卫灵公篇》）

【译文】

孔子说："有志向、仁德的人，没有为求生存而损害仁德的，却有牺牲自己而成全仁德的。"

3.76 子曰："人无远虑，必有近忧。"

（《卫灵公篇》）

【译文】

孔子说："人没有长远的谋划，定会遇到近期的忧患。"

3.77 子曰："躬自厚，而薄责于人，则远怨矣〔1〕。"

（《卫灵公篇》）

【注释】

〔1〕躬：亲自。厚：重，此谓重责。薄：与"厚"义反，轻。远怨：

远离人的怨恨。既已远离,也就是没有了。

【译文】

　　孔子说:"自己亲自责备自己的过错重,责备别人的过错轻,就不会有人怨恨了。"

【提示】

　　严己宽人。

　　3.78　　子曰:"君子病无能焉,不病人之不己知也[1]。"

(《卫灵公篇》)

【注释】

　　[1] 病:忧虑。己知:即"知己"的倒装。

【译文】

　　孔子说:"君子忧虑自己没有才能,不忧虑别人不了解自己。"

　　3.79　　子曰:"君子求诸己,小人求诸人[1]。"

(《卫灵公篇》)

【注释】

　　[1] 诸:"之于"的合音字。

【译文】

　　孔子说:"君子要求自己,小人要求别人。"

【提示】
　　君子求己不求人。

3.80　子曰:"君子矜而不争,群而不党[1]。"
(《卫灵公篇》)

【注释】
　　〔1〕矜(jīn):拘谨,约束,慎重。

【译文】
　　孔子说:"君子拘谨慎重而不争执,和谐群聚而不结成党派。"

3.81　子曰:"君子不以言举人,不以人废言。"
(《卫灵公篇》)

【译文】
　　孔子说:"君子不因为这人说过好的意见就举荐提拔他,不因为这人品德有缺失就不采纳他说的好意见。"

3.82　子贡问曰:"有一言而可以终身行之者乎[1]?"子曰:"其'恕'乎[2]!己所不欲,勿施于人。"
(《卫灵公篇》)

【注释】
　　〔1〕言:谓字。行之:按这一个字的意思做。
　　〔2〕其:表示推测的词,大概,或许。

【译文】
　　子贡向孔子请教说:"有一个字可以一辈子按它的意思做吗?"孔子说:"大概是'恕'字吧!'恕'字的意思是'自己不愿要的,不要给别人'。"

3.83　子曰:"巧言乱德[1]。小不忍则乱大谋。"
　　　　　　　　　　　　　　　　　　(《卫灵公篇》)

【注释】
　　[1]乱:损害,败坏。

【译文】
　　孔子说:"花言巧语损害道德。小的事情不忍耐,就会损害到大事情的谋划。"

3.84　子曰:"众恶之,必察焉。众好之,必察焉。"
　　　　　　　　　　　　　　　　　　(《卫灵公篇》)

【译文】
　　孔子说:"大家都厌恶他,一定要考察他。大家都喜欢他,一定要考察他。"

【提示】
　　《论语·子路篇》子贡问曰:"乡人皆好之,何如?"子曰:"未可也。""乡人皆恶之,何如?"子曰:"未可也。不如乡人之善者好之,其不善者恶之。"彼处与此合读,可知孔子之全意。

3.85　子曰:"过而不改,是谓过矣。"

(《卫灵公篇》)

【译文】

孔子说:"有了错误不改正,这可说是真正的错误。"

【提示】

换言之,有了错误就改正,就不是错误了。俗话说:人非圣贤,孰能无过?过而能改,善莫大焉。

3.86　子曰:"吾尝终日不食,终夜不寝,以思,无益,不如学也。"

(《卫灵公篇》)

【译文】

孔子说:"我曾经整天不吃饭,整夜不睡觉,用来思考,学问毫无长进,不如踏踏实实学习好。"

【提示】

学而思之益于学,不学而思害于学。

3.87　子曰:"当仁,不让于师。"

(《卫灵公篇》)

【译文】

孔子说:"在以仁德做善事的时候,即使有师长在,也不与他谦让。"

3.88　孔子曰："益者三友，损者三友[1]：友直，友谅，友多闻，益矣[2]；友便辟，友善柔，友便佞，损矣[3]。"

(《季氏篇》)

【注释】
〔1〕益：利益，好处。损：害。
〔2〕谅：诚实，有信用。
〔3〕便辟：谄媚，奉承。善柔：善于当面恭维，取悦于人。便佞：能说会道，有口才而无学问。

【译文】
孔子说："有好处的朋友有三种，有害处的朋友有三种：与正直的人交朋友，与诚实的人交朋友，与见闻广博的人交朋友，有好处；与谄媚奉承的人交朋友，与善于当面恭维取悦于人的人交朋友，与能说会道有口才而无学问的人交朋友，有害处。"

3.89　孔子曰："君子有三戒：少之时，血气未定，戒之在色[1]；及其壮也，血气方刚，戒之在斗[2]；及其老也，血气既衰，戒之在得[3]。"

(《季氏篇》)

【注释】
〔1〕血气：血、气是组成人体的两种重要物质，所以"血气"有时称"元气"。人的精神、力量来自血、气，所以"血气"有时意表"精力"。定：稳定，全部形成。色：女人。
〔2〕方：正。刚：强。
〔3〕得：得到，获取。年老体衰，无力迷色、打斗。要想有得，只有坐享其成，所以译文言其"贪得"。

【译文】

　　孔子说:"君子一生在三个年龄段有三种戒备的事:年轻的时候,血气还没有全部形成稳定,戒备迷恋女色;到了壮年,精力正旺盛刚强,戒备喜好打斗;到了晚年,精力已经衰弱,戒备贪得名利。"

　　3.90　孔子曰:"君子有九思:视思明,听思聪,色思温,貌思恭,言思忠,事思敬,疑思问,忿思难,见得思义[1]。"

(《季氏篇》)

【注释】

　　[1] 聪:听得清。忠:实在。敬:敬重,慎重,谓对事态度严肃认真。难:灾难。义:符合事理。

【译文】

　　孔子说:"君子有九方面的思考:看的时候,想一想看清楚了吗?听的时候,想一想听清楚了吗?面部脸色,想一想温和吗?容貌气度,想一想庄重吗?说话的时候,想一想说的是实话吗?做事的时候,想一想严肃认真吗?遇到疑问,想一想向人请教吗?要发怒的时候,想一想发怒会带来后患灾难吗?看到可以得到的,想一想是自己应该得到的吗?"

　　3.91　子张问仁于孔子。孔子曰:"能行五者于天下,为仁矣。""请问之。"曰:"恭、宽、信、敏、惠[1]。恭则不侮,宽则得众,信则人任焉,敏则有功,惠则足以使人。"

(《阳货篇》)

【注释】

〔1〕恭：谦敬。宽：宽容。信：诚实。敏：勤快。惠：施恩。

【译文】

子张向孔子请教仁的事。孔子说："能处处做到五个方面，就是仁了。"子张说："请问哪五个方面？"孔子说："谦敬，宽容，诚实，勤快，施恩。谦敬对人就不会受人欺侮，宽容对人就会受人拥护，诚实对人就会受人信任，做事勤快就容易见成效，对人施恩就完全能够使唤人。"

3.92　子曰："道听而途说，德之弃也。"

（《阳货篇》）

【译文】

孔子说："在路上听到的传言，又在路上说给别人听，这种作风应该放弃。"

3.93　子贡曰："君子亦有恶乎？"子曰："有恶：恶称人之恶者，恶居下流而讪上者，恶勇而无礼者，恶果敢而窒者[1]。"

（《阳货篇》）

【注释】

〔1〕讪：讥讽，毁谤。窒：塞，执拗，固执任性，不通。谓果敢而固执，不通事理。

【译文】

子贡向孔子请教说："君子也有厌恶的事吗？"孔子说："有

厌恶的事；厌恶说人坏话的人，厌恶在下位而毁谤在上位的人，厌恶有勇气而无礼节的人，厌恶果敢而不通事理的人。"

3.94 子夏之门人问交于子张[1]。子张曰："子夏云何[2]？"对曰："子夏曰：'可者与之，其不可者拒之。'"子张曰："异乎吾所闻[3]。君子尊贤而容众，嘉善而矜不能[4]。我之大贤与，于人何所不容[5]？我之不贤与，人将拒我，如之何其拒人也？"

(《子张篇》)

【注释】

〔1〕门人：学生。交：与人交往，交朋友。
〔2〕云：说。云何，说什么。
〔3〕乎：于。
〔4〕嘉：称赞。矜：怜悯，怜惜，同情。
〔5〕与：同"欤"，句末语气词。下句"与"同此。

【译文】

　　子夏的学生向子张请教与人交往的事。子张说："子夏说什么？"子夏的学生回答说："子夏说：'可以和他交往的人就和他交往，那些不可以和他交往的人就拒绝和他交往。'"子张说："和我听到的不同。君子尊重贤人又容纳众人，赞扬善人又同情没有能力的人。我要是大贤人呀，对于众人来说还有什么人不能容纳？我要不是贤人呀，别人会要拒绝我，我还怎么拒绝别人？"

四、孟　子

一、孟子其人

　　孟子，继承与发展了孔子创立的儒家学说，后世与孔子并称"孔孟"，尊为"亚圣"。孟子的思想学说，记载在《孟子》一书中。

　　孟子所处时代是战国中期，他也像孔子一样周游列国，说诸侯，希望自己的政治主张能够被采纳施行。但当时各国统治者或为了自存，或为了兼并他国，都在谋求富强之术，孟子主张被视为迂阔之见，到处碰壁。正如《史记·孟子列传》所说："当是之时，秦用商君，富国强兵；楚、魏用吴起，战胜弱敌；齐威王、宣王用孙子、田忌之徒，而诸侯东面朝齐。天下方务于合从连衡，以攻伐为贤，而孟轲乃述唐、虞、三代之德，是以所如者不合。"于是到了晚年，他便无意出游，待在家中著书立说，在弟子参与下编成《孟子》一书。

二、《孟子》其书

　　关于《孟子》的编定，历来众说纷纭。大致言之，其说有三：（一）孟轲在其弟子万章、公孙丑之徒的参与下整理编撰而成。《史记·孟子列传》："退而与万章之徒序《诗》《书》，述仲尼之意，作《孟子》七篇。"（二）孟轲自作。赵岐撰《孟子题辞》："孟，姓也；子者，男子之通称也。此书孟子之所作也，故总谓之《孟子》。"（三）孟轲死后，其弟子万章、公孙丑之徒共同记述而成。唐代韩愈《韩昌黎集》卷一四《答张籍书》:"孟轲之书,非轲自著,轲既没,其徒万章、公孙丑相与记轲所言焉耳。"以上三说,各能言之成理,验之《孟子》,当以太史公之说为妥。《孟子》一书,述仲尼之意,"拟圣而作"(赵岐《孟子题辞》),但相比之下,《论语》有不少地方记述孔子的容貌动作,尤其是《乡党篇》,全篇只有四处引述孔子的话,总共才二十字,其余全是记述孔子衣食居行的文字;而《孟子》全书只载孟子的言论,未记孟子的容貌动作及生活情况。清代阎若璩撰《孟子生卒年月考》说:"《论语》成于门人之手,故记圣人容貌甚悉。七篇成于己手,故但记言语或出处耳。"《孟子》全书以孟轲称"孟子",其弟子乐正子、公都子、屋庐子、孟仲子也都称"子",他如陈臻、徐辟等弟子亦或称陈子、徐子,唯独万章、公孙丑少数弟子不称"子",直书其名,可是,所记称"子"之弟子的问答反少,不称"子"之弟子万章、公孙丑之徒的问答反多。清代魏源撰《孟子年表考》说:"公都子、屋庐子、乐正子、徐子皆不书名,而万章、公孙丑独名,《史记》谓退而与万章之徒作七篇者,其为二人亲承口授而笔之书甚明。"《孟子》记述孟子所见时君梁惠王、梁襄王、齐宣王、滕文公、邹穆公、鲁平公等,皆称其谥。其书若为孟子自作,虽然孟子卒年不能确指,但不可能所见时君皆死在孟子之前。梁启超撰《孟子略传》说:"今考其书,于时君皆举其谥,其中梁惠王、齐宣王固先孟子卒,若鲁平公、邹穆公、梁襄王、滕文公之类,未必皆先孟子卒。疑此书由孟子发凡起例,而弟子写定之。"

综上所述,《孟子》应该是孟子生前在万章、公孙丑参加下整理编撰,死后由弟子写定。

《史记·孟子列传》记"作《孟子》七篇",《汉书·艺文志》著录"《孟子》十一篇"。东汉末年,赵岐为《孟子》作注时,对十一篇真伪进行辨析。他在《孟子题辞》中首先肯定孟子

"著书七篇",然后又说:"又有外书四篇:《性善辩》《文说》《孝经》《为正》。其文不能弘深,不与内篇相似,似非《孟子》本真,后世依放而托之者也。"赵岐认定外书四篇为伪品,便没有给它作注,以后读《孟子》的人也就不再读它,于是外书四篇逐渐亡佚,只有内书七篇流传后世。至于今传《孟子外书》四篇,则是明末姚士粦所伪撰,早被斥为"伪中出伪"之作(梁启超《汉书艺文志诸子略考释》)。

  《孟子》的编纂体例,如《论语》,全书分编七篇,二百六十章。每篇撮取篇首二、三字作篇名,篇名与全篇内容无涉。每篇中根据内容分为若干章,章与章之间也没有逻辑与内容上的关联。东汉末年,赵岐为《孟子》作注,以每篇文字繁多,将各篇分为上、下二卷,于是成七篇十四卷。其篇次:(一)梁惠王篇上。(二)梁惠王篇下。(三)公孙丑篇上。(四)公孙丑篇下。(五)滕文公篇上。(六)滕文公篇下。(七)离娄篇上。(八)离娄篇下。(九)万章篇上。(一〇)万章篇下。(一一)告子篇上。(一二)告子篇下。(一三)尽心篇上。(一四)尽心篇下。

  孟子的思想学说有诸多方面,而他提出的"仁政"说,可以说是孟子思想体系的核心。孔子提出"仁"说,主要用于人自身的内在伦理道德修养。仁这个概念的内蕴,用孔子的话表述,自身,"克己复礼为仁";对人,"仁者爱人"。如何"爱人"?正面说,"己欲立而立人,己欲达而达人";负面说,"己所不欲,勿施于人"。孟子把孔子"仁"说内蕴推衍扩展,作为一种治理国家的政治学说提出,即"仁政"。仁政,孟子有时又称为王政、王道。王指往昔的圣贤君王,王道即指先王之道。

  孟子的诸种政治思想理念,皆由其仁政说引发。

  在社会政治经济方面,孟子称誉尧、舜、夏禹、商汤与周文王、武王,希望时君施行先王之道,恢复井田制,重视学校教育。《孟子·梁惠王上篇》"寡人之于国也"章:"谷与鱼鳖不可胜食,材木不可胜用,是使民养生丧死无憾也。养生丧死无憾,王道之始也。五亩之宅,树之以桑,五十者可以衣帛矣;鸡豚狗彘之畜,无失其时,七十者可以食肉矣;百亩之田,勿夺其时,数口之家可以无饥矣;谨庠序之教,申之以孝悌之义,颁白者不负戴于道路矣。七十者衣帛食肉,黎民不饥不寒,然而不王者,未之有也。"满足人们的生存需要,使之"养生丧死无憾",是施行王道首先要做到的。五亩之宅,百亩之田,众人不挨饿受冻,老人衣帛食肉,子弟在学校接受教育,描述的是施行井田制的社会状况,如此即可称王天下。孟子关心民生,体恤民众疾苦,主张轻徭薄赋,减轻对人民的剥削,反对兼并战争,指斥残暴之君为"独夫"。

孟子十分重视民心的向背,认为历代兴亡皆由民心向背所致。《孟子·离娄上篇》"桀、纣之失天下也"章记载孟子曰:"桀、纣之失天下也,失其民也;失其民者,失其心也。得天下有道,得其民斯得天下矣;得其民有道,得其心斯得民矣;得其心有道,所欲与之聚之,所恶勿施尔也。"

孟子将关心民生、重视民心与憎恶暴君的思想凝炼升华,提出著名的"民贵君轻"说,这一体现民本意识的命题在当时提出,难能可贵。

在哲学思想上,孟子提出"养浩然之气"说。《孟子·公孙丑上篇》"夫子加齐之卿相"章记载,孟子自言"我善养吾浩然之气",在回答"何谓浩然之气"时曰:"其为气也,至大至刚,以直养而无害,则塞于天地之间。其为气也,配义与道;无是,馁也。"孟子所养之气,不是客观存在的精气,而是充满儒家道义之气。孟子提出自己的义利观,认为"亦曰仁义而已矣,何必曰利"。这种义利观,过分强调主观意识(仁义)的作用,反对对实际利益的追求,显然偏颇。孟子主张性善论。《孟子·告子上篇》"性犹湍水也"章记载孟子曰:"人性之善也,犹水之就下也。人无有不善,水无有不下。今夫水,搏而跃之,可使过颡;激而行之,可使在山。是岂水之性哉?其势则然也。人之可使为不善,其性亦犹是也。"人性本善,虽有时为不善,时势使然,并非本性。又《告子上篇》"性无善无不善也"章孟子指出:"恻隐之心,人皆有之;羞恶之心,人皆有之;恭敬之心,人皆有之;是非之心,人皆有之。恻隐之心,仁也;羞恶之心,义也;恭敬之心,礼也;是非之心,智也。仁义礼智,非由外铄我也,我固有之也,弗思耳矣。"孟子的性善论与他的仁政说出自同一思想理念,性善论成为仁政说的思想理论基础。

《孟子》在记述同其他学派的论辩中,还保存了一些其他学派思想学说的资料,对研究先秦其他学派的思想亦有一定的参考价值。

《孟子》的文章写得很好,语言流畅,善用比喻,感情强烈,笔带锋芒,具雄辩气概,富有鼓动性,充分反映了战国时期诸子论辩的咄咄气势,是一部优秀的文学作品,对后世散文的发展产生了积极的影响。

《孟子》注本,有南宋朱熹撰《四书集注》、清代焦循撰《孟子正义》、今人杨伯峻撰《孟子译注》等,还有北京大学图书馆索引编纂研究部编《孟子索引》、王世舜等撰《论语孟子词典》。

4.1 孟子见梁惠王[1]。王曰:"叟不远千里而来,亦将有以利吾国乎[2]?"孟子对曰:"王何必曰利?亦有仁义而已矣[3]。王曰'何以利吾国'?大夫曰'何以利吾家'[4]?士庶人曰'何以利吾身'[5]?上下交征利而国危矣[6]。万乘之国弑其君者必千乘之家,千乘之国弑其君者必百乘之家[7]。万取千焉,千取百焉,不为不多矣[8]。苟为后义而先利,不夺不餍[9]。未有仁而遗其亲者也,未有义而后其君者也[10]。王亦曰仁义而已矣，何必曰利？"

(《梁惠王上篇》"叟不远千里而来"章)

【注释】
〔1〕梁惠王：即魏惠王，名䓨，惠系谥号。继其父魏武侯立，在位五十二年(前370至前319)。在位期间，将都城由安邑(今山西省夏县西北)迁至大梁(今河南省开封市)，故又称梁惠王。他初即位的二十余年，于诸雄中最为强盛，因之在中原各国中首先称王。
〔2〕叟：老汉，老先生。不远千里：不认为千里是远的。亦：语气词，无实义。
〔3〕而已：罢了。这是一个表示限止语意的词汇，意思是说只有这个，没有其他。
〔4〕大夫：古代官职，位于卿之下，士之上。家：上古天子所治之地称天下，诸侯受天子所封之地称国，大夫受诸侯所封之地称家。
〔5〕庶人：平民百姓。
〔6〕交：交相，相互之间。征：争取。
〔7〕万乘之国：乘(shèng)，古代兵车一辆叫一乘。国家的大小用拥有兵车数量多少来衡量。孟子生活于战国中期，汉代刘向撰《战国策序》云战国中后期有"万乘之国七，千乘之国五"，言秦、齐、楚、韩、赵、魏、燕为万乘之国，宋、卫、中山、东周、西周为千乘之国。刘说可参。魏，即梁。弑：下杀上曰弑。
〔8〕取千：被千取。取，被动用法。
〔9〕苟：如果，假若，倘若。后：放在后面，意谓轻视，不重视。餍(yàn)：满足。
〔10〕遗：弃，不关心。后：怠慢。

【译文】
孟子谒见梁惠王。梁惠王说："老先生，您不辞千里远道而来，将有对我国有利的治国之方吗？"孟子回答说："王何必说利益呢？只要有仁义就行了。如果王说'用什么做法能使我的国家得到利益呢'？大夫说'用什么做法能使我的封地得到利益呢'？士与平民百姓说'用什么做法能使我们自身得到利益呢'？上上下下相互之间都想得到利益，国家就危险了。在有万辆兵车的国家里，杀死它君主的，一定是有千辆兵车的大夫；在有千辆兵车的国家里，杀死它君主的，一定是有百辆兵车的大夫。有万辆兵车的国家被有千辆兵车的大夫夺取，有千辆兵车的国家被有百辆兵车的大夫夺取，这种事不是不多。如果轻视仁义而看重利益，那些有权势的大夫，不把国君的权势与财富全都夺取走，永远不会满足。从来没有有仁德的人抛弃不管他的父母，也从来没有讲义气明事理的人怠慢君主。所以，王您只讲仁义就行了，何必提利呢？"

【提示】

孟子的义利观。

4.2 梁惠王曰："寡人之于国也，尽心焉耳矣[1]。河内凶，则移其民于河东，移其粟于河内[2]。河东凶亦然。察邻国之政，无如寡人之用心者。邻国之民不加少，寡人之民不加多，何也[3]？"孟子对曰："王好战，请以战喻[4]。填然鼓之，兵刃既接，弃甲曳兵而走[5]。或百步而后止，或五十步而后止。以五十步笑百步，则何如？"曰："不可，直不百步耳，是亦走也[6]。"曰："王如知此，则无望民之多于邻国也。不违农时，谷不可胜食也[7]；数罟不入洿池，鱼鳖不可胜食也[8]；斧斤以时入山林，材木不可胜用也[9]。谷与鱼鳖不可胜食，材木不可胜用，是使民养生丧死无憾也[10]。养生丧死无憾，王道之始也[11]。五亩之宅，树之以桑，五十者可以衣帛矣[12]。鸡豚狗彘之畜，无失其时，七十者可以食肉矣[13]。百亩之田，勿夺其时，数口之家可以无饥矣[14]。谨庠序之教，申之以孝悌之义，颁白者不负戴于道路矣[15]。七十者衣帛食肉,黎民不饥不寒,然而不王者,未之有也[16]。狗彘食人食而不知检,涂有饿莩而不知发[17]。人死,则曰:'非我也,岁也[18]。'是何异于刺人而杀之,曰:'非我也,兵也[19]。'王无罪岁,斯天下之民至焉[20]。"

(《梁惠王上篇》"寡人之于国也"章)

【注释】

〔1〕之:结构助词,无义。焉耳矣:三个语气助词连用,以加强申述的语气。

〔2〕河内:地区名,指今河南省黄河以北地区。凶:荒年。移:迁。河东:地区名。黄河流至今陕西、山西二省之间自北往南,南北流向,故称地处黄河以东的今山西省地区为河东。

〔3〕加:更加。当时诸侯割据,战争频繁,"老弱转乎沟壑,壮者散而之四方"(《孟子·梁惠王下篇》),各国统治者普遍感到人口不足,劳动力缺乏,竞相以招徕人民为急务,故有是问。

〔4〕请:表敬副词,意谓请您允许我。

〔5〕填然:形容战鼓咚咚,声势宏大。鼓:作动词用,击鼓进军。兵刃:兵器的锋刃。既:时间副词,已经。曳(yè):拖拉。走:跑,此指败逃。

〔6〕直:只是。

〔7〕胜:尽。

〔8〕数(cù):细密。罟(gǔ):网。洿池:水池,池塘。

〔9〕斤:斧头,斧斤,泛指斧子。以时:按一定的时间(季节)。

〔10〕养生:供养活着的人。丧:丧事,此作动词用,办丧事。丧死,为死者办丧事。憾:恨,不满。

〔11〕王道:孟子理想中的政治,即根据仁政学说来进行统治。始:开端。

〔12〕宅:住宅,房舍。树:栽种。此言在宅基周围栽种上桑树。衣(yì):作动词用,穿。

〔13〕豚(tún):小猪。彘(zhì):猪。无:通"勿",不要。时:对小鸡、小猪、小狗来说,则指长生期;对大的鸡、猪、狗来说,则又指繁

殖期。

〔14〕夺：占用，耽误。时：指农时。

〔15〕谨：认真办好。庠(xiáng)序：古代的地方学校，夏曰校，殷曰序，周曰庠；此泛指学校。申：反复阐明。孝悌：敬奉父母为孝，敬爱兄弟为悌。义：道理。颁白者：头发花白的老人。负：肩背。戴：头顶。

〔16〕黎：众。黎民，众民，老百姓。然：代词，这样。王(wàng)：作动词用，称王，以仁德的政治统治天下。未之有：即"未有之"。

〔17〕检：检点，此指收敛，约束。此言厚敛于民而豢养禽兽，却不知使自己对人民残酷剥削的行为有所收敛。莩(piǎo)：通"殍"，饿死。饿莩，饿死的人。发：开，此指开粮仓赈济饥民。

〔18〕岁：年成。

〔19〕何异于：和……有什么不同。刺：用剑矛等直兵器的锋刃向前直戳。杀：指刺死。

〔20〕罪：作动词用，归咎，归罪。斯：则，那么。

【译文】

梁惠王说："寡人对于国家，费尽了心力啊。河内地区遭受荒年，寡人就把河内地区的百姓迁移到河东地区，把河东地区的粮食送到河内地区。河东地区遭受荒年，也是这样办理。寡人观察邻国的统治，没有像寡人这样用尽心力的。可是，邻国的百姓不更加减少，寡人的百姓不更加增多，这是为什么呢？"孟子回答说："王喜欢战争，请您允许我拿战争作比喻。咚咚地擂着战鼓进军杀敌，兵器的锋刃已经接触，却有人抛盔弃甲、拖拉着兵器向后逃跑，有的人跑了一百步然后停下来，有的人跑了五十步然后停下来。那些逃跑五十步的人拿逃跑五十步来耻笑逃跑一百步的人，怎么样？"梁惠王说："不可以。只是没有逃跑一百步罢了，但是这也是逃跑。"孟子说："王如果知道这个道理，就不要希望百姓比邻国增多。不违背农业季节，粮食就吃不完；细密的鱼网不到池塘捕鱼，鱼鳖就吃不完；拿着斧子按照一定的时间到山地林区砍伐木材，木材就用不完。粮食和鱼鳖吃不完，木材用不完，这样，就使百姓供养活着的人、为死者办葬事都没有不满了。供养活着的人、为死者办葬事没有不满，就是用仁德治理国家的开端。在五亩大的住宅园地上，把桑树种在房舍周围，五十岁以上的人就可以穿丝织品的衣服了。鸡、小猪、狗、猪这些家畜，不要耽误它们的生长期，七十岁以上的人就可以吃肉了。一百亩的耕地，不要占用从事农业生产的时间，有几口人的家庭就可以没有饥饿了。认真办好学校的教育，把孝顺父母和敬爱兄长的道理反复向学习的人阐明，须发花白的老人就不会在路上用肩背着或者用头顶着沉重物品行走了。七十岁以上的人穿丝织品的衣服、吃肉，众百姓不挨饿、不受冻，这样还不能用仁德统治天下的，是没有的事情。富有的统治者豢养的狗、猪吃人吃的食物，而统治者却不知道收敛残酷剥削的行为；道路上有被饿死的人，而统治者却不知道打开粮仓赈济饥民。百姓死了，却说'这不是我的过错，是年成不好造成的'，这种说法，和用兵器刺人结果把人刺死，却说'不是我刺死的，是兵器刺死的'有什么不同？王不要归罪年成，那么天下的百姓就会到来了。"

【提示】

这里阐述孟子的仁政思想。孟子反对统治阶级对劳动人民进行无限制的残酷剥削，主张施仁政，行王道。王道需有物质基础，所以使人们的经济生活得到保障，"养生丧死无憾"，则是"王道之始"。人民拥有一定的生产与生活资料，老年可衣帛食肉，众人皆无饥寒之苦，再加强教育事业，敦厚社会风俗，则统治者即可称王于天下。

王道，孟子理想中的社会政治，即根据仁政学说治理国家。在当时，这只能是一种空想政治。

4.3 老吾老以及人之老，幼吾幼以及人之幼，天下可运于掌[1]。《诗》云[2]："刑于寡妻，至于兄弟，以御于家邦[3]。"言举斯心加诸彼而已[4]。故推恩足以保四海，不推恩无以保妻子[5]。古之人所以大过人者，无他焉，善推其所为而已矣。

(《梁惠王上篇》"齐桓晋文之事"章)

【注释】

〔1〕上"老":作动词用,意谓作为老人尊敬、善待。以:由,从。及:到,涉及到,推广到。上"幼":作动词用,意谓对幼儿爱护、抚爱。运于掌:极言如果把"老吾老"、"幼吾幼"两句显示的思想境界运用到治理天下,天下的治理就像在手掌转悠一个小物件,太容易了。

〔2〕《诗》:这里所引是《诗经·思齐篇》。

〔3〕刑:同"型",法则,规范。寡:少,此作谦词用,言少德。至于:扩及到。御:治理。家:卿、大夫的封地称家。邦:国,诸侯受封的地区称国。

〔4〕举:拿出,用。斯:这。加:施加,施用到。诸:此为"之于"的合音字。

〔5〕推:推广,扩展。

【译文】

敬重自己的老人,从而敬重别人的老人;爱抚自己的幼儿,从而爱抚别人的幼儿。用这种思想治理天下,天下的治理就如同在手掌转动一个小物件那样容易。《诗经·思齐篇》说:"先教妻子做榜样,而后扩展到兄弟,从而治理封邑与国家。"这里说的,不过是把这些思想、做法推广施行到别的方面罢了。所以,广施恩惠完全能够保有天下,不广施恩惠没有办法保住妻子与儿女。古时候圣贤人物的智慧,远远超越一般普通人的原因,不是别的,只是善于把他们的作为扩展施行给别人罢了。

【提示】

老吾老以及人之老,幼吾幼以及人之幼。

4.4 孟子曰:"……以力服人者,非心服也,力不赡也[1]。以德服人者,中心悦而诚服也。"

(《公孙丑上篇》"以力假仁者霸"章)

【注释】

〔1〕赡：足，够。

【译文】

孟子说："……凭仗实力使人服从的，不是心里真的顺服，是因为自己的实力不够。依靠道德使人服从的，人会内心喜悦而真诚服从。"

4.5 孟子曰："仁则荣，不仁则辱。今恶辱而居不仁，是犹恶湿而居下也[1]。如恶之，莫如贵德而尊士[2]。"

（《公孙丑上篇》"仁则荣不仁则辱"章）

【注释】

〔1〕恶：讨厌，憎恶。居：处，在。居不仁，谓没有仁德，做不仁事。是：代词，此，这。犹：如，像。湿：指低湿的地方。
〔2〕贵：重视，看重，敬重，此言弃不仁而施仁德。士：谓贤士。

【译文】

孟子说："做仁德的事就光荣，干不仁德的事就耻辱。如今，厌恶遭受耻辱，却仍干不仁德的事，这就像讨厌低洼的湿地，却舍不得离开所住低下的潮湿地。如果不愿意受耻辱，最好的做法就是重视道德，尊敬贤士。"

4.6 孟子曰："……祸福无不自己求之者。《诗》云[1]：'永言配命，自求多福[2]。'《太甲》曰[3]：'天作孽，犹可违[4]；自作孽，不可活[5]。'此之谓也[6]。"

（《公孙丑上篇》"仁则荣不仁则辱"章）

【注释】

〔1〕《诗》：这里所引是《诗经·文王篇》。

〔2〕永：长久，永远。言：句中结构助词，无实义。命：指天命。谓我周朝的命运可与天命相配，所以言"永"。

〔3〕《太甲》：《尚书》篇名。今本《尚书》五十八篇，分为今古文两部分，古文之篇是晋时伪作。这里所引文句，见于今本古文《太甲》三篇的中篇。

〔4〕作：引起，造成。孽：灾祸。违：躲开，回避。

〔5〕活：逃避。

〔6〕此之谓：即"谓此"，说这情况。

【译文】

孟子说："……祸与福没有不是自己招来的。《诗经·文王篇》说：'我们周的命运永远和天命相配，自己寻求更多的幸福。'《尚书·太甲中篇》说：'天造成的灾祸，还可以躲开；自己造成的灾祸，就无法躲避了。'就是说这个意思。"

【提示】

祸福由己。

4.7　孟子曰："……无恻隐之心，非人也[1]；无羞恶之心，非人也[2]；无辞让之心，非人也；无是非之心，非人也。恻隐之心，仁之端也[3]；羞恶之心，义之端也；辞让之心，礼之端也；是非之心，智之端也。"

（《公孙丑上篇》"人皆有不忍人之心"章）

【注释】

〔1〕恻隐：对受苦难的人心怀怜悯同情。

〔2〕羞恶：羞耻。

〔3〕端：头，谓开头，开始，发端。

【译文】

孟子说:"……没有怜悯同情的心,不能算是一个人;没有羞耻的心,不能算是一个人;没有推辞谦让的心,不能算是一个人;没有是非对错的心,不能算是一个人。怜悯同情的心,是仁初发的开端;羞辱的心是义初发的开端;推辞谦让的心是礼初发的开端;是非对错的心是智慧初发的开端。"

【提示】

四心,四端。

4.8　孟子曰:"子路,人告之以有过,则喜[1]。禹,闻善言,则拜[2]。大舜,有大焉,善与人同,舍己从人,乐取于人以为善[3]。自耕稼、陶、渔以至为帝,无非取于人者[4]。取诸人以为善,是与人为善者也[5]。故君子莫大乎与人为善[6]。"

(《公孙丑上篇》"子路人告之以有过"章)

【注释】

〔1〕子路:孔子的弟子。
〔2〕禹:大禹治水的禹,原始社会末期夏后氏部落首领,后继尧、舜为部落联盟首领。禹死后传子启,建立夏朝。
〔3〕有:音义同"又"。大:多,言舜所做更多。
〔4〕耕稼:耕地种植农作物。陶:烧制陶器。渔:捕鱼。至:到。
〔5〕诸:"之于"二字的合音字。
〔6〕莫:没有什么。大:重要。乎:于。"乎"字用在句中,多表示"于"义。莫大乎,即"莫大于",意谓没有什么比与人为善还重要。

【译文】

孟子说:"子路,人把他的过错告诉他,就高兴。禹,听到善良的话，就行礼下拜。大舜，又比子路与禹做得更多，善于和人交流沟通，能够放弃自己的想法而听从别人的意见，乐于采用别人的想法或者做法来自己做善事。从干农活、烧陶器、撒网捕鱼到被推选为帝，没有什么好的想法和做法不是从别人学来的。取用别人的好想法或好做法来做善事，这就是同别人一起做善事。所以，君子没有什么比同别人一起做善事更重要。"

4.9　孟子曰："天时不如地利，地利不如人和。"
　　　（《公孙丑下篇》"天时不如地利"章）

【译文】
　　孟子说："好时候不如好地方，好地方不如好人缘。"

【提示】
　　做人处事，天时、地利、人和三者都很需要，但是，相比之下，有一个和谐的人缘氛围，最重要。

4.10　孟子曰："……人之有道也，饱食、暖衣、逸居而无教，则近于禽兽。圣人有忧之，使契为司徒，教以人伦：父子有亲，君臣有义，夫妇有别，长幼有叙，朋友有信[1]。"
　　　（《滕文公上篇》"有为神农之言者许行"章）

【注释】
　　[1]圣人：此指舜。《尚书·舜典》记载："契，百姓不亲，五品不逊。汝作司徒，敬敷五教，在宽。"有：音义同"又"。契（xiè）：人名，商人祖，舜臣，为司徒。司徒：官职名，三公之一，主管民政。伦：条理，次序。人伦，人与人之间尊卑长幼的关系。

【译文】

孟子说:"……人有做人的准则,吃饱、穿暖、住得安逸舒服,却没有受教育,这和禽兽差不多。圣人舜帝又对此忧虑,使契做司徒,用人应该遵守的五种长幼尊卑人际关系教育人:父子骨肉之间要亲密,君臣之间要遵礼守义,夫妻恩爱而要男女内外有别,老少长幼要有前后尊卑的次序,朋友之间要有信用。"

【提示】

人伦有五,所谓五伦。

4.11 孟子曰:"……居天下之广居,立天下之正位,行天下之大道[1]。得志与民由之,不得志独行其道[2]。富贵不能淫,贫贱不能移,威武不能屈[3]。此之谓大丈夫。"

(《滕文公下篇》"景春曰公孙衍张仪"章)

【注释】

〔1〕广居、正位、大道:杨伯峻《孟子译注》云"朱熹《集注》云:'广居,仁也;正位,礼也;大道,义也。'按之《论语》'立于礼',《孟子》'居仁由义''仁,人之安宅也''义,人路也'诸语,《集注》所释,最能探得孟子本旨"。译文从杨说。
〔2〕由:从。之:指大道。
〔3〕淫:放荡,骄纵。移:移动,动摇。威武:武力,权势。

【译文】

孟子说:"……居住在天下仁的广阔住宅中,站立在天下礼的正当处,行走在天下义的大路上。能实现自己的志向,就和民众一起顺着大道向前走;不能实现自己的志向,就独自顺着大道向前走。富贵不能使放荡骄纵,贫贱不能使意志动摇,权势不能使低头屈服。这样的,才叫作大丈夫。"

【提示】
　　何谓大丈夫。

4.12　孟子曰:"非其道则一箪食不可受于人,如其道则舜受尧之天下不以为泰[1]。"
　　　　(《滕文公下篇》"彭更问曰后车数十乘"章)

【注释】
　〔1〕箪:用来盛饭的圆筐。泰:过分。

【译文】
　　孟子说:"不符合自己的做人原则,别人送给一碗饭不可接受;如果与自己的做人原则一样,舜接受了尧让给的天下不为过分。"

4.13　孟子曰:"规矩,方员之至也[1];圣人,人伦之至也。欲为君,尽君道;欲为臣,尽臣道。二者皆法尧舜而已矣[2]。不以舜之所以事尧事君,不敬其君者也;不以尧之所以治民治民,贼其民者也[3]。孔子曰:'道二,仁与不仁而已矣。'暴其民甚则身弑国亡,不甚则身危国削,名之曰'幽''厉',虽孝子慈孙,百世不能改也[4]。《诗》云[5]:'殷鉴不远,在夏后之世[6]。'此之谓也[7]。"
　　　　(《离娄上篇》"规矩方员之至也"章)

【注释】
　〔1〕规:画圆工具。矩:画方工具。员:古"圆"字。至:极。

〔2〕法：效法，学习。
〔3〕贼：害。
〔4〕暴：凶暴，暴虐。甚：过分，厉害。弑：下杀上曰弑。幽、厉：君主死后，根据他一生言行表现另起一个死后用名，叫作谥号。谥名有专用字，一生评价好的，用字义好的字，为美谥；一生评价坏的，用字义不好的字，为恶谥。"幽""厉"就是恶谥用的两个字。
〔5〕《诗》：这里所引是《诗经·荡篇》。
〔6〕殷：即商。夏后之世：谓夏朝。
〔7〕此之谓：即"谓此"。

【译文】
孟子说："圆规、曲尺，是方圆的最好标准；圣人，是遵守人伦做人的最高境界。想要做好君主，就要尽到君主的职责；想要做好臣，就要尽到臣的职责。君臣只要都效法尧与舜就行了。不用舜事奉尧的做法事奉自己的君主，是不敬重他君主的；不用尧治理民众的做法治理民众，是伤害自己的民众。孔子说：'治国之道，方法有二，只在行仁政与不行仁政罢了。'暴虐民众过于厉害，就会君被杀，国灭亡；暴虐民众不太厉害，就会君危险，国削弱。这类君主死后的谥号，不是名'幽'，就是名'厉'，即使后世有孝子贤孙，这种恶谥时过百代也难更改。《诗经·荡篇》说：'殷代可鉴戒的史事时间过去不久，就是它灭亡的夏朝。'就是说这样的事。"

【提示】
圣人是定做人标准的规矩。道二，仁与不仁。用今天的话说：做人只有两条道，一是仁道，一是不仁道。你选走哪条道？

4.14 孟子曰："三代之得天下也以仁，其失天下也以不仁[1]。国之所以废兴存亡者亦然[2]。天子不仁不保四海，诸侯不仁不保社稷，卿、大夫不仁不保宗庙，士、庶人不仁不保四体[3]。今恶死亡而乐不仁，是犹恶醉而强酒[4]。"

（《离娄上篇》"三代之得天下也以仁"章）

【注释】
〔1〕三代：谓上古夏、商、周三个朝代。
〔2〕国：谓诸侯国。亦：也。然：这样。
〔3〕四海：天下。社稷：国家祭祀土神与谷神的地方名社稷，这里用来指国家。宗庙：指封地。杨伯峻《孟子注译》云："卿大夫有采邑然后有宗庙，所以这宗庙实指采邑而言。"采邑，即卿大夫的封地。有封地，才在封地建宗庙；没有了宗庙，说明已没有封地。四体：四肢。
〔4〕强：非要做不可，偏要做。酒：名词，这里作动词用，谓喝酒。

【译文】
　　孟子说："夏、商、周三代取得天下是由于仁，它们丧失天下是由于不仁。国家兴旺与衰败、生存与灭亡，原因也是这样。天子没有仁德保不住天下，诸侯没有仁德保不住国家，卿大夫没有仁德保不住封地，士子与平民百姓没有仁德保不住自己的身体。如今，有些人害怕死亡却喜欢做不仁德的事，这就像喝酒的人讨厌喝醉却偏要喝酒。"

【提示】
　　人喜欢走不仁的路，却不喜欢不仁的结局。人不喜欢走仁的路，却喜欢仁的结局。历朝历代，皆是如此。喜欢之相悖，当怪乎？不当怪乎？

4.15　孟子曰："爱人不亲反其仁，治人不治反其智，礼人不答反其敬。行有不得者皆反求诸己，其身正而天下归之[1]。"

（《离娄上篇》"爱人不亲反其仁"章）

【注释】

〔1〕行：行为，做事。不得：得不到功业。诸："之于"的合音字。

【译文】

孟子说："自己亲爱别人，别人却不和自己亲近，就反过来检查自己，是否对人仁爱还不够？自己管理别人，却管理不好，就反过来检查自己，是否管理办法不好？自己礼貌待人，却得不到对方的回应，就反过来检查自己，是否对别人还敬重的不够？做的事情没能得到预期效果的，都这样反过来检查自己，找出原因，自己的思想行为端正了，天下的人就会归服顺从自己。"

4.16 孟子曰："人有恒言，皆曰'天下国家'[1]。天下之本在国，国之本在家，家之本在身。"

(《离娄上篇》"人有恒言皆曰"章)

【注释】

〔1〕恒：长，久。

【译文】

孟子说："人们有句常说的话，都常说'天下国家'。天下的根基在国，国的根基在家，家的根基在个人。"

4.17 孟子曰："言人之不善，当如后患何[1]？"

(《离娄下篇》"言人之不善"章)

【注释】

〔1〕当如后患何：即"后患当如何"。

【译文】

　　孟子说:"谈论别人的不好,由此带来后患,该怎么办呢?"

【提示】

　　言人不善,恐受后患。怎么办? 不议他人事,自无后患忧。

　　4.18　孟子曰:"可以取,可以无取,取伤廉。"
　　　　　(《离娄下篇》"可以取可以无取"章)

【译文】

　　孟子说:"可以拿,可以不拿,拿了就对廉洁有损害。"

【提示】

　　保持廉洁的思想境界,不占小便宜,还是不拿好。

　　4.19　孟子曰:"……仁者爱人,有礼者敬人。爱人者人恒爱之,敬人者人恒敬之。"
　　　　　(《离娄下篇》"君子所以异于人者"章)

【译文】

　　孟子说:"……有仁德的人亲爱别人,有礼貌的人敬重别人。亲爱别人的人,人们长久亲爱他;敬重别人的人,人们长久敬重他。"

【提示】

　　要想得到别人的敬重,首先要知道敬重别人。俗话说:"你敬我一尺,我敬你一丈。"

4.20　孟子曰:"世俗所谓不孝者五:惰其四支,不顾父母之养,一不孝也[1]。博弈,好饮酒,不顾父母之养,二不孝也[2]。好货财,私妻子,不顾父母之养,三不孝也[3]。从耳目之欲,以为父母戮,四不孝也[4]。好勇斗很,以危父母,五不孝也[5]。"

(《离娄下篇》"公都子曰匡章"章)

【注释】
〔1〕惰:懒。四支:四肢。
〔2〕博弈:赌博。
〔3〕私:偏私,偏好,偏爱。
〔4〕从:同"纵",放纵,无管束。戮:羞耻。
〔5〕很:同"狠",凶狠,凶恶。

【译文】
孟子说:"社会上一般人所说的不孝行为有五种:四肢懒惰,不管父母的生活,是一不孝;好赌博、喝酒,不管父母的生活,是二不孝;好钱财,偏爱老婆孩子,不管父母的生活,是三不孝;放纵耳目对声色的欲望,因而给父母带来羞耻,是四不孝;逞勇好斗,因此危及父母,是五不孝。"

4.21　孟子曰:"……人性之善也,犹水之就下也[1]。人无有不善,水无有不下。今夫水,搏而跃之可使过颡,激而行之可使在山[2]。是岂水之性哉[3]?其势则然也。人之可使为不善,其性亦犹是也。"

(《告子上篇》"性犹湍水也"章)

【注释】

〔1〕就：靠近，接近，往某处去。
〔2〕搏：拍打。跃：往高处跳。颡：上额。激：水因受阻碍而上流。
〔3〕是：这。岂：难道。

【译文】

孟子说："……人性善良，就像水往下流。人没有不善良的，水没有不往下流的。如今那水，拍打使它溅起来，可以使它往上溅到高过前额；把往下流的水堵在一处使它倒流，可以流上高山。这溅高、流上山，难道是水的本性吗？是外来的行为造成的形势使水那样的。人性本来善良，却可以使他做坏事，这种行为的性质，也如同水本下流却向上溅、流上山一样。"

【提示】

孟子主张性善论。

4.22　孟子曰："仁，人心也；义，人路也[1]。舍其路而弗由，放其心而不知求，哀哉[2]！人有鸡犬放则知求之，有放心而不知求。学问之道无他，求其放心而已矣[3]。"

(《告子上篇》"仁人心也"章)

【注释】

〔1〕路：谓人生走的路。
〔2〕放心：离散不稳定的放纵之心。
〔3〕无他：没有别的。而已：罢了。

【译文】

孟子说："仁是人的心，义是人的路。舍弃义理的路不从那里走,放纵散乱的仁德之心不知道把它找回来,悲哀呀!人有鸡、狗跑失了知道寻找它,仁德之心丧失了却不知道把它找回来。学习知识、向人求教的目的,没有别的,只是为了把那丧失的仁德之心找回来罢了。"

【提示】

守住仁心,拢回放心。

4.23 孟子曰:"……天将降大任于是人也,必先苦其心志,劳其筋骨,饿其体肤,空乏其身,行拂乱其所为[1]。所以动心忍性,曾益其所不能[2]。人恒过,然后能改;困于心,衡于虑,而后作[3];征于色,发于声,而后喻[4]。入则无法家拂士,出则无敌国外患者,国恒亡[5]。然后知生于忧患而死于安乐也。"

(《告子下篇》"舜发于畎亩之中"章)

【注释】

〔1〕拂:逆背不顺,不合意,扰乱。
〔2〕曾:同"增"。
〔3〕衡:阻碍,不通顺。作:起。
〔4〕征:表露出来的迹象。喻:明白,知道。
〔5〕法家:严守法度的臣。拂:同"弼",辅佐。敌:匹敌,对等。

【译文】

孟子说:"……天将要把重大任务给予一个人,一定先使他的心志苦恼,使他的筋骨劳累,使他的肌体饥饿,使他自身穷困匮乏,有行动就阻挠扰乱他要做的事情。所以这样做,是为了触动他的心志,坚韧他的性情,增加他原来不具备的能力。人常有过错,然后才能下决心改正过错;事情困扰在心里,想不通,然后才能振作发愤，下决心解决这难题；外貌显露出来，用话说出来，然后才能被人了解。一个国家，国内没有严守治国法度的大臣与辅佐之臣，国外没有国力与我相当且已构成外部威胁的国家，这样的国家，常常灭亡。知道以上这些之后，就知道'生于忧患而死于安乐'的道理了。"

【提示】

因而作，是孟子留给后人的宝贵精神财富。

4.24 孟子曰："养心，莫善于寡欲[1]。"
（《尽心下篇》"养心莫善于寡欲"章）

【注释】

〔1〕莫：没有什么（养心方法）。

【译文】

孟子说："修养心志，没有什么方法比个人欲望减少还好。"

【提示】

寡欲颐神，何其乐也。

附录：孝经

《孝经》，是一部专讲孝道的书。

《孝经》作于何时，作者何人，历代学者意见不一。大致言之，盖有五说：（一）孔子作。《汉书·艺文志》："《孝经》者，孔子为曾子陈孝道也。"（二）孔子弟子曾参作。《史记·仲尼弟子列传》："曾参，南武城人，字子舆，少孔子四十六岁。孔子以为能通孝道，故授之业。作《孝经》。死于鲁。"（三）曾子弟子作。南宋王应麟撰《困学纪闻》引胡寅语："《孝经》非曾子所自为也。曾子问孝于仲尼，退而与门弟子言之，门弟子类而成书。"（四）七十子之后学作。清代毛奇龄撰《孝经问》："此是春秋、战国间七十子之徒所作。"（五）汉人伪作。清代姚际恒撰《古今伪书考》："是书来历出于汉儒，不惟非孔子作，并非周、秦之言也。"考察《孝经》的文句与内容，就会发现有一些是从《左传》《孟子》以至《荀子》等书抄袭来的，或撮取大意，或袭用文句，都痕迹显然，可知《孝经》不可能为孔子或其弟子曾参所作。《吕氏春秋·察微篇》引用《孝经·诸侯章》的文字，冠以"《孝经》曰"，可知《孝经》也不可能为汉人之伪作。如此，则《孝经》当成书于《孟子》《荀子》流行以后，《吕氏春秋》成书以前，时在公元前3世纪战国末期，作者当是孔门七十子之后学。

《孝经》仅一千七百九十九字，是《十三经》中字数最少的一部书。全书分为十八章，其章目：一、开宗明义。二、天子。

三、诸侯。四、卿大夫。五、士。六、庶人。七、三才。八、孝治。九、圣治。一〇、纪孝行。一一、五刑。一二、广要道。一三、广至德。一四、广扬名。一五、谏诤。一六、感应。一七、事君。一八、丧亲。

根据《汉书·艺文志》收录，在汉代，《孝经》有今文、古文两种传本。今文十八章，古文二十二章。古文本于南朝梁代亡佚，所以只有今文本流传至今。这里需要顺便提及的是，后来古文本复出，学者认定其为伪书，所以虽今尚存，姑可不论。

善事父母为孝，善事君主为忠，由对父母行孝到对君主尽忠是一脉相承的思想体系。所以，《孝经》一向受到统治阶级的重视，利用它来进行伦理说教，加强思想统治。

《孝经》专讲孝道，所讲多已不合时宜，所以仅附经部之末。

第一　开宗明义章

仲尼居，曾子侍。子曰："先王有至德要道，以顺天下，民用和睦，上下无怨。汝知之乎？"曾子避席曰："参不敏，何足以知之？"子曰："夫孝，德之本也，教之所由生也。复坐，吾语汝。身体发肤，受之父母，不敢毁伤，孝之始也。立身行道，扬名于后世，以显父母，孝之终也。夫孝，始于事亲，中于事君，终于立身。《大雅》云：'无念尔祖，聿修厥德。'"

第二　天子章

子曰："爱亲者，不敢恶于人；敬亲者，不敢慢于人。爱敬尽于事亲，而德教加于百姓，刑于四海。盖天子之孝也。《甫刑》云：'一人有庆，兆民赖之。'"

第三　诸侯章

在上不骄，高而不危；制节谨度，满而不溢。高而不危，所以长守贵也。满而不溢，所以长守富也。富贵不离其身，然后能保其社稷，而和其民人。盖诸侯之孝也。《诗》云："战战兢兢，如临深渊，如履薄冰。"

第四　卿大夫章

非先王之法服不敢服，非先王之法言不敢道，非先王之德行不敢行。是故非法不言，非道不行；口无择言，身无择行；言满天下无口过，行满天下无怨恶：三者备矣，然后能守其宗庙。盖卿大夫之孝也。《诗》云："夙夜匪懈，以事一人。"

第五　士章

资于事父以事母，而爱同；资于事父以事君，而敬同。故母取其爱，而君取其敬，兼之者父也。故以孝事君则忠，以敬事长则顺。忠顺不失，以事其上，然后能保其禄位，而守其祭祀。盖士之孝也。《诗》云："夙兴夜寐，无忝尔所生。"

第六　庶人章

用天之道，分地之利，谨身节用，以养父母，此庶人之孝也。故自天子至于庶人，孝无终始，而患不及者，未之有也。

第七　三才章

曾子曰："甚哉，孝之大也。"子曰："夫孝，天之经也，地之义也，民之行也。天地之经，而民是则之。则天之明，因地之利，以顺天下。是以其教不肃而成，其政不严而治。先王见教之可以化民也，是故先之以博爱，而民莫遗其亲；陈之于德义，而民兴行。先之以敬让，而民不争；导之以礼乐，而民和睦；示之以好恶，而民知禁。《诗》云：'赫赫师尹，民具尔瞻。'"

第八　孝治章

子曰："昔者明王之以孝治天下也，不敢遗小国之臣，而况于公、侯、伯、子、男乎？故得万国之欢心，以事其先王。治国者不敢侮于鳏寡，而况于士民乎？故得百姓之欢心，以事其先君。治家者，不敢失于臣妾，而况于妻子乎？故得人之欢心，以事其亲。夫然，故生则亲安之，祭则鬼享之。是以天下和平，灾害不生，祸乱不作。故明王之以孝治天下也如此。《诗》云：'有觉德行，四国顺之。'"

第九　圣治章

曾子曰："敢问圣人之德，无以加于孝乎？"子曰："天地之性，人为贵。人之行，莫大于孝。孝莫大于严父，严父莫大于配天，则周公其人也。昔者，周公郊祀后稷以配天，宗祀文王于明堂以配上帝，是以四海之内各以其职来祭，夫圣人之德又何以加于孝乎？故亲生之膝下，以养父母日严。圣人因严以教敬，因亲以教爱。圣人之教不肃而成，其政不严而治，其所因者本也。父子之道，天性也，君臣之义也。父母生之，续莫大焉；君亲临之，厚莫重焉。故不爱其亲而爱他人者，谓之悖德；不敬其亲而敬他人者，谓之悖礼。以顺则逆，民无则焉。不在于善而皆在于凶德，虽得之，君子不贵也。君子则不然。言思可道，行思可乐，德义可尊，作事可法，容止可观，进退可度，以临其民。是以其民畏而爱之，则而象之。故能成其德教，而行其政令。《诗》云：'淑人君子，其仪不忒。'"

第十　纪孝行章

子曰："孝子之事亲也，居则致其敬，养则致其乐，病则致其忧，丧则致其哀，祭则致其严。五者备矣，然后能事亲。事亲者，居上不骄，为下不乱，在丑不争。居上而骄则亡，为下而乱则刑，在丑而争则兵。三者不除，虽日用三牲之养，犹为不孝也。"

第十一　五刑章

子曰："五刑之属三千，而罪莫大于不孝。要君者无上，非圣者无法，非孝者无亲。此大乱之道也。"

第十二　广要道章

子曰："教民亲爱，莫善于孝。教民礼顺，莫善于悌。移风易俗，莫善于乐。安上治民，莫善于礼。礼者，敬而已矣。故敬其父则子悦，敬其兄则弟悦。敬其君则臣悦，敬一人而千万人悦。所敬者寡而悦者众，此之谓要道矣。"

第十三　广至德章

子曰："君子之教以孝也，非家至而日见之也。教以孝，所以敬天下之为人父者也。教以悌，所以敬天下之为人兄者也。教以臣，所以敬天下之为人君者也。《诗》云：'恺悌君子，民之父母。'非至德，其孰能顺民？如此，其大者乎！"

第十四　广扬名章

子曰："君子之事亲孝，故忠可移于君。事兄悌，故顺可移于长。居家理，故治可移于官。是以行成于内，而名立于后世矣。"

第十五　谏诤章

曾子曰："若夫慈爱、恭敬、安亲、扬名，则闻命矣。敢问子从父之令，可谓孝乎？"子曰："是何言与！是何言与！昔者，天子有争臣七人，虽无道，不失其天下。诸侯有争臣五人，虽无道，不失其国。大夫有争臣三人，虽无道，不失其家。士有争友，则身不离于令名。父有争子，则身不陷于不义。故当不义，则子不可以不争于父，臣不可以不争于君。故当不义则争之。从父之令，又焉得为孝乎？"

第十六　感应章

子曰："昔者，明王事父孝，故事天明；事母孝，故事地察；长幼顺，故上下治。天地明察，神明彰矣。故虽天子必有尊也，言有父也；必有先也，言有兄也。宗庙致敬，不忘亲也；修身慎行，恐辱先也；宗庙致敬，鬼神著矣。孝悌之至，通于神明，光于四海，无所不通。"《诗》云："自西自东，自南自北，无思不服。"

第十七　事君章

子曰："君子之事上也，进思尽忠，退思补过，将顺其美，匡救其恶，故上下能相亲也。《诗》云：'心乎爱矣，遐不谓矣。中心藏之，何日忘之。'"

第十八　丧亲章

子曰："孝子之丧亲也，哭不偯，礼无容，言不文，服美不安，闻乐不乐，食旨不甘，此哀戚之情也。三日而食，教民无以死伤生。毁不灭性，此圣人之政也。丧不过三年，示民有终也。为之棺、椁、衣、衾而举之，陈其簠、簋而哀戚之，擗踊哭泣哀以送之，卜其宅兆而安措之；为之宗庙以鬼享之，春秋祭祀以时思之。生事爱敬，死事哀戚，生民之本尽矣，死生之义备矣，孝子之事亲终矣。"

卷二 史书

何谓"史"?"史"字构形,象手持记事所用简册(簿书),本义指人手持简册记事,手持简册记事的人即史官。

中国何时始设史官?许慎在《说文解字·叙》中说,"黄帝之史仓颉","初造书契"。这只能视为远古传说,不能作为信史。《吕氏春秋·先识篇》说,夏朝末年,太史令终古看到夏桀荒淫无道,而又劝谏无效,于是弃夏投奔了商汤。这种说法,目前还没有得到考古资料的印证,但是,夏朝作为阶级社会,设置史官应该是可能的。目前发现的最早文字是甲骨文,甲骨文形成于殷朝后期,在甲骨文中已有史、太史、作册、尹等史官名称,证明殷朝确已设有史官。到了周代,在青铜器铭文与《尚书》《左传》《国语》等文献中,有史、大史、内史、外史、左史、右史、作册、尹氏等史官名称,可知周代的史官建置已相当完备。史官职掌范围相当广泛,就专以记事言,古者书策皆史掌之,史之职专以藏书、读书、作书为事。在殷周时期,凡记录时事、起草公文、掌管文书之职,皆称史官。

从西周末年到周室东迁,王室衰微,无力从各方面对诸侯国严密控制,各诸侯国才先后设置史官记载本国史事,从而打破了周王室垄断历史记载的局面,于是产生了晋之《乘》、郑之《志》、楚之《梼杌》、鲁之《春秋》、齐之《春秋》、燕之《春秋》、宋之《春秋》、秦之《秦记》等各诸侯国自己的历史记载。

到了春秋末期,随着社会制度的变革,分属经济基础与上层建筑的各个领域都发生了剧烈变化,学术文化从官府解放出来,下移民间。特别是孔子开创的私人讲学局面,更促进了学术文化向社会的广泛传播。正是在此历史条件下,孔子得以整理编订古代典籍，用以教授学生，并使流传后世。中国古代史官按年月顺序记载史事，这样形成的档案材料，稍事整理编订，就成为早期的编年史。《春秋》就是孔子根据鲁国国史编订而成，它沿用旧史按年月记事的编年体裁，并且记事有书法，行文有成例，成为中国最早一部编年体史书。孔子是中国史学史上私人修史的开创者。

战国时期，整个学术空气活跃起来，在史官负责各国官方历史记载的同时，私人写史也蔚然成风，《左传》《国语》《战国策》《世本》《竹书纪年》等史书先后出现，成为先秦史学发展的繁荣时期。

中国古代的史学走过了漫长的历程，两汉时期史学逐步走上成熟发展的道路。现存中国最早的一部群书综合目录《汉书·艺文志》，图书分为六艺、诸子、诗赋、兵书、术数、方技六个部分，没有史学的独立部类，史书被附于"六艺略"中的《春秋》类。《隋书·经籍志》著录图书，按四部分类，即经、史、子、集。史部分立十三类目：（1）正史。（2）古史。（3）杂史。（4）霸史。（5）起居注。（6）旧事。（7）职官。（8）仪注。（9）刑法。（10）杂传。（11）地理。（12）谱系。（13）簿录。《隋志》以后，历代书目史部类目大致相同，只是随着史学的进一步发展，新史体不断出现，类目时有创新。清代乾隆年间编纂《四库全书总目》，史部分立十五类目：（1）正史。（2）编年。（3）纪事本末。（4）别史。（5）杂史。（6）载记。（7）诏令奏议。（8）职官。（9）政书。（10）传记。（11）时令。（12）地理。（13）目录。（14）史评。（15）史钞。《四库全书总目》史部分立的类目，虽然其中不无失当之处，但它基本上反映了史书的类别状况。

史部从无到有，部内细目的划分，正是史学发达、史书增多、史学地位提高在目录学中的反映。《汉志》把史书作为"六艺略"中《春秋》类的附庸，收录史书只有三十四家，一千三百八十四篇(卷)。从篇(卷)数来看,只占收录图书总数的百分之十左右。从汉到隋,史学有了很大发展,史书增多,《隋志》史部收录史书八百七十四部,一万六千五百五十八卷,占收录图书总卷数的百分之三十四左右,为《汉志》收录史书的近二十六倍。自唐至清,虽然图书曾历遭劫难,数量依然与日俱增。根据对《四库全书总目》与《清史稿·艺文志》收录史部图书的粗略统计,至清末,史部图书多达三千九百部左右,八万多卷,为《隋志》收录史书的将近五倍。原来的附庸小邦,俨然成了庞然大国。

一、史　　记

《史记》是西汉司马迁撰写的一部纪传体通史。

一、作者

司马迁，字子长，西汉左冯翊夏阳县(今陕西省韩城市)人。司马迁的生卒之年，《史记》《汉书》都没有记载。关于生年，主要有二说：一说生于汉景帝中元五年(前145)，一说生于汉武帝建元六年(前135)。两种说法，前后相差十年。关于卒年，也无从详考，大约在公元前90年前后，即汉武帝末期。王国维撰《太史公行年考》说司马迁的一生"与武帝相终始"，大致如此。

(1) 家世

司马迁出生在一个把史职视为祖传世业的家庭。其父司马谈，在汉武帝初年任太史令。太史令，太常的属官，官位品级为六百石，掌管天文星历与占卜祭祀等事，同时兼掌文献图籍与记载朝廷大事。所以，官秩虽低微，却有机会接触中央所藏图籍与政府部门办理政务形成的文书档案，了解朝廷情况。司马迁生活在这样一个学术文化气氛浓厚的家庭，自幼受到良好的教育。

(2) 周游考察

司马迁自幼刻苦读书，十岁便能诵读古文。他除了受到良好的家庭教育以外，还曾向今文经学家董仲舒学习今文《公羊春秋》，也曾向古文经学家孔安国学习古文《尚书》。但是，他不满足于书面知识。二十岁时，怀着继承父业的志向，开始进行地域广阔的周游考察。他从关中出发，南渡长江，到达今天的湖南省。折而东行，经庐山，到达长江下游的江南地区。北渡长江，经韩信家乡淮阴县，过淮、泗、济、漯四河流域，到达今山东省。由此西行，过今河南省，而后回到关中。后来，步入仕途，在朝廷任职，有时随从汉武帝巡视各地，有时奉朝廷之命到各地执行公务，又到过不少地方。仅据《史记》中提到的，东到海边，西到今甘肃省东部，南到长江以南，北到长城以北，都曾留下他的足迹，这可以看作他周游考察活动的延续。通过周游考察与出使、巡游，扩大了眼界，丰富了知识，对祖国河山的雄伟壮丽有了亲身感受，许多历史胜地都亲临其境，对许多历史与现实的重大问题获得了大量的第一手资料，成为他日后撰写《史记》的重要准备。

(3) 父亲遗训

司马迁始入仕途，做了一个郎官，为郎中。郎中，郎中令属官，官位品级为比三百石，《汉书·百官公卿表》说"郎掌守门户，出充车骑"，是皇帝身边的侍从小官。他曾受汉武帝之命，代表朝廷"奉使西征巴蜀以南，南略邛、笮、昆明"，视察西南夷地区。元封元年(前110)，司马迁出使回到长安。这年，汉武帝始建封禅之制，已动身赴泰山进行封禅活动。封禅是古代帝王祭祀天地的大典，其父司马谈作为太史令，自然要随从前往参加这一祭祀盛典。但行至途中，病倒在河洛之间，即今河南省洛阳市一带。司马迁闻讯赶到病榻前时，司马谈病已垂危，老泪横流，向儿子交代后事。司马谈把史职视为司马氏的祖传世业，担心到自己这里中断。他本有上继周公、孔子而撰著一部记载"明主贤君忠臣死义之士"的史书的宏大志向，但未能实现，留下莫大遗憾。于是，临终前，他便将自己的宿愿作为遗训交托给了儿子司马迁。这，确也成为司马迁日后著述《史记》一种精神上的巨大鞭策力量。

(4)《史记》写作与李陵之祸

司马谈死后三年，于元封三年（前108）司马迁继作太史令。他遵照父训，着手"紬史记石室金匮之书"，为《史记》的写作进行准备。当时，朝廷正拟议改订历法，司马迁作为主管部门的官员参与了这一工作。太初元年（前104），新历完成，司马迁便开始"论次其文"，写作《史记》。关于写作《史记》的动机，司马迁在《史记·太史公自序》中说得明白："先人有言：'自周公卒五百岁而有孔子，孔子卒后至于今五百岁，有能绍明世、正《易传》、继《春秋》、本《诗》《书》《礼》《乐》之际？'意在斯乎！意在斯乎！小子何敢让焉。"司马谈本有继《春秋》而作之志，未竟而卒，历史未能以周公—孔子—司马谈为次，其子司马迁决意要让历史以周公—孔子—司马迁为次，以实现父亲遗愿。

司马迁潜心写作《史记》的过程中，于天汉三年（前98）因遭李陵之祸而被下狱，并惨遭腐刑。李陵，是西汉名将李广之孙。天汉二年秋天，李陵在与匈奴作战中，虽奋力拼杀，终因寡不敌众，兵败投降了匈奴。消息传到朝廷，"主上为之食不甘味，听朝不怡；大臣忧惧，不知所出"。适逢武帝召问，司马迁谈了自己对李陵的看法。武帝以为他是有意为李陵开脱，于是下狱治罪，终受腐刑。他在《报任安书》中这样描述被刑的凄惨情景："交手足，受木索，暴肌肤，受榜箠。"司马迁为什么肯于忍辱受此酷刑？在他看来，"人固有一死，死或重于泰山，或轻于鸿毛"，所以忍辱受刑，是因为立志继孔子之后而撰著贯通古今的历史巨著，彼时尚未完成，"是以就极刑而无愠色"。

受刑出狱之后，任中书令。中书令，即中书谒者令，少府属官，职掌出入宫廷奏事，仍属皇帝近侍之臣。此后，司马迁将全部精力倾注于《史记》的写作。

根据学者考证，司马迁《报任安书》写于武帝太始四年（前93），而在《报任安书》中已经把本纪、表、书、世家、列传各种体例的篇数及全书总计一百三十篇的总数一一列出，说明在这时，《史记》的写作已经完成。

二、史记

（1）书名与编撰

《史记》这部书，当初并不叫这个名字。司马迁在《史记·太史公自序》中称其书为《太史公书》。此后的两汉学者，除了称《太史公书》以外，又有称《太史公》《太史公记》《太史记》者。至东汉末年，始称《史记》。宋代洪适《隶释》卷二录载东汉灵帝熹平元年（172）立的东海庙碑的碑文，碑阴曰："阙者，秦始皇所立，名之'秦东门阙'。事在《史记》。"按《史记·秦始皇本纪》，于始皇三十五年"立石东海上朐界中，以为秦东门"，即碑阴所说始皇所立之阙。以今所知资料考察，这是《太史公书》改称《史记》的最早记载。《史记》之名大概是《太史公记》《太史记》的简称。

司马迁所以能够撰著《史记》这样一部五种体例并用、内容丰富的纪传体通史巨著，原因是多方面的。首先，从历史发展的角度看，纪传体以记天子的本纪为中心记载历史，有利于天子一尊地位的巩固与加强，适应了中央集权的政治体制的需要。其次，从司马迁自身看，一则撰著传世之作为谈、迁父子共同追求的目标，是他撰著《史记》精神上巨大的推动力量；二则在文、史两个方面，他都具有深厚扎实的知识功底；三则他所从事的工作，有搜集材料、进行写作的有利条件。其三，从历史编纂学的角度看，先秦时期，以编年体史书为主流，也出现了其他一些史书编纂方法。特别是《世本》的编纂，已经采用了"本纪""世家""传"等名称，并有"帝系""谱""居""作""氏姓""谥法"等篇名。"本纪"记帝王事迹，"世家"记诸侯，"传"记卿大夫，司马迁效其法而用之。"帝系"记黄帝以下至尧、舜、禹等帝王世系，"谱"记夏、商、周三代王侯与卿大夫世系，司马迁效其法而作"表"。"居篇"记帝王都邑,"作篇"记制度与器物的创制,"氏姓篇"记氏族的由来,"谥法篇"记谥号含义,司马迁效其法而作"书"。司马迁写的《史记》,本纪、表、书、世家、列传五体配合,实是吸收先秦史书的编纂方法,加以综合熔铸,并直接由《世本》体例发展而来。其四,从材料来源看,司马迁注意通过多种途径广罗各种资料,大致说来,材料来源主要有五:一是图书文献,二是档案材料,三是其父司马谈搜辑、编次的材料,四是游历考察各地搜集的材料,五是本人耳闻目睹及亲身经历的当代史事。材料是写作的基础,只有有了丰富的素材,才能在此基础上加以认真取舍,写出富有内容、生动感人的作品。

(2) 体例与内容

《史记》是一部纪传体通史,记事时间从传说人物黄帝到司马迁生活的汉武帝时期。全书内容,分为本纪、表、书、世家、列传五个部分。本纪,写天子及主宰时势者,采用编年记事形式,按朝代及年代依次记载从黄帝到汉武帝历代王朝的兴衰及一些重大的历史事件。表,分世表、年表、月表等三种形式,将错综复杂的史事,用表格形式,以年月为序,提纲挈领,排比列举,是一种大事记。书,记述社会政治、经济、礼乐及天文历法、水利等方面的制度与情况。世家,写诸侯,采用编年记事形式,记载自周代以来封爵建国而传世的诸侯国情况。列传,分单传、合传、附传、类传等四种形式,记载公卿将相与社会各阶层的代表人物以及一些边远部族的情况。总观《史记》五个组成部分,其中本纪、世家、列传三部分虽然名称不同,但是,基本上都是以人物为中心反映历史事件的人物传记。《史记》这种以纪传(包括世家)为主,各个部分互相配合的史书体例,称为纪传体。《史记》全书本纪十二,表十,书八,世家三十,列传七十,共一百三十篇,五十多万字,是一部纵贯古今、横罗万象、组织严密、内容丰富的纪传体通史巨著。

(3) 司马迁的思想倾向

从《史记》内容,可以清楚地了解作者司马迁多方面的思想倾向,比如对经济问题,司马迁强调物质生产的基础地位,主张农工商虞(山泽之利)四业并重,肯定人们追求物质利益的欲望是推动社会经济发展的动力等。这里,我们仅就司马迁的政治思想与哲学思想中的一些问题略加考察。

在政治上,司马迁主张国家统一,反对分裂;主张任贤施仁,反对酷吏暴政。国家的统一,靠什么维系?中国上古时期,实行宗法统治,依靠宗法制度维系与巩固政权。司马迁借鉴历史经验,在撰写上古史时,经过对先秦学者所描述的上古传说历史进行清理,编织了一个以黄帝为始祖的庞大的宗族体系,尧、舜及夏、商、周、秦四代帝王都是这同一宗族的成员。这样,就构筑起一个宗法与政治合一的上古宗法社会政治体制。秦代建制中央集权制度,至汉武帝才百年时间,大一统的政治体制还处于逐步完善之中。如何使统一的国家长治久安,政治家们在思索,思想家们也在探讨。司马迁用历史学家的眼光审视这一重大课题,从总结历史经验的角度出发,提出华夏大地的所有人群同祖一源,都是黄帝的子孙。这成为维系国家统一的一条纽带,至今仍是加强中华民族凝聚力的一个蕴涵深邃而坚不可摧的文化意识堡垒。西汉是继秦之后建立的一个统一的中央集权国家。治理这样的国家,用什么作为主导的统治思想呢?西汉的统治者对这个问题有一个探索的过程。司马迁生活于西汉中期的武帝时期,在思考这个问题时,根据周行分封、秦施暴政的历史经验及西汉百年左右的统治实践,综合考察了诸家思想的长短得失。如:道家,重视道家的"无为"思想,肯定无为而治,但批评老子"小国寡民"的复古倒退思想;儒家,肯定儒家的仁义德政,尚贤重民,但批评儒家的滑稽、倨傲、重丧厚葬及繁琐礼仪;法家,赞扬法家人物,肯定法、刑作用,但批评法家"刻暴少恩"等。司马迁融合诸家之长,摈弃其短,形成自己德法兼用、简政轻刑的思想主张。这种思想主张,与汉朝统治者所说"霸王道杂之"的统治思想正相吻合。

在哲学问题上,一个重要方面,就是对天人关系的认识。关于天人关系,《史记》中多次提到,反映了司马迁思想观念的不同侧面。司马迁的认识论,有承认天人感应、天命支配人事的一面。如《天官书》历述秦、汉时期天人感应的事例,最后还概括地指出,人间发生的事,"未有不"先由天象将天意显示出来,接着人间就相应发生反映天意的事件。在这里,司马迁完全陷入了天人感应、天命支配人事的圈子里。但是,他的认识论,还有怀疑天命,以至不相信天命的一面。《天官书》:"幽、厉以往,尚矣。所见天变,皆国殊窟穴,家占物怪,以合时应,其文图籍机祥不法。是以孔子论'六经'纪异而说不书。"这里说,占卜吉凶之书不可取法,所以孔子编次"六经"的时候,只记载了异常的自然现象,那些占验天人感应的解说都弃而不载。这表明,司马迁对天人感应之说并非坚信不疑。在《伯夷列传》中,司马迁用历史事实对天命说提出质疑,明确表示了自己否定天道的观点。司马迁还常常借用"天"来指称非人力所能左右的一种客观存在,那就是社会历史发展的必然趋势与某一时期特有的社会问题形成的特有形势。如《秦楚之际月表》说到刘邦参加反秦斗争,"为天下雄",无土而王,指出:"此乃传之所谓大圣乎?岂非天哉!岂非天哉!非大圣孰能当此受命而帝者乎?"根据这里的说法,刘邦得天下似为天意,而非人力。我们知道,刘邦取得天下的斗争,前后经过两个阶段。先是反秦斗争,秦朝何以灭亡?秦的残暴统治是秦朝短命而亡的根本原因。灭秦后,是楚、汉之争。楚强汉弱,刘邦何以能够打败项羽而夺得天下呢?对此,我们先看看项羽与刘邦的看法。《项羽本纪》在记载项羽被汉军追杀得已到穷途末路时,回顾他的斗争生涯,颇为感慨地说:"吾起兵至今八岁矣,身七十余战,所当者破,所击者服,未尝败北,遂霸有天下。然今卒困于此,此天之亡我,非战之罪也!"《高祖本纪》记载刘邦在与群臣总结他所以得天下、项羽所以失天下的原因时,发表了他的见解:"夫运筹策帷帐之中,决胜于千里之外,吾不如子房。镇国家,抚百姓,给馈饷,不绝粮道,吾不如萧何。连百万之军,战必胜,攻必取,吾不如韩信。此三者,皆人杰也,吾能用之,此吾所以取天下也。项羽有一范增而不能用,此其所以为我擒也。"根据项羽的说法,是天意,是上天的安排;根据刘邦的说法,是人事,是人为的结果。司马迁如何看呢?他在《项羽本纪》最后的史论中对项羽一生做了全面评价:"夫秦失其政,陈涉首难,豪杰蜂起,相与并争,不可胜数。然羽非有尺寸,乘势起陇亩之中,三年,遂将五诸侯灭秦,分裂天下,而封王侯,政由羽出,号为'霸王',位虽不终,近古以来未尝有也。及羽背关怀楚,放逐义帝而自立,怨王侯叛己,难矣。自矜功伐,奋其私智而不师古,谓霸王之业,欲以力征经营天下,五年卒亡其国,身死东城,尚不觉寤而不自责,过矣,乃引'天亡我,非用兵之罪也',岂不谬哉!"司马迁首先充分肯定项羽的历史功绩,是一位"近古以来未尝有"的英雄人物。但是,灭秦之后,五年兵败身亡,究其原因,主要有五:一是背先入关中者王的关中之约,失信天下。二是占领关中后东归都彭城,战略失策。三是杀义帝而自立,蒙受不义之名。四是自矜功伐而不能择人善任,成为孤家寡人。五是恃武力而忽智谋,有勇无谋。显然,司马迁分析楚败汉胜的原因,与刘邦的见解正相吻合,即不是天意所决定,完全是人为造成的。所以,司马迁对项羽临死前仍不觉悟,还在说什么"天亡我,非用兵之罪也",斥之为"岂不谬哉"。既然楚败刘胜不在天命,而在人为,司马迁为什么又在《秦楚之际月表》中归之于"天"呢?司马迁在《秦楚之际月表》中,首先指出秦末斗争的三个阶段。他说:"初作难,发于陈涉;

虐戾灭秦,自项氏;拨乱诛暴,平定海内,卒践帝祚,成于汉家。五年之间,号令三嬗,自生民以来未始有受命若斯之亟也。"这就是说,首先由陈胜举起反秦大旗,时仅六个月,陈胜被杀。然后,项羽领导反秦斗争,灭秦,号令天下。然而项羽恃武施暴,天下怨望,刘邦乘机展开反楚斗争,最后夺取天下,建汉称帝。试想,如果陈胜不是起事六月被杀,而是一直领导到反秦斗争的胜利,以后的情况会怎样?如果项羽采取正确的战略战术,施行深得人心的政策,不犯诸多错误,强楚岂能败于弱汉?那么以后的情况又会怎样?历史不能够假设,历史发展的实际情况是陈胜起事六个月就被人杀害,项羽在斗争中犯了诸多错误,致使刘邦得以乘机而起,以弱小势力战败强楚,把反秦斗争以来的一切斗争成果都囊括于自己的掌握之中。"五年之间,号令三嬗",刘邦适逢这一历史机遇,得以继秦之后成就帝业。显然,这里的"天",是指当时的客观斗争形势为刘邦造成的有利机遇。

(4)《史记》在史学与文学方面的主要成就

《史记》的史学成就是多方面的,概要言之,主要有四:(一)首创纪传体的史书体裁。司马迁写《史记》,总结过去历史编纂学的经验,综合运用本纪、表、书、世家、列传五种体例,首创纪传体的史书体裁,成为中国古代史学走上成熟发展道路的奠基之作。(二)成功运用略古详今的通史剪裁方法。《史记》是一部通史,记事从黄帝到当代,上下三千年。其中汉代记高祖至武帝,仅百年左右。按时间计,当代史仅占上下三千年的三十分之一,但是,按篇幅计,当代史却占全书的二分之一。撰写通史厚今薄古,剪裁得当。(三)求实的治史态度。求实,首先是对已经掌握的材料进行鉴别,在鉴别的基础上进行取舍,做到去粗取精,去伪存真。材料经过鉴别以后,敢不敢运用这些材料如实写史,历来都是对史学家的一个严峻考验。司马迁对搜集来的材料,总是以审慎的态度对待,力求采用真实的材料,写出能够如实反映历史本来面目的信史。所以,他撰写的《史记》,扬雄在《法言·重黎》中品评为"实录"。何谓"实录"?班固在《汉书·司马迁传》的"赞"语中做了说明:"自刘向、扬雄博极群书,皆称迁有良史之材,服其善序事理,辨而不华,质而不俚,其文直,其事核,不虚美,不隐恶,故谓之实录。"(四)严肃的批判精神。司马迁作为一位历史学家,对待历史问题,认真审视,一丝不苟。尤为可贵之处,是他写当代史所持的批判精神。如对汉高祖刘邦的流氓无赖、贪好酒色,吕后的残忍,武帝的迷信方术、热心封禅、生活奢靡,以及酷吏横行、刑法残酷、权贵骄横等,都大胆揭露,无情抨击。当然,史家写当代史,要对社会的黑暗面做到直言不讳地揭露与批判,受到很多条件限制,很不容易。所以,常常运用隐寓之笔。《史记》中就多有其例。如《吕后本纪》写吕后残害戚夫人母子,司马迁未评一词,而是借吕后亲生儿子之口说出自己要说的谴责的话:"此非人所为!"又如《魏其武安侯列传》写武安侯田蚡三个月内先后杀害窦婴、灌夫两位大臣,不久田蚡患病,"专呼服谢罪。使巫视鬼者视之,见魏其、灌夫共守,欲杀之。竟死"。田蚡害死窦婴、灌夫不久,自己的性命就被二人的阴魂夺走。这一情节,乍看,似为迷信描写,但结合作者写这一事件时字里行间透露出的感情色彩深入体察,就会使人领悟到作者隐寓批判的良苦用心,不禁为之拍案叫好。原来,作者"极恶武安,故借鬼以杀之"。

《史记》的文学成就也是多方面的,概要言之,主要有五:(一)创立传记体文学体裁。中国古代文史不分家,史学家撰写的历史著作,往往又是文学作品,《史记》就同时具备这两种属性。司马迁写史,常用被后世视为文学手段的写法记述史实,描写人物,使《史记》又成为一部文学作品,且记述人物,开头点明主人公的姓名籍贯,然后记其家世,继而述其生平事迹及子孙或家族兴衰,篇末发表简短评论。这种整篇结构的统筹布局,保证了所写人物的完整性,成为后世传记文学篇章结构的基本格局,创立了传记体文学体裁。(二)成功运用以突出事例表现人物突出方面的表现方法。《史记》写人,不是采用流水账形式记述与主人公有关的所有事情,而是通过剪裁取舍,选写突出事例,表现人物的突出方面。如项羽这个历史人物,从起兵反秦到乌江自刎,时历八年,身经七十余战。他的一生可以分为前后两个阶段。前一阶段是反秦斗争,而巨鹿之战是反秦斗争形势转折的决定一战。后一阶段是楚、汉之争,而由反秦斗争转入楚、汉之争的关键事件就是鸿门宴。楚、汉之争进行五年,强楚败给了弱汉,垓下之战成为项羽的悲剧性结局。所以,在《项羽本纪》中,只重点写了巨鹿之战、鸿门宴、垓下之战三个突出事件,着意表现项羽盖世英姿、勇武雄威,也为他至死不悟,一味地认为"天之亡我,非战之罪"而惋惜,成为一位悲剧性的英雄人物。(三)通过细节描写刻画人物形象。如《廉颇蔺相如列传》写蔺相如。在秦廷,相如为免受秦欺,完璧归赵,"持璧却立,倚柱,怒发上冲冠",又"持其璧睨柱,欲以击柱",且说"大王必欲急臣,臣头今与璧俱碎于柱矣",表现了人物誓与国宝和氏璧共存亡的决心。在渑池,秦、赵两国国君相会,本应地位平等,而秦王却要赵王为他鼓瑟以自我尊大。这时,相如向前奏请秦王为赵王击缶,秦王不许,"于是相如前进缶,因跪请秦王。秦王不肯击缶。相如曰:'五步之内,相如请得以颈血溅大王矣!'左右欲刃相如,相如张目叱之,左右皆靡。于是秦王不怿,为一击缶"。这段描写,生动地表现了蔺相如临危不惧、不畏强权、为维护国家尊严而勇于献身的大无畏精神。(四)通过心理描写刻画人物形象。如《萧相国世家》写萧何释疑避祸的三件事,很是精彩。第一件事:楚、汉之争时,萧何任丞相,镇守关中,为前线输送粮饷,补充兵员。刘邦几次派人到关中慰劳萧何。有人提出这是刘邦"有疑君心",萧何便把宗族子弟派往前线参战,于是"汉王大说"。第二件事:

刘邦在外平息陈豨叛乱,听说淮阴侯韩信因谋反被杀,派人到朝廷为萧何增加封地,建置卫队。有人提出刘邦"疑君心矣",萧何便让封不受,拿出个人资财以供军需,于是"高帝乃大喜"。第三件事:刘邦在外平息黥布叛乱,几次派人到京城长安问候萧何的近况。有人提出君入关中,得百姓心,"上所为数问君者,畏君倾动关中",萧何便大量置买土地,借贷盘剥民财,借以造成百姓对自己的不满,于是"上乃大说"。以上三件事,司马迁采用了同样的描写方法,先写刘邦的行动,然后破释刘邦这样做的心理活动,萧何采取了使刘邦解除疑心的行动以后刘邦便大喜、大悦。这三件事,如果作者只是记其事实,不破释刘邦的心理活动,后人读之,反会感到刘邦对功臣的信任与亲宠;作者在将刘邦的心理活动挖掘出来以后,就把刘邦的真实嘴脸暴露在光天化日之下,原来是一位多疑诡诈之君!(五)《史记》的语言,形象生动,简洁准确,作者善于运用符合人物身份的语言刻画人物,语言的个性化特点非常突出,听其言即可想见其人。如写反秦斗争的三位领导人物陈涉、项羽、刘邦,陈涉起义反秦时说:"王侯将相宁有种乎!"项羽在会稽看到秦始皇说:"彼可取而代也!"刘邦在咸阳看到秦始皇说:"嗟乎!大丈夫当如此也!"这声音,是时代的呼声,自当发自这三位历史人物之口。又如纵横家是凭着三寸不烂之舌游说诸侯混饭吃的,张仪在楚国游说受辱后,问其妻"视吾舌尚在不",妻说"舌在也",他说"足矣"。只要有舌头就足够了。商人吕不韦感到在赵国做质子的秦国子楚有利用价值,便说"此奇货可居"。掌握了难得的奇特货物就可以赚大钱。霍去病是在多次与匈奴作战中立有军功的外戚,封冠军侯,为骠骑将军。汉武帝给他修建府第,他不接受,理由是:"匈奴未灭,无以家为也。"不灭匈奴不考虑家事。酷吏王温舒,严法峻刑,好杀戮。古代一年之内,冬季行刑。所以王温舒在十二月份过完以后跺着脚叹道:"嗟乎!令冬月益展一月,足吾事矣!"老天多给我一个月冬天，我就可以把我想要杀的全都斩尽杀绝了。司马迁还常运用典型词语描述情节的演进与发展。如《高祖本纪》写刘邦攻入关中的情景：刘邦攻破武关后，"秦人喜"；刘邦进入关中，与父老约法三章后，"秦人大喜"；刘邦不接受老百姓犒劳军队的物品后，"人又益喜"。随着刘邦在关中的进展，作者用"喜""大喜""益喜"表现了秦人对刘邦的拥护态度日渐加深。写项羽进入关中，"屠烧咸阳秦宫室，所过无不残破"后，"秦人大失望，然恐，不敢不服耳"。一个"大"字写出老百姓对项羽完全失去信任与希望，"恐"与"不敢"写出项羽仅凭威势胁迫老百姓屈从。仅仅几个关键词语，把人心向背极其清楚地反映了出来。

《史记》在史学与文学方面都取得重大成就，对后世的影响巨大而广泛。史学方面，《史记》创立纪传体史书体裁，中国古代二十四部"正史"全部用纪传体撰写，《史记》冠"二十四史"之首。唐代刘知幾在《史通》中关于史书的编撰提出"二体"说，一为编年，一为纪传，而《史记》为纪传之祖。这种开创之功，使《史记》成为中国史学史上一部划时代的历史著作。《史记》创立的纪传体史书体裁，以帝王为中心记载一代历史，适应了统治阶级中央集权的政治需要，有利于君主独尊地位的巩固与加强，同时各体配合，可以容纳丰富的内容，反映社会的各个方面。所以，创始之后，为历代统治阶级所推崇，成为后世史家修撰官定"正史"的唯一模式。此外，他的求实态度与批判精神，也都成为后世历史学家的楷模。文学方面，《史记》创立传记体文学体裁，以人物为中心组织篇章结构，并运用多种表现手法与纯熟的语言记述故事情节，刻画人物形象。这些，都成为后世文学家写作传记文学作品效法学习的榜样。此外，它对后世小说、散文、戏曲等多种文学体裁作品的创作与发展，也都产生了巨大影响。总之，《史记》既是一部历史名著，又是一部文学名著，鲁迅在《汉文学史纲要》中称《史记》为"史家之绝唱，无韵之《离骚》"，正确评价了《史记》在史学与文学两个方面所取得的卓越成就及在中国古代史学与文学的发展史上占有的重要地位。

(5) 残缺与补续

根据司马迁在《史记·太史公自序》中自述，所写之书"凡百三十篇，五十二万六千五百字，为《太史公书》"，连总字数都清楚地开列出来，说明《史记》全书是写完了的。司马迁死后，外孙杨恽将《史记》传布出来。《史记》很快有了残缺，"十篇有录无书"，何时所缺？为何而缺？司马迁写《史记》，以一个史学家的求实态度秉笔直书，对当代君臣行事多有批判，后人誉为"实录"。这就决定了这部书不会受到当时统治者欢迎。东汉卫宏撰《汉书旧仪注》记载："司马迁作《景帝本纪》，极言其短及武帝过，武帝怒而削去之。"《后汉书·蔡邕传》记载王允把《史记》斥为"谤书"。由此不难想见《史记》在汉代当时便残缺的原因。关于残缺的具体情况，三国魏人张晏做了说明："迁没之后，亡《景纪》《武纪》《礼书》《乐书》《律书》《汉兴已来将相年表》《日者列传》《三王世家》《龟策列传》《傅靳蒯列传》。"既缺则补，今知主要补家是褚少孙。褚少孙，颍川人，西汉宣帝时博士，仕于元、成时期。褚少孙在补缺篇的同时，还在个别未缺之篇后面缀续了一些内容。今本《史记》凡褚少孙补、续部分，都在前面冠以"褚先生曰"以别之。另外，还有在原文中增续内容的地方，如《楚元王世家》记宣帝"地节二年"事，《齐悼惠王世家》记成帝"建始三年"事，这些显系后人补续。司马迁生活在西汉中期，所以他在《史记》中只能写西汉前半期历史。这种一代历史有半缺载的美中不足，使得一些学者总想补续西汉后半期的历史。补续《史记》者，根据文献记载，除褚少孙外，还有班彪、扬雄、刘歆等十余人，只是他们的补续文字已不可详考。从以上情况可知，今本《史记》基本存真，但有残缺、补续。

中华书局出版"二十四史"点校本《史记》,内收"三家注"。南朝宋裴骃撰《史记集解》、唐司马贞撰《史记索隐》与张守节撰《史记正义》,合称《史记》"三家注",是今天能看到的最早注本。

钟华编《史记人名索引》、仓修良主编《史记辞典》。

1 归,至于祖祢庙[1]。

(《史记》卷一《五帝本纪》)

【注释】

〔1〕祢(mǐ):庙中祭祀去世的父亲,称父为祢。《史记正义》引何休注"祢"云:"生曰父,死曰考,庙曰祢。"

【译文】

外出做事,回家后,先到家庙祭祀先人,告知先人自己已从外地回来。

【提示】

古代人外出,离家时要告庙,回家时也要告庙。

2 汤曰[1]:"予有言[2]:人视水见形,视民知治不[3]。"伊尹曰[4]:"明哉!言能听,道乃进。"

(《史记》卷三《殷本纪》)

【注释】

〔1〕汤:灭夏建商的君主,史称商汤,为夏、商、周三代贤明君主之一。

〔2〕予:第一人称代词,我。

〔3〕治：谓治理得好。不(fǒu)：不好。
〔4〕伊尹：辅佐汤灭夏建商的名臣。

【译文】

汤说："我有话说：'人看水可以看见自己的形状，看老百姓可以知道社会治理的是好还是不好。'"伊尹说："贤明的君主啊！能听得进意见，治国之道就会进步。"

【提示】

看自己只见外表，看民众可知社会。

3　野谚曰[1]："前事之不忘，后事之师也[2]。"

（《史记》卷六《秦始皇本纪》）

【注释】

〔1〕野：谓民间。
〔2〕师：学习，效法，做老师。

【译文】

民间谚语说："以前做事的经验教训不忘记，以后做事可以学习效法。"

4　天地者生之本也，先祖者类之本也，君师者治之本也[1]。无天地恶生[2]？无先祖恶出？无君师恶治？三者偏亡，则无安人[3]。故礼，上事天，下事地，尊先祖而隆君师，是礼之三本也[4]。

（《史记》卷二三《礼书》）

【注释】

〔1〕类：种，种类，此谓人类。君师：君主与老师。君、师皆尊，所以常用"君师"称君主。

〔2〕恶(wū)：作疑问代词用，何，安，怎么。

〔3〕偏：缺某一方面，不全面。亡：无。

〔4〕隆：高大，显赫。

【译文】

天地是万物生存的根基，先祖是人类的根基，君主是治理国家的根基。没有天地万物怎么生存？没有先祖人类怎么繁衍生息？没有君主国家怎么治理？三者缺一，就没人安宁。所以，礼，上事奉天，下事奉地，尊敬先祖，使君主地位崇高显赫，这是礼的三个根基。

5　君子以谦退为礼，以损减为乐。

(《史记》卷二四《乐书》)

【译文】

君子把谦逊退让作为合礼，把亏损减少作为快乐。

【提示】

知尊人者人尊己，损减不争自得乐。

6　礼以导其志，乐以和其声，政以壹其行，刑以防其奸[1]。礼乐政刑，其极一也，所以同民心而出治道也[2]。

(《史记》卷二四《乐书》)

【注释】

〔1〕礼以：即"以礼"。和：和谐。政：政治，治理社会的政策规范。

〔2〕极：至，要达到的最好作用。出：产生。道：方法。

【译文】

用礼引导人的心志，用乐使人的声音和谐，用治理制度使人的行为一致，用法律刑狱防范人的奸诈邪恶。礼乐政刑最好的作用是一致的，就是用来统一民心、产生出治理社会的好方法。

7 周公戒伯禽曰[1]："我文王之子，武王之弟，成王之叔父，我于天下亦不贱矣。然我一沐三捉发，一饭三吐哺，起以待士，犹恐失天下之贤人[2]。子之鲁，慎无以国骄人[3]。"

（《史记》卷三三《鲁周公世家》）

【注释】

〔1〕周公：周文王子，武王弟，姓姬名旦。周公辅佐武王灭殷建周，武王分封诸侯，封弟周公于鲁国。武王死，子成王年幼，周公留朝廷辅佐成王治理天下，周公子伯禽代父封于鲁国为诸侯。此乃伯禽前往鲁国就封时，周公告诫伯禽的话。

〔2〕然：但是，可是。沐：洗头发。三：表示具体数目，有时又泛指多数。哺(bǔ)：谓口中嚼着的食物。犹：还。

〔3〕之：往，前去某地。慎：谨慎，谦敬。无：同"勿"，不要。骄人：对人骄傲、傲慢。

【译文】

周公告诫儿子伯禽说："我是文王的儿子，武王的弟弟，成王的叔父，我在天下的地位也算是高贵的了。可是，我洗一次头发要几次用手把头发从水中抓出来，吃一顿饭要几次把口中正在嚼着的食物吐出来，这样对待贤士，还是恐怕失去天下的贤人。你到鲁国，要谨慎谦敬，不要以为自己是国君而在人们面前傲气十足。"

8 修己而不责人,则免于难[1]。

(《史记》卷三九《晋世家》)

【注释】
〔1〕修:修养。修己,自我修养,严格要求自己。责:责备,要求。难:灾难,祸患。

【译文】
严格修养自己而不强求别人,就可免遭灾难。

9 人有遗其舍人一卮酒者,舍人相谓曰[1]:"数人饮此,不足以遍。请遂画地为蛇,蛇先成者独饮之。"一人曰:"吾蛇先成。"举酒而起,曰:"吾能为之足。"及其为之足,而后成人夺之酒而饮之,曰:"蛇固无足,今为之足,是非蛇也[2]。"

(《史记》卷四〇《楚世家》)

【注释】
〔1〕遗(wèi):送给。舍人:官名,为长官左右亲近的属官。卮(zhī):盛酒器。
〔2〕固:本来。是:代词,此,这,指添上足的蛇。

【译文】
有人把一杯酒送给他的属下舍人,舍人相互商议说:"几个人喝一杯酒,不够人人都能喝到。请就在地上画蛇,先画成蛇的人独自喝酒。"过了一会儿,一个人说:"我的蛇先画成了。"举着酒杯站起来说:"我能给蛇添上足。"等到他给蛇添足的时候,而在他后面画成蛇的人把先画成蛇的人举起来的酒杯夺过去一饮而尽,说:"蛇本来没有足,如今给它添上足,画的这个有足的就不是蛇了。"

【提示】
　　画蛇添足者,不守规矩。众人面前卖弄小聪明,反而弄巧成拙。

10　语有之:"以权利合者,权利尽而交疏。"
（《史记》卷四二《郑世家》）

【译文】
　　有种说法:"凭借权势与利益走到一起的,没有了权势与利益交往也就疏远了。"

【提示】
　　义理相交,友谊永在。

11　制国有常,利民为本[1]。从政有经,令行为上[2]。
（《史记》卷四三《赵世家》）

【注释】
　　[1] 制国:执掌治理国家的大政方针。常:长期固定不变。
　　[2] 从政:参与政事,处理政事。经:也是"常"。"常"、"经"义近,谓常行的义理、准则、法制等。

【译文】
　　执掌治理国家的大政方针,有长期固定不变的义理、准则、法制等，各种制度都以有利于民众为根本。治理国家有长期形成的固定做法，是使各种利民做法都能顺利推行为最好。

【提示】
　　一切思考都为民众利益，才是好领导。

　　12　事以密成，语以泄败。
　　　　　　　　（《史记》卷六三《韩非列传》）

【译文】
　　要做的事情，事前保密工作做得好，事情就能做成；要做的事情，事前就说了出去，做事情没有了保密的保证，事情很可能做不成。

【提示】
　　很多事情都坏在嘴上。

　　13　商君者，卫之诸庶孽公子也，名鞅，姓公孙氏，其祖本姬姓也[1]。鞅少好刑名之学[2]。……
　　公孙鞅闻秦孝公下令国中求贤者，将修缪公之业，东复侵地[3]。乃遂西入秦，因孝公宠臣景监以求见孝公[4]。孝公既见卫鞅，语事良久，孝公时时睡，弗听[5]。罢而孝公怒景监曰："子之客妄人耳，安足用邪！"景监以让卫鞅[6]。卫鞅曰："吾说公以帝道，其志不开悟矣[7]。"后五日，复求见鞅。鞅复见孝公，益愈，然而未中旨。罢而孝公复让景监，景监亦让鞅。鞅曰："吾说公以王道而未入也。请复见鞅。"鞅复见孝公，孝公善之而未用也。罢而去，孝公谓景监曰："汝客善，可与语矣。"鞅曰："吾说公以霸道，其意欲用之矣。诚复见我，我知之矣。"卫鞅复见孝公。公与语，不自知膝之前于席也。语数日不厌[8]。景监曰："子何以中吾君？吾君之欢甚也。"鞅曰："吾说君以帝王之道比三代，而君曰：'久远，吾不能待。且贤君者，各及其身显名天下，安能邑邑待数十百年以成帝王乎[9]？'故吾以强国之术说君，君大说之耳[10]。然亦难以比德于殷、周矣。"

孝公既用卫鞅，鞅欲变法，恐天下议己。卫鞅曰："疑行无名，疑事无功。且夫有高人之行者，固见非于世[11]；有独知之虑者，必见敖于民[12]。愚者暗于成事，知者见于未萌[13]。民不可与虑始而可与乐成。论至德者不和于俗，成大功者不谋于众。是以圣人苟可以强国，不法其故；苟可以利民，不循其礼。"孝公曰："善。"甘龙曰[14]："不然。圣人不易民而教，知者不变法而治。因民而教，不劳而成功；缘法而治者，吏习而民安之。"卫鞅曰："龙之所言，世俗之言也。常人安于故俗，学者溺于所闻。以此两者居官守法可也，非所与论于法之外也。三代不同礼而王，五伯不同法而霸[15]。智者作法，愚者制焉；贤者更礼，不肖者拘焉。"杜挚曰[16]："利不百，不变法；功不十，不易器。法古无过，循礼无邪。"卫鞅曰："治世不一道，便国不法古。故汤武不循古而王，夏殷不易礼而亡。反古者不可非，而循礼者不足多[17]。"孝公曰："善。"以卫鞅为左庶长，卒定变法之令[18]。

令民为什伍，而相牧司连坐[19]。不告奸者腰斩，告奸者与斩敌首同赏，匿奸者与降敌同罚[20]。民有二男以上不分异者，倍其赋。有军功者，各以率受上爵[21]。为私斗者，各以轻重被刑大小。僇力本业，耕织致粟帛多者复其身[22]。事末利及怠而贫者，举以为收孥[23]。宗室非有军功论，不得为属籍[24]。明尊卑爵秩等级，各以差次[25]；名田宅臣妾衣服，以家次[26]。有功者显荣，无功者虽富无所芬华[27]。

令既具，未布，恐民之不信，已乃立三丈之木于国都市南门，募民有能徙置北门者予十金[28]。民怪之，莫敢徙[29]。复曰："能徙者予五十金。"有一人徙之，辄予五十金，以明不欺[30]。卒下令。

令行于民期年，秦民之国都言初令之不便者以千数[31]。于是太子犯法[32]。卫鞅曰："法之不行，自上犯之[33]。"将法太子[34]。太子，君嗣也，不可施刑，刑其傅公子虔，黥其师公孙贾[35]。明日，秦人皆趋令[36]。行之十年，秦民大说，道不拾遗，山无盗贼，家给人足。民勇于公战，怯于私斗，乡邑大治。秦民初言令不便者有来言令便者，卫鞅曰"此皆乱化之民也"，尽迁之于边城。其后民莫敢议令。于是以鞅为大良造[37]。将兵围魏安邑，降之。居三年，作为筑冀阙宫庭于咸阳，秦自雍徙都之[38]。而令民父子兄弟同室内息者为禁[39]。而集小乡邑聚为县，置令、丞，凡三十一县[40]。为田开阡陌封疆，而赋税平[41]。平斗桶权衡丈尺[42]。行之四年，公子虔复犯约，劓之[43]。居五年，秦人富强，天子致胙于孝公，诸侯毕贺[44]。……

孝公……使卫鞅将而伐魏。……卫鞅既破魏还，秦封之于、商十五邑，号为商君[45]。

商君相秦十年，宗室贵戚多怨望者。赵良见商君[46]，商君曰："鞅之得见也，从孟兰皋。今鞅请得交，可乎[47]？"赵良曰："仆弗敢愿也[48]。孔丘有言曰：'推贤而戴者进，聚不肖而王者退[49]。'仆不肖，故不敢受命。仆闻之曰：'非其位而居之曰贪位，非其名而有之曰贪名。'仆听君之义，则恐仆贪位贪名也。故不敢闻命[50]。"商君曰："子不说吾治秦与？"赵良曰："反听之谓聪，内视之谓明，自胜之谓强[51]。虞舜有言曰：'自卑也尚矣[52]。'君不若道虞舜之道，无为问仆矣[53]。"商君曰："始秦戎翟之教，父子无别，同室而居[54]。今我更制其教，而为其男女之别，大筑冀阙，营如鲁卫矣[55]。子观我治秦也，孰与五羖大夫贤[56]？"赵良曰："千羊之皮，不如一狐之掖[57]；千人之诺诺，不如一士之谔谔[58]。武王谔谔以昌，殷纣墨墨以亡[59]。君若不非武王乎，则仆请终日正言而无诛，可乎[60]？"商君曰："语有之矣，貌言华也，至言实也；苦言药也，甘言疾也[61]。夫子果肯终日正言，鞅之药也。鞅将事子，子又何辞焉！"赵良曰："夫五羖大夫，荆之鄙人也[62]。闻秦缪公之贤而愿望见，行而无资，自粥于秦客，被褐食牛[63]。期年，缪公知之，举之牛口之下，而加之百姓之上，秦国莫敢望焉[64]。相秦六七年，而东伐郑，三置晋国之君，一救荆国之祸[65]。发教封内，而巴人致贡[66]；施德诸侯，而八戎来服[67]。由余闻之，款关请见[68]。五羖大夫之相秦也，劳不坐乘，暑不张盖，行于国中，不从车乘，不操干戈，功名藏于府库，德行施于后世[69]。五羖大夫死，秦国男女流涕，童子不歌谣，舂者不相杵[70]。此五羖大夫之德也。今君之见秦王也，因嬖人景监以为主，非所以为名也[71]。相秦不以百姓为事，而大筑冀阙，非所以为功也。刑黥太子之师傅，残伤民以骏刑，是积怨畜祸也[72]。教之化民也深于命，民之效上也捷于令[73]。今君又左建外易，非所以为教也[74]。君又南面而称寡人，日绳秦之贵公子[75]。《诗》曰[76]：'相鼠有体，人而无礼。人而无礼，何不遄死[77]。'以《诗》观之，非所以为寿也。公子虔杜门不出已八年矣，君又杀祝欢而黥公孙贾[78]。《诗》曰[79]：'得人者兴，失人者崩。'此数事者，非所以得人也。君之出也，后车十数，从车载甲，多力而骈胁者为骖乘，持矛而操闟戟者旁车而趋[80]。此一物不具，君固不出。《书》曰[81]：'恃德者昌，恃力者亡。'君之危若朝露，尚将欲延年益寿乎？则何不归十五都，灌园于鄙，劝秦王显岩穴之士，养老存孤，敬父兄，序有功，尊有德，可以少安[82]。君尚将贪商于之富，宠秦国之教，畜百姓之怨，秦王一旦捐宾客而不立朝，秦国之所以收君者，岂其微哉[83]？亡可翘足而待[84]。"商君弗从。

后五月而秦孝公卒，太子立。公子虔之徒告商君欲反，发吏捕商君。……秦发兵攻商君，杀之于郑黾池[85]。秦惠王车裂商君以徇，曰[86]："莫如商鞅反者！"遂灭商君之家。

(《史记》卷六八《商君列传》)

【注释】

〔1〕庶孽(niè)：妾媵(yìng)所生之子或旁支诸子。姓公孙氏：姓、氏本是有区别的，姓是一种族号，氏是姓的分支，战国时期姓、氏逐渐不分。司马迁在《史记》中多称"姓某氏"。汉代以后，姓、氏通称为姓。卫国国君姓姬，鞅是姬姓。国君之子称公子，公子之子称公孙，为公孙氏，称公孙鞅。后到秦国，因他是卫国人，称卫鞅；因功封商地，号商君，称商鞅。

〔2〕刑名之学：即法学。刑，通"形"，指实际事物；名，即事物的名称。法家主张名实相符，循名求实。

〔3〕秦孝公：战国中期秦国国君，公元前361至前338年在位，任用商鞅实行变法，使得秦国很快富强起来。缪公：即秦穆公，春秋中期秦国国君，公元前659至前621年在位，举贤任能，励精图治，国势日强，称霸西戎，成为春秋五霸之一。

〔4〕因：通过。景监：姓景的太监。

〔5〕睡：瞌睡，打盹。

〔6〕让：责备。

〔7〕说：劝说。

〔8〕膝之前于席：古人席地而坐，双膝跪地，把臀部靠在脚后跟上。这里形容秦孝公听得出神，不知不觉地把跪地的双膝向前移动，越来越靠近卫鞅，挪到了卫鞅坐席的前面。

〔9〕邑：通"悒"。邑邑，忧郁不乐的样子。

〔10〕说(yuè)：义同"悦"，高兴。

〔11〕非：指责，诋毁。

〔12〕敖：通"謷(áo)"，诋毁。

〔13〕知：同"智"。

〔14〕甘龙：秦国大夫，是一个反对变法的人。

〔15〕伯(bà)：义同"霸"。五伯，指春秋五霸。

〔16〕杜挚(zhì)：秦国大夫，也是一个反对变法的人。

〔17〕多：称赞，赞美。

〔18〕左庶长：爵位名。秦爵二十级，左庶长为第十级。

〔19〕牧司：督察检举。这句是说，新法规定，把民户组织起来，五家为伍，十家为什。什伍之中，各家互相监督，一家有人犯法，其他各户要检举揭发，否则就一起治罪。

〔20〕腰斩：酷刑名，将犯人肢体从腰部断为两截。告奸者与斩敌首同赏：秦法，斩敌一首，爵一级。《史记索隐》："谓告奸一人则得爵一级，故云'与斩敌首同赏'也。"匿奸者与降敌同罚：《史记索隐》："案律，降敌者诛其身，没其家，今匿奸者，言当与之同罚也。"

〔21〕率：标准。

〔22〕僇力：尽力。本业：指农业。致：得到。复：免除赋税或者徭役。

〔23〕末：指工商业。举：全部。孥：通"奴"，奴婢。

〔24〕属：家族。属籍，家族的名册。

〔25〕秩：官吏的职位或品级。次：次序，等级，此作动词，排列次序，分别等次。

〔26〕名：占有。臣、妾：都是奴隶的名称，男奴称臣，女奴称妾。

〔27〕芬：芬芳。华：花。芬华，芬芳的花朵，这里喻指显贵荣耀。

〔28〕金：秦代二十两为一金。

〔29〕怪：作动词，意动用法，以……为怪。

〔30〕辄(zhé)：就。

〔31〕期(jī)：一周年。上"之"：动词，往，去。

〔32〕太子：指秦孝公的太子，后继孝公为国君，即秦惠王，公元前337至前311年在位。

〔33〕自：因为。

〔34〕法：作动词，依法治罪。

〔35〕黥(qíng)：刑名。

〔36〕趋：遵从。

〔37〕大良造：秦爵名，即"大上造"。秦爵二十级，大上造为第十六级。

〔38〕作为：兴建。阙：宫廷门外两边的高大建筑物，是发布法律政令的地方，又称象魏、魏阙。冀阙，《史记索隐》："冀阙，即魏阙也。冀，记也。出列教令，当记于此门阙што。"咸阳：地名，在今陕西省咸阳市东北。雍：地名，在今陕西省凤翔县南。都：作动词，作为国都。周平王东迁，秦襄公勤王有功，平王于公元前771年封襄公为诸侯，赐之岐山以西之地，秦始建国，都西县（今甘肃省天水市西南）。秦宁公二年（前

714),迁都平阳(今陕西省宝鸡市东)。秦德公元年(前677),迁都雍。秦孝公十二年(前350),秦把都城从雍迁到咸阳,直到秦二世三年(前207)秦朝灭亡,未再迁都。

〔39〕室:家,家庭。息:生活。

〔40〕令:县令,一县的行政长官。万户以上的县称令,万户以下的县称长。丞:县令的副职。

〔41〕阡陌:指纵横交错的田埂,南北为阡,东西为陌。封疆:疆界。为田开阡陌封疆,是商鞅变法一项重要内容,它铲除了奴隶社会土地制度井田制的田埂地界,承认新垦土地的私人占有,然后按每户实际占有的土地亩数统一征收赋税,所以说"赋税平"。

〔42〕斗:量器名,十升为斗。桶:量器名,即斛,圆形称斛,方形称桶,十斗为桶。

〔43〕劓(yì):刑名,割鼻子。

〔44〕天子:指周显王,公元前368年至前321年在位。致:送给,此指赐予。胙(zuò):祭祀用的肉。周代,天子祭祀完毕,把胙肉分赐给诸侯、宗室贵族与亲近大臣,以示亲幸。根据《史记·秦本纪》记载,秦孝公二年(前360)"天子致胙",三年用鞅变法,十九年"天子致伯(bà)",二十年"诸侯毕贺",二十一年"齐败魏马陵"。这里所说"致胙",正是《秦本纪》"致伯"之年,二文记载不同。

〔45〕于、商:二邑名。于在今河南省西峡县东,商在今陕西省商县东南。

〔46〕赵良:秦国隐士。

〔47〕孟兰皋:人名。此言通过孟兰皋的介绍,商鞅得与赵良相见。得交:彼此结交为朋友。

〔48〕仆:我,自称的谦词。愿:同意。

〔49〕推贤:举荐贤能。戴:爱民好治。王者:行王道者,即可以成就王业的人。

〔50〕听:接受。义:情义。闻命:听命,义同"受命"。

〔51〕反:通"返"。反听,指听取人们对自己的意见。聪:听力好。内视:指省察自身。明:视力好。自胜:克制自己。

〔52〕自卑:自我谦卑。尚:尊崇,此指受到尊崇。

〔53〕道虞舜之道:遵从虞舜的做法。无为:不用。

〔54〕始秦戎翟之教:此言原来秦国在西方,与戎狄同处,习俗与戎狄同。

〔55〕为:使。营:经营,治理。营如鲁卫,将秦国治理得像鲁国、

卫国等中原诸侯国一样文明。

〔56〕孰与：动词性结构，用于比较。五羖(gǔ)大夫：指秦穆公时贤相百里奚。据《史记·秦本纪》，百里奚，原为虞国大夫。晋献公灭虞，被虏，作为秦穆公夫人(晋献公女)陪嫁之奴入秦。百里奚自秦逃至楚国宛地。秦穆公闻其贤，以五羖羊皮赎之。时年七十余，授之国政，号曰五羖大夫。羖，黑色公羊。

〔57〕掖：通"腋"。此言羊皮千张比不上一块狐腋贵重。

〔58〕诺诺：答应之词，此指随声附和。谔谔：正色直言。

〔59〕墨墨：通"默默"。此言周武王以多抗言直谏之臣而昌盛，殷纣王以臣下缄默不敢直言而灭亡。

〔60〕非：不对，此作动词，意动用法，以……为非。不非武王，不以武王的做法为非。无诛：不被责怪。

〔61〕"语有之矣"句：俗语有这样的说法，外表粉饰之言如同花朵，正直之言才是果实；逆耳之言如同良药，甜言蜜语带来病痛。

〔62〕荆：指楚国。鄙人：边邑之人。百里奚逃楚，在宛被楚鄙人所执，故此称其为"鄙人"。

〔63〕望见：谒见。鬻(yù)：同"鬻"，卖。被：通"披"，搭衣于肩。褐：用粗毛或粗麻织的短衣。食(sì)：饲养。百里奚自鬻入秦之说，与《秦本纪》记载不同。

〔64〕举：提拔。加：安放，此指任以相职。望：怨。此言人心悦而不怨。

〔65〕东伐郑：公元前627年，秦东进伐郑，因郑有备，未攻郑而回师。回师途中，于崤山遭晋军伏击，秦三帅被俘，全军覆没。三置晋国之君：指秦穆公帮助置立三位晋国国君。公元前651年，送公子夷吾回国为君，是为惠公；公元前638年，公子圉从秦回国，次年为君，是为怀公；公元前636年，送公子重耳回国为君，是为文公。一救荆国之祸：制止了一次楚国的祸害。公元前632年，秦会晋参加城濮之战，打败楚国，扼制了楚势北进中原。救，制止。

〔66〕发：施行。封：疆界。封内，境内。巴：姬姓国名，其地在今重庆市一带。致：供献。

〔67〕八戎：泛指秦国周围的戎族。

〔68〕由余：人名，原为晋人，逃亡入戎，为西戎贤臣。出使秦国，穆公留之，且送女乐于戎王。戎王好乐，怠于政。由余返戎，屡谏不听，则去戎降秦。穆公用由余谋伐戎，益国十二，开地千里，遂霸西戎。款：叩。关：边关。春秋战国时各国都在边界设关，检查行客，客至必先进

见关人。此言由余叩击关门投奔秦国。

〔69〕坐乘：古代之车皆立乘，只有安车（坐乘小车）设坐，供年迈的高级官员乘坐。盖：指车盖，车上用以遮日挡雨的设备，形如大伞。不从车乘：不用随从车辆。不操干戈：不带防卫武器。

〔70〕舂：捣谷去皮为米。相：舂谷时的号子声。杵：舂谷用的棒槌。舂谷时呼号与舂声相应，借以助力，谓之相杵。今因哀痛，故舂者不复出声助力。

〔71〕嬖：亲幸。主：指引荐的主人。非所以为名：不是用来取得好声誉的途径。

〔72〕骏：通"峻"，严酷。骏刑，严刑。畜：通"蓄"，积聚。

〔73〕化：改变人的思想、风俗。深于命：比政令深刻。捷于令：比政令快。

〔74〕左：邪僻不正。外：废弃。此言商鞅用不正当的手段建立威权，废弃与变易国家法度。

〔75〕南面：面向南，尊者之位。商鞅封于、商之地为封君，故云其"南面而称寡人"。绳：依法制裁。

〔76〕《诗》：引诗见《诗经·相鼠篇》。

〔77〕遄（chuán）：赶快，迅速。

〔78〕杜门：闭门。祝欢：人名，其事无载。

〔79〕《诗》：引诗不见《诗经》，为逸诗。

〔80〕骈（pián）：并列相连。胁：肋骨。骈胁，肋骨并列相连成一片，此指胸肌丰满的壮汉，显不出肋骨的条痕，犹如骈胁。骖乘：即陪乘。古人乘车，尊者居左，御者居中，又有一人处车之右，以备不虞。处车之右者，若是战车称车右（戎右），其他车称骖乘。戟（jǐ）：武器名，合戈、矛为一体，兼有戈之横击、矛之直刺两种作用。阘戟，长戟。旁：通"傍"，靠近。趋：疾走。

〔81〕《书》：引文不见今本《尚书》。

〔82〕十五都：指其封邑。灌园于鄙：意谓退隐于荒僻之地。秦王：指孝公。显：显达，尊荣，此作使动用法，使……显。岩穴：山洞。岩穴之士，指隐居山林的贤者。存：抚恤。存孤，抚恤孤儿。序：按照等级次第授予官职或者按照功绩大小给予奖励。

〔83〕宠：指居尊荣之职以独揽政权。捐宾客：抛弃宾客而去，此为死的讳称。收：逮捕。微：轻。此言将以重罪收捕商鞅。

〔84〕亡可：不用。翘（qiáo）：举起。翘足而待，举足等待，意谓短时间内即可到来。亡可翘足而待，极言时间的短暂。

〔85〕黾池：一作渑池，地名，为郑国故地，在今河南省渑池县西。

〔86〕车裂：酷刑名。把受刑者的头与四肢分别绑在五辆马车上，然后同时赶马分驰，撕裂肢体，俗称"五马分尸"。徇：示众。

【译文】

商君，是卫国公族的众多旁支庶出的公子，名鞅，姓公孙氏，他的祖先本来姓姬。公孙鞅年轻的时候喜爱刑名之学。……

公孙鞅听说秦孝公下令在国内访求有才德的人，打算重新振兴秦穆公的业绩，向东收复被别国侵占的土地。于是，就向西到了秦国，通过秦孝公宠幸的臣景监请求秦孝公接见。秦孝公见了卫鞅以后，交谈了好长时间，秦孝公常常打瞌睡，不听卫鞅的议论。事后，秦孝公向景监发怒说："您的客人，是个狂妄的人，哪里值得任用呢？"景监因此责备卫鞅，卫鞅说："我用成就帝业的方略劝说他，他的心里没有领会。"五天以后，景监又请求秦孝公接见卫鞅。卫鞅又见到秦孝公，谈得更加深入，但是没能符合秦孝公的心意。事后，秦孝公又责备景监，景监也责备卫鞅。卫鞅说："我用成就王业的方略劝说他，而没有听进去。请他再次接见我。"卫鞅又见到秦孝公，秦孝公认为卫鞅的意见很好，但没有采纳。事后，卫鞅离去，秦孝公对景监说："你的客人很好，可以与他交谈了。"卫鞅说："我用成就霸业的方略劝说他，他的意思想要采纳我的主张了。如果再次接见我，我知道应该对他谈什么了。"卫鞅再次见到秦孝公。秦孝公与卫鞅交谈，自己不知不觉地把两膝挪动到了卫鞅坐席的前面，交谈了几天而不厌烦。景监说："您用什么迎合我们君主的心意？我们君主高兴极了。"卫鞅说："我用成就帝业、王业的方略劝说君王跟夏、商、周三代相比，而君主说：'时间太久远了，我不能等待。而且贤明的君主，都在他在世的时候扬名天下，怎么能够忧郁地等待几十年几百年来成就帝业、王业呢？'所以，我用使国家强盛的办法劝说君主，君主非常喜欢这种主张。可是，也很难用它与殷朝、周朝的功德相比了。"

秦孝公采纳了卫鞅的意见以后，卫鞅想要变法，秦孝公恐怕天下的人批评自己。卫鞅说："没有决断的行动不能成名，犹疑不决的事情不能成功。况且有高过一般人的行为的人，本来就被世俗责难；有独到见解的思虑的人，一定被众人诽谤。愚昧的人，在事情办成以后还不能明白它的道理；聪明的人，在事情发生以前就能够看出它的苗头。人民不能够与他们谋划事情的开始，而可以与他们享受事情成功后的欢乐。讲究最高尚道德的人不同世俗附和，成就大事业的人不与众人计议。因此，圣人如果可以使国家强盛，不效法那些旧做法；如果可以对人民有利，不遵循那些旧礼制。"秦孝公说："讲得好。"甘龙说："不是这样。圣人不改变人民的习俗来施行教育，聪明的人不改变法令来进行治理。依照人民的习俗来施行教育，不费气力而取得成功；遵循旧法令来进行治理，官吏熟悉它，人民适应它。"卫鞅说："甘龙讲的，是社会上一般人的说法。一般人安于旧的习惯，读书的人局限于听到的东西。用这两种人担任官职墨守成规是可以的，不能与他们谈论常法以外的事情。三代不一样礼制而都称王天下，五霸不一样法令而都称霸诸侯。聪明的人制定法令，愚昧的人被它制约；品德高尚的人变更礼制，品德不好的人被它约束。"杜挚说："利益没有百倍，不改变法令；功效没有十倍，不更换器具。效法古代没有过失，遵循礼制没有偏差。"卫鞅说："治理社会不止一种方法，对国家有利就不效法古代。所以，商汤、周武王不遵循古代而称王天下，夏朝、殷朝不变更礼制而灭亡。违反古代的做法不可以责难，而遵循礼制的做法不值得赞美。"秦孝公说："讲得好。"秦孝公任用卫鞅做左庶长，终于制定了变法的命令。

新法规定，人民十家编为一什，五家编为一伍，什伍之中，互相督察检举，一家有罪，其余各连同受罚。不告发坏人的腰斩，告发坏人的与砍下敌人头颅一样地赏赐，隐藏坏人的与投降敌人一样地刑罚。人民一家有两个男劳力以上不分居各自生活的，加倍征收他们的赋税。有军功的，各自按照标准受赏升爵。进行私人之间争斗的，各自按照情节的轻重，受到大小不同的刑罚。努力从事农业生产，耕种、纺织得到粮食、布帛数量多的，免除他本人的赋税徭役。追逐工商业利益的与懒惰而贫困的，全部作为没入官府的奴婢。国君家族的人不是有军功论定，不能够把名字登入国君家族的谱籍。明确尊贵、卑贱、爵位、官职的等级，各按军功大小的差别分别等次；占有土地、住宅、奴隶、侍婢、衣裳、服饰，按家族门第分别等次。有功的人，政治上显贵荣耀；无功的人，虽然富有，政治上没有什么显贵荣耀的。

变法的命令已经制定好了，没有公布，卫鞅恐怕人民不相信，而后就在国都市场的南门立了一根三丈高的木杆，广泛召求人民中有能够移放到市场北门的，赏给十金。人民感到这件事很奇怪，没有谁敢挪动那木杆。卫鞅又说："能够移放到市场北门的，赏给五十金。"有一个人把木杆移放到了市场北门，就赏给了五十金，来表明不欺骗人。终于颁布了变法的命令。

新法令在人民中施行了一年，秦国人民中到国都来申述新法令不合适的数以千计。就在这时候，太子犯了法。卫鞅说："新法令不能施行，是因为在上位的人违犯它。"准备依法惩处太子。太子，是国君的继承人，不能够施行刑罚，就刑罚他的师傅公子虔，把他的老师公孙贾处以黥刑。第二天，秦国人民都服从新法了。施行新法十年时间，秦国人民非常喜欢，在道路上不捡拾别人丢失的东西，在山林中没有盗贼，家家富裕，人人充实。人民为国家作战大胆勇敢，在私人争斗上畏惧退缩。乡村城市都非常安定。秦国人民中当初申述新法不合适的，有到国都来称赞新法合适的，卫鞅说："这些都是扰乱新法推行的人。"把他们全部迁徙到了边远城邑。从此以后，人民没有谁敢于议论新法了。在这种情况下，秦孝公任用卫鞅做大良造。卫鞅率领军队围攻魏国安邑，迫使安邑投降。过了三年，在咸阳兴建修筑了冀阙宫殿，秦国国都从雍迁到这里。而新法规定，人民父子兄弟在一个家庭里面生活，是被禁止的现象。合并小的乡村、城市、村镇作为县，设置县令、县丞，总共三十一个县。给田地削除田埂地界，而赋税平均。统一斗、桶、衡、丈、尺等度量衡标准。施行了四年，公子虔又触犯了新法，对他处以劓刑。过了五年，秦国富强，周天子赐给秦孝公祭祀用的肉，各诸侯国都来祝贺。……

秦孝公……使卫鞅率领军队攻打魏国。卫鞅打败魏国回来以后，秦孝公封给他于、商十五邑，号称商君。

商君担任秦相十年，国君家族及其亲属中很多心怀怨恨的人。赵良见商君，商君说："鞅能够见到您，是听从孟兰皋的介绍。今天鞅请求能够与您结交为朋友，可以吗？"赵良说："我不敢同意。孔丘有句话说：'举荐贤才，爱民好治的人选用；聚集小人，推行王道的人退避。'我不贤，所以不敢从命。我听到过这种说法：'不是他的位子而占据它叫作贪位，不是他的名誉而拥有它叫作贪名。'我接受您的好意，怕我成了贪位贪名。所以不敢从命。"商君说："您不乐意我治理秦国吗？"赵良说："听取别人的意见叫作听力好，省察自身叫作视力好，克制自己叫作坚强。舜有句话说：'自我谦虚，受人尊重。'您不如遵从舜的做法，不用问我了。"商君说："开始，秦国奉行与夷狄一样的政教，父子之间没有分别，同在一个房子中居住。如今，我重新制定秦国的政教，使秦国男女有别，大兴土木修建冀阙，将秦国治理得像鲁国、卫国一样。您看我治理秦国，与五羖大夫相比，谁治理的好些？"赵良说："一千张羊皮，比不上一块狐腋皮；一千人的随声附和，比不上一个人的正色直言。周武王因为多直言之臣而昌盛，殷纣王因为臣下不敢直言而灭亡。您如果不认为周武王的做法不对，那么，我请求整天直言而不被责备，可以吗？"商君说："俗语有这样的说法：'外表粉饰的话如同花朵，正直的话才是果实；逆耳的话如同良药，甜言蜜语带来病痛。'您真肯整天直言，是鞅的良药啊。我要拜您做老师，您又何必谦让呢？"赵良说："五羖大夫，是楚国边僻地方的人。听说秦穆公的贤德，希望进见他，要到秦国去，但没有路费，就将自己卖给秦国人，穿着粗布短衣喂牛。过了一年，秦穆公知道了这件事，从喂牛人中提拔他，任命他位居百姓之上，秦国没有人敢对他不满。他担任秦相六七年，向东攻打郑国，三次立晋国的国君，一次制止楚国的祸害。在国内施行教化，巴国人进献贡品；对诸侯国施与恩德，四境的戎族前来归服。由余听到这些情况，叩击边境关门求见而投奔秦国。五羖大夫担任秦相，劳累不乘设坐的车，热天不张开车盖遮挡阳光；在国内巡视，不跟随车辆，不带干戈之类的武器。记载功业的簿册收藏在国家的府库，道德品行影响到后世。五羖大夫死了以后，秦国男女流眼泪，儿童不唱歌谣，捣谷去皮的人不呼号子与捣谷的棒槌应和。这就是五羖大夫的品德。如今，您会见秦王，通过受宠幸的人景监作为主要引荐人，不是用来取得好名声的做法。担任秦相，不将百姓的事作为重要的事，而是大兴土木修建冀阙，不是用来取得功业的做法。对太子的师傅施行在面颊上刺字的黥刑，用严峻的刑法残害人民，这是集聚怨恨与灾难。教化对人民的影响比政令深刻，人民仿效居上位的人的行为比政令快速。如今，您又用不正当的手段建立威权，废弃与改变国家法度，不是用来施行教化的做法。您又面向南坐而自称'寡人'，天天依法制裁秦国的贵公子。《诗经》说：'看那老鼠还有形体，做人却没有礼仪。做人没有礼仪，何不赶快死去。'用《诗经》的意思来看，您的行为不是用来取得长寿的做法。公子虔闭门不出已经八年，您又杀死祝欢，对公孙贾施行在面颊上刺字的黥刑。《诗经》说：'得人心的兴旺，失人心的败亡。'您的这些行为，不是用来取得人心的做法。您出门的时候，后面的随从车几十辆，随从车上载有身穿战衣的武士，身强力壮、胸肌发达的人作骖乘，手里拿着矛、长戟的人紧紧护卫在车的两边快步随车行进。这些随从的武士与器具，一件不具备，您一定不出门。《尚书》说：'依仗道德的昌盛，依仗武力的灭亡。'您的处境危险得像早晨的露水很快就会消失一样，还想要延年益寿吗？那么，何不交还十五邑的封地，退避到偏僻荒野地方浇灌田园，规劝秦王起用隐居山林的贤人使他们官位显达，赡养老人，抚恤孤儿，敬重父兄，奖励与任用有功的人，尊敬有道德的人，这样，您的处境可以稍微安全一些。您如果还要贪求商、于封地的富庶，喜居尊荣之位来独揽政教大权，积累百姓的怨恨，秦王一旦去世，秦国用来逮捕您的理由，难道会轻吗？这一天，连抬起脚所用的短暂时间都不用等待，没有多久了。"商君没有听从。

五个月以后，秦孝公死了，太子即位做了国君。公子虔的党羽告发商君想要反叛，派官逮捕商君。……秦国发兵攻打商君，在郑地渑池杀死了他。秦惠王车裂商君来示众，说："不要像商君那样反叛！"于是杀了商君的全家。

【提示】

中国古代有三位著名改革家，第一位就是商鞅，史称商鞅变法。

本节择录《史记·商君列传》，记述商鞅一生重要政治活动，主要是他在秦孝公支持下实行变法的史实。变法之前，他在与保守派的论争中，阐发主张变法的理论思想，提出"治世不一道，便国不法古"。变法之中，他颁布令文，强化法治，奖励耕战。变法之后，秦人富强，诸侯毕贺，却被保守势力多方刁难，最终在孝公死后，保守派得势，商鞅惨遭车裂酷刑。

14 物有不可忘，或有不可不忘[1]。夫人有德于公子，公子不可忘也；公子有德于人，愿公子忘之也[2]。

(《史记》卷七七《魏公子列传》)

【注释】
〔1〕物：事。或：有的。
〔2〕夫：句首语气词。

【译文】
事情有的不可以忘，又有的应该忘。别人对自己施有恩德，自己不可以忘；自己对别人施有恩德，希望自己忘记它。

【提示】
施恩不求报，君子行为。滴水之恩，涌泉相报。

15 廉颇之免长平归也，失势之时，故客尽去[1]。及复用为将，客又复至。廉颇曰："客退矣！"客曰："吁[2]！君何见之晚也？夫天下以市道交，君有势我则从君，君无势则去，此固其理也，有何怨乎[3]？"

(《史记》卷八一《廉颇列传》)

【注释】
〔1〕廉颇：战国后期赵国著名将领。赵惠文王死后，其子孝成王立。

赵孝成王七年秦与赵兵距长平。赵使廉颇率军攻秦，廉颇不肯出战。赵王听信秦的反间计，罢免了廉颇，以赵括为将代廉颇。赵括不善于领兵打仗，被秦军箭射杀死。其后，赵又使廉颇为将，封信平君，为假相国。本节所选与廉颇有关的一段文字，其故事大致如此。长平：地名，其地在今山西省东南部长治市一带，当时其地属赵。故：原来。客：门客，依附于主人，为主人出谋划策、办理众事，以此在主人门下混口饭吃，所以又称食客。去：离开，走了。

〔2〕吁(xū)：感叹词，犹今"哎呀"。

〔3〕市道：市场做买卖为的是赚钱取得利益，市场上这些道理以及为赚钱取得利益使用的做法，就是市道。

【译文】

廉颇作为将军率军在长平与秦军作战时，被赵王罢免将职后，回到赵都邯郸。没有职位权势的时候，原有的门客全都离他而去。等到后来又恢复将军职位，离他而去的门客又回来了。廉颇说："先生们都回吧。"门客说："哎呀，将军怎么没有见识呢？天下人都用市场上的做法相互交往，将军有权势我就跟从你，将军没有权势我就离开你，这本来就是人与人交往的道理，有什么怨恨呢？"

【提示】

市道之交，靠势利，小人所行。道德之交，据义理，君子所行。

16　夫月满则亏，物盛则衰，天地之常也〔1〕。知进而不知退，久乘富贵，祸积为祟〔2〕。故范蠡之去越，辞不受官位，名传后世，万岁不忘，岂可及哉〔3〕！后进者慎戒之。

（《史记》卷一○四《田叔列传》）

【注释】

〔1〕亏：损，缺。盛：充实，满足。衰：减少。天地：谓事物的自然发展。常：常理，通常的道理。

〔2〕乘：凭仗，利用。富：钱财多。贵：社会地位高，权势大。祟（suì）：暗中作弄或谋害。

〔3〕范蠡：春秋后期越国名臣。越、吴二国作战，越国国王句践不听范蠡之谋，被吴国国王夫差打败。越败后，越王句践亲自到吴称臣作奴。后句践被吴放回越国，在范蠡辅佐下，卧薪尝胆，越国强盛，终灭吴国，且称霸中原各国。范蠡以为："大名之下，难以久居。且句践为人，可与同患，难与处安。"于是，离越而去，居于陶，谓陶朱公。

【译文】

　　月亮满圆了就要亏缺，财物盛多了就要减少，是天地自然处理事物的正常道理。知进而不知退，长期利用富贵而惹祸端，成为暗中作弄或谋害自己的灾难。所以，范蠡离开越国，辞去担任的职务，不接受新授给的官位。范蠡的为人行事，名传后世，后人万年不忘，难道可以赶上他吗？后世自求上进的人，请谨慎自戒这里说到的做人处事之法。

【提示】

　　大名之下，难以久居。满则亏，盛则衰，事之常理。进而知退，居安而乐。

17　《司马法》〔1〕曰："国虽大，好战必亡〔2〕；天下虽平，忘战必危。"

　　　　　　（《史记》卷一一二《主父偃列传》）

【注释】

　　〔1〕《司马法》：古代兵法书。

　　〔2〕国：与下句说的天下所指不同。国，指天子分封给诸侯的管辖治理区域，即所谓诸侯国。天下，指包括已分封给各诸侯国的区域在内的所有的天子统治疆域，即为天下。虽：即使。

【译文】

兵书《司马法》说:"国家即使大,如果好打仗,国家必定灭亡;天下即使平安,如果忘记随时与前来侵犯的敌人作战,天下必定处境危险。"

18　治国之道,富民为始;富民之要,在于节俭。

(《史记》卷一一二《主父偃列传》)

【译文】

治理国家的办法,首先是使民富起来;要使民富起来,重要的是节省俭朴而不奢华浪费。

【提示】

富裕之要,在于节俭。

19　公仪休者,鲁博士也,以高弟为鲁相[1]。……客有遗相鱼者,相不受[2]。客曰:"闻君嗜鱼,遗君鱼,何故不受也[3]?"相曰:"以嗜鱼,故不受也[4]。今为相,能自给鱼;今受鱼而免,谁复给我鱼者[5]?吾故不受也。"

(《史记》卷一一九《循吏列传》)

【注释】

〔1〕公仪休:人名,战国鲁国人。博士:学官名。高弟:谓博士中的优秀者。相:辅佐国君治理国家的高官。
〔2〕客:客人,朋友。遗(wèi):赠送,送给。
〔3〕嗜:好,喜欢。何故:什么原因。
〔4〕以:因为。故:所以。

〔5〕免：罢免，此谓因接受贿赂而被罢免相职。

【译文】

公仪休，是鲁国国学教官博士，学业高深优秀，做了鲁国的相。……来访客人有向相赠送鱼的，相不接受。客人问说："听说您好吃鱼，赠送您鱼，为什么不接受？"相说："因为我好吃鱼，所以不接受你赠送的鱼。如今我是相，能用自己的俸禄买鱼吃；如今如果因为接受你贿赂的鱼而被罢免，谁还给我送鱼呢？我所以不接受你赠送我的鱼。"

【提示】

嗜鱼不受鱼。

20　郑庄、汲黯始列为九卿，廉，内行修洁[1]。此两人中废，家贫，宾客益落[2]。及居郡，卒后家无余赀财[3]。

太史公曰[4]："夫以汲、郑之贤，有势则宾客十倍，无势则否，况众人乎[5]！下邽翟公有言，始翟公为廷尉，宾客阗门；及废，门外可设雀罗[6]。翟公复为廷尉，宾客欲往，翟公乃大署其门曰[7]：'一死一生，乃知交情。一贫一富，乃知交态。一贵一贱，交情乃见。'汲、郑亦云[8]。悲夫[9]！"

(《史记》卷一二〇《汲郑列传》)

【注释】

〔1〕郑庄：姓郑，名当时，字庄，陈国人。汉武帝时，为右内史，至九卿。做人廉洁，又不治产业。庄获罪，赎为庶人。后为汝南太守，几年后在官位去世。汲黯：字长孺，濮阳人。汉武帝时，任东海太守，

一年多就使东海大治，武帝召来朝廷为主爵都尉，列于九卿。性情傲慢，对人当面指责，有气节，好直谏，武帝称他为如古代社稷之臣，正因如此，常常惹皇帝生气，不能久居高位。后犯法，正好遇赦，未治罪，被免官。后又召为淮阳太守，在位去世。行：道德品行。修洁：高尚纯洁。

〔2〕中废：中途罢免。宾客：谓跟随自己做事的人。益：多。落：谓被免去职务而没有了着落。

〔3〕及：到，等到。居郡：任郡太守。赀(zī)财：财物。

〔4〕太史公曰：司马迁写《史记》，篇末在"太史公曰"下发表自己对本篇内容的评论。

〔5〕夫：句首语气词，表议论，无实义。

〔6〕下邽(guī)：县名，其地在今陕西省。翟公：姓翟的先生。廷尉：官名，属九卿。窴(tián)：充满。罗：筐。雀罗，捕捉麻雀的罗筐。

〔7〕署：书写。

〔8〕云：如此。

〔9〕夫：句末语气词，表感叹，无实义。

【译文】

郑庄、汲黯开始官职排在九卿，廉洁，道德品行高尚纯洁。这两人高位任职时间不长，就中途被罢免。家人生活贫困，跟随自己办事的人多被免职没有了着落。等到派任郡太守，死了以后，家人连办丧事的钱财都没有。

太史公司马迁评论说："凭着汲黯、郑当时的清廉贤良，有权势，就有十倍的人来投靠；没有权势，就一个来投靠的人都没有，这两个人还这样，何况众多的一般人呢？下邽翟公说过他自己的情况：开始，翟公为廷尉，求在手下做事的人挤满门；到了被罢免，门外冷清无人，可以安置一个捕捉麻雀的罗筐。翟公又复任为廷尉，已走的手下人想要回来，翟公就在自己的门上大笔一挥，写上下面几句话：'一死一生，才知道什么是交情。一贫一富，才知道交情靠不住。一贵一贱，什么是交情才被发现。'汲黯、郑庄二人，也可以用这几句话说他们。悲哀呀！"

【提示】

所谓交情。

二、汉　书

《汉书》是一部纪传体西汉史,东汉班固撰。

一、作者

班固(32至92年),字孟坚,东汉初年扶风安陵县(今陕西省咸阳市东北)人。

(1) 家世

据《汉书·叙传》:"班氏之先,与楚同姓,令尹子文之后也。"战国末年,秦国灭楚,班氏自楚北迁。西汉后期,曾祖之女为成帝婕妤,班氏成为外戚。祖父兄弟三人,皆通经史,由于二伯祖班斿参与刘向领导的校理群书工作,得到朝廷秘书副本的赏赐。所以,班氏"家有赐书,内足于财",在仕宦与学术方面都为望族。父班彪,是一位历史学家,尤通汉史,撰《史记》"后传"数十篇。可知班氏自西汉以来,既是一个有外戚身份的官宦之家,又是一个有浓厚学术风气的书香门第。班固生活在这样的家庭,自幼受到良好的教育。

(2) 生平

班固在父亲的教育下,九岁能诵读诗赋,写文章。十六岁入洛阳太学学习,博览儒家经传及诸子百家之书。二十三岁,父亲去世,班固弃学还乡,为父守丧。居丧期间,思父一生学术,专注史籍之间,但感到父亲为《史记》续写前汉历史还很不详备,于是立志继父之志,完成父亲未竟事业。他便"潜精研思",开始在家撰写《汉书》。不久,有人向朝廷告发班固在家私撰国史。明帝下诏将班固逮捕下狱,并收抄书稿。其弟班超"诣阙上书",为兄申诉冤情,且说明写作本意只是"续父所记述汉事"。这时,书稿也由地方送到朝廷。明帝看过书稿,十分赞赏班固的文笔史才,便召班固到校书部担任兰台令史,不久升任为郎,让他继续《汉书》的写作。兰台是东汉宫中藏书的地方,令史掌书写劾奏,郎负责校理宫廷藏书。这样的环境,为他写作《汉书》创造了良好的条件。在兰台,他参与撰写《世祖本纪》,又自撰功臣、平林、新市、公孙述等列传、载记二十八篇,还作《两都赋》盛赞东都洛阳之美。章帝雅好文章,班固受到特别的亲宠。《汉书》的写作,自接受明帝"终成前所著书"的诏命开始,"潜精积思二十余年",直到章帝建初七年(82)基本完稿。

汉章帝建初三年,班固升任玄武司马,掌守卫宫廷玄武门。建初四年,朝廷会集经师在白虎观讲论"五经"同异。这是学术上一件大事,章帝亲自主持。班固以史官身份参加,担任会议记录。会后,根据会议记录整理而成《白虎通德论》,又称《白虎通义》。后遭母丧,弃官还乡。公元89年,外戚窦宪率军出征北匈奴,班固在窦宪幕府任职,为中护军。这次战争,大破北匈奴,军至燕然山(今蒙古国杭爱山),命班固作铭,刻石记功。和帝永元四年(92),窦宪以"潜图弑逆"罪被"迫令自杀",班固因此而受到牵连,先是被免官职,后又被捕入狱。当年死于洛阳狱中,年六十一。

班固的著作,据《后汉书·班固传》记载,除《汉书》外,还有"《典引》、《宾戏》、《应讥》、诗、赋、铭、诔、颂、书、文、记、论、议、六言,在者凡四十一篇"。这些散篇,后世大多失传。传世作品,明代张溥辑成《班兰台集》,近代丁福保又辑为《班孟坚集》。

二、汉书

（1）编撰

《汉书》的编撰，前后经过三个阶段。（一）班彪"后传"。司马迁生活于西汉中期的武帝时期，所写《史记》记西汉事至武帝太初年间，即公元前100年左右，下至王莽代汉建新，尚有百年时间。后来，曾有不少学者争相补续《史记》未写的西汉后期史事。班彪认为，这些人的补续之作"多鄙俗，不足以踵继其书"。于是，班彪广泛搜集西汉后半期的史料，撰"后传"数十篇。根据《后汉书·班彪传》所载班彪撰《略论》，"后传"只有纪、传，而无世家。《汉书》就是班固在其父"后传"基础上加以著述的。《汉书》中哪些是彪撰之篇，已难以尽数详考，但还是可以略见一二。如《元帝纪》最后"赞"语曰"臣外祖兄弟为元帝侍中"，应劭注曰"臣，则彪自说也"。《成帝纪》最后"赞"语曰"臣之姑充后宫为婕妤"，晋灼注曰"班彪之姑也"。早在东汉末年，应劭就指出："元、成帝《纪》，皆班固父彪所作。"又如《韦贤传》《翟方进传》《元后传》等三传最后的"赞"语前面都冠以"司徒掾班彪曰"，显系班彪"后传"文字遗留的痕迹。（二）班固著述。班固撰写《汉书》，既有他的思想基础，又适应了史书编撰的客观需要。对此，班固在《汉书·叙传》中做了说明："固以为唐、虞、三代，《诗》《书》所及，世有典籍，故虽尧、舜之盛，必有典谟之篇，然后扬名于后世，冠德于百王。故曰：'巍巍乎其有成功，焕乎其有文章也！'汉绍尧运，以建帝业，至于六世，史臣乃追述功德，私作本纪，编于百王之末，厕于秦、项之列。太初以后，阙而不录。故探纂前记，缀辑所闻，以述《汉书》，起元高祖，终于孝平、王莽之诛，十有二世，二百三十年，综其行事，旁贯'五经'，上下洽通，为春秋考纪、表、志、传，凡百篇。"班固认为，刘邦是尧之后裔，上承尧的国运而建立汉之帝业。汉帝之治要扬名后世，必须载于史籍。西汉之史,《史记》已有记载,但是一则因《史记》通史之体而将汉帝"编于百王之末,厕于秦、项之列",有损"汉绍尧运"的正统地位;二则《史记》仅记西汉前期,武帝"太初以后,阙而不录",《史记》所记汉事并非西汉全史。在班固看来,《史记》记汉事这两个缺陷都必须解决。其父班彪为补续《史记》缺载的西汉后半期史事,作"后传"数十篇,但班固认为"彪所续前史未详"。即使补续详备,也还有第一个问题没有解决。所以,"探纂前记,缀辑所闻",断代为史,"以述《汉书》,起元高祖,终于孝平、王莽之诛"。这样,既突出了汉帝一尊的正统地位,又记载了西汉一代自始至终的全史,《史记》记载汉史的两大缺陷都已解决。由此可知,班固撰著《汉书》,既是继父之志,竟父之业,又突破了其父仅为补续《史记》而作"后传"的著述宗旨。班固立此志向,经过二十多年的潜心勤奋写作,终于撰成《汉书》这样一部文字典雅、结构严密、体例完整、内容系统详备的西汉历史。(三)班昭与马续补作。班昭,是班固的妹妹,曹世叔之妻,人称"曹大家"。马续,是东汉著名学者马融的哥哥。根据《后汉书》记载,《汉书》还没有全部完稿,班固就死于狱中了。《后汉书·班昭传》:"兄固著《汉书》,其八表及《天文志》未及竟而卒,和帝诏昭就东观藏书阁踵而成之","后又诏融兄续继昭成之。"班昭补写"八表",马续补写《天文志》,最后由班昭校阅定稿。至此,《汉书》全书完成。《汉书》记西汉一代,武帝太初以前的史事,多采《史记》,且大都照抄原文,有时有所增删;武帝太初以后的史事,参据其父班彪的"后传";没有完成的"八表"与《天文志》,最后由班昭与马续补足。南北朝时,南朝梁代刘昭在《后汉书注补志序》中说:"迁有承考之言,固深资父之力,太初以前,班用马史,十志所因,实多往制,升入校部,出二十载,续志昭表,以助其间。成父述者,夫何易哉!"确实如此。

(2) 体例与内容

《汉书》沿袭《史记》体例，记西汉一代的历史，是一部纪传体断代史。记事上起汉高祖刘邦元年（前206），下至王莽新朝地皇四年（23），共二百二十九年。全书分纪、表、志、传四部分，计有纪十二篇，表八篇，志十篇，传七十篇，共一百篇，分为一百二十卷。

《汉书》体例，虽沿袭《史记》，但有自己的特点。

首先，《史记》是纪传体通史，《汉书》首创纪传体断代史。

其次，对纪传体各种体例，沿袭中又有改革创新，从而在内容上也比《史记》充实详备。

本纪：《史记》对汉代以前分篇立纪有几种情况：上古传说时期，总立《五帝本纪》记载五位传说人物；夏、商、周三代，一代一纪；秦代，二帝一纪，仍为一代一纪之法，但却在其前单立了一纪以记秦为诸侯国时期的历史。秦、汉之间，以个人姓名立一纪，即《项羽本纪》，记载项羽的一生事迹。汉代立纪，基本上是一帝一纪，只有惠帝未单立一纪，而是将惠帝时事记入《吕后本纪》。《汉书》增立《惠帝纪》，西汉十一帝，一帝一纪，除首帝称"高"，其余各帝都以谥名篇。吕后虽无帝名，但是称制治天下八年，仍依《史记》立纪，而纪名改《吕后本纪》为《高后纪》。所以《汉书》十二纪，一后十一帝。显然，《汉书》立纪已与《史记》大不相同。自《汉书》始，确立了纪传体"本纪记天子"的一帝一纪的体例模式。"本纪"内容，《汉书》比《史记》充实。二书共同记载的部分，《汉书》增补了不少内容。如《高祖纪》增补二十八诏及诸侯将相劝称皇帝疏，《高后纪》增补三诏，《文帝纪》增补八诏，《景帝纪》增补十诏，此外历史事实也增补不少。

表：是用表格形式，按时间顺序谱列史实的大事记。与《史记》记汉事部分相比，《汉书》增立三表，即《外戚恩泽侯表》

《百官公卿表》《古今人表》。三表之中最受后人批评的是《古今人表》。此表问题有二：一是古人非汉人，与断代之体不合；二是题名"古今"，而表中所列只有古人而无汉人。当然，若从此表的实际效用来看，它弥补了《史记》缺载的不足，确是有益于读者。三表之中最受后人称誉的是《百官公卿表》。此表记官制，分序、表两部分，序文篇幅较长，用"志"体写成，内容兼记秦制，虽突破了断代之体，但因汉承秦制，无秦难以说清汉，所以，如此安排倒是一种变通的好办法。表只谱列汉代公卿任免诸项。此表对后世纪传体史书的编纂有两个方面的影响：其序成为后世"职官志"的源头，其表后世仿效以作"宰辅表""职官表"。

志：《史记》称"书"，是记载天文、历法、礼乐、祭祀、经济、地理、文化等方面的制度与发展情况的专篇。《汉书》十志，与《史记》相比，增立四个志目，即《刑法志》《五行志》《地理志》《艺文志》。《刑法志》记载自上古至西汉末年的刑法沿革，其中西汉一些重要法律制度的建置与得失，尤其详备，实是一篇自上古至西汉末的刑法简史。《五行志》记载董仲舒、刘向、刘歆分别用阴阳五行对《春秋公羊传》《穀梁传》《左传》的解说及他们与西汉其他学者分别用阴阳五行对西汉史事的解说，以异常的自然现象比附人事，其解说荒诞不经，尽为糟粕。但是，如果摒弃荒诞的解说，仅取所记异常自然现象的客观事实进行考察，就会发现，它是一座蕴藏大量自然科学史料的十分有价值的宝库，如太阳黑子、哈雷彗星等，志中都有记载。《地理志》记载汉代郡国行政区划的沿革以及各地户口、物产、风俗民情、经济发展等情况，对山脉的分布、河流的发源及流向、矿产资源等也都记载详备，它成为后世编修全国总志的雏形。《艺文志》记载自先秦至西汉学术发展的源流状况，分类著录存世典籍，是中国现存最早的一部综合图书分类目录，对了解与研究古代学术文化具有十分重要的价值。《史记》《汉书》共有的志目，相比之下，《汉书》志目的内容也都比《史记》充实,因为《史记》仅记西汉前半期,而《汉书》所记却是西汉一代,有的志目内容还上溯至上古传说时期。如《汉书·食货志》,是由《史记·平准书》扩写而成。二者的不同,主要有三:一是组织材料的结构形式不同。《平准书》将各种经济问题混杂一起,按时间先后依次记述;《食货志》分为食、货两部分叙述。在结构形式上,前有一段文字,总论食、货,然后分述食、货。食,主要记载农业政策与农业生产的发展情况;货,主要记载财经政策与货币、商业经济的发展情况。二是记述范围不同。《平准书》只记西汉前半期的经济情况;《食货志》把记述范围上溯下延,上溯至上古传说时期,下延至王莽新朝灭亡。三是《食货志》内容比《平准书》充实。《食货志》上溯下延部分,《平准书》无载,即使二者都记载的西汉前半期,《食货志》在《平准书》的基础上又增加了不少内容,特别是增入的贾谊撰《论积贮疏》与《谏铸钱疏》、晁错撰《论贵粟疏》、董仲舒撰《限民名田疏》、赵过所推行的代田法等,都是有关西汉前期经济问题的重要资料。《食货志》实是一篇自上古至西汉末的经济简史。书志部分,经过《汉书》的调整增补,大致上确定了后世史志及典制专史的记事范围。

传:主要是人物传记,另有少数专篇记载中国少数民族及当时与中国有交往的国家的历史。传的类型,与《史记》同,有单传、合传、附传、类传四种。与《史记》相比,《汉书》传的部分有以下几个特点。一是取消"世家",并入"列传"。《史记》是通史,为记载春秋、战国时期各自独立的诸侯国而设立"世家"一体。汉代郡国并行,封爵分王、侯二等,"诸侯惟得衣食税租,不与政事","势与富室无异",这与春秋时期诸侯"兴师不请天子"而"政由五伯"的情况已根本不同。但是既设"世家"以记诸侯,所以司马迁还是将汉代一些重要王、侯人物写入"世家"。显然,如果只记汉事,就无再设"世家"一体的必要。

所以其父班彪在《略论》中述及自己所撰"后传"数十篇时说："今此后篇，慎核其事，整齐其文，不为世家，唯纪、传而已。"班固在《汉书》中取消"世家"一体，将其内容并入"列传"，是上承父意而进行的体例变革，这种变革符合历史发展的实际状况，体现了形式为内容服务的合理性。二是合传人物大多以有相类之处者同著一篇，所以篇题虽不标类名，但却与类传相似。有的以行事相类合传，如《陈胜项籍传》，因为陈胜、项羽都是反秦斗争的领导人物；有的以身份相类合传，如《魏豹田儋韩王信传》，因为他们都是"旧国之后"，封地又都"及身而绝"；有的以节操相类合传，如《王贡两龚鲍传》，因为他们都是"清节之士"；有的以道术同类合传，如《眭两夏侯京翼李传》，因为他们都是"汉兴推阴阳言灾异者"。三是传名叫法统一。《史记》传名叫法比较杂乱，如《留侯世家》，用封爵；《绛侯周勃世家》，用封爵姓名；《孙子吴起列传》，二人合传，一人称"子"，一人称名；《伍子胥列传》，用字不用名；战国四公子每人一传，四传前后相连接，三位称封号为《孟尝君列传》《平原君列传》《春申君列传》，信陵君排在《孟尝君列传》后，却称《魏公子列传》；《屈原贾生列传》，一称名，一称"生"；《扁鹊仓公列传》，二人合传，都用绰号；《平津侯主父列传》，二人合传，一用封爵，一用姓。《汉书》传名，除皇帝宗亲王者用封爵地（如《荆燕吴传》《楚元王传》）、帝子王者用帝谥加"几王"（如《文三王传》《景十三王传》）外，一律用姓名或姓，如《萧何曹参传》《张陈王周传》。只有个别特殊情况，如韩王信，韩国公子，名信，称韩信，刘邦封信为韩王，为与淮阴侯韩信区别开来，史称封韩王者为韩王信。四是各传排列次序一定。首先是按时间先后编次的单传与合传，其次是类传，再次是少数民族与边远国家的传，其后是《外戚传》与《元后传》，最后是《王莽传》。比起《史记》各类列传常交相穿插的排列，更显整齐划一，体制规范。这里还有一个问题，就是《元后传》不放进《外戚传》而单独立传，且后面紧接《王莽传》。这种安排，表明作者用心良苦。王莽本汉臣，后废汉建新称帝，为汉叛臣贼子，所以放在最后。王莽为什么能够权威日重，终成废汉自立之事？因为他是外戚，借元后之势，才使其废汉自立之心终可得逞。《元后传》"赞"语："王莽之兴，由孝元后历汉四世为天下母，飨国六十余载，群弟世权，更持国柄，五将十侯，卒成新都。"《王莽传》"赞"语："莽既不仁而有佞邪之材，又乘四父历世之权，遭汉中微，国统三绝，而太后寿考为之宗主，故得肆其奸慝，以成篡盗之祸。"二传"赞"语，都表述了作者的这一认识。可见二传的编排，内蕴着作者史学见解的深意。五是传的部分内容比《史记》充实。首先，《史记》仅传西汉前半期人物，《汉书》为整个西汉一代人物立传。其次，《汉书》与《史记》共同记载的部分，虽二书互有长短，但明显的不同有二：一是《汉书》增写了一些人物传记，如《吴芮传》《赵隐王如意传》《赵共王恢传》《燕灵王建传》《蒯通传》《贾山传》《伍被传》《枚乘传》《江充传》等。二是《汉书》增录了不少有价值的资料。凡涉政治、经济、军事、学术等方面的材料，班固都详加搜求，载入本人传中。如《贾谊传》增录《陈政事疏》等三疏，《晁错传》增录《言兵事疏》等四疏，《贾山传》增录《至言》一篇，《枚乘传》增录《谏吴王书》两篇，《董仲舒传》增录《贤良对策》三篇等。这些当时人的论文，有的关系到经国大计，有的关系到边疆防守，有的关系到用人之道等，都是非常重要的史料，但《史记》却略而不载。

（3）班固的思想倾向

班固的思想倾向，受到多方面因素的影响，显示出复杂的情况。

（一）班固以天人感应、君权神授与五德终始作为儒学正统思想，解释人类历史的发展进程及社会生活中的各种问题，表现了他唯心史观的一面。

西汉建立之初，尊崇道家黄老之术，实行无为而治。文景以后，儒家入世有为思想越来越被统治者重视。到武帝，接受董仲舒建议，罢黜百家，独尊儒术，官方正式确立儒家思想作为主导统治思想的地位。董仲舒是天人感应、君权神授、五德终始的主要倡导者。这时儒学已不是孔孟的纯儒，而成为儒术与方术的混合物、结合体。特别是到了两汉之际，谶纬盛行，阴阳五行神学思想都成了儒学主干内容。班固生活于东汉初年，撰写《汉书》，把这种新儒学作为主导思想，使天人感应、君权神授、五德终始等观点充斥于《汉书》中。班固的历史观，直接承受于家庭教育。其父班彪在两汉之交作《王命论》，说刘邦是尧后，继尧统治天下，以论证刘邦有先世"丰功厚利积累之业"，并非世俗所传"运世无本，功德不纪"，只是一时得势夺取了天下。并列举符瑞征兆，论证刘邦所以得天下并非人力能强求，乃天意所授。班固承父之说，在《高祖纪》"赞"语中概述自尧至刘邦的世系延续，并借符瑞征兆说明汉继尧后，以火德得天下。以五德终始之传五德相生说，尧为火德，汉为尧后，当然也以火德得天下。自尧而下，火生土，继尧者舜为土德。土生金，继舜者禹（夏）金德。金生水，继夏者商为水德。水生木，继商者周为木德。木生火，继周者则为火德。秦是继周而建的统一王朝，理应取得火德之位。如果这样，继秦而建的汉朝就错过火德之位而成土德。但是汉的火德之位原是根据天命事先安排好的，不能人为地错位。那么，汉为火德，就意味着天命是让汉继周而得天下。这样，在五德终始之传中就没有了秦朝位置，说明秦朝的出现违背天命，是多余的。这种情况，就像历法推算一年中月份，正常年一年十二月，有的年多出一月，于是在正常月份外安排一个闰月。多出的月份叫闰月，于是多出的朝代叫闰位。不顾历史发展客观实际，一味地用五德终始说解释朝代更替，把客观存在过的朝代分为正统与闰位，完全陷入唯心史观的泥坑。这种唯心的正闰史观，在《王莽传》"赞"语中也有表述："昔秦燔《诗》《书》以立私议，莽诵'六艺'以文奸言，同归殊涂，俱用灭亡，皆炕龙绝气，非命之运，紫色蛙声，余分闰位，圣王之驱除云尔。"秦朝与新朝都不是根据天命建立，犹如乐曲中的杂音，历法中的闰月，都被"圣王"消灭了。这里所说的"圣王"，灭秦者刘邦，亡新者刘秀。这种唯心的正闰史观，显然意在尊汉，为树立刘汉正统一尊地位造舆论，唱颂歌。班固在《汉书》中，记载大量用天象灾异附会征验社会问题的材料。如《五行志》《刘向传》《谷永杜邺传》等篇，其中尤以《五行志》为最，用五卷篇幅，连篇累牍地记载这方面的荒诞谬说。如记成帝时事说："成帝建始元年正月乙丑，皇考庙灾。初，宣帝为昭帝后而立父庙，于礼不正。是时大将军王凤颛权擅朝，甚于田蚡，将害国家，故天于元年正月而见象也。其后寖盛，五将世权，遂以亡道。鸿嘉三年八月乙卯，孝景庙北阙灾。十一月甲寅，许皇后废。永始元年正月癸丑，大官凌室灾。戊午，戾后园南阙灾。是时，赵飞燕大幸，许后既废，上将立之，故天见象于凌室。"这些对天变、灾异的解释，充满天意支配人事的说教，是班固唯心史观的集中表现。

（二）班固是一位历史学家，对人类历史的发展进程及社会生活中的多种问题，又能够从实际出发，给予历史考察，客观分析，表现了他唯物史观的一面。

这一面，可以从《汉书》对秦、西汉、王莽新朝三个王朝兴亡的记载考察。《异姓诸侯王表》："秦起襄公，章文、缪、献、孝、昭、严，稍蚕食六国，百有余载，至始皇，乃并天下。以德若彼，用力如此，其艰难也。秦既称帝，患周之败，以为起于处士横议，诸侯力争，四夷交侵，以弱见夺。于是削去五等，堕城销刃，箝语烧书，内锄雄俊，外攘胡粤，用壹威权，为万世安。然十余年间，猛敌横发乎不虞，適戍强于五伯，间阎偪于戎狄，向应癏于谤议,奋臂威于甲兵。乡秦之禁,适所以资豪桀而速自毙也。是以汉亡尺土之阶,繇一剑之任,五载而成帝业。书传所记,未尝有焉。何则?古世相革,皆承圣王之烈,今汉独收孤秦之弊。镌金石者难为功,摧枯朽者易为力,其势然也。"秦朝之兴,是积累多世功业,特别是经过自献公、孝公父子以来一百多年发展,秦之国力超过其他六国,终于在始皇时期灭掉六国,统一天下,建立了中央集权的统一王朝。秦朝建立后,总结周朝灭亡的教训,有三条:一是"处士横议",二是"诸侯力争",三是"四夷交侵"。于是有针对性地采取防范措施:一是"箝语烧书",二是"削去五等,堕城销刃","内锄雄俊",三是"外攘胡粤"。但由于残暴统治,仅时过十几年,就爆发了陈胜领导的农民起义,反秦斗争烈火很快蔓延各地。秦朝一向采取的防范措施,这时反倒帮了反秦势力的忙,从而加速了自身灭亡。秦朝败亡之势,正为汉朝兴起创造了条件。班固指出"其势然也",意思是说,反秦斗争客观形势,使刘邦无需积累多世功业,仅凭在反秦斗争中发展起来的力量,灭秦朝,败项羽,夺取天下,建汉称帝。《元后传》"赞"语:"及王莽之兴,由孝元后历汉四世为天下母,飨国六十余载,群弟世权,更持国柄,五将十侯,卒成新都。"又《王莽传》"赞"语:"莽既不仁而有佞邪之材,又乘四父历世之权,遭汉中微,国统三绝,而太后寿考为之宗主,故得肆其奸慝,以成篡盗之祸。推是言之,亦天时,非人力之致矣。及其窃位南面","乃始恣睢,奋其威诈,滔天虐民,穷凶极恶,毒流诸夏,乱延蛮貊,犹未足逞其欲焉。是以四海之内,嚣然丧其乐生之心,中外愤怨,远近俱发,城池不守,支体分裂。""自书传所载乱臣贼子无道之人,考其祸败,未有如莽之甚者也。"王莽之兴,也就是西汉之亡。王莽以元后作靠山,借外戚把持朝政之势,乘西汉衰微之机,终得废汉自立,建新称帝。西汉衰亡形势,在别的帝纪中也有论及。《宣帝纪》"赞"语称宣帝为"中兴"之主,《元帝纪》"赞"语已指出"孝宣之业衰焉"。《成帝纪》"赞"语始发"外家擅朝"的"于邑"之叹,指出:成帝"湛于酒色,赵氏乱内,外家擅朝,言之可为于邑。建始以来,王氏始执国命,哀、平短祚,莽遂篡位,盖其威福所由来者渐矣。"到《平帝纪》"赞"语,已明言"孝平之世,政自莽出"。西汉王朝,自元帝时已显衰弱之势,成帝时王氏操纵朝政的形势已始形成。王莽称帝后,由于社会矛盾没有解决,加之沉重赋税,残酷刑法,连年天灾,又发动对边远各族的不义战争,所以反莽斗争很快在全国各地风起云涌,结果,王莽被杀,新朝灭亡。以上论述说明,王莽废汉建新与其迅速灭亡,都是历史发展的客观形势所造成。再如对社会生活中的各种问题,能如实记载,对其中黑暗面,敢于批判,体现出史学家的严肃态度与求实精神。这里,可用对汉武帝的记载与评价为例。汉武帝时期,正值西汉中期,承上启下,地位重要。《汉书》中充分肯定了汉武帝的"雄材大略",文治武功,指出武帝时期"海内艾安,府库充实",社会安定,经济繁荣;"群士慕向,异人并出","汉之得人,于兹为盛",广罗各种人才;对外"选明将,讨不服,匈奴远遁,平氏、羌、昆明、南越,百蛮乡风,款塞来享",动用武力,开拓疆土;在内"罢黜百家,表章'六经'","兴太学,修郊祀,改正朔,定历数,协音律,作诗乐,建封禅,礼百神",统一思想意识,建立各种制度。但是,对汉武帝奢靡作风、穷兵黩武、严刑峻法等进行了揭露与批判。如《夏侯胜传》记载,宣帝诏令群臣讨论为武帝庙作庙乐事,大家都表示同意,只有夏侯胜反对。他说:"武帝虽有攘四夷广土斥境之功,然多杀士众,竭民财力,奢泰亡度,天下虚耗,百姓流离,物故者半。蝗虫大起,赤地数千里,或人民相食,畜积至今未复。亡德泽于民,不宜为立庙乐。"夏侯胜直言正论,在朝廷群臣面前,公然指斥汉武帝为"亡德泽于民"之君。又如《西域传》"赞"语记述汉武帝凭借文景以来积聚的财富,外事四夷，内兴土功，耗尽国库资财，激起民众反抗，于是派绣衣直指御史持节杖斧，到各地武装镇压民众反抗的情况，指出："睹犀布、玳瑁则建珠崖七郡，感枸酱、竹杖则开牂柯、越巂，闻天马、蒲陶则通大宛、安息。自是之后，明珠、文甲、通犀、翠羽之珍盈于后宫，蒲梢、龙文、鱼目、汗血之马充于黄门，巨象、师子、猛犬、大雀之群食于外囿。殊方异物，四面而至。于是广开上林，穿昆明池，营千门万户之宫，立神明通天之台，兴造甲乙之帐，落以随珠和璧，天子负黼依，袭翠被，冯玉几，而处其中。设酒池肉林以飨四夷之客，作《巴俞》都卢、海中《砀极》、漫衍鱼龙、角抵之戏以观视之。及赂遗赠送，万里相奉，师旅之费，不可胜计。至于用度不足，乃榷酒酤，管盐铁，铸白金，造皮币，算至车船，租及六畜。民力屈，财用竭，因之以凶年，寇盗并起，道路不通。直指之使始出，衣绣杖斧，断斩于郡国，然后胜之。"汉武帝时期，酷吏横行，刑法严峻。不仅黎民时刻惧怕犯禁被刑，性命难保，就是身居相位的人，也有不少遭受被杀厄运，以致朝中大臣听说自己被任为相，吓得跪地"顿首涕泣"，不敢接受相印。又如考察社会情况，比较注意民生问题，论及某一时期政治状况，往往与民生问题相联系以评其优劣得失。书中在记述汉初社会状况时，指出："萧、曹为相，填以无为，从民之欲，而不扰乱。"所以"孝惠、高后之时"，"天下晏然，刑罚罕用，民务稼穑，衣食滋殖"。在论及文景之治时，指出："汉兴，扫除烦苛，与民休息。至于孝文加之以恭俭，孝景遵业，五六十载之间，至于移风易俗，黎民醇厚。周云'成康'，汉言'文景'，美矣。"班固对汉武帝的"雄材大略"给予肯定，对他的奢靡作风、穷兵黩武、严刑峻法等提出批评，把批评的问题概括为一点，就是没能做到"恭俭以济斯民"。武帝死后，昭帝年幼继位，霍光主持朝政。当时，"承孝武奢侈余敝师旅之后，海内虚耗，户口减半。光知时务之要，轻繇薄赋，与民休息"。宣帝治国，"信赏必罚，综核名实","吏称其职,民安其业";对待匈奴,"权时施宜,覆以威德,然后单于稽首臣服",致使"边城晏闭,牛马布野,三世无犬吠之警,苈庶亡干戈之役"。于是班固称为"中兴"之君。从以上论述可以看出,班固清楚地认识到人民对稳定社会、巩固与加强统治的重要作用,所以把与人民有关的事情视为"时务之要",对人民表现出关心与同情。

班固生活于谶纬盛行、儒术与方术融为一体的新儒学完全确立了一家独尊地位的东汉初年,以新儒学作为自己世界观的基础,形成唯心的正闰史观。班固又生活于一个学术空气浓厚的家庭,并直接受到父亲史学方面的影响,以严肃的求实态度研究历史,撰写《汉书》,形成具有唯物倾向的进步史观。班固世界观的两面性,带来他历史观的两面性。由于他世界观中占主导地位的是儒家思想,所以在他史学思想中占主导地位的是唯心的正闰史观。他用宣扬正统的正闰史观论证王朝产生与存在的合理性,用严肃的求实态度如实地记载历史事实。两个矛盾方面的共存,加之以帝王为中心的断代体制,使他撰写的《汉书》既内容丰富详备,又宣扬正统观念;既有历史著作记载历史的固有特点,又为封建帝王统治的合理性制造理论根据。班固的史学思想与撰写《汉书》开创的纪传体断代史体制,被后世史家所推崇,也为历代统治阶级所重视,对中国古代史学的发展产生了深远的影响,成为以"正史"为代表的正统史学的"不祧之宗"。

《汉书》是一部史学名著,同时也是一部文学名著,在中国古代史学与文学的发展史上都占有重要地位。史学方面,首创纪传体断代史,并将《史记》的本纪、表、书、世家、列传五种体例改革调整为纪、表、志、传四体,成为纪传体史书体例的基本格局。班固撰写《汉书》,用儒家思想作为衡量是非的标准,坚持宣扬帝王受命于天的正统史观,同时又能如实记载历史事实。这样的史体史法,为后世史学家所仿效,对中国古代历史编纂学产生了深远的影响。文学方面，《汉书》是继《史记》之后又一部历史传记文学的典型作品，且文句简洁典雅，时用骈偶，对唐、宋古文运动及后世散文等文学作品的创作与发展也都有很大影响。

中华书局出版"二十四史"点校本《汉书》，书中收唐代颜师古注。清末王先谦撰《汉书补注》，汇集颜注后六十七家研究成果，搜罗广泛，内容丰富。魏连科编《汉书人名索引》。仓修良主编《汉书辞典》。

1　古之治天下，朝有进善之旌、诽谤之木，所以通治道而来谏者也[1]。今法有诽谤、訞言之罪，是使众臣不敢尽情，而上无由闻过失也，将何以来远方之贤良[2]？其除之。

（《汉书》卷四《文帝纪》）

【注释】
　　[1]进：推荐，引进。旌：旗，旗帜。这里是说，用旗帜作为人们推荐好人才的标帜。诽谤：进谏，提意见。这里是说，树立木杆供人们书写政治错误、治国缺失。所以：用来。通治道：使治道通。来谏者：使谏者来。
　　[2]尽情：全部想法，全部心里话。无由：没有办法。何以：怎么。来远方：使远方来。

【译文】
　　古代治理天下，朝廷有用旗帜作为人们推荐好人才的标帜，有树立的木杆供人们书写治国理政的各种缺失，用来使各种治国理政的政策措施通行流畅，又使提建议的人不断前来。今天呢，制法规定，进谏有罪，说出自己见解有罪，这样，使众人不敢把心里的话全都说出来，而朝廷官府没有办法听到自己的失误，还怎么使远方的贤良人才前来？今天施行之法要废除它。

【提示】

进善之旌，诽谤之木。

2　古之立教，乡里以齿，朝廷以爵[1]。扶世导民，莫善于德[2]。然则于乡里，先耆艾，奉高年，古之道也[3]。今天下孝子顺孙愿自竭尽以承其亲，外迫公事，内乏资财，是以孝心阙焉[4]。

（《汉书》卷六《武帝纪》建元元年夏四月）

【注释】

〔1〕立：确立，确定。乡里：民众聚居的地方。齿：人的年龄。朝廷：君主之所，官府所在，此谓官府任职的官员。爵：爵位，官位，所谓官爵。

〔2〕扶：支持，帮助。世：世人，社会。导：教育，引导。莫：没有什么。善：好。

〔3〕耆艾：古代称六十岁为耆，称五十岁为艾。耆艾，泛指五六十岁的老年人。奉：侍奉，伺候。高年：年岁大的老人。这里说先照顾好五六十岁的老人，而后一起侍奉高年，显然是指七八十岁及更年长的老人。

〔4〕顺孙：孝孙。竭尽：用尽。承：奉承，承担。亲：父、祖。迫：逼迫，催促。乏：缺少，少有。是以：因此。阙：该有而没有即为阙。这里是说孝子、顺孙对父、祖有行孝之心而无行孝之力。

【译文】

古时候确定教育，民众聚居的地方凭据年龄大，官府的官员凭据爵位高、官职大。扶持社会，引导民众，最好的做法是宣化道德。这样做，就是在民众聚居的地方先照顾好五六十岁的老人，而后一起侍奉更大年岁的老人，这是古代孝敬老人的做法。今天下的孝子、孝孙，愿意用尽自己的心力，来敬奉父亲母亲、爷爷奶奶。可是，在外忙于公事，无暇顾及家事；家中生活贫困，少有物品，缺乏钱财。因此，对老人行孝有心无力。

【提示】

因为心常在它处，所以孝难在心。

3　有功不赏，有罪不诛，虽唐、虞犹不能以化天下[1]。

(《汉书》卷八《宣帝纪》地节三年三月)

【注释】

[1] 诛：惩罚，责罚。虽：即使。唐：尧。虞：舜。犹：仍然。化：改变。此言治国该赏不赏，该罚不罚，难使人们改变心里想法，很难改变社会风俗。

【译文】

人有了功劳不奖赏，有了罪恶不惩罚，这样治国，即使让唐尧、虞舜在世，仍然不能来改变天下的人心与社会的习俗。

【提示】

赏罚分明。

4　国之将兴，尊师而重傅。

(《汉书》卷九《元帝纪》初元二年冬)

【译文】

国家要兴旺起来，就要全国尊师重教，提高人们教养素质。

【提示】

国家兴起，需要人才。尊重师傅，才能多教出人才，为兴国效力。

5　汉兴,高祖初入关,约法三章曰[1]:"杀人者死,伤人及盗抵罪[2]。"蠲削烦苛,兆民大说[3]。其后四夷未附,兵革未息,三章之法不足以御奸,于是相国萧何攈摭秦法,取其宜于时者,作律九章[4]。

(《汉书》卷二三《刑法志》)

【注释】

〔1〕高祖:汉高祖刘邦。关:指关中,相当于今陕西省。因此地四面有关,所以称关中。司马贞《史记索隐》引《三辅故事》:"西以散关为界,东以函谷为界,南以武关为界,北以萧关为界,四关之中谓之关中。"刘邦于公元前207年八月自武关入秦;十月军驻霸上,秦王子婴投降,于是进军秦都咸阳;十一月悉除秦法,与关中父老约法三章。

〔2〕抵:当。抵罪,罚当其罪。

〔3〕蠲(juān):免除。削:减。兆民:众民。说(yuè):义同"悦",高兴。

〔4〕夷:古代对少数民族的蔑称。相国:即丞相,《汉书·百官公卿表》"高帝即位,置一丞相,十一年更名相国"。萧何:西汉初年沛县(今江苏省沛县)人,初为沛县吏,后随刘邦起义反秦。刘邦入关,进军咸阳,萧何尽收秦律令图籍。刘邦封汉王,萧何为丞相。刘邦称帝,论功第一,封酂侯,赐带剑履上殿,入朝不趋。卒于惠帝二年(前193)。汉代律令典制,大都由萧何制定。攈摭(jùn zhí):拾取,此谓有选择地采用。律九章:战国时期,魏国李悝(kuī)作《法经》六篇,称盗法、贼法、囚法、捕法、杂法、具法。秦国商鞅改法为律。萧何取用秦六律,又增户律、兴律、厩(jiù)律,合为九篇,称九章律。

【译文】

汉代兴起,高祖开始进入关中,与关中人民订立法律三条,规定:"杀人的处死,伤害人与偷盗按罪行大小给予相当的惩罚。"免除烦琐、苛刻的法律条文,广大人民非常高兴。后来,四方少数民族没有归服,战争没有停止,三条法律不能够完全惩治奸恶,于是,相国萧何有选择地采用秦朝法律,吸取它的适用于当时的内容，制定了九种律令。

6 (孝文)即位十三年，齐太仓令淳于公有罪当刑，诏狱逮系长安。淳于公无男，有五女，当行会逮，骂其女曰："生子不生男，缓急非有益！"其少女缇萦，自伤悲泣，乃随其父至长安，上书曰："妾父为吏，齐中皆称其廉平，今坐法当刑。妾伤夫死者不可复生，刑者不可复属，虽后欲改过自新，其道亡繇也[1]。妾愿没入为官婢，以赎父刑罪，使得自新。"书奏天子。

(《汉书》卷二三《刑法志》)

【注释】
〔1〕孝文：即汉文帝刘恒。太仓令淳于公：淳于公，姓淳于，名意，西汉初年临淄县(今山东省淄博市东北)人，曾任齐国太仓长，世称太仓公。少喜医术，后从阳庆学医，为人治病，多验。文帝时获罪当刑，小女缇萦上书，愿没身为官婢，以赎父罪。文帝悲其意，废肉刑。诏狱：根据天子的命令设置的监狱，犹今所谓中央监狱。妾：女子自称。属(zhǔ)：连接。繇：通"由"，自，从。

【译文】
（汉文帝）即位十三年，齐国太仓令淳于公有罪应当判刑，诏狱要把他逮捕，押解到长安治罪。淳于公没有男孩子，有五个女儿。淳于公在前往押解集中地的时候，骂他的女儿说："生孩子不生男孩子，有了急难没有用处！"淳于公的小女儿缇萦，自己感伤，悲痛哭泣，就跟随他的父亲到了长安，向朝廷上书说："我的父亲做官，齐国内都称赞他廉洁公正，如今犯法应当判刑。我哀伤死的不能再活，受刑断了肢体的不能再连接上，即使日后想要改过自新，这条路无法走了。我甘愿被没收入官做官府的奴婢，来赎父亲受刑的罪行，使父亲能够改过自新。"缇萦上的书奏呈了天子。

【提示】

缇萦女上书救父。

7　董仲舒，广川人也[1]。少治《春秋》，孝景时为博士[2]。下帷讲诵，弟子传以久次相授业，或莫见其面[3]。盖三年不窥园，其精如此[4]。进退容止，非礼不行，学士皆师尊之[5]。

(《汉书》卷五六《董仲舒传》)

【注释】

〔1〕董仲舒(前179至前104年)：西汉今文经学大师，研治《春秋公羊传》，中国古代著名哲学政论家，著有"贤良对策"三篇、《春秋繁露》等。广川：今河南北省枣强县东北。

〔2〕治：研究。博士：官名，太常属官，掌通古今，备顾问。

〔3〕帷：帐幕。下帷，放下室内悬挂的帐幕，意指谢绝外事，专心苦读与授徒。传：通"转"，辗转。以久次：根据受业时间先后的次序。相：递相。相授业，意谓由旧弟子(即时久者)向新学者(即时短者)传授学业。或：有的。

〔4〕盖：语气助词，用于句首，引出下文议论。窥(kuī)：看。精：专心。

〔5〕容止：仪容举止。师尊之：像尊重老师一样尊重他。

【译文】

董仲舒，是广川县人。少年时代就开始研究《春秋》，景帝时任博士。放下室内悬挂的帐幕，谢绝外事，专心读书与讲学授徒。学生们按受业时间的长短为次序，由旧徒向新徒辗转传授学业，有的学生没有见过董仲舒的面。三年不到园子里去看，那专心致志的精神达到如此的地步。进退容貌举止，不符合礼的不做，读书人都像尊敬老师一样尊敬他。

8 匡衡，字稚圭，东海承人也。父世农夫，至衡好学，家贫，庸作以供资用[1]。

（《汉书》卷八二《匡衡传》）

【注释】

〔1〕世：一生，一辈子。庸作：受雇而为人劳作。资用：钱财费用。

【译文】

匡衡，字稚圭，东海承地人。父亲一辈子务农种地，到匡衡时，好学习，因家境贫寒，匡衡就受人雇用，为人劳作，求得微薄的报酬，以供家用。

【提示】

家贫好学难，佣工挣小钱。

9 翟方进，字子威，汝南上蔡人也[1]。家世微贱，至方进父翟公，好学，为郡文学[2]。方进年十二三，失父孤学，给事太守府为小史，号迟顿不及事，数为掾史所詈辱[3]。方进自伤，乃从汝南蔡父相问己能所宜[4]。蔡父大奇其形貌，谓曰："小史有封侯骨，当以经术进，努力为诸生学问[5]。"方进既厌为小史，闻蔡父言，心喜。因病归家，辞其后母，欲西至京师受经。母怜其幼，随之长安，织屦以给[6]。方进读经博士，受《春秋》[7]。积十余年，经学明习，徒众日广，诸儒称之[8]。

（《汉书》卷八五《翟方进传》）

【注释】

〔1〕汝南：郡名。上蔡：县名。

〔2〕世：谓世世，即辈辈。文学：官名，汉代于州郡及王国设置文学，或称文学掾，或称文学史，为后世教官所由来。

〔3〕孤：少年失父为孤。给事：供职。太守：官名，为一郡最高行政长官。小史：侍从，书童。迟顿：反应慢，不灵敏，行动缓慢。不及事：不能成事，完不成任务，跟不上工作需要的速度。数：数次，多次。为：被。掾史：官名，汉及以后，朝廷及各州府郡县都有掾史，分部门管理事务。詈：骂。

〔4〕宜：适合。

〔5〕诸生：众读书人。

〔6〕怜：疼爱。给：供给生活日需。

〔7〕博士：国学设置博士，教授学生。经博士，分别教授各经的博士，如《易》博士、《书》博士、《诗》博士、《礼》博士、《春秋》博士等。受：后作"授"，付与，教给。

〔8〕积：连续。明习：明了熟习。广：众多。称：称赞，赞誉。

【译文】

翟方进，字子威，汝南郡上蔡县人。家庭的世代成员都社会地位低微卑贱，直到方进父亲翟公爱好学习，有知识，官为汝南郡文学。方进年在十二三的时候，父亲去世，只能靠自学。而后，到汝南郡太守府做小史，有名的迟钝、不灵敏，很难做成一件事，常被掾史诟骂侮辱。方进自己很是伤感，就向汝南郡上蔡县的父老乡亲询问自己做什么合适。蔡的父老很奇怪方进的形体长相，对他说："小史有封侯的筋骨，应该向与经学有关的学术发展，努力学习学校学生学习的知识。"方进既已厌倦做小史，听到蔡的父老这样说，心里很高兴。以身体有病为借口回了家，想告别他的后母，往西边去到京城学校求师学经。后母疼爱方进年幼，就跟随方进去了京城长安，纺织供给母子生活日需。方进在长安国学随经博士学习《春秋》。攻读十几年，精通经学，学徒众多，儒家学者都称赞他。

三、后 汉 书

《后汉书》，是南朝宋范晔(yè)撰写的一部纪传体东汉史。
介绍今天的《后汉书》，需要从以下三方面说明。

一、范晔撰《后汉书》

范晔(398至445年)，字蔚宗，顺阳(今河南省淅川县)人。祖父范甯，长于经学，《十三经注疏》中的《春秋穀梁传注》就是范甯所作。其父辈也都是儒学名流。这样一个儒学世家，对范晔的史学思想有一定影响。东晋末年，范晔在刘裕之子刘义康手下任职。刘裕建宋后，范晔曾出任宣城太守，后升左卫将军、太子詹事，参与国家机密。宋文帝元嘉二十二年(445)，以密谋拥立刘义康为帝的罪名被捕处死，时年四十八岁。

范晔前，已有多种记后汉史事的著作，据清末王先谦在《后汉书集解·述略》中说，约有十八家二十二种。范晔在这些著作基础上，删繁就简，润色加工，集诸家之书而成一家之作。范书上起王莽新朝灭亡(23)，下至汉献帝建安二十五年(220)曹丕废汉建魏，记东汉一百九十七年历史。全书纪十卷，列传八十卷。与《史记》《汉书》比较，不同之处主要有三：一是范书只有纪传而无表、志，是其一大缺陷。二是范书改《史记》的《外戚世家》与《汉书》的《外戚传》为《皇后纪》。范书纪十卷，前九纪是帝纪，记东汉十帝；末一纪是后纪，记诸帝皇后与外戚。三是范书列传有以下两个特点：一则选人立传，"贵德义，抑势利；

进处士,黜奸雄。论儒学则深美康成,褒党锢则推崇李、杜。宰相多无述而特表逸民,公卿不见采而惟尊独行"。所以立传对象除公卿将相外,较为广泛地网罗社会各阶层、各类型代表人物。二则记人叙事,以类相从,创立《党锢列传》《宦者列传》《文苑列传》《方术列传》《独行列传》《逸民列传》《列女传》等七种《史记》《汉书》没有的类传。这些类传的创立,不仅是形式变化,而且有深刻的政治与社会背景。有的反映了东汉政治斗争的特点。东汉中后期,宦官与外戚两大集团先后把持朝政,后来发展成为宦官专权,为镇压官僚士大夫与太学生的反抗,两次酿成党锢之祸。有的反映了东汉社会的风尚。当时有些知识分子,崇尚名节,自命清高,隐居不仕,或以所谓"特立卓行"沽名钓誉。有的反映了东汉社会文化的发展情况。如《文苑列传》,汇集了东汉文人学士在文学著述方面的成就,它与《儒林列传》两相结合,是研究东汉学术思想与文学艺术发展情况的重要史料。又如《方术列传》,虽其中有一些神仙怪异等带有迷信色彩的内容,但也记载了东汉在科学技术与医学方面的成就,具有不可低估的史料价值。范晔创立《列女传》,自言要为"才行尤高秀者"立传,而且明确提出"不必专在一操",在立传妇女中,也确有像蔡文姬这样的改嫁才女,表现了作者的高见卓识。但总观《列女传》所载人物事迹,显然重在"女德"。

二、司马彪撰《续汉书》

司马彪,字绍统,晋朝皇族的宗室。据《晋书·司马彪传》记载:司马彪"讨论众书,缀其所闻,起于世祖,终于孝献,编年二百,录世十二,通综上下,旁贯庶事,为纪、志、传凡八十篇,号曰《续汉书》。"

三、今本《后汉书》

范晔撰写《后汉书》,尚未写"志",便遭杀身之祸。南朝梁代刘昭为范书作注时,"乃借旧志,注以补之"。旧志,即指晋初司马彪所撰《续汉书》中之"志"。刘昭注后,"分为三十卷,以合范史"。彪书早已散佚,其"志"由于补入范书而赖以保存下来。但在宋代以前,范书与彪志仍是各自单行。北宋真宗乾兴元年(1022),孙奭奏请朝廷将两书合刻印行。此后的刻本,便都采取了范书与彪志合刻的形式,范书在前,彪志在后。这样,《后汉书》则由纪、传、志三部分组成,计有纪十卷,传八十卷,志八篇三十卷,共一百二十卷。这就是今本《后汉书》。

范晔是一位很有才华的史学家,刘昭就说"范晔《后汉》,良诚跨众氏",刘知幾称誉范晔"博采众书,裁成汉典,观其所取,颇有奇工"。因此,范书问世之后,其他记载后汉史事的著述,除袁宏撰《后汉纪》外,就逐渐被淘汰,先后散佚。范书成了后人研究东汉史的主要依据。

中华书局出版"二十四史"点校本《后汉书》,书中收有唐代李贤注。李裕民编《后汉书人名索引》。张舜徽主编《后汉书辞典》。

1 初,兄子严、敦并喜讥议,而通轻侠客[1]。援前在交阯,还书诫之曰[2]:"吾欲汝曹闻人过失,如闻父母之名,耳可得闻,口不可得言也[3]。好论议人长短,妄是非正法,此吾所大恶也,宁死不愿闻子孙有此行也[4]。汝曹知吾恶之甚矣,所以复言者,施衿结褵,申父母之戒,欲使汝曹不忘之耳[5]。龙伯高敦厚周慎,口无择言,谦约节俭,廉公有威,吾爱之重之,愿汝曹效之[6]。杜季良豪侠好义,忧人之忧,乐人之乐,清浊无所失,父丧致客,数郡毕至,吾爱之重之,不愿汝曹效也[7]。效伯高不得,犹为谨敕之士,所谓刻鹄不成尚类鹜者也[8]。效季良不得，陷为天下轻薄子，所谓画虎不成反类狗者也[9]。讫今季良尚未可知，郡将下车辄切齿，州郡以为言，吾常为寒心，是以不愿子孙效也[10]。"

(《后汉书》卷二四《马援列传》)

【注释】

〔1〕初：当初，先前。兄：谓马援兄。马援有三兄，长兄名况，次兄名余，三兄名员。严、敦：马援的二侄名，都是二兄马余之子。并：都。喜：好。讥议：讥刺，非议。通：整个，全部。轻：轻视，看不起。侠客：指称急人之难、出言必信、扶弱抑强的豪杰侠士。

〔2〕交阯：古地区名，泛指五岭以南，汉武帝时为所置十三刺史部之一，管辖地区相当于今广东、广西大部和越南的北部与中部。东汉末年改称交州。越南于10世纪三十年代独立建国后，宋朝仍称其国为交阯。这里言"援前在交阯"，指东汉初于光武帝建武年间事。马传记载，建武十七年，交阯女子征侧及女弟征贰反，征侧自立为王。马援以伏波将军率军平叛，大破之。建武十九年正月，斩杀二征。马援封新息侯，食邑三千户。还书：回信。此"诫之曰"下为马援写给马严、马敦二侄的告诫书信。

〔3〕汝：你，你们。曹：同辈，群体，一群人。汝曹，你们，你们这些人。

〔4〕妄：胡乱，随意。是非：此作动词用，义为褒贬、评论。正法：政治与法度，公正的法度。大：非常，很。恶：厌恶，憎恨。

〔5〕甚：厉害，严重。所以：意表原因。复言：反复说，又云一再说。所以复言，复言的原因。施：展。施衿，穿展上衣前衿。褵：古代女子出嫁时系的佩巾。施衿结褵，语见《仪礼·士昏礼篇》与《诗经·豳风·东山篇》。《仪礼·士昏礼篇》云："母施衿结帨，曰：'勉之敬之，夙夜毋违宫事。'"《诗经·豳风·东山篇》诗句描述女子出嫁云："之子于归，皇驳其马，亲结其褵，九十其仪。"二文所言，指的是女子出嫁时，母亲为女儿整理衣衿，系结佩巾。后来，用"施衿结褵"的组合语喻指父母对子女的教训。这里，马援即用此语教训二侄。申：表明，表达。耳：表示限止意义的语气词，意思是"而已""罢了"，只限如此。

〔6〕龙伯高：人名。此人做人、待人，如马援所述。敦厚：老实厚道。周慎：周密谨慎。口无择言：谓说话合情合理，不需要选择着话说。

谦约：谦虚谨慎，检点约束。节俭：节省俭朴。廉公：廉洁奉公。效：仿效，学习。

〔7〕杜季良：人名。豪侠：豪杰侠士。好义：谓做人行事凭仗义气。清浊无所失：谓忧乐得宜，没有失当的。致：招引来。毕：全，都。

〔8〕犹：还。谨敕：谨慎做人，整饬自身。刻：刻画。鹄：鸟名，似雁而大，通称天鹅。尚：还。类：像，类似。鹜：鸭子。

〔9〕陷为：变坏成为。轻薄子：行为不沉着稳重，言语轻浮不严肃的人。反：反而。

〔10〕讫：至，到。郡将：谓郡守，为一郡行政长官，兼掌军政，故又称郡将。下车：谓刚上任，一到任。语见《礼记·乐记》云："武王克殷，反商，未及下车，而封黄帝之后于蓟。"后人指称帝王初即位或官员刚到任为下车。辄：就。切齿：咬牙切齿，表示极端痛恨的样子。以为：作为，成为。寒心：失望痛心，恐惧担心。是以：因此。

【译文】

当初，二兄马余之子马严、马敦二人好讥刺非议人事，全都瞧不起豪杰侠士。马援前些时候在交阯率军平叛，给马严、马敦二侄的来信写回信告诫他们说："我希望你们听到别人的过失，像听到父母的名字一样，耳可以听到他，口不能说起他。好议论别人的长短是非，胡乱褒贬评论公正的法度，这是我非常憎恶的，宁可自己死去而不愿意听到子孙有这种行为。你们知道我憎恶得厉害，我还是翻来覆去一再讲给你们听的原因，是希望'施衿结褵，申父母之戒'，能使你们永不忘记父母的教训。有人名叫龙伯高，老实厚道，周密谨慎，开口说话合情合理，不用选择着话说，谦逊检点，节省俭朴，廉洁奉公，有威望。我喜爱他，尊重他，希望你们学习他。有人名叫杜季良，是一位豪杰侠士，行事仗义，忧人之忧，乐人之乐，是非曲直处置得当无误。父亲去世办丧事要招引客人，附近几郡都有人来。我喜爱他，尊重他，但不希望你们学习他。学习龙伯高学不好，还是可以成为一个谨慎做人、整饬自身的人，就是所说的刻画天鹅没有刻画成还能像个鸭子。学习杜季良学不好，变坏成为行为不沉着稳重、言语轻浮不严肃的轻薄人，就是所说的刻画老虎没有刻画成反而像个狗。直到今天，杜季良还没能知道，郡守一到任就对他非常痛恨，州郡的人都把他的待人行事作为言谈的话料说三道四，我常常为杜季良寒心，因此不希望子孙学习他。"

【提示】

马援训诫二侄书。

2　董宣，字少平，陈留圉人也[1]。初为司徒侯霸所辟，举高第，累迁北海相[2]。……

以宣为江夏太守[3]。……外戚阴氏为郡都尉，宣轻慢之，坐免[4]。

后特征为洛阳令[5]。时湖阳公主苍头白日杀人，因匿主家，吏不能得[6]。及主出行，而以奴骖乘[7]。宣于夏门亭候之，乃驻车叩马，以刀画地，大言数主之失，叱奴下车，因格杀之[8]。主即还宫诉帝，帝大怒，召宣，欲箠杀之[9]。宣叩头曰："愿乞一言而死。"帝曰："欲何言？"宣曰："陛下圣德中兴，而纵奴杀良人，将何以理天下乎[10]？臣不须箠，请得自杀。"即以头击楹，流血被面[11]。帝令小黄门持之[12]。使宣叩头谢主，宣不从，强使顿之，宣两手据地，终不肯俯[13]。主曰："文叔为白衣时，臧亡匿死，吏不敢至门[14]。今为天子，威不能行一令乎？"帝笑曰："天子不与白衣同。"因敕强项令出[15]。赐钱三十万，宣悉以班诸吏[16]。由是搏击豪强，莫不震慄[17]。京师号为"卧虎"，歌之曰："枹鼓不鸣董少平[18]。"

在县五年。年七十四，卒于官。诏遣使者临视，唯见布被覆尸，妻子对哭，有大麦数斛、敝车一乘。帝伤之，曰："董宣廉洁，死乃知之！"

（《后汉书》卷七七《酷吏列传·董宣传》）

【注释】

〔1〕陈留：郡名，治所在陈留县（今河南省开封市东南陈留城），范围包括今河南省东部地区。圉：陈留郡属县，在今河南省杞县南。

〔2〕司徒：即丞相。西汉末年，汉哀帝改丞相为大司徒；东汉初年，光武帝去"大"字，称司徒。侯霸：东汉初年河南尹，密县人。光武帝建武五年（29）任大司徒，封关内侯。建武十三年去世，追封则乡侯。辟：征召。举：推举。高第：凡是选拔人才、举荐官吏、考核政绩，成绩优异者都称高第。累：数次，几经。迁：调任，一般指提升。北海：诸侯王国名，范围包括今山东省益都、寿光、昌乐、潍坊、昌邑、高密等地。相：王国的最高行政长官，由朝廷委派官吏担任。

〔3〕江夏：郡名，治所在今湖北省新洲西，地域范围包括今湖北省钟祥、潜江以东数地及河南省南部信阳以东、光山以西的部分地区。

〔4〕外戚：指帝王的母族、妻族。阴氏：光武帝阴皇后，南阳郡新野县（今河南省新野县）人；这里的阴氏，可能是阴皇后家族的人。郡都尉：官名，负责一郡的军事。《后汉书·百官志》："中兴建武六年，省诸郡都尉，并职太守。"刘昭注引应劭语："每有剧贼，郡临时置都尉，事讫罢之。"坐：因为。

〔5〕洛阳：东汉都城，在今河南省洛阳市东北。洛阳县属河南尹。

〔6〕湖阳公主：光武帝刘秀的姐姐。苍头：奴仆。

〔7〕骖乘：陪乘，或指陪乘的人。

〔8〕夏门：洛阳城门名。亭：行人停留宿食的处所。汉代十里一亭，设亭长一人，负责求捕盗贼。夏门亭，当是夏门外之亭，因地近夏门，所以叫作夏门亭。驻：阻止。叩：牵住，拉住。叱（chì）：大声呵斥。格杀：击杀。

〔9〕箠：惩罚罪犯的棍棒或板子，此作动词"杀"的修饰语，用箠。

〔10〕中兴：一个王朝灭而复立，或者衰而复强，都称为中兴，此指汉朝亡而复兴。

〔11〕楹（yíng）：房柱。被：覆盖。

〔12〕小黄门：宦官的一种官号，侍从皇帝左右，关通中外，掌管中

宫以下众事。

〔13〕顿：以头叩地。据：按着。

〔14〕文叔：光武帝刘秀之字。白衣：指平民百姓。臧：通"藏"。

〔15〕敕：皇帝的命令。项：人的脖子，前为颈，后为项。

〔16〕班：分赐。

〔17〕搏击：狠狠地打击。

〔18〕枹(fú)：鼓槌。此言董宣打击豪强，执法严明，社会上冤情大减，所以听不到击鼓鸣冤之声了。

【译文】

董宣，字少平，是陈留郡圉县人。当初，被司徒侯霸征召，推举为治行优异的官吏，屡经升任，做了北海国相。……

任用董宣做江夏太守。……外戚阴氏做郡都尉，董宣轻慢他，因此被免除官职。

后来，朝廷特意征召董宣做洛阳令。当时，湖阳公主的奴仆白天杀人，就藏在公主家，县吏不能抓获。等到公主外出的时候，用这个奴仆陪她同坐一辆车。董宣在夏门亭等候公主，截住车，拉住马，拿刀在地上画着，大声数说公主的过错，大声呵斥杀人的奴仆下车，就当场杀死了他。公主立即回宫，向光武帝诉说此事。光武帝大怒，召来董宣，想要用刑杖打死他。董宣叩头说："希望让我说一句话而后死。"光武帝说："想要说什么？"董宣说："陛下圣德，中兴汉朝，却放纵奴仆杀害良民，将用什么治理天下呢？我不需要用刑杖，请让我自己死。"就用头撞击殿前的柱子，血流满面。光武帝令小黄门抱住董宣。让董宣向公主叩头赔礼，董宣不依。光武帝令宦官按住董宣的头硬让他向公主叩头，董宣两手撑在地上，始终不肯低头。公主说："文叔做平民百姓的时候，藏匿逃亡与死罪犯人，官吏不敢到家搜捕。如今做了天子，权势不能在一个县令身上施行吗？"光武帝笑着说："天子不与平民百姓一样。"于是光武帝敕令董宣为强项令免罪出宫。赏赐钱三十万，董宣全部拿这些钱分发给了各个官吏。从此，狠狠地打击豪强势力，无不震惊害怕。京师的人称董宣为"卧虎"，歌唱他说："不听鼓槌击鼓声，全靠有个董少平。"

在洛阳县任县令五年时间，年龄七十四岁，在官任上去世。

光武帝诏命派人吊祭慰问，只见粗布被子盖在遗体上，妻子与儿女相对痛哭，有几斛大麦，一辆破旧车。光武帝对此很悲伤，说："董宣公正清白，去世以后才了解他。"

【提示】

董宣严于执法，不阿权贵，不屈豪门，荣获"强项令"的美称与"京师卧虎"的威名。

3　李充字大逊，陈留人也。家贫，兄弟六人，同食递衣[1]。妻窃谓充曰[2]："今贫居如此，难以久安，妾有私财，愿思分异[3]。"充伪酬之曰[4]："如欲别居，当酝酒具会，请呼乡里内外，共议其事[5]。"妇从充置酒宴客。充于坐中前跪白母曰："此妇无状，而教充离间母兄，罪合遣斥[6]。"便呵叱其妇，逐令出门，妇衔涕而去[7]。

（《后汉书》卷八一《独行列传·李充》）

【注释】

〔1〕递：轮流。递衣，轮流着穿一件衣服。
〔2〕窃：私下，暗地里。
〔3〕居：居住的地方。贫居，穷家。妾：女子自称。
〔4〕酬：对答，回答。
〔5〕具：备办，准备。
〔6〕无状：行事丑恶，没有仁善表现。离间：从中挑拨，使双方有隔阂，不团结。合：符合，适合。遣斥：犹斥逐，斥责其过而驱赶其人。
〔7〕呵叱：大声斥责。衔涕：含泪。

【译文】

李充，字大逊，陈留地方的人。家境贫寒，兄弟六人，在一起吃饭,替换着穿一件衣服。李充的妻子私下给李充说:"如今家里贫穷到这样,很难长期维持下去,我自己有点钱财,想着还是分家过好。"李充假装答应她说:"如果想分家,应该酿酒准备聚会,邀请乡亲近邻内外人等,一起商议这件事。"妻子听从李充说的,置办酒席,宴请宾客。李充在宴席座位前面跪着给母亲说:"这个女人心眼不正,没有好表现,教我在母亲、哥哥之间挑拨离间,罪过符合斥责其过,赶出家门。"于是,李充就大声斥责着妻子,赶着她让她出门,妻子眼里含着泪水离开了李家。

【提示】

李充逐妻。

4 高凤,字文通,南阳叶人也[1]。少为书生,家以农亩为业,而专精诵读,昼夜不息[2]。妻尝之田,曝麦于庭,令凤护鸡[3]。时天暴雨,而凤持竿诵经,不觉潦水流麦[4]。妻还怪问,凤方悟之[5]。其后遂为名儒,乃教授业于西唐山中。

(《后汉书》卷八三《逸民列传·高凤》)

【注释】

〔1〕南阳:地区名,其地在今河南省西南部。叶:县名,其地在今河南省南阳市辖区。

〔2〕息:停止。

〔3〕之:往,到。曝(pù):晒。庭:家的院子。护:监视,看着。

〔4〕暴:骤然,突然。潦:雨水大,又指雨后的大水。流麦:使麦流走。

〔5〕方:才。悟:知道,晓得。业:从事。西唐山:山名。

【译文】

　　高凤，字文通，是南阳地区叶县人。从小就是一个读书的人，家里的人都以在田地里做农活为业，而高凤专一聚精会神读书，昼夜不停。妻子曾有一次去田中做事，家里院子中晒着麦子，让高凤手拿竿子看着鸡别到麦子中乱弹腾。当时，天气突变，骤然下起大雨，高凤依旧手拿竿子、口读经书，没发现大水已经把麦子冲走了。妻子从田中回到家，见晒的麦子被大水冲走，很是奇怪，便问高凤，高凤这时才知道麦被大水冲走了。高凤后来便成为著名的儒学学者，在西唐山从事教授学子。

四、三 国 志

《三国志》，是西晋陈寿撰写的一部纪传体三国史。
一、陈寿与《三国志》

陈寿(233至297年)，字承祚，巴西郡安汉县(今四川省南充市)人。他的前半生生活于三国蜀汉，早年受学于古史学家谯周，曾任观阁令史。后半生生活于西晋初年，官至治书侍御史。陈寿死后，因所撰《三国志》"辞多劝诫，明乎得失，有益风化"，晋惠帝命人到陈寿家里抄写其书，传布社会。

陈寿写《三国志》前，魏、吴二国已有史，官修的有王沈撰《魏书》、韦昭撰《吴书》，私撰的有鱼豢撰《魏略》。此皆陈寿所据基本史料。只有蜀国无史，需由陈寿自己搜集史料。陈寿是蜀人，又是古史学家谯周的学生，一向留意故国文献，特别是他曾奉命编纂《诸葛亮集》，这使他掌握不少蜀汉材料。所以他能独力写成《蜀书》，并完成《三国志》撰写。

《三国志》由《魏书》三十卷，《蜀书》十五卷，《吴书》二十卷三部分组成，共六十五卷。曹丕废汉建魏，蜀汉与吴亦相继称帝。陈寿从历史实际出发，用"三国"命名，并分国编纂，记述这一时期的历史，在纪传体断代史中别创一格。陈寿是晋臣，使他不能不尊晋。而晋是禅魏而建，要尊晋就不能不尊魏。所以《三国志》中，《魏书》居前，魏帝称"帝"，其传为"纪"；《蜀书》《吴书》居后，蜀、吴之帝称"主"，其传为"传"。但陈寿又正视三国时期魏、蜀、吴地位等同的历史事实,蜀、吴之主的传与魏之帝纪采取相同的记事方法,都采用纪传体"本纪"编年记事体例。三国时期,一般是指从公元220年曹丕废汉建魏(黄初元年)到公元280年西晋灭吴(晋武帝太康元年),共六十年。但实际上,从公元184年黄巾起义以后,东汉朝廷便无力维持统治,全国逐渐陷入军阀割据混战状态。公元196年,曹操迁都于许,魏政权便已形成。公元208年赤壁战后,三国鼎立形势基本奠定下来。所以要把形成三国鼎立的过程叙述清楚,就需要写进东汉末年史事。于是东汉末三、四十年,就成了《三国志》与《后汉书》交叉记载时期。曹操本无帝号,但他是魏国实际创建者,他的传被列在《魏书》之首,名为《武帝纪》。所以《三国志》实际记载了从东汉末年黄巾起义(184年)到三国结束(280年)将近一百年的历史。

《三国志》善于叙事,文笔简洁,当时人就称陈寿有良史之才。因此,陈寿撰《三国志》问世后,其他各家记载三国史事的著述相继销声匿迹,独有它流传后世。但是《三国志》也有缺点:(一)只有纪、传而无表、志。要了解三国时期典章制度,只能借助于《晋书》及《宋书》等其他史籍。(二)记载司马氏与曹魏斗争,曲笔阿时,回护司马。书中凡涉及司马氏与曹魏矛盾与斗争,大都归咎曹氏,而为司马氏"隐恶溢美",对西晋最高统治者曲笔迎顺,使一些历史事实失去本来面目。(三)失于简略。陈寿的《三国志》,历代史家都欣赏其史笔,又都为其过于求简而常有失漏感到遗憾。刘知幾在《史通·人物》中说《三国志》"网漏吞舟"。至南朝宋代,裴松之为《三国志》作注,弥补了这一缺陷。

二、裴松之与《三国志注》

裴松之(372至451年),字世期,南朝宋人,他受宋文帝之命为《三国志》作注。他认为陈书是"近世之嘉史,然失在于略",所以确定注书原则是"务在周悉",具体体例有四:"其寿所不载,事宜存录者,则罔不毕取以补其阙;或同说一事而辞有乖杂,或出事本异,疑不能判,并皆抄内以备异闻;若乃纰缪显然,言不附理,则随违矫正以惩其妄;其时事当否及寿之小失,颇以愚意有所论辩。"概括言之,即补缺、备异、正误、评论。一般注书,重在对字句音义及名物制度的训释,而裴注则重在增补与考订事实,创立了一种新注史体例。裴注广征博引,所引魏晋人著述多达二百一十种。这些著作,唐初修《隋书·经籍志》著录的已不到四分之三,唐宋后更十不存一。且裴注引书大都首尾完整,为后人保存了大量资料。注文多于原文三倍,很多《三国志》失载的重要史实都保存在注文中。今天,阅读《三国志》,就必须阅读裴注;研究三国史,就必须参考裴注中丰富史料。

中华书局出版"二十四史"点校本的《三国志》,书中收有裴松之注。高秀芳与杨济安编《三国志人名索引》。张舜徽主编《三国志辞典》。

1　《汉晋春秋》曰[1]:帝见威权日去,不胜其忿,乃召侍中王沈、尚书王经、散骑常侍王业,谓曰[2]:"司马昭之心,路人所知也[3]。吾不能坐受废辱,今日当与卿等自出讨之。"……帝遂帅僮仆数百,鼓噪而出[4]。

(《三国志》卷四《魏书·三少帝纪》裴松之注)

【注释】

〔1〕《汉晋春秋》:裴松之注所引书名。

〔2〕帝:此时魏帝是高贵乡公。不胜:不能忍受,非常。侍中、尚书、散骑常侍:皆官名。

〔3〕司马昭：字子上，三国河内温县人，司马懿子，继其兄司马师为魏大将军，专国政，并日谋代魏。魏帝高贵乡公曹髦曾说："司马昭之心，路人所知也。"曹髦甘露五年(260)被司马昭杀死，司马昭另立曹奂为魏帝。景元四年(263)，司马昭发兵灭蜀汉，自称晋公，后为晋王。死后数月，其子司马炎代魏称帝，建立晋朝，追尊司马昭为文帝。
〔4〕僮仆：泛指仆人。鼓噪：擂鼓呐喊。古代战时擂鼓呐喊，以壮声势。

【译文】
《汉晋春秋》说：魏帝高贵乡公眼看着威势权力一天天失去，忍不住他内心的忿恨，召集侍中王沈、尚书王经、散骑常侍王业，给他们说："司马昭之心，路人所知也。我不能坐等忍受被人赶下帝位的耻辱，今天要和你们亲自去讨伐逆贼。"……魏帝率领几百仆人，拿着兵器，擂鼓呐喊，从宫中杀出来。(魏帝被杀。)

2 古者，察其言，观其行，而善恶彰焉[1]。
(《三国志》卷一三《魏书·钟繇传》裴松之注)

【注释】
〔1〕彰：明。

【译文】
古时候，考察他说的，观看他做的，就清楚他是好人还是坏人。

【提示】
察言观行，善恶自明。

3 《魏略》曰[1]：(董)遇，字季直，性质讷而好

学[2]。……（与兄）采稆负贩，而常挟持经书，投间习读，其兄笑之而遇不改[3]。……人有从学者，遇不肯教，而云"必当先读百遍"，言："读书百遍，而义自见。"

（《三国志》卷一三《魏书·王朗传》裴松之注）

【注释】

〔1〕《魏略》：裴松之注所引书名。

〔2〕质：质朴，单纯。讷(nè)：迟钝。

〔3〕采：搜集。稆(lǔ)：谷类等植物自生的、野生的禾。负：肩背。贩：贩卖。挟持：携带。投间：乘隙，伺机；又作"投闲"，谓置身于清闲境地。

【译文】

《魏略》说：（董）遇，字季直，性格质朴，单纯迟钝，而喜好学习。……（与哥哥）采集野生谷物，用肩背着贩卖，常常携带着经书，在有空闲的时候就拿出经书阅读学习。他哥哥看到他读书就对他笑一笑，而董遇照样读他的书。……有人要向董遇学习，董遇不肯教，说："一定要先读一百遍。"又说："读书百遍，而义自见。"

4　圣人不以智轻俗，王者不以人废言[1]。故能成功于千载者，必以近察远；智周于独断者，不耻于下问，亦欲博采必尽于众也[2]。

（《三国志》卷二一《魏书·刘廙传》）

【注释】

〔1〕圣人：指品德最高尚、智慧最高超的人。轻：轻视，看不起。俗：指一般人，老百姓。废：弃，不取。

〔2〕周：周全，遍及，都涉及到。下问：向地位比自己低的人询问求

教。博：广。

【译文】
　　品德最高尚、智慧最高超的所谓圣人不凭仗自己的智慧轻视一般人，做君主的人不因为人的地位低下而不听取他们发表的意见。所以，能够在千年之前成就大业的人，一定身在当时，而可预料未来长久发展的趋势；能独自判断、思维周全的人不认为向地位比自己低、知识比自己少的人询问求教是可耻的，因为想知道得够多，就一定要尽量广泛采纳众人的见解。

【提示】
　　不以智轻俗，不以人废言。不耻下问，博采尽众。

5　国以民为本，民以谷为命。
　　　　（《三国志》卷二三《魏书·和洽传》）

【译文】
　　国家把百姓作为立国的根本，百姓把谷子看作自己的性命。

【提示】
　　重农。活命靠粮，无粮必死。

6　评曰[1]：诸葛亮之为相国也，抚百姓，示仪轨，约官职，从权制，开诚心，布公道[2]。尽忠益时者虽仇必赏，犯法怠慢者虽亲必罚，服罪输情者虽重必释，游辞巧饰者虽轻必戮[3]。善无微而不赏，恶无纤而不贬[4]。庶事精练，物理其本，循名责实，虚伪不齿[5]。终于邦域之内咸畏而爱之，刑政虽峻而无怨者，以其用心平而劝戒明也[6]。可谓识治之良才，管、萧之亚匹矣[7]。然连年动众，未能成功，盖应变将略，非其所长欤[8]！

(《三国志》卷三五《蜀书·诸葛亮传》)

【注释】

〔1〕评曰：篇末结束语。司马迁写《史记》创纪传体，于每篇末写一段结束语，上冠"太史公曰"。其后沿用纪传体写史者篇末也都有一段结束语，而其上所冠不一，《汉书》《后汉书》是"赞曰"，《三国志》是"评曰"等。

〔2〕相国：丞相，宰相。仪：礼仪。轨：轨范，规矩，法规。约：简省，减少。从：顺从，依照。权：暂时，一时。制：制定的制度。

〔3〕尽忠：竭尽忠诚。益时：对当时有利。虽：即使。怠慢：怠惰懒散。输：告诉，说出来。情：实情。释：放，释放。游：虚浮不实。巧饰：谓诈伪粉饰。戮：杀。

〔4〕纤：细，与"微"同义，皆言其小。

〔5〕庶：众。精练：精干熟悉。理：治。本：根本，基础。循名责实：按其名而求其实，以求名实相符。虚伪：不实而假。不齿：瞧不起，所以不与同列，不收录其人，表示鄙视。

〔6〕邦域：国家。咸：都。峻：严厉，谓管理国家，执法严厉。

〔7〕识：懂得，了解。管：指春秋中前期帮助齐桓公强国称霸的管仲。萧：指秦朝末年在反秦战争中帮助刘邦取得天下、建汉称帝的萧何。亚：低。匹：相当，相比。

〔8〕盖：这里"盖"字用法，承接上文，表示原因或理由。将略：用兵的谋略。欤：句末语气词，表示感叹。

【译文】

评说：诸葛亮做相国，安抚百姓，告诉礼仪、法度，减少设置官职，制定符合时宜的制度，开诚布公。竭尽忠诚、对当时有贡献的人，即使仇人一定奖赏；犯法、怠惰懒散的人，即使亲近的人一定惩罚；服罪、如实交代的人，即使重罪一定释放；用虚而不实的话和假话粉饰欺诈的人，即使罪轻一定杀戮。行善，没有因为善事小就不奖赏；作恶，没有因为作恶不大就不降官斥责。众事干练熟悉，事物的治理要从根本，循名责实，按其名而求其实，以使名实相符；如有虚伪，假而不实，则瞧不起。在全国之内，都惧怕诸葛亮，又爱戴诸葛亮，执法行政虽然严峻，却没有怨恨的人，因为他的用心平和，明显是为了劝诫犯法有罪的人。可以说，诸葛亮是懂得治国的良才，可以与春秋管仲、西汉萧何稍次匹配的历史明人。但是，连年动众打仗，未能成功，大概是应对用兵谋略，不是诸葛亮所擅长的吧！

【提示】

《三国志》作者脱离当时天下大势，论说孔明"应变将略，非其所长"，其评实乃非是。

7 存不忘亡，安必虑危，古之善教。

(《三国志》卷四七《吴书·吴主传》)

【译文】

生存着不要忘记会被灭亡，平安的时候一定想到会有危险，这是古人的好教导。

【提示】

居安思危，治国、治家皆然。

8 武昌土地实危险而墝确，非王都安国养民之处，船泊则沉漂，陆居则峻危[1]。则童谣言[2]："宁饮建业水，不食武昌鱼。宁还建业死，不止武昌居。"

(《三国志》卷六一《吴书·陆凯传》)

【注释】

〔1〕武昌：地名，三国时在今湖北省鄂州市。孙权之吴，都城在建业，其地在今南京。当时吴国曾想把都城由建业迁到武昌，多数人反对。陆凯此疏中言及迁都即持反对态度。堵确：土质薄而不肥沃。泊：船停下。峻：险而不平，言人不平安，举童谣证之。

〔2〕童谣：儿歌。

【译文】

武昌这地方，实在危险，土质薄而不肥沃，不是君王作为都城安定国家、养护百姓的好地方，船停着不是沉下去就是漂走，人住在丘陵地带高低不平带来危险。而且童谣说："宁饮建业水，不食武昌鱼。宁还建业死，不在武昌居。"

【提示】

1956年6月，毛泽东主席写了一首《水调歌头·游泳》。开始两句是："才饮长沙水，又食武昌鱼。"这两句巧妙地借用古语，述说了自己的行程是从长沙来到武昌。

五、晋　书

《晋书》,是唐初房玄龄等撰写的一部纪传体晋朝史。

一、作者与编撰

房玄龄(578至648年),名乔,以字行,唐代齐州临淄(今山东省淄博市)人。深得唐太宗李世民宠信,贞观年间为相十五年,与杜如晦共执朝政,史称房杜。

唐代开始设置史馆修史,由宰相或其他大臣监修。《晋书》的修撰,从唐太宗贞观二十年(646)开始,二十二年成书。参加编写的前后有二十一人,由房玄龄、褚遂良、许敬宗三人为监修,所以署名"房玄龄等撰"。

《晋书》中,《宣帝纪》《武帝纪》与《陆机传》《王羲之传》等四篇的史论是唐太宗撰写的,所以旧本《晋书》有的又署名为"御撰"。

自晋亡至唐初,时历二百多年,各种晋史著作有二十多种,还有大量的诏令、仪注、起居注及杂史、文集等,这为修撰《晋书》提供了丰富的资料。《晋书》修成之后,"言晋史者皆弃其旧本,竞从新撰",于是唐代以前的诸家《晋书》先后亡佚,此书便成了后人研究晋史主要依据的史籍。

二、体例与内容

《晋书》分立四体,帝纪十卷,志二十卷,列传七十卷,载记三十卷,共一百三十卷。记事从三国魏元帝咸熙二年(265)司马炎灭魏建晋，到东晋恭帝元熙二年（420）刘裕废晋建宋，记载两晋一百五十六年的历史。

《晋书》编纂体例，基本上承袭前史，同时又从实际出发，有所创新。"本纪"记天子，而西晋建于司马炎，其祖父司马懿、伯父司马师、父司马昭并未称帝，但因他们是西晋实际奠基人，所以仿《三国志》为曹操立"纪"之例，亦为他们立"纪"。诸"志"叙事，超出晋限，始于汉末，弥补了《三国志》无"志"缺陷，为后人了解三国时期典章制度保存了不少有价值的史料。"列传"部分，一是合传较多。七十卷中，立传人有七百七十二人之多。有的合传是合记事迹相类者，沿用了前史以类相从的编纂方法；有的合传是世家大族家传，反映了门阀士族势力强大。二是收录不少有价值的文章，成为后人研究晋史重要资料。三是创立《孝友》《忠义》《叛逆》三种类传，反映了统治阶级思想对史学控制的加强。"载记"是《晋书》新设一个例目。"载记"名始于班固。据《后汉书·班固传》记载，班固曾撰"载记"若干篇，记公孙述等一些自建名号而未成正统之君的割据势力。从西晋末年到东晋时期，中国北方先后出现一些由少数民族建立的政权，史称"五胡十六国"。它们不隶属晋朝，不受晋封爵，与《史记》在"世家"所记对象有别；而它们又都是与晋朝同时存在于中国境内的政权，理应载入史册。于是采用"载记"之名，分国记述这些政权的兴亡。

《晋书》也存在不少问题，主要有四：（一）编纂方面，官修史书，成于众手，全书缺乏统贯，多有彼此失却照应、前后重复与互相矛盾等疏漏之处。（二）内容方面，由于没有充分利用丰富史料，有些记载内容不够充实；又由于喜从《世说新语》《搜神记》等笔说小说"采诡谬碎事，以广异闻"，使得有些记载失去了信史价值。（三）文风方面，编修者大多是擅长诗赋文章的文学之士，不娴史法，缺乏质朴求实的史家作风，过分追求词藻华丽，而且受南北朝时期骈俪文风影响,四六体文句充斥全书。所以人们批评"竞为奇艳,不求笃实"。(四)思想性方面,无论是《孝友》《忠义》《叛逆》三种类传的创立,还是一些记载与论赞反映出的思想倾向,都突出表明统治阶级从政治思想上对史学控制的加强,以及统治阶级利用史学为巩固自己的统治服务,这正是控制史学、官修史书的目的所在。

中华书局出版"二十四史"点校本《晋书》。张忱石编《晋书人名索引》。刘乃和主编《晋书辞典》。

1　预以天下虽安,忘战必危[1]。勤于讲武,修立泮宫[2]。

(《晋书》卷三四《杜预传》)

【注释】

〔1〕预:杜预,字元凯,西晋初人。博学多通,明于治国兴废之道。率军南下攻吴,任镇南大将军、都督荆州诸军事。平吴凯旋,以功进爵当阳县侯。魏蜀吴三家灭而一统于晋,天下平定后,杜预把精力专注于学术,撰《春秋左氏经传集解》,又作《释例》《盟会图》《春秋长历》,成一家之学,自谓"《左传》癖"。以:认为。

〔2〕勤:尽力做事。讲:演习,训练。武:指军事征战攻防等。修立:修建,建立。泮(pàn)宫:学宫,学校。

【译文】

杜预认为,天下虽然太平安定,忘记战备必定危险,所以,要尽力做好军队打仗的演习训练,要建立学校教育培养治国人才。

2　历观古今,苟事轻重,所在无不为害[1]。不可事事曲设疑防[2]。虑方来之患者也。唯当任正道而求忠良，若以智计猜物，虽亲见疑，至于疏远者亦何能自保乎[3]！

(《晋书》卷四二《王浑传》)

【注释】

〔1〕历观：逐一地看。苟：随意，表示推测或估量。轻重：重要与否，好与坏。这里是说认真观察古今的每一件事，随意推测事情的好坏。为：被。

〔2〕曲：详尽。

〔3〕忠良：忠厚贤良。虽：即使。见：被。

【译文】

　　观察古往今来的每一件事，随意推测事情的好坏，所被随意推测好坏的事常因推测错误而受伤害。所以，不可用怀疑不定的推测对亲近的人与身边的人全都设置防范。想设置防范的人，是忧虑有人制造灾祸。只应该在走正道的人中求得忠厚贤良的人，如果是用智慧计谋推测猜想事物，即使亲人也被怀疑，那些疏远的人又怎么能保护自己呢！

　　3　皇甫谧，字士安，幼名静，安定朝那人，汉太尉嵩之曾孙也。出后叔父，徙居新安[1]。年二十，不好学，游荡无度，或以为痴[2]。尝得瓜果，辄进所后叔母任氏[3]。任氏曰："《孝经》云：三牲之养，犹为不孝[4]。汝今年余二十，目不存教，心不入道，无以慰我[5]。"因叹曰："昔孟母三徙以成仁，曾父烹豕以存教，岂我居不卜邻，教有所阙，何尔鲁钝之甚也[6]！修身笃学，自汝得之，于我何有[7]！"因对之流涕。谧乃感激，就乡人席坦受书，勤力不怠[8]。居贫，躬自稼穑，带经而农，遂博综典籍百家之言[9]。沉静寡欲，始有高尚之志[10]。以著述为务，自号玄晏先生，著《礼乐》《圣真》之论[11]。后得风痹疾，犹手不辍卷[12]。

（《晋书》卷五一《皇甫谧传》）

【注释】

〔1〕出后叔父：过继叔父为后。徙：迁。

〔2〕游荡：游乐放荡。无度：没有节制。或：有人。痴：不聪明，呆傻，迟钝。

〔3〕辄：就。

〔4〕《孝经》：这里所引见《孝经》第十章纪孝行章。

〔5〕慰：慰藉，安慰。

〔6〕孟母三徙：前汉后期刘向写的《列女传·邹孟轲母》，记载孟子的母亲为激励儿子发奋学习，将自己在织机上织的布剪断，为选择好邻居先后搬了三次家，历史上称为"孟母断织"与"孟母三迁"，成为母教美谈。成仁：成就仁德。曾父烹豕：《韩非子·外储说左上篇》记载曾子为了教育孩子信守承诺，为孩子杀猪烹之。烹（pēng），煮。豕，猪。存：保持。存教，坚持教育。岂：难道。卜：寻找。阙：做的不够，没有做到。何：怎么，为什么。尔：你。鲁钝：迟钝，不灵敏。甚：严重，厉害，过分。

〔7〕修身：修养身心，陶冶性操，涵养品德。笃学：专心、踏实地认真学习。汝：你。何有：即"有何"，有什么。

〔8〕感激：感动，感奋激发。就：到。席坦：人名，本乡学者。受书：听取老师讲授经史诸子，接受教育。

〔9〕躬自：亲自。稼穑：农事，稼谓种植，穑谓收割。博综：学识广阔，包括众多方面。

〔10〕沉静：稳重安静。寡欲：节制欲望，欲望少，不贪求。高尚：谓高超的品德。志：志向，理想。

〔11〕务：事务，事情。

〔12〕风痹：中医学指因风寒湿侵袭而引起的肢节疼痛或麻木的病症。辍：停止。卷：谓书。这里是说，不停止读书、写书。

【译文】

皇甫谧,字士安,幼时小名静,安定朝那人,是汉朝太尉皇甫嵩的曾孙,过继叔父为后,迁徙到新安居住。皇甫谧年到二十岁,还不喜欢读书,天天游乐放荡,没有节制,有人认为他是个迟钝无知的傻瓜。曾经得到好吃的瓜果,就去送给后叔母任氏吃。任氏不领情,她说:"《孝经》说:'年轻人应该做的众多事情都不做,只是每天让父母多吃几样肉增加奉养。这样的人,仍然不算是孝子。'你今年二十多岁,眼睛看过以后留在记忆中的事没有符合教育的;心里想过以后留在记忆中的事没有符合道德修养的。没有什么使我高兴。"于是哀叹说:"过去'孟母三迁'成就了仁德,'曾父烹豕'受到了教育,难道是我们没有选好邻居,教育有所缺失,才造成你迟钝得这么厉害吗?修正身心,涵养品德,专心、踏实地认真学习,是你自己获得的成果,对我有什么用!"说了,就面对着皇甫谧痛哭流涕。皇甫谧感激后叔母,到同乡学者席坦那里拜师学习,听取老师讲授经史诸子,接受教育,勤奋努力不懈怠。家境贫困,皇甫谧亲自下地耕种收割,带着经书做农活,于是知识渊博,广知典籍经史百家之学。皇甫谧稳重安静,节制欲望,开始具有高尚的志向,以著述自己的思想学说作为事业,自号"玄晏先生",写了《礼乐》《圣真》两本理论书。后来得了风痹病,还是不停地读书、写书。

4　夫风化之本在于正人伦,人伦之正存乎设庠序[1]。庠序设,五教明,德礼洽通,彝伦攸叙,而有耻且格,父子、兄弟、夫妇、长幼之序顺,而君臣之义固矣,《易》所谓"正家而天下定"者也[2]。

(《晋书》卷六五《王导传》)

【注释】

〔1〕夫:句首语气词,表判断。风:风气,风俗习惯。化:教化,变化。人伦:人与人之间的道德关系。存乎:在于。庠序:学校。

〔2〕五教：谓父义、母慈、兄友、弟恭、子孝五种伦理道德的教育。德礼：道德与礼教。洽通：普遍融和。彝：常规，长久不变的法度。彝伦，谓常理，常道。攸：所。有耻且格：谓人有知耻之心，而且能自我改正归于正道。格，正。有耻且格，见于《论语·为政篇》。顺：顺畅，谓次序符合五教德礼。义：谓符合正义或道德规范的彼此关系。固：稳固，稳定。《易》：此引文见《周易·家人卦》的《象传》。

【译文】

　　风俗教化的根本在于端正人与人之间的道德关系，人与人之间道德关系的端正在于开办学校。办了学校，人在学校受到父义、母慈、兄友、弟恭、子孝五种伦理道德的教育，明白了五教，道德礼仪普遍融和，常理、常道就有序了，人们怀着知耻之心走上正道，父子、兄弟、夫妇、长幼的道德伦次合理顺畅，君臣之间符合正义或道德规范的彼此关系巩固稳定，《周易·家人卦》的《象传》所说"端正家中人的伦理关系，天下就安定太平"，就是这个意思。

【提示】

　　学习知识，抛弃愚昧。五教之伦，知耻之心。

　　5　许孜，字季义，东阳吴宁人也。孝友恭让，敏而好学[1]。年二十，师事豫章太守会稽孔冲，受《诗》《书》《礼》《易》及《孝经》《论语》[2]。学竟，还乡里[3]。冲在郡丧亡，孜闻问尽哀，负担奔赴，送丧还会稽，蔬食执役，制服三年[4]。俄而二亲没，柴毁骨立，杖而能起，建墓于县之东山，躬自负土，不受乡人之助[5]。

　　　　　　　　　　（《晋书》卷八八《孝友·许孜传》）

【注释】

　　〔1〕孝友：孝顺父母，友爱兄弟。恭让：恭敬谦让。敏：聪明。

〔2〕师事：以……作为老师。

〔3〕竟：完，结束。乡里：家乡。

〔4〕闻问：通消息。负担：背负肩挑。奔赴：急忙前往。执役：担当事情，做事情。制服：谓丧服。

〔5〕俄而：不久，说明时间的短暂。二亲：谓父母。没：没了，去世。柴毁：身体瘦损如柴。躬：亲自。

【译文】

　　许孜，字季义，东阳吴宁人。孝顺父母，友爱兄弟，对人恭敬谦让，个人聪明好学。二十岁时，拜豫章太守会稽人孔冲作老师，学习《诗经》《尚书》《礼》《周易》及《孝经》《论语》。学习结业，许孜回到家乡。老师孔冲在豫章郡逝世，许孜得到消息，极度悲哀，背负肩挑，急忙赶到老师逝世的地方，护送老师灵柩回家乡会稽。许孜吃蔬菜，做重活，在会稽为老师服丧三年。不久，许孜的父母先后逝世，许孜又先后为父母服丧，他过度悲恸哀伤，身体损害严重，消瘦得像干柴棒，只有一身骨头架子在那里支撑着，拿着拐杖才能够站起来。许孜父母的墓地建在本县的东山，许孜自己亲自背土建墓，不接受乡亲的帮助。

【提示】

　　一日为师，终身为父。

六、隋　书

《隋书》，是唐初魏徵、长孙无忌等主持撰写的一部纪传体隋朝史。

一、作者与编撰

魏徵(580至643年)，字玄成，巨鹿下曲阳(今河北省晋县西)人。早年参加隋末农民起义，后降唐，为太子李建成洗马。太宗即位，授谏议大夫，升任秘书监，参预朝政，后进爵郑国公。魏徵遇事敢谏，为太宗所敬畏。

长孙无忌，字辅机，河南洛阳人。生年不详，公元659年去世，太宗长孙皇后之兄。隋末李渊起兵，常从李世民征讨。贞观年间，任尚书右仆射等职，封国公。高宗即位，进授太尉，兼修国史。后有人诬无忌谋反，于显庆四年(659)流黔州(今重庆市彭水县)，不久在流所被逼自杀。

《隋书》是一部成于众手的官修史书。唐高祖武德四年(621)，令狐德棻建议编写梁、陈、北齐、北周、隋五朝史。高祖采纳了他的意见，并指派了各史的编写人员，但事经数年，不就而罢。太宗贞观三年(629)，又命编写五朝史，由魏徵总负责，并主编《隋书》，参加《隋书》编写工作的还有颜师古、孔颖达、许敬宗等人。贞观十年(636)，《隋书》的纪、传与其他四史同时完成，合称"五代史"。当时，"五代史"都没有"志"。贞观十五年(641)，又命于志宁、李淳风、韦安仁、李延寿等人续修

"五代史志"。初由令狐德棻监修,后改由长孙无忌监修。高宗显庆元年(656)完成,共十志,分为三十卷。从内容来看,十志记载隋事较详,且隋又是五朝中的最后一朝,所以被编入《隋书》,于是又称《隋志》。《隋书》的纪、传由魏徵主持编写,所以,署名"魏徵等撰";十志成书时由长孙无忌监修,所以,署名"长孙无忌等撰"。

二、体例与内容

《隋书》帝纪五卷,志三十卷,列传五十卷,共八十五卷。记事从隋文帝开皇元年(581)灭北周建隋,到隋恭帝义宁二年(618)隋为唐灭亡,共三十八年历史。

隋朝是一个结束了近三百年分裂局面而建立的统一王朝,又是一个只存在了三十八年就在农民起义的风暴中坠亡的短命王朝。唐朝就是攫取隋末农民起义的胜利果实而建立起来的。唐初的统治者,都曾目睹隋末农民起义的壮阔声势与隋朝在农民起义打击下迅速崩溃的情景,总结与吸取隋朝短命而亡的教训,以巩固与绵延自己的统治,就成为迫使他们着意思考与解决的问题。因此,"以隋为鉴"的思想,突出地反映在《隋书》中。它虽然也用天命论说明一代兴亡,但同时又特别强调人的因素。为了说明"一人失德,四海土崩",皇帝本人的作为与兴亡攸关,对隋炀帝的残暴统治做了较为真实而充分的揭露,对隋末农民起义的起因、经过及不可抗拒的威力也做了较为详尽的记述。

《隋书》十志,后人评价较高。南北朝时期,典章制度变化频繁,各国间时创异制,各朝之史又多无"志",致使魏晋以来各种典章制度源流不明。《隋书》十志记梁、陈、北齐、北周、隋五朝典章制度,记述范围有时概括了整个南北朝时期,甚至追溯到汉魏,使从魏晋经南北朝到隋代各种典章制度源头可稽,流制分明,且编撰者又多是有学术专长的名家,所以十志学术价值很高,倍受后人重视。如《食货志》记南北朝时期按官品占有劳动力的等级制度及课役、货币、均田制度等经济状况;《刑法志》记梁以来律书编定,其中收载的"隋律"是中国保存下来的一部较早古代法典;《天文志》与《律历志》记南北朝以来天文历法方面的成就与科学技术方面的突出成果;《经籍志》是继《汉书·艺文志》后又一部古代文献总录,采用的经史子集四部图书分类体系,直至清代相沿未变,在中国目录学史上占有重要地位。

《隋书》成于众手,记载一事有前后说法不一、矛盾互见之处。

中华书局出版"二十四史"点校本《隋书》。邓经元编《隋书人名索引》。

1 君子立身,虽云百行,唯诚与孝,最为其首[1]。(《隋书》卷二《高祖纪下》)

【注释】

〔1〕立身:做人的品德。云:说。唯:只有。首:先,重要。

【译文】

君子做人立身,虽然很多行当都可成为事业。但是,只有诚实和孝道才是做人立身最好的品德。

【提示】

人立身百行,诚孝最先。

2 田翼,不知何许人也。性至孝,养母以孝闻[1]。其后,母卧疾岁余,翼亲易燥湿,母食则食,母不食则不食[2]。母患暴痢,翼谓中毒,遂亲尝恶[3]。及母终,翼一恸而绝，其妻亦不胜哀而死[4]。乡人厚共葬之。

（《隋书》卷七二《孝义·田翼传》）

【注释】

〔1〕至：最，非常。闻：有名。

〔2〕卧：躺在床上。易：换。燥湿：干和湿，谓病床上的大小便等脏物。

〔3〕暴：猛，厉害。痢：痢疾，肠道疾病。恶：污秽肮脏之物，特指粪便。

〔4〕恸：极其悲痛。绝：断气，谓死。亦：也。不胜：受不了。

【译文】

田翼，不知道是什么地方人。性情非常孝顺，赡养母亲以孝顺闻名。后来，母亲患病一年多卧床不起，田翼亲自给母亲换洗穿脏的衣服，母亲吃了饭田翼才吃饭，母亲没吃饭田翼也不吃饭。母亲患了厉害的肠道疾病痢疾，田翼当成了中毒，就亲自尝母亲上吐下泻的脏物，来验证母亲的病症。等到母亲去世，田翼一过度悲痛就断气死了，田翼的妻子也因为受不了哀伤悲痛而死了。乡亲们把田翼母亲和田翼夫妻二人都一起厚葬了。

3　翟普林，楚丘人也。性仁孝，事亲以孝闻。州郡辟命皆固辞不就，躬耕色养，乡邻谓为楚丘先生[1]。后父母疾，亲易燥湿，不解衣者七旬[2]。大业初，父母俱终，哀毁殆将灭性，庐于墓侧，负土为坟，盛冬不衣缯絮，唯着单缞而已[3]。

（《隋书》卷七二《孝义·翟普林传》）

【注释】

〔1〕辟：征召，举荐。固：坚决。不就：不就职，不接受任命。躬：

亲自。色养：《论语·为政篇》记载："子夏问孝，子曰：'色难。'"后称人子和颜悦色奉养父母或承顺父母颜色为"色养"。

〔2〕旬：十日为一旬。

〔3〕大业：隋炀帝年号，共十四年（605 至 618 年）。殆：接近，差不多。灭性：谓因丧亲过度哀伤而毁灭性命。衣：穿衣。缯絮：缯帛丝绵，此谓缯帛丝绵做的衣服。缞（cuī）：用粗麻布制成的丧服。而已：罢了。

【译文】

翟普林，楚丘人。性情有仁德，孝敬父母，侍奉父母以孝闻名。州、郡发出举荐、征召命令，都被坚决拒绝，没有接受，亲自耕种农田，高高兴兴地伺候奉养父母，乡邻称他是楚丘先生。后来，父母有病，翟普林亲自换洗父母穿脏的衣服，两个多月没有脱衣睡觉。隋炀帝大业初年，父母先后去世，翟普林先后为父母服丧，过度悲痛使身体受到伤害，差不多要死了。在父母墓侧搭盖了小草屋，翟普林住在里面，背土把父母的坟封起来。严冬最冷的时候，不穿缯帛丝绵做的衣服，只穿用粗麻布制成的丧服罢了。

【提示】

躬耕色养。

七、旧唐书

《旧唐书》，是五代后晋刘昫等撰写的一部纪传体唐朝史。

一、作者与编撰

刘昫(888至947年)，字耀远，涿州归义(今河北省雄县西北)人。五代唐、晋两朝，刘昫都曾担任相职，并监修国史。

《旧唐书》是一部官修史书，五代后晋高祖天福六年(941)开始编写，历时四年，于后晋出帝开运二年(945)成书。参加编写的有张昭远、贾纬、赵熙、郑受益、李为先等人。工作开始，宰相赵莹监修，他在组织人员、收集史料与制定体例等方面，做了不少工作。后来，赵莹去职，桑维翰以宰臣监修。最后一年，由宰臣刘昫监修，他虽对修史无甚建树，因全书修成由他领衔上奏，所以署名"刘昫等撰"。

《旧唐书》依据的资料，主要是唐代的实录与国史。唐代一向重视修史工作，并有一套较为完备的搜集史料的方法。但中遭安史之乱，末年又世事多变，并经黄巢农民起义及其他战乱，所以史籍损失严重。据《五代会要》卷一八记载："唐高宗至代宗已有纪传，德宗亦存实录，武宗至济阴废帝(即哀帝)凡六代唯有《武宗录》一卷，余皆阙略。"五代梁、唐二朝都曾打算编写唐史，虽经几十年重金购求唐史资料，终因所得无几，未能着手编写。直到晋时，资料大体完备，方得修撰成书。

二、体例与内容

《旧唐书》原名《唐书》，后人为了与北宋欧阳修、宋祁等人修撰的《新唐书》相区别，加一"旧"字，称《旧唐书》。

《旧唐书》本纪二十卷，志三十卷，列传一百五十卷，共二百卷。记事从唐高祖李渊武德元年（618）灭隋建唐，到唐哀帝李柷天祐四年（907）朱温灭唐建梁，记载唐朝二百九十年的历史。

《旧唐书》修成于五代后晋时期，后晋是一个只存在十年（936至946年）的短命王朝，能在动乱纷争的年代设馆修史，难能可贵。正因这样的时代条件，《旧唐书》匆促成书，显得有些粗糙，对所据资料因袭多而加工少，往往抄录唐代实录与国史原文，缺乏必要的剪裁整理，稍嫌繁冗芜杂，成为后人指摘的一个缺点。但如果从史料角度来看，《旧唐书》记事较详，保存史料较为丰富，而且抄撮旧文，录而不改，保留了原始资料原貌，这又成为一个优点。"本纪"部分，唐中叶前，由于有实录、国史可供采摘，所以"文简而有法"；晚期史事，无现成史书可资利用，全靠作者采访编辑，而"史官采访，意在求多，故卷帙滋繁"。所以总观本纪二十卷，存在前简后繁，"前后简繁不均"之弊。由于唐代晚期史料缺乏，所以《旧唐书》全书记事，详于前中期，晚期史事记载简略，只是由于晚期懿宗、僖宗、昭宗、哀帝四朝本纪详述史事，记载了有关唐末农民起义及其他众多史实，保存了不少唐朝晚期重要而原始的史料，才多少弥补一些晚期记事简略不详的缺陷。"志"部分，虽有些地方稍嫌简略，但前史志目大都具备，唐朝将近三百年的典章制度大致都有记载。"列传"部分，共载一千一百八十多人，立传人物遍及政治、军事、思想、儒学、文学、史学、科技等方面，较为全面反映了唐代各方面情况与成就。在列传第三至第六，为一些隋末农民起义领袖立了专传，弥补了《隋书》未为其立专传的缺陷。关于国内外各民族的记载，史料分量超过以前各史，是研究国内少数民族历史与中外关系史十分珍贵的资料。

《旧唐书》的缺点,一是全书内容前详后略。二是书成众手,时有剪裁失当、前后矛盾之处,甚至有一人两传、一文重出的现象。

中华书局出版"二十四史"点校本《旧唐书》。张万起编《新旧唐书人名索引》。赵文润、赵吉惠撰《两唐书辞典》。

1 抑志裁心,慎终如始[1]。削轻过以添重德,循今是以替前非[2]。

(《旧唐书》卷五一《后妃传上·太宗贤妃徐氏传》)

【注释】

[1] 抑:向下压。抑志,抑制自己的志气。裁:节制,约束。裁心,约束心里广泛的思考。终:最后,结束。

[2] 削:削除,铲除。轻过:不大、不重的过错。循:遵循,沿着。是:对,正确。替:废弃,代替。

【译文】

抑制自己的志气,约束心里的思考;慎重对待事情的结束,要像对待事情开始时的那样。除掉自己的小过错,使自己增添仁德;沿着今天的正道走,改正以前的错误。

【提示】

不趾高气扬,要低调谦让。修养德行,树立正风。

2 徵再拜曰[1]:"愿陛下使臣为良臣,勿使臣为忠臣[2]。"帝曰:"忠、良有异乎?"徵曰:"良臣,稷、契、咎陶是也[3]。忠臣,龙逢、比干是也[4]。良臣使身获美名，君受显号，子孙传世，福禄无疆[5]。忠臣身受诛夷，君陷大恶，家国并丧，空有其名[6]。以此而言，相去远矣。[7]"帝深纳其言[8]。

(《旧唐书》卷七一《魏徵传》)

【注释】

〔1〕徵：谓魏徵。

〔2〕愿：希望。陛下：谓唐太宗李世民。

〔3〕稷：谓后稷，相传是尧舜时人，姬姓。其母生而弃之，所以名弃。自幼爱农事，勤于种植百谷，所以又称稷。尧命稷作农官，所以又称后稷。辅佐禹平治水土，有功，封于邰（今陕西省武功县）。后稷的后人，在商朝后期，占据周地，发展为商朝西部一个大诸侯。周文王时，商之天下划为三，周已有其二。周文王子武王时，发兵东征，杀纣灭商，拥有天下，建立周朝。契：相传是尧舜时人，子姓。舜命他作掌管教化的官，叫司徒。辅佐禹平治水土，有功，封于商（今河南省商丘市），是商殷的先祖。咎陶：即皋陶，相传是尧舜时人，偃姓，舜命他作管理刑政的官。后来，辅佐禹平治水土，有功，禹将英、六（二地在今安徽省六安一带）封与他的后人。

〔4〕龙逄：又作关龙逄，相传为董父之后人，夏桀之臣。夏桀荒淫无道，遂进谏，夏桀把龙逄囚而杀之。比干：殷纣王的诸父（父辈），又称王子比干，任少师。殷纣王淫乱暴虐，微子启和箕子屡谏不听。后来，微子启逃亡，箕子装疯为奴。比干仍在直言谏之，结果被纣王剖心杀死。

〔5〕显号：地位显贵的名号。无疆：无穷，永远。

〔6〕诛夷：屠杀，杀戮。大恶：大恶行，大罪过。并：都。

〔7〕去：距离，相差。

〔8〕深：很，非常。纳：采纳，同意。

【译文】

魏徵又跪拜说："希望陛下使臣为良臣，不要使臣为忠臣。"唐太宗说："忠、良有不同吗？"魏徵说："良臣，像尧、舜时的后稷、契、皋陶那样做臣就是。忠臣，像夏桀时的龙逄、商纣王时的比干那样做臣就是。良臣，使臣自己取得好名声，使君主得到地位显贵的名号,子孙世世相传,幸福俸禄永远享受。忠臣,使臣自己遭受杀害,君主陷入杀忠臣的大恶罪,忠臣没有了家,君主丧失了国,君臣白白享有那明君、忠臣之名。从这种情况说,忠、良二者差别很大。"唐太宗非常同意魏徵的说法。

【提示】

谏诤名臣。忠臣与良臣。

3 徵拜谢曰:"陛下导之使言,臣所以敢谏,若陛下不受臣谏,岂敢数犯龙鳞[1]?"

(《旧唐书》卷七一《魏徵传》)

【注释】

〔1〕数:多次。犯:触犯,冒犯;又,违背。龙鳞:龙的鳞甲。古代中国以君为龙,所谓"真龙天子",所以用"龙鳞"指称君主。

【译文】

魏徵给唐太宗跪拜谢罪说:"陛下有意引导我使我说话,我所以敢谏进不同意见。如果陛下不接受我的谏言,怎么敢多次违抗陛下旨意,与陛下逆而言之呢?"

【提示】

先有纳谏之君,后有敢谏之臣。

4 罢不急之务,慎偏听之怒[1]。近忠厚,远便佞[2]。杜悦耳之邪说,听苦口之忠言[3]。

(《旧唐书》卷七一《魏徵传》)

【注释】

〔1〕罢：停止，不做。务：事情。

〔2〕便：同"辩"。佞：善辩，口才好，用花言巧语谄媚人。便佞，巧言善辩，阿谀逢迎。

〔3〕杜：杜绝，不听。苦口：不怕厌烦、不辞劳苦，再三唠叨规劝。

【译文】

不做不急需的事情，小心因为偏听偏信发脾气。接近忠诚厚道的人，远离巧言善辩、阿谀逢迎的人。不听好听的胡说八道，只听苦口婆心的忠实劝导。

【提示】

一反一正，行之稳妥。

5　君子、小人，貌同心异。君子掩人之恶，扬人之善。临难无苟免，杀身以成仁[1]。小人不耻不仁，不畏不义[2]。唯利之所在，危人以自安[3]。

(《旧唐书》卷七一《魏徵传》)

【注释】

〔1〕临：面临，遇到。苟免：不严肃对待。

〔2〕不耻：不以为耻。

〔3〕危：危害。危人，使人受危害。

【译文】

君子与小人，面同心不同。君子不说人的坏话，宣扬人做的好事。遇有难事不得过且过，就是死了也要仗义行事。小人不仁不觉得可耻，不怕不义。只要得到利益，可以危及别人来使自己安全。

【提示】
　　君子小人，貌同心异。

　　6　以铜为镜可以正衣冠，以古为镜可以知兴替，以人为镜可以明得失[1]。朕常保此三镜，以防己过[2]。

（《旧唐书》卷七一《魏徵传》）

【注释】
　　[1]替：衰微，衰败。得失：得与失，可用来指成败、利弊、盈亏、是非、曲直、正误等。
　　[2]保：保持，拥有。

【译文】
　　用铜造的镜子照看自己可以端正自己穿戴的衣帽，用古代历史作为镜子考察可以知道各个朝代兴盛衰败的原因，用别人作为镜子检查自己可以明了自己的善恶是非。我常常保持这三面镜子，来防备自己犯过错。

【提示】
　　保此三镜，以防己过。

八、新唐书

《新唐书》，是北宋欧阳修、宋祁等撰写的一部纪传体唐朝史。

一、作者与编撰

欧阳修（1007至1072年），字永叔，号醉翁，又号六一居士，庐陵（今江西省吉安县）人。宋仁宗天圣八年（1030）进士，官至枢密副使、参知政事。他是北宋中期文坛领袖，著名史学家。

宋祁（996至1061年），字子京，安州安陆（今湖北省安陆县）人。宋仁宗天圣二年（1024）进士，历任知制诰、翰林学士、史馆修撰、工部尚书等职。

《新唐书》是北宋仁宗时期撰写的一部官修史书。唐代是中国古代社会一个重要时期，各种制度较为完备，不少制度为宋代所沿用。唐代安史之乱后出现的藩镇割据局面，实际上一直延续到整个五代时期。建立北宋的赵匡胤，也是凭借自己军事实力夺取了后周政权而登上皇帝宝座。他为了防止别人效尤，曾采取杯酒释兵权与宴会罢节镇等措施。所以，宋初统治者特别重视吸取唐代统治经验教训，作为借鉴。《旧唐书》修成于五代后晋时期，"纪次无法，详略失中，文采不明，事实零落"，已不满人意。于是就有了"补缉阙亡，黜正伪缪，克备一家之史，以为万世之传"的必要。因此，重修《唐书》被提上日程。编写工作大约从仁宗庆历四年（1044）开始，到嘉祐五年（1060）完成，历时十七年。参加编写的，先后有欧阳修、宋祁、范镇、王畴、宋敏求、吕夏卿、刘羲叟等人。欧阳修主持撰成本纪和表、志，宋祁负责完成列传，所以书成，由欧阳修、宋祁署名。

二、体例与内容

《新唐书》与《旧唐书》比较，互有长短。"本纪"部分，《新书》大量删削《旧书》。《旧书》本纪约三十万字，《新书》仅九万字。一篇《哀帝本纪》，《旧书》约一万三千字，《新书》只有千字左右。欧阳修写本纪，仿效《春秋》笔法，务在褒贬，只记大事，不载诏令，而且减字缩句，专尚文字简洁、体例严谨。所以很多重要史实失载，反而不如《旧书》内容充实。"志"部分，《新书》质量多在《旧书》之上。《新书》一些志目，如《食货》《地理》《艺文》等，内容比《旧书》增加许多。《新书》还增加《仪卫》《选举》《兵》三志，扩大了志目记事范围。"表"部分，为《旧书》所无。纪传体编纂方法，创始于《史记》，完善于《汉书》，纪、表、志、传四部分俱全，方称体例完备。但《汉书》后所修纪传体各史，少数有"志"，全部缺"表"。《新书》恢复表体，上承《史记》《汉书》传统，下启后世修史恢复"表"体之风，其后所修《宋史》《辽史》《金史》《元史》《明史》《清史稿》等都有"表"，显受《新唐书》重开立"表"修史新风的影响。"列传"部分，《新书》与《旧书》卷数相同，但《新书》删去《旧书》六十一传，而增立三百三十一传。虽删了一些不该删的重要内容，但总的来看，删少增多，增加了不少《旧书》缺载的资料。特别是唐代后期史事，内容更比《旧书》充实。但宋祁与欧阳修一样，也着意求简，所以对《旧书》传文收录的诏令、奏疏、诗文等大加删削，还有一些表示确切年月的词语也多被砍掉，使不少史事失去具体时间。宋祁喜欢散文，不好骈体，所以遇有骈文，不管是否重要资料，或删掉，或节录，甚至有的将其改写为散文，使其完全失去或者大大减弱应有的史料价值。《新书》删去一些不该删的《旧书》立传人物，如玄奘、一行、孙思邈等人，使某些佛教情况与科学技术成就失载。总的说来，从体例严谨、文字简洁看，《新书》胜过《旧书》；从保存较为完整的原始资料看，《旧书》又有胜过《新书》之处。清代学者王鸣盛认为："《新书》最佳者志、表，列传次之，本纪最下；《旧书》则纪、志、传美恶适相等。"这个评价，大致说来，较为切合《新唐书》与《旧唐书》的实际。

中华书局出版"二十四史"点校本《新唐书》。张万起编《新旧唐书人名索引》。赵文润、赵吉惠撰《两唐书辞典》。

1　元德秀，字紫芝，河南河南人，质厚少缘饰[1]。少孤，事母孝，举进士，不忍去左右，自负母入京师[2]。既擢第，母亡，庐墓侧，食不盐酪，藉无茵席[3]。服除，以婺困调南和尉，有惠政，黜陟使以闻，擢补龙武军录事参军[4]。

德秀不及亲在而娶，不肯婚。人以为不可绝嗣，答曰："兄有子，先人得祀，吾何娶为[5]?"初，兄子襁褓丧亲……既长，将为娶，家苦贫，乃求为鲁山令[6]。……有盗系狱，会虎为暴，盗请格虎自赎，许之[7]。吏白："彼诡计，且亡去，无乃为累乎[8]?"德秀曰："许之矣，不可负约，即有累，吾当坐，不及余人[9]。"明日，盗尸虎还，举县嗟叹[10]。

（《新唐书》卷一九四《卓行·元德秀传》）

【注释】

〔1〕河南河南：河南府河南县。质：本质，禀性，天生的品性。厚：忠厚，厚道，宽厚。少：不多。缘饰：文饰，粉饰。

〔2〕孤：无父，死了父亲。举：科举考中。去：离开。负：用背背着。

〔3〕既：已经，以后。擢第：科举考试及第。庐：在父母坟墓旁搭盖草木小房，供服丧人住在里面。酪：用果子或果子仁做成的糊状食品。藉：在垫子上坐卧。茵：垫子或褥子。

〔4〕窭困：贫穷。南和：地名。尉：军尉，军官名。惠政：好政绩。黜陟使：官名，掌管官吏的升降。擢补：提补。龙武军录事参军：军官名。

〔5〕吾何娶为：我哪里用得着娶妻呢。

〔6〕襁褓：包裹婴儿的被子和带子，用来怀抱婴儿。既：已经，以后。苦：忧愁，困扰。

〔7〕会：正值，赶上。格：格斗，击杀。

〔8〕白：说。且：将要。亡：逃。累：连累。

〔9〕当：担当。坐：犯罪。

〔10〕尸虎：死虎。举：全。

【译文】

元德秀，字紫芝，河南府河南县人，禀性宽厚，很少文饰。小时候父亲去世，事奉母亲孝顺。科举考中进士，不愿意远离母亲，自己背着母亲到京城任职。有了官职以后，母亲去世，在父母坟墓旁边搭盖了一个草木小屋，住在里面，为父母服丧，吃的东西没有盐和果糊，坐卧之处无垫子和席子。服丧结束，脱掉丧服，家境贫穷，调任南和尉，有好的政绩，黜陟使向朝廷奏报了元德秀的情况，提补他为龙武军录事参军。

元德秀没有来得及父母在的时候娶妻，父母不在了，元德秀不愿意结婚娶妻。人们认为不能不娶妻传宗接代，断了烟火，元德秀回答说："哥哥有儿子，去世的先人能够得到后世子孙的祭祀，我为什么非要娶妻不可呢？"起初，哥哥的儿子还在怀中抱着的时候，哥嫂就先后去世……孩子长大以后，要为孩子娶妻，因为家贫娶不起媳妇忧愁，就提出去当官，做鲁山县令。……鲁山县监狱中绑着一个大盗，正好赶上一个老虎这时正在鲁山到处伤人。绑在监狱的大盗提出，让他去和老虎格斗拼杀，为社会除大害，来赎自己的罪行，元德秀作为县令答应了。县衙的官吏跟元德秀说："盗说的事，是诡计，将要利用机会逃跑。您不是为这事受牵连了吗？"元德秀说："已经答应他了，不能说了不算数。即使被牵累,我个人担当罪过,不涉及大家。"第二天,找虎格斗的大盗带着被他打死的老虎回来了。全县人都为此事而感慨赞叹。

【提示】

孝悌治家,舍己为民。

2　支叔才,定州人[1]。隋末荒馑,夜丐食野中,还进母[2]。……母病痈,叔才吮疮注药[3]。及亡,庐墓。

(《新唐书》卷一九五《孝友·支叔才传》)

【注释】

〔1〕定州:其地在今河北省定县。
〔2〕荒馑:饥荒。丐:求,乞讨。野:谓郊外或者村落。
〔3〕痈:化脓性的皮肤病。吮(shǔn):吮吸,用嘴吸。注:给疮上药。

【译文】

支叔才,定州人。隋朝末年,人闹饥荒,忍饥挨饿。支叔才夜间趁人看不清楚到郊外村落乞讨食品,回来给母亲吃。……母亲患了皮肤病,疮已化脓,支叔才用嘴把疮的脓吸出来,再用嘴把药送到疮化脓的地方。到母亲去世,支叔才在墓的旁边搭盖了一个草木小屋,住在里面服丧守孝。

【提示】

孝不顾己,纯孝一生。

九、宋　史

《宋史》，是元代脱脱等撰写的一部纪传体宋朝史。

一、作者与编撰

脱脱（1314 至 1355 年），蒙古族，字大用。元顺帝元统年间，官至同知枢密院事。至正元年（1341），任右丞相，监修国史；三年，诏修宋、辽、金三史，为三史都总裁官。后被政敌劾免，流放云南，服毒死。

历代新兴王朝，不忘"殷鉴不远，在夏后之世"的古训，为借鉴前代统治经验教训，总是在建国初年，即着手编写前代史，而元代到末期方修《宋史》，何以如此？实际上，元修宋史，始议颇早。元初，于元世祖忽必烈中统二年（1261），便设立翰林国史馆。元世祖至元十六年（1279）灭宋，当年即诏修宋、辽、金三史。后来，仁宗、文宗也曾诏修三史，但都未能终成其事。这是因为，两宋时期，在北方与宋长期并存的还有辽、金二朝。同时并存的三个政权，谁为正统，成了三史编纂体例上众人争论不决的关键问题。归纳起来，大致分为两派意见：一派主张以宋为正统，合修一史，仿效《晋书》例，宋为"本纪"，辽、金为"载记"。一派主张以辽、金为《北史》，宋太祖至靖康为《宋史》，建炎以后为《南宋史》。关于正统问题的争论，历经数朝，未得解决，致使三史编写工作拖延下来。直到顺帝时期，决定宋、辽、金三朝各为正统，各系年号，各为一史，才使长期争论不休的正统问题得以解决，修史工作得以进行。至正三年（1343）三月，正式诏设宋、辽、金三朝各史局，分别编修三史。命中书右丞相脱脱任三史都总裁，《宋史》由铁木儿塔识、贺惟一、张起岩、欧阳玄、李好文、王沂、杨宗瑞等七人任总裁，纳麟等九人协恭董治，斡玉伦徒等二十三人为史官，另有提调官二十三人。次年五月，脱脱罢相，仍任都总裁之职，而在都总裁之上增设"领三史"官，命中书右丞相阿鲁图与中书左丞相别儿怯不花领修三史事。经过两年半的时间，于至正五年十月，《宋史》写成，由阿鲁图表进朝廷。

"二十四史"中，记事时限《宋史》仅次《史记》，卷帙篇幅《宋史》最多。如此巨作，何以在短短两年半时间内能写成呢？首先，有关宋史资料丰富。宋代重视修史工作，设有国史院、实录院、日历所、会要所等专门机构，纂辑编修极为丰富的官修本朝史书。仅据《宋史·艺文志》著录，各帝实录三千多卷，日历四千多卷，会要二千多卷，宝训千卷，纪传体国史一千多卷，总计一万余卷。宋私人著述也极宏富：有关宋史专书，如王偁撰《东都事略》一百三十卷，李焘撰《续资治通鉴长编》九百八十卷，熊克撰《九朝通略》一百六十八卷，徐梦莘撰《三朝北盟会编》二百五十卷，李心传撰《建炎以来系年要录》二百卷等；另外，还有大量杂史、传记、地志、笔记、家传及个人文集等。宋代史料，虽遭两宋末年战乱浩劫，多有损失，但保存下来的仍为数不少。《元史·董文炳传》记载，元军占领南宋都城临安后，董文炳留守。"文炳谓之曰：'国可灭，史不可没。宋十六主，有天下三百余年，其太史所记具在史馆，宜悉收以备典礼。'乃得宋史及诸注记五千余册，归之国史院。"其次，元代曾几度诏修宋、辽、金三史，虽都未终其事，但在史料搜集及编辑方面做了不少工作，这为顺帝时修史工作准备了条件。其三，设局修史，集中众多人员，仅就《进宋史表》提到的，有领史事二人，都总裁一人,总裁七人,协恭董治九人,史官二十三人,总计四十二人。借助众力,"编劚分局",分工撰写,然后"汇粹为书",所以能在较短时间大功告成。

二、体例与内容

《宋史》本纪四十七卷,志一百六十二卷,表三十二卷,列传二百五十五卷,共四百九十六卷。记事从五代后周恭帝元年(显德七年,960)赵匡胤灭周建宋,到南宋赵昺帝祥兴二年(1279)元灭南宋,记载两宋三百二十年的历史。

《宋史》特点,主要有二:(一)体例完备。纪传史编纂体例,《史记》《汉书》后,只有《新唐书》纪表志传各体俱全,其他各史皆有纪传而表志或缺。《宋史》不仅纪表志传俱全,而且融会前史之长,间有创新。如"列传"部分,每于长传后另写一段对其一生主要经历的概括叙述文字,文简事赅,略如全篇提要。这是《宋史》特有写法,足救长传文多事繁不得要领之弊。再是由于宋代道学(理学)兴盛,并受到官方提倡,《宋史》创立《道学传》类传,置于《儒林传》前,记道学家事迹,而不在道学家之列的经学家仍入《儒林传》。道学与儒学分立,确反映了时代特征。还有最后四种类传《列国世家》《周三臣传》《外国列传》《蛮夷列传》,显系作者精心安排。《史记》设"世家"一体,记诸侯。《汉书》后这部分记述对象归并"列传",不再用"世家"一体。欧阳修写《新五代史》,用"世家"体记十国史事,表明以五代为正统,以十国为割据。赵匡胤公元960年灭周建宋,当时各地割据政权尚存,经十几年统一战争,到太宗太平兴国四年(979)才把十国最后征服。这些政权宋初尚存,《宋史》应载,但如果完全像《新五代史》那样把记述它们的"世家"作为与纪、传、表、志地位等同的一种体例,显然不合适。因为对宋来说,它们只是政权交替之际暂时的历史现象。如果把它们也降称"列传",它们又都非宋臣。于是《宋史》既吸取《新五代史》编纂方法，为其立《列国世家》，又将其地位降如类传。《周三臣传》记为忠周反宋而死的周末三臣韩通、李筠、李重进。新、旧《五代史》都未给他们立传，《周三臣传》弥补了这一缺陷。形式上似效《新五代史》的《唐六臣传》，但褒贬判然不同。最后两个类传《外国列传》与《蛮夷列传》，将"外国"与"蛮夷"分立，这是《宋史》类传传目的又一创新，从传目名称就区分了国内与国外关系，比以前各史对同类内容的编排更为得体。（二）内容丰富。宋代三百余年统治，在政治、军事、经济、文化等方面都有自己的特点，各种制度较为完备。这些都在《宋史》中或多或少地得到反映。如"志"部分，分量庞大，包括全面，十五志目，一百六十二卷，占全书卷帙三分之一，系统而详细地记载宋代各种典章制度。其中，《礼志》二十八卷，相当于"二十四史"中其他各史《礼志》卷数总和。《食货志》十四卷，是《旧唐书·食货志》卷数的七倍，按经济类别记宋代农业、盐业、茶业、手工业概况与赋役、货币等制度。其他各志，也都根据具体情况，详述原委。"列传"部分，立传人有二千八百多个，从不同角度记载宋代各方面代表人物与社会情况。

《宋史》修于元末风雨飘摇之际，时间匆促，又成于众手，所以存在不少问题。主要有二：一是两宋记事详略不一。北宋叙事详备，南宋稍嫌简略。二是有的内容编次失当。有的立传人前后时代错乱，倒置失序；有的一人重复立传；有的一事数见，既有重复之弊，又往往记载互有矛盾；《艺文志》中著录图书，一书两见甚至三见的情况为数不少。后人认为《宋史》"繁芜"，所以不少学者另撰新书，以纠救其病。其实，芜杂，确是《宋史》的毛病；而繁多，从保存史料的角度视之，又恰是《宋史》的一大优点。

中华书局出版"二十四史"点校本《宋史》。俞如云编《宋史人名索引》。

1　王安石，字介甫，抚州临川人，父益，都官员外郎[1]。安石少好读书，一过目终身不忘。其属文动笔如飞，初若不经意，既成，见者皆服其精妙，友生曾巩携以示欧阳修，修为之延誉，擢进士上第[2]。

安石议论高奇，能以辨博济其说，果于自用，慨然有矫世变俗之志[3]。于是上万言书。……后安石当国，其所注措，大抵皆祖此书[4]。……

熙宁元年四月，始造朝，入对，帝问为治所先，对曰"择术为先"[5]。……

二年二月，拜参知政事[6]。……上问："然则卿所施设以何先[7]？"安石曰："变风俗，立法度，最方今之所急也。"上以为然[8]。于是设制置三司条例司，命与知枢密院事陈升之同领之……而农田水利、青苗、均输、保甲、免役、市易、保马、方田诸役相继并兴，号为"新法"[9]。……

哲宗立……元祐元年，卒，年六十六[10]。

安石性强忮，遇事无可否，自信所见，执意不回[11]。至议变法，而在廷交执不可，安石傅经义，出己意，辩论辄数百言，众不能诎[12]。甚者谓[13]："天变不足畏，祖宗不足法，人言不足恤[14]。"罢黜中外老成人几尽，多用门下儇慧少年[15]。久之，以旱引去，洎复相，岁余罢，终神宗世不复召，凡八年[16]。

　　　　　（《宋史》卷三二七《王安石传》）

【注释】

〔1〕抚州：地名，今江西省抚州市。都官：谓刑部长官。员外郎：官名，各部都设有员外郎，位在郎中之下。此谓王安石的父亲官为刑部员外郎。

〔2〕属：撰写。经意：经心，在意。既：已经。成：成文。精妙：精致美妙。友生：好友，朋友。曾巩：北宋著名文学家之一。示：给人看。欧阳修：北宋中期文学家的领袖人物。延誉：播扬声誉。延，长。擢：拔取，提拔。上第：上等，第一。

〔3〕高奇：高超杰出。辨博：谓学识广博。辨，通"辩"。济：弥补，补益，充实。果：果敢，果断。自用：自行其是，不接受别人的意见。慨然：情绪慷慨激昂的样子。矫：匡正，纠正。

〔4〕当国：执政，主持国事。注措：又作"注错"，措置，安排处置。大抵：大都，大致。祖：本着，根据。

〔5〕熙宁：神宗年号，熙宁元年是公元1068年。造：到。造朝，进谒，朝见。

〔6〕拜：授官。参知政事：官名，相职。

〔7〕施设：实施，实行。

〔8〕然：是这样。

〔9〕制置三司条例司：宋神宗于熙宁二年二月任用王安石为参知政事，实行变法，设立制置三司条例司为主持变法机关，筹划与制定新财政经济政策，改变旧法，颁布新法，由王安石与知枢密院事陈升之共同负责。

〔10〕哲宗：神宗子，继神宗立。元祐：哲宗年号，元祐元年是公元1086年。

〔11〕强忮：固执。可否：可以不可以，能不能。自信：相信自己。所见：见解，意见。执意：坚持自己的意见。回：改变。

〔12〕交执：交友，结交。傅：陈述。出：说出，发表。诎：折服，屈服。

〔13〕甚者：严重的，过分的。

〔14〕恤：忧虑，顾及。

〔15〕罢黜：罢免官职。老成人：有德敦厚的老年人，此指旧臣言。几：几乎，差不多。尽：完，无。门下：门生，弟子，或本人吏属等。儇慧：轻佻浮薄，妄诈奸恶。

〔16〕引去：本人提出某种事由主动离开。洎：及，到。终：结束。凡：共。

【译文】

王安石,字介甫,今江西省抚州市临川区人。父亲王益,官为刑部员外郎。王安石少年时候就爱好读书,看一遍就能一辈子不忘。他写文章,挥动手中的笔,好像笔在手中飞起来似的。开始好像心里一点不在意,当文章写好以后,看他文章的人都佩服他的文章写得精致美妙。王安石的好朋友曾巩把王安石写的文章拿给著名文学家欧阳修看,欧阳修对王安石的学识大加赞扬,提拔王安石为进士第一。

王安石议论问题高超杰出,能以广博的学识充实他的见解。果断地自行其是,从不接受别人的意见,情绪慷慨激昂,胸怀纠正世道、改变风俗的志向。于是,给皇帝上奏万言书。……后来,王安石主持国事,他所采取的治国措施,大致都根据这篇万言书。……

神宗熙宁元年(1068)四月,开始朝见皇帝,进去当面回答皇帝提出的问题。皇帝问:"要治国,先做什么?"王安石回答说:"首先选好治国的方略。"……

二年二月,命王安石任相职参知政事。……皇帝提问:"那么卿治理国家先从什么方法开始?"王安石说:"改变风俗,建立法度,是当今最急需的。"皇帝认为是这样。于是,设立制置三司条例司作为主持变法机关,命令由王安石与知枢密院事陈升之共同负责……而农田水利法、青苗法、均输法、保甲法、免役法、市易法、保马法、方田法等各个新的做法,先后都实行起来,号称"新法"。……

神宗死,子哲宗即位称帝,年号元祐。……元祐元年(1086),王安石死,年六十六岁。

王安石固执,遇到事情,没有不可以考虑做的,只相信自己的见解,坚持自己的意见不改变。到议论变法,而在朝廷众人都说新法不可行,王安石陈述经义,发表自己的见解,辩论时一说就是长长的几百句,众人中没有人能使他折服。王安石甚至说:"天变不足畏,祖宗不足法,人言不足恤。"朝中和外地的老臣差不多快被罢免完了,任用的多是自己手下轻浮的年轻人。王安石在朝执政时间已久,自己就借着天气干旱成灾作为事由,本人主动提出离开官位。后恢复相职,在位一年多被罢免,此后一直到神宗去世，八年时间内没有再被召用。

【提示】
　　北宋神宗时期的王安石是中国古代第二位著名改革家，改革史称王安石变法。

　　2　冠冕百行莫大于孝，范防百为莫大于义[1]。先王兴孝以教民厚，民用不薄[2]；兴义以教民睦，民用不争。率天下而由孝义，非履信思顺之世乎！
（《宋史》卷四五六《孝义列传》）

【注释】
　　[1]冠冕：冠、冕，都指帽子。帽子戴在头顶上，即人身的最上面，这里表示事物的最前面，即占据首位，在众多行为之首。莫：没有什么。大：善，好。范防：即"防范"，防备，戒备。义：符合正义道德。
　　[2]兴：倡导，提倡。厚：敦厚，厚道。用：遇事，做事。薄：虚假刻薄，不诚实宽厚。

【译文】
　　众多行为前面没有什么比孝还好，防范戒备众多行为没有什么比义还好。先王提倡用孝教育民众敦实厚道，民众遇事不虚假刻薄；提倡用义教育民众和睦相处，民众遇事不争斗。采取孝义治理天下，天下不成了行事诚信、心情顺畅的世道了么！

【提示】
　　孝义修身。

　　3　徐承珪，莱州掖人[1]。幼失父母，与兄弟三人及其族三十口同甘藜藿，衣服相让，历四十年不改其操[2]。

(《宋史》卷四五六《孝义列传·徐承珪传》)

【注释】

〔1〕莱州掖:州县地名,其地即今山东省掖县。

〔2〕其族:同姓的家族。藜:灰菜,一年生草本植物,叶可食。藿:豆叶,可食。藜藿,常用来泛指粗劣的饭菜食品。操:气节,品行,节操。

【译文】

徐承珪,莱州掖县人。幼小的时候父母就死了,自己和哥哥、弟弟三人,还有本家三十口人生活在一起,吃着粗劣的饭菜,衣服新旧、好坏互相让着轮流穿。日子这样过了四十年,徐承珪一点没有改变自己的品德操守。

【提示】

悌义顺和。

4 刘孝忠,并州太原人[1]。母病经三年,孝忠割股肉、断左乳以食母[2]。母病心痛剧,孝忠然火掌中,代母受痛[3]。……后数岁母死,孝忠佣为富家奴,得钱以葬[4]。富家知其孝行,养为己子。后养父两目失明,孝忠为舐之,经七日,复能视。

(《宋史》卷四五六《孝义列传·刘孝忠传》)

【注释】

〔1〕并(bīng):州名,其治在山西太原。

〔2〕股:大腿。断:即"割"。

〔3〕剧：厉害，严重。然："燃"的古字，燃烧。
〔4〕佣：被雇佣做家奴。

【译文】

　　刘孝忠，并州太原人。母亲已经病了三年，孝忠割大腿肉给母亲吃，又割下来自己左侧的乳房让母亲吃。母亲患病，心脏痛得厉害，孝忠点着一把火放在自己手掌中燃烧，代替母亲受疼痛。……几年以后，母亲去世，孝忠受雇给富做奴仆，用做家奴的钱安葬了母亲。富家的人知道孝忠是个孝顺的人，就把孝忠收为自己的养子。后来，养父两目失明，孝忠天天为养父用舌头舔失明的两眼，坚持舔了七天，失明的两眼又恢复了视力，能看见东西了。

【提示】

　　佣身葬母，养父眼瞎复明。

　　5　支渐，资州资阳人[1]。年七十，持母丧[2]。既葬，庐墓侧，负土成坟，蓬首垢面，三时号泣，哀毁瘠甚[3]。……

　　乡人句文鼎自娶妇即与父母离居，睹渐至行，深自悔责，号恸而归，孝养尽志[4]。乡间观感而化者甚众[5]。

　　　　　　（《宋史》卷四五六《孝义列传·支渐传》）

【注释】

　　〔1〕资州资阳：地名，其地今属四川。
　　〔2〕持：护持，守护。
　　〔3〕既：已经，以后。庐墓：服丧人所住，在墓旁搭盖的草屋。负：用肩背。蓬首垢面：形容头发很乱，脸上很脏的样子。三时：谓一天的

早、中、晚三个时辰。瘠：瘦弱。

〔4〕睹：看。至行：最高尚的品德孝行。恸：极其悲痛。尽志：尽心。

〔5〕乡闾：指民户聚居的里巷村落。观感：看到事物以后留下的印象在心中引起的感想。化：内心受到教育。

【译文】

　　支渐，今四川资阳人。七十岁还给母亲服丧。安葬以后，住在墓旁搭盖的草屋中，用肩背土把母亲的坟堆起来，自己满头乱发，一脸尘土，每天早晨、中午、晚上三次一把鼻涕一把泪水大声号啕哭泣，悲哀痛苦，伤害了身体，特别瘦弱。……

　　有一位同乡人叫句文鼎，自从娶妻以来，就和父母分了家，各自过。他看到支渐这种最高尚的品德、作为，很是懊悔责备自己，于是号啕大哭，回来和父母一起生活，尽心行孝，赡养父母。同乡人知道了支渐的品德与孝行，受感化的人非常多。

【提示】

　　修德行孝。

一○、元　史

《元史》，是明代宋濂等撰写的一部纪传体元朝史。

一、作者与编撰

宋濂(1310至1381年)，字景濂，号潜溪，金华府浦江县(今浙江省浦江县)人。朱元璋起兵反元，召濂，常侍左右，备顾问。宋濂文名重当时，为明初文学大家。明太祖朱元璋洪武二年(1369)，宋濂修《元史》，为总裁官。史成，授翰林院学士，人称"太史公"。明初典章制度，宋濂大都参与制定。宋濂倍受明太祖器重，推为开国文臣之首。洪武十三年，丞相胡惟庸获罪被杀，濂受牵连，贬置茂州，在赴贬所途中病死夔州。

明修《元史》，于灭元当年提出。洪武元年十二月，诏修《元史》，以成一代之典。次年二月开局修撰，以宋濂、王祎为总裁，汪克宽等十六人为编修。修撰《元史》的主要依据，是元代太祖至宁宗《十三朝实录》、国史、元文宗时期所编记载元代典章制度的《经世大典》及元人文集、家传、碑碣、墓志等。因元代末帝"顺帝之时史官职废，皆无实录可征"，而《经世大典》又编于顺帝之前，不载顺帝史事，除此之外"又无参稽之书"，所以到这年八月，写成除顺帝一朝史事以外的本纪三十七卷，志五十三卷，表六卷，传六十三卷，共一百五十九卷。为弥补顺帝一朝史，又诏派员四处搜集资料，"凡诏令、章疏、拜罢、奏请，布在方册者，悉辑为一。有涉于番书，则令译而成文。其不系公牍，若乘舆巡幸、宫中隐讳、时政善恶、民俗歌谣，以至忠孝、乱贼、灾祥之属，或见之野史，或登之碑碣，或载群儒家集，莫不悉心咨访"。此后，又于洪武三年(1370)二月，重开史局续修，仍以宋濂、王祎为总裁，赵埙等十五人为编修。到这年七月，又写成本纪十卷，志五卷，表二卷，列传三十六卷，共五十三卷。然后，将两次撰修之书合并一起，个别内容与篇卷做了一些分合调整，成为一部完整的《元史》。至此，撰修《元史》工作完成。

二、体例与内容

《元史》本纪四十七卷，志五十八卷，表八卷，列传九十七卷，共二百一十卷。记事从元太祖铁木真为帝称成吉思汗(1206)，到元顺帝至正二十八年(1368)顺帝北走元亡，记载元朝一百六十三年的历史。

"本纪"部分，记十四帝事迹，始于太祖成吉思汗，而太祖、太宗、定宗、宪宗是建元前的四帝，因"当时史官不备"，"其行事之详，简策失书，无从考也"，所以，记载简略，诸如三次西征这样的重大史实，也都语焉不详。世祖忽必烈建元灭宋，吸取汉族文化，设立翰林国史院编修实录、国史，所以，自世祖建元到元朝灭亡的九十年记事较详，既详述史实，又收录诏令奏疏，"事实与言辞并载"，内容充实。"志"部分，有十三志目，内容详备，保存了大批珍贵史料。如《天文志》《历志》二志，吸收天文学家郭守敬与历算学家李谦的研究成果，反映了元代天文历法的进步，有的已居当时世界的前列。《地理志》根据岳铉等撰《大元一统志》写成，记载元代辽阔的疆域与政区建置。《河渠志》根据欧阳玄撰《河防记》等著作写成，记载南北运河、沟渠、堤堰、海塘、黄河等水运情况。《选举》《百官》《食货》《兵》《刑法》诸志，取材于虞集等撰《经世大典》，记载元朝政治、经济、军事、刑法等各方面的制度与情况。"列传"部分，取材于实录、国史及家传、碑碣、墓志等，内容比较丰富。本来，纪传史体，本纪"以事系日，以日系月，以月系年。……至列传，则往往视其事之大小繁简以为详略，不必拘拘于时日之细"。但是，《元史》则不然，"列传"记事，多系以年月日。这样编纂，虽非古法，"然记事详赡，使后世有所考，究属史裁之正"。

《元史》因成书仓促，所以记事歧异、重复，史实疏漏、讹误之处甚多。《四库全书总目》卷四八《元史》提要："书始颁行，纷纷然已多窃议，迨后来递相考证，纰漏弥彰。"书成不久，曾参与纂修之役的朱右即撰《元史补遗》。永乐年间，胡粹中又撰《元史续编》。此后，解缙撰《元史正误》，周复俊撰《元史弼违》。这些著作的相继出现，表示出史学界对官修《元史》的不满态度。到了清代，对《元史》的批评声音更激烈。顾炎武在《日知录》卷二六《元史》条指出："诸志皆案牍之文，并无熔范。"而列传部分又有"一人作两传"的疏失。钱大昕在《十驾斋养新录》卷九《元史》条批评说："古今史成之速未有如《元史》者，而文之陋劣亦无如《元史》者。"章学诚在《信摭》中提出《元史》"不待观书而知其无节度"，魏源更斥《元史》为"从来未有之秽史"，"芜蔓疏陋"，"在诸史中最为荒芜"。

明清史学家对《元史》的批评所指出的问题很多，大致说来，主要有四：（一）详略不均。"本纪"元前四帝只有三卷，而《世祖本纪》多达十四卷，《顺帝本纪》也多至十卷。"列传"第三十二以前多是蒙古人，第三十三以下多是汉人，而又详于文人。这可能与修史当时所据史料多寡有关。从保存史料说，详亦不可厚非；从编纂体例说，详略不均确为一病。（二）内容重复。"本纪"中有同一史事重复记载，"列传"中有同一人物立有二传。（三）缺漏史实。清代学者钱大昕指出："开国功臣，首称'四杰'，而赤老温无传。尚主世胄，不过数家，而郓国亦无传。丞相见于表者五十有九人，而立传者不及其半。太祖诸弟止传其一，诸子亦传其一，太宗以后，皇子无一人立传者。"他还指出：

"《礼》《乐》《兵》《刑》诸志,皆阙顺帝一朝之事,《地理志》载顺帝事仅二条,余亦阙漏。"(四)译名不一。

《元史》虽然问题很多,但因其所据文献如元代实录、国史、《经世大典》等均已不存,所以它成为了解与研究元朝历史最基本的史籍。

中华书局出版"二十四史"点校本《元史》。姚景安编《元史人名索引》。邱树森撰《元史辞典》。

1　萧道寿,京兆兴平人。家贫,鬻筬以自给[1]。母年八十余,道寿事养尽礼。每旦,候母起,夫妇亲侍盥栉[2]。日三饭,必待母食,然后退就食。至夕,必待母寝,然后退就寝。出外必以告,母许乃敢出。母或怒,欲罚之,道寿自进杖,伏地以受[3]。杖足,母命起,乃起。起复再拜,谢违教,拱立左右,俟色喜乃退[4]。母尝有疾,医累岁不能疗,道寿刲股肉啖之而愈[5]。

(《元史》卷一九七《孝友·萧道寿传》)

【注释】

〔1〕鬻(yù):卖。筬(chéng):织具。自给:依靠自己的劳动所得满足自己的生活需要。

〔2〕旦:早晨。候:等。侍:伺候。盥(guàn):洗手。栉(zhì):梳子,此言用梳子梳头发。

〔3〕或:有时。伏:趴在地上。

〔4〕拜:行礼,低头弯腰,表示恭敬顺从。谢:道歉,认错。拱:两手在胸前相合,表示敬意。俟(sì):等。色:谓脸色。

〔5〕累:连续,接连。疗:治,治好。刲(kuī):割。股:大腿。啖(dàn):吃。

【译文】

　　萧道寿，京兆兴平人。家贫，靠卖箴维持生活。母亲已八十多岁，道寿侍奉供养母亲都很尽心。每天早晨，等母亲起床后，道寿夫妻二人亲自伺候母亲洗手梳头发。每天三顿饭，一定等母亲吃完饭，然后才退出来自己吃饭。到晚上，一定等母亲睡下，然后才退出来自己就寝。出门到外地，一定把外出的事告诉母亲，母亲答应，才敢外出。母亲有时候生气发怒，要惩罚道寿，道寿自己拿来棍棒给母亲，趴在地上受打。用棍棒打够了，母亲让起来，才站起来。站起来以后，再给母亲行礼，低头弯腰，表示恭敬顺从，道歉认错，自己违背母亲的教诲；两手在胸前相合，拱立在母亲左右，等母亲的脸色喜欢了才退出去。母亲曾经患病，医治了几年都没有治好。道寿割自己大腿上的肉给母亲吃，结果母亲的病好啦。

　　2　朱汝谐，濮州人。父子明尝命与兄汝弼别产[1]。子明卒，汝弼家尽废，汝谐泣请共居[2]。仲父子昭、子玉贫病，汝谐迎至家，奉汤药甘旨甚谨，后卒，丧葬尽礼[3]。乡人贤之。

　　　　（《元史》卷一九七《孝友·朱汝谐传》）

【注释】

　　[1] 别：分开，分离。产：家产，产业。
　　[2] 废：荒废，荒芜。
　　[3] 甘旨：谓养亲的食物。

【译文】

　　朱汝谐，濮州人。父亲子明曾经让汝谐与哥哥汝弼分了家产。父亲去世后，汝弼的家产全都荒废，汝谐哭着求哥哥汝弼与自己合成一家生活。两位叔叔子昭、子玉家庭贫穷，又身患疾病，汝谐把两位叔叔接到家，熬药治病，做饭养身体，非常认真用心，后来两位叔叔去世，丧葬事都按丧礼进行。家乡父老都称赞朱汝谐是一位贤良有德的人。

3　郭回，邵武人。素贫，年六十无妻，奉母寄宿神祠中，营养甚艰[1]。母年九十八卒，回佣身得钱葬之[2]。每旦，诣坟哭祭，十四年不辍[3]。

（《元史》卷一九七《孝友·郭回传》）

【注释】

〔1〕素：一向，向来。寄宿：借住。营养：谓生计，生活。
〔2〕佣：雇佣，此谓受人雇用。
〔3〕诣(yì)：前往，到。辍(chuò)：停止，中断。

【译文】

郭回，邵武人。向来贫穷，六十岁都没有妻子，自己没有家，赡养母亲借住在供奉神堂的屋子中，日子过得非常艰难。母亲九十八岁去世，郭回用受人雇用得到的钱给母亲办了丧事。安葬母亲以后，每天早晨都到母亲坟上哭祭，十四年没有中断过。

4　张庆，真定人。善事继母。伯父泰异居河南，庆闻其贫，迎归养之。供膳丰备，过于所生。

（《元史》卷一九七《孝友·张庆传》）

【译文】

张庆，真定人。对继母侍奉伺候得很好。伯父张泰不在真定住，住在河南。张庆听说伯父贫穷，就把伯父从河南接回来赡养，吃喝穿戴都很满足，比亲生儿子伺候得都好。

5 赵毓,唐州人,父福迁郑之管城。其先,三世同爨[1]。毓官福州司狱,满归,以母老,不复仕[2]。一日,会诸弟,泣申遗训"愿世世无异处",且祝天,歃血以盟[3]。自是,大小百口,略无间言,同力合作,家道以殷[4]。毓长兄瑞早世,嫂刘氏守志,毓率家人事之甚恭[5]。次兄选继殁,嫂王氏,毓母以其少,许归改嫁[6]。王氏曰:"妇无再嫁之义,愿终事姑[7]。"毓妹赘王佑,佑亡,妹念佑母无子,乞归朱氏养之[8]。

人谓孝友节义,萃毓一家[9]。

(《元史》卷一九七《孝友·赵毓传》)

【注释】

〔1〕爨(cuàn):烧火煮饭。同爨,一个锅里吃饭,说明是一家人。

〔2〕司狱:官名,掌管刑狱的官员。满:官的任期已满(已到期)。归:卸任回家。复:又,再。仕:做官。

〔3〕会:集聚。申:述说。遗:留下。训:教导、嘱托。遗训,是说前人留给后人教导、嘱托的话。愿:希望。祝:祷。歃(shà):用嘴吸取。歃血,古代举行盟会时,嘴唇涂上牲畜的血,表示诚意,所谓歃血为盟。盟:盟誓,即宣誓,发誓。

〔4〕是:这时。略:皆,全。略无,全无,毫无。间:嫌隙,隔阂。间言,说些相互嫌隙、隔阂的话。家道:家业,家境,家庭的运作。殷:富裕。

〔5〕早世:过早地死去。守志:谓女子不改嫁。

〔6〕殁:死。归:回娘家。回娘家,离开了婆家,显示与婆家没了关系,就可以改嫁了。

〔7〕义:道理。终:一辈子。姑:丈夫的母亲,即婆婆。

〔8〕赘(zhuì):招女婿,入赘。乞:求。归:女子出嫁。养:生育。

〔9〕孝友:事父母孝顺,对兄弟友爱。节义:节操与义行。符合正义与道德即是义,按照正义与道德做事的行为即是义行。萃(cuì):汇集,聚集。

【译文】

　　赵毓,唐州人,父亲赵福迁居到郑州的管城。父亲之前,三辈人没有分家,都在一起生活。赵毓在外做官,为福州司狱,任期到后就回家了,因为母亲年岁已高,就没有再出来做官。一天,赵毓召集几位弟弟,流着眼泪向他们述说教导嘱托的话:"希望世世不分家。"说后又祷告上天,歃血盟誓。从此以后,老少百口,没有人说有隔阂、闹矛盾的闲话,通力合作,家庭和乐富裕。赵毓大哥赵瑞过早地死了,大嫂刘氏不改嫁,赵毓带领全家人对待大嫂非常恭敬。二哥赵选继大哥之后也死了,二嫂王氏,赵毓的母亲觉着她还年轻,让她回娘家,找个人家改嫁。王氏说:"嫁过的妇人没有再嫁的道理,我愿意一辈子事奉婆婆。"赵毓的妹妹招赘王佑,王佑死后,妹妹觉着王佑的母亲没有别的儿子,求把自己嫁到姓朱的家,生个儿子,作王佑之后。

　　人们说,孝顺父母,友爱兄弟,重品节,有德义,赵毓一家都有了。

一、明 史

《明史》，清代张廷玉等撰写的纪传体明朝史。

一、作者与编撰

张廷玉(1672 至 1755 年)，字衡臣，安徽桐城(今安徽省桐城市)人。康熙三十九年(1700)进士，官至保和殿大学士兼吏部尚书、军机处大臣。曾先后预修康熙、雍正二朝实录，并任《明史》、国史馆、《清会典》的总裁官。

清修《明史》，可分为三个阶段。清于入关的次年，即顺治二年(1645)，就设立明史馆，诏令编修《明史》，命冯铨、洪承畴、李建泰、范文程、刚林、祁充格等为总裁官。因当时政局尚未稳定，加之史料难于很快地搜集，修史条件尚不成熟，所以迁延日久，遂致停搁。此为第一阶段。康熙十八年，再开史馆，先后以徐元文、李霨、王熙、熊赐履、张玉书等为监修，以叶方蔼、张玉书、徐学乾、汤斌、陈廷敬、王鸿绪等为总裁。为搜罗修史人才，于这年三月特地举行了一次博学鸿词科考试，中式者五十人，大都是当时有名望的学者，如朱彝尊、毛奇龄等皆在其中。他们都授翰林，分任编修、检讨、侍讲、侍读等官，同修《明史》。此外，还派卢君琦等十六人同为纂修。在此期间，对修史用力最多的是万斯同。他以明朝遗民自居，不仕清，不受俸，聘其以布衣身份参与修史，作为《明史》的总审稿人，全书都经他审阅定稿。万斯同于康熙四十年去世后，花费精力最多的是王鸿绪。

他在万氏工作的基础上加以改删，于雍正元年（1723）完成全稿，是为王氏《明史稿》。此为第二阶段。雍正元年七月，又诏命张廷玉、朱轼、徐元梦为总裁，在《明史稿》的基础上再加修订改编，至雍正十三年完成。乾隆四年（1739），校定刊刻，由张廷玉领衔表进朝廷。此为第三阶段。如果从顺治二年诏修算起，至此已九十五年（1645至1739年）。即使从康熙十八年始修算起，至此也已六十一年（1679至1739年）。《明史》是"二十四史"中编修时间最长的一史。

二、体例与内容

《明史》本纪二十四卷，志七十五卷，表十三卷，列传二百二十卷，共三百三十二卷。记事从元顺帝至正二十八年（1368）朱元璋建明灭元，到庄烈帝朱由检崇祯十七年（1644）明朝灭亡，记载明朝二百七十七年的历史。

《明史》体例严谨，文字简洁，内容充实，在"二十四史"中是写得较好的一部。"本纪"部分，记明代十六帝，《明实录》将建文、景泰二朝分别附于《太祖实录》与《英宗实录》，而《明史》各为一纪，特别是对《景帝本纪》的编次处理，"分英宗为前后两纪，而列《景帝纪》于中，斟酌最为尽善"。"志"部分，共有十五目，包罗面广，且大都各有特色。《天文志》不仅记载中国天文学说，还介绍意大利人利玛窦的天文理论。《历志》详述明代《大统历》内容，还介绍回回历概况，并用表、图与文字配合，其中图为他史所无，乃《明史》首绘。《刑法志》详述明代维护统治所设特务机构厂卫制度的情况，反映了明代政治黑暗、刑法残酷的史实。《艺文志》只载明人著作，而不著录存世的前人著述，不同前史并列古今的通例。有人说它避免了同一部书各史重复著录之弊，但从学术史角度看，它割断了整个学术发展的过程，使后人无法了解明代学术的全貌，应该说是一个缺陷。其他如《食货》《河渠》《兵》诸志，分记明代经济、水利、边防、军备等情况,也都写得详备而有条理。"表"部分,共有五目,其中《七卿年表》是《明史》新创。根据《明史·职官志》记载,明代为了加强皇权,废除丞相制,分权于六部,分掌吏、户、礼、兵、刑、工等政务,又设都察院职掌纠劾百官,通政使司负责内外章疏敷奏封驳之事,大理寺职掌审谳平反刑狱的政令,合为九卿。但从明代实际情况看,虽有九卿之名,但通政使与大理寺卿的权力远比不上六部尚书与左右都御史,所以九卿去二,作《七卿年表》。"列传"部分,充分运用类传的编纂方法,共立二十类传目,其中十七个是沿袭前史已有类传目,三个为《明史》新创,即《阉党列传》《流贼列传》与《土司列传》。《明史》有《宦官列传》记宦官,又立《阉党列传》专记宦官的党羽,是因为宦官之祸"虽汉、唐以下皆有,而士大夫趋势附膻,则惟明人为最夥,其流毒天下亦至酷,别为一传,所以著乱亡之源"。《流贼列传》系统记载李自成、张献忠等领导明末农民起义的斗争史迹,虽然作者以敌视的态度,使用诬蔑的词语,但保存了珍贵史料,有一定参考价值。《土司列传》记载湖广、四川、云南、贵州、广西等五个地区少数民族的历史与隶属关系。这些地区,"古谓羁縻州也,不内不外,衅隙易萌。大抵多建置于元,而滋蔓于明。控驭之道与牧民殊,与御敌国又殊,故自为一类"。其他"列传",虽未标类传名目,但也多是依照人物主要事迹,以类相从,将同类人物或同一史事相涉人物编于同卷,如是数十人共一事,就举一主要人物立传,他人各附一小传于此人传后。如"列传"第七十六,记武宗时期"戒盘游,斥权幸"的谏争之臣,立传者十五人,附传者就有四十五人,其中《陆昆传》后附传十二人,《张文明传》后附传十一人。这种编纂方法,既使次要人物不至于被湮没,又便于后人检阅史实,较为得体。

《明史》的缺点,主要有二:(一)对清朝皇室的先世女真族建州部的情况及其与明朝的臣属关系,讳隐不书,或语焉不详。

所以，中国东北地区的情况缺略不少，即使在某些篇卷偶有提及也多有失实。(二)《明史》对明亡之后在南方建立的南明政权的史迹，未专立纪、传记载，即使其事偶见他传，也多是寥寥数语。这些缺点，皆由屈从于清朝统治者政治上的需要而产生。

中华书局出版"二十四史"点校本《明史》。李裕民编《明史人名索引》。

1 谕户部，编民百户为里，婚姻、死丧、疾病、患难，里中富者助财，贫者助力[1]。春秋耕获，通力合作[2]。以教民睦。

（《明史》卷三《太祖本纪》洪武二十八年二月）

【注释】

〔1〕谕：告知，有时特指上对下的指令，此言皇帝的诏令。户部：朝廷分六部管理全国各部门，户部管理民事。里：古代地方基层行政组织单位名称。

〔2〕耕：谓种植。获：收获。通力：全力，合力。

【译文】

明太祖洪武二十八年二月，诏令户部：编民众一百户为一里。一里内各户婚姻、死丧、疾病、患难，富有的户帮助出钱财，贫穷的户帮助出力做事。春种秋收，全力合作。用这种做法引导民众和睦相处。

【提示】

明初，改变元代管理民事的做法，教民和睦相处。

2 以用度不节、工役劳民、忠言不闻、仁政不施，四事自责[1]。

（《明史》卷一四《宪宗本纪》成化十二年七月）

【注释】

〔1〕用度：费用的数量。节：节制，节俭。忠言：诚恳正直的话。闻：听。

【译文】

用费不节俭、工事使民众过度劳苦、诚恳正直的话不听、用仁德治理政事的做法不施行。有这四件事，就自我责备。

【提示】

自责四事，皆当省责。

3　书谨天戒、任贤能、亲贤臣、远嬖佞、明赏罚、谨出入、慎起居、节饮食、收放心、存敬畏、纳忠言、节财用十二事于座右，以自警[1]。

（《明史》卷二〇《神宗本纪》万历三年四月）

【注释】

〔1〕书：写。谨：恭敬。嬖：宠爱。佞：用花言巧语谄媚人的奸邪。起居：谓举动，行为。收：收回。放心：放纵的心。敬畏：既敬重，又惧怕。纳：听取。

【译文】

明神宗把恭敬上天的警戒，任用有贤德才能的人，亲近善良的好臣子，远离宠爱谄媚的奸邪臣子，分清什么该奖赏什么要惩罚，谨慎出入往来，小心举动行为，节减饮食，收回放荡不羁的胡思乱想，心中既敬重又惧怕，听从诚恳正直的话，节省钱财费用，分别十二方面之事，书写后放在自己座位的右侧，用来自我提醒警惕。

【提示】
座右自警十二事。普通人也应取其可鉴者自省之。

4　时有将军安涏者，一岁丧母，事其父以孝闻[1]。父病革，刲臂为汤饮父，父良已[2]。年七十，追念母不逮养，服衰庐墓三年[3]。

（《明史》卷一一六《诸王列传·安涏》）

【注释】
〔1〕以：由于，因为。闻：名声，有名声。
〔2〕革：病危重。刲：割。良已：痊愈。
〔3〕逮：及，赶到。服：穿。衰（cuī）：丧服。庐墓：服丧期间在坟墓旁搭盖的小屋子，服丧人住在里面守孝。

【译文】
　　当时有一位将军叫安涏，一岁的时候母亲就死了，事奉他父亲非常孝顺，远近有名。父亲患病，病危重的时候，安涏割下自己胳膊上的肉熬汤给父亲喝，父亲的病得以痊愈。安涏七十岁的时候，回想母亲死的早，自己没有能够奉养母亲，于是穿着孝服，在坟墓旁边搭盖了一个小屋子，在小屋子里守孝居住了三年。

5　（徐）达少有大志。……洪武元年，太祖即帝位，以达为右丞相[1]。册立皇太子，以达兼太子少傅[2]。……
　　下诏大封功臣，授达开国辅运推诚宣力武臣，特进光禄大夫、左柱国、太傅、中书右丞相参军国事,改封魏国公,岁禄五千石,予世券[3]。……

每岁春出,冬暮召还,以为常[4]。还辄上将印,赐休沐,宴见欢饮,有"布衣兄弟"称,而达愈恭慎[5]。帝尝从容言[6]:"徐兄功大,未有宁居,可赐以旧邸[7]。"旧邸者,太祖为吴王时所居也[8]。达固辞[9]。一日,帝与达之邸,强饮之醉,而蒙之被,舁卧正寝[10]。达醒,惊趋下阶,俯伏呼死罪[11]。帝觇之,大悦[12]。……

达言简虑精……而帝前恭谨如不能言。

(《明史》卷一二五《徐达传》)

【注释】

〔1〕洪武:明太祖朱元璋年号,共三十一年(1368至1398年)。洪武元年灭元建明。

〔2〕册立:古代帝王封立太子、皇后,称册立。太子少傅:官名,辅教太子。

〔3〕岁禄:一年的俸禄。石(dàn):容量单位,一石十斗。予:给。世券:犹铁券,明代赐予功臣,是其世代享有特权的凭证。

〔4〕暮:晚。冬暮,即暮冬,晚冬,严寒之时。

〔5〕还:回来,谓从率军作战的地方回来。辄:就。上:交上去。沐:洗头发。休沐,此言休息身体。布衣:谓平民百姓。愈:更加。

〔6〕从容:沉着镇静,不慌不忙的样子。

〔7〕邸:府第。

〔8〕吴王:在元末战乱时,朱元璋曾自称吴王。

〔9〕固:坚决。辞:不接受。

〔10〕上"之":至。蒙:盖住。舁(yú):几人一起抬。

〔11〕惊:吃惊,惊吓。趋:疾行,古代一种礼节,用碎步疾行表示敬意,称为趋。阶:房屋门外台阶。富贵人家的房屋,厅堂门外台阶一般都较高。俯伏:趴在地上。

〔12〕觇(chān)：窥视，观测，暗中查看。

【译文】

（徐）达少年时候就有了远大志向。……洪武元年，太祖朱元璋建立明朝，做了皇帝，用徐达担任右丞相。封立皇太子，用徐达兼任太子少傅。……

后来颁布诏书大封功臣，授予徐达开国辅运推诚宣力武臣，特进光禄大夫、左柱国、太傅、中书右丞相，参军国事。改封为魏国公，一年俸禄五千石，给予世券。……

每年，春天率军出外到各地作战，冬末寒冷没有战事就被召回，成为常事。召回，就把率军作战的将军印上交皇帝，皇帝赐允休假。皇帝设宴席见面，欢快地一起饮酒，像原来做老百姓时候那样称兄道弟，这种场面，徐达更加恭敬谨慎。皇帝曾经沉着镇静，不慌不忙地说："徐兄功劳大，还没有安居的地方，可以把原来的府第送给徐兄。"原来的府第，是指皇帝原做吴王时居住的府第。徐达坚决不接受。有一天，皇帝与徐达来到这个府第，强让徐达喝酒，一直到喝醉。给徐达蒙盖上被子，几个人抬他躺卧在房屋的正室。徐达醒了，惊慌地碎步小跑下了台阶，趴在地上，高喊"死罪"。皇帝暗中察看到徐达的表现，非常高兴。……

徐达话说的简单，考虑事情精辟……在皇帝面前恭敬谨慎，好像说不出话来。

【提示】

可与《史记·萧相国世家》写萧何释疑避祸的三件事相参。萧何任汉初皇帝刘邦的丞相，徐达任明初皇帝朱元璋的丞相，二人前后时隔一千五百多年，受皇帝亲近重用何其似耶！而二人事主保身的处世哲学又何其似耶！

6 朱升，字允升，休宁人。元末举乡荐，为池州学正，讲授有法[1]。蕲、黄盗起，弃官隐石门[2]。数避兵逋窜,卒未尝一日废学[3]。太祖下徽州,以邓愈荐,召问时务[4]。对曰:"高筑墙,广积粮,缓称王。[5]"太祖善之。[6]

(《明史》卷一三六《朱升传》)

【注释】

〔1〕举:取得,得到。乡:地方基层社会组织名称。荐:推选。学正:地方学校的学官。

〔2〕盗:指元朝末年的反元起义武装。

〔3〕数(shuò):屡次,多次。逋:逃亡,逃窜。卒:最终,到头来。未尝:没有。废:荒废,停止。

〔4〕太祖:指称朱元璋。下:攻占。以:由,因。务:事。

〔5〕广:多。缓:慢。

〔6〕善:好,意动用法,意思是"认为好"。

【译文】

朱升,字允升,休宁人。元朝末年,得到乡的推选,做了池州学校的学官,给学生讲授得很好。蕲、黄两个地方的反元武装兴起,放弃官职,躲藏到石门。多次逃亡躲避兵乱,始终没有耽误一天学业。朱元璋攻占徽州,由邓愈举荐,请来朱升询问当时应该做的事情。朱升回答说:"高修大墙,多存食粮,别忙称王。"朱元璋认为朱升提出的意见很好。

【提示】

1970年前后,国家提出"备战、备荒",毛泽东主席借用朱升"高筑墙,广积粮,缓称王"这句话,提出:"深挖洞,广积粮,不称霸。"

7 杨溥,字弘济,石首人……举进士[1]。……永乐初,侍皇太子,为洗马[2]。太子尝读《汉书》,称张释之贤[3]。溥曰:"释之诚贤,非文帝宽仁,未得行其志也[4]。"采文帝事编类以献,太子大悦[5]。

(《明史》卷一四八《杨溥传》)

【注释】
〔1〕举:考中。
〔2〕永乐:明成祖年号,共二十二年(1403至1424年)。侍:陪从,伺候。洗马:官名,东宫官属,太子出则随从前导。
〔3〕称:称赞,夸奖。张释之:西汉前期人,《史记》《汉书》都有他的传。汉文帝时期,他担任最高司法官廷尉。法律本来就是统治阶级意志的体现,一经制定,就应君臣共遵,上下同守。但在封建社会里,虽有成法可依,却又都是君言就是法,一人说了算。张释之在汉文帝盛怒,要重治杀人之时,明确指出:"法者,天子所与天下公共也。今法如是,更重之,是法不信于民也。"以此阻之。这种敢违上意、公正不阿的执法精神,是难能可贵的。
〔4〕诚:真的,确实。宽仁:宽恕仁厚。
〔5〕悦:喜欢,高兴。

【译文】
　　杨溥,字弘济,石首人……考中进士。……明成祖永乐初年,杨溥侍奉皇太子,在太子下面做洗马。太子曾经读《汉书》,读到《张释之传》,称赞张释之是位好臣。杨溥说:"张释之耿直执法,公正不阿,敢违上意,确实是一位好臣,但是如果没有汉文帝那样宽恕仁厚的皇帝,是不能按照他的想法执行的。"杨溥汇集汉文帝事迹,分类编辑一起献给太子,太子很高兴。

【提示】
　　贤臣需要贤君成之。无贤君,贤臣何以立于朝?

8　陈济,字伯载,武进人。读书过目成诵。尝以父

命如钱塘,家人赍货以从[1]。比还,以其货之半市书[2]。口诵手钞,十余年,尽通经史百家之言[3]。成祖诏修《永乐大典》,用大臣荐,以布衣召为都总裁[4]。……

济少有酒过,母戒之,终其身未尝至醉[5]。弟洽为兵部尚书,事济如父[6]。济深惧盛满,弥自谦抑[7]。所居蓬户苇壁,裁蔽风雨[8]。终日危坐,手不释卷[9]。为文根据经史,不事葩藻[10]。尝云:"文贵如布帛菽粟,有益于世尔[11]。"

(《明史》卷一五二《陈济传》)

【注释】

〔1〕如:去,前往。钱塘:地名。赍(jī):携带。

〔2〕比:等到,待到。货:货物,钱财。市:买。

〔3〕钞:同"抄"。

〔4〕《永乐大典》:类书名。永乐元年,成祖诏命解缙、姚广孝等编纂,又因大臣推荐,以布衣召陈济为都总裁。初名《文献大成》,后更广采各类图书七八千种,历时五年,重辑成书,改书名为《永乐大典》。全书正文二万二千八百七十七卷,凡例与目录六十卷,共二万二千九百三十七卷,装成一万一千零九十五册,字数共三亿七千万左右。全书包括经、史、子、集、天文、地理、阴阳、医卜、僧、道、技艺等众多方面。布衣:平民,百姓。都:大。总裁:明、清时期称中央(朝廷)编纂机构的主管官员为总裁。

〔5〕酒过:谓酒喝多而醉。

〔6〕尚书:官名。明代朝廷设吏、户、礼、兵、刑、工六部,六部尚书分掌政务,等于国务大臣,犹如今天国务院各部部长。事:对待,听从。

〔7〕深惧:很怕。盛满:骄傲自满。弥:更加。谦抑:谦逊。

〔8〕蓬:草名。户:门户。蓬户,用蓬草编成的门。苇壁:用芦苇编成席子扎成的墙壁。蓬户苇壁,指犹穷苦人家居住的简陋房屋。裁:同"才",稍微。蔽:遮挡,遮蔽。

〔9〕危:端正,正直。释:放下。卷:谓书。

〔10〕事：使用，玩弄。葩(pā)藻：华丽的文辞。

〔11〕菽：豆类的总称。粟：谷子。菽粟，泛指粮食。尔：句末语气词。

【译文】

　　陈济，字伯载，武进人。书看一遍，就能通顺地诵读。曾经根据父亲的安排去钱塘，由家人携带钱物跟随前往。等到回来的时候，用那携带钱物的一半买了书。口诵手抄十余年，全部精通了经、史、诸子百家的思想学说。明成祖下诏命令编纂《永乐大典》，采用大臣的推荐，以平民百姓的身份召来陈济作大总裁。……

　　陈济小时候曾经酒喝多后因发酒疯闹出了事，受到母亲训诫，一辈子喝酒没再醉。弟弟陈洽为兵部尚书，对待兄长陈济像对待父亲一样。陈济很怕骄傲自满，更加谦逊。住宅是用蓬草编成的门，用芦苇编成席子扎的墙壁，像穷苦人家居住的房子，十分简陋，稍微可以遮蔽风雨。整天端坐，手里拿着书读。写文章根据经史，不玩弄华丽文辞。陈济曾经说过："文章的重要像吃喝穿戴一样，对于人大有好处呀。"

　　9　夏寅，字正夫，松江华亭人，正统十三年举进士〔1〕。……

　　寅清直无党援〔2〕。尝语人曰："君子有三惜：此生不学，一可惜；此日闲过，二可惜；此身一败，三可惜〔3〕。"世传为名言。

（《明史》卷一六一《夏寅传》）

【注释】

　　〔1〕正统：明英宗年号，共十四年（1436至1449年）。
　　〔2〕清直：清廉正直。党：结伙拉派。
　　〔3〕一：全。败：失败，事情不成功。

【译文】

　　夏寅,字正夫,松江华亭人,明英宗正统十三年进士。……

　　夏寅清廉正直,没有结伙拉派的相互帮衬。曾经给人说:"君子有三个可惜:这一辈子不学习知识,一可惜;这天天不做事情闲散着虚度时光,二可惜;这自己做的事情总是不成功,没成果,三可惜。"夏寅这三可惜,社会上传为名言。

【提示】

　　三可惜:不学,不做,做不好。

10　姜昂,字恒俯,太仓人,成化八年进士[1]。……
昂在官,日市少肉供母而自食菜茹,子弟学书不听用官纸笔,家居室不蔽风雨[2]。

　　　　　　　　　(《明史》卷一六五《姜昂传》)

【注释】

　　[1] 成化:明宪宗年号,共二十三年(1465 至 1487 年)。
　　[2] 市:买。茹:蔬菜的总名。书:写。听:听从,准许。蔽:遮挡。

【译文】

　　姜昂,字恒俯,太仓人,明宪宗成化八年进士。……
　　姜昂在官位上的时候,每天买少量的肉供养母亲而自己吃蔬菜,家里孩子学习写字不准使用官府买的纸笔,家中居住的房屋简陋得遮挡不住风雨。

【提示】

　　如此做官,何贪之有!

11　《易》称内君子外小人为泰,外君子内小人为否[1]。……

虽不为大奸慝,而居心刻忮,务逞己私[2]。同己者比,异己者忌[3]。比则相援,忌则相轧[4]。……要结近幸,蒙耻固位,犹幸同列多贤,相与弥缝匡救,而秽迹昭彰,小人之归何可掩哉[5]!

(《明史》卷一六八之卷末赞语)

【注释】

〔1〕《易》:《周易》。泰:平安,安宁。《周易》中有《泰卦》,高亨释之说,《泰》之下卦为乾,上卦为坤。乾为天,坤为地。乾又为君上,坤又为臣下。又乾为阳卦,象有才德之君子;坤为阴卦,象无才德之小人。然则《泰》之卦象又是君子在朝内,小人在朝外;君子之道盛长,小人之道衰消。故曰:"内君子而外小人,小人道长,君子道消也。"君子道长行于朝廷,国家太平兴旺。否:坏,恶。《周易》中有《否卦》,高亨释之说,《否卦》的《象传》解卦义,与《泰卦》的卦象正相反。《否卦》有才德的君子在朝外,无才德的小人在朝内;君子之道衰消,小人之道盛长。故曰:"内小人而外君子,小人道长,君子道消也。"小人道长行于朝廷,纲纪毁坏,国家衰亡。

〔2〕慝(tè):邪恶。居心:存心,心里想的。刻忮(zhì):刻薄妒忌。务:务必,一定。逞:谓达到坏的目的。

〔3〕比:勾结。忌:憎恨。

〔4〕轧:排挤,欺辱。

〔5〕要:邀请,约请。近幸:谓皇帝身边受宠幸的人。蒙:遮蔽。耻:耻辱,此谓耻辱的事。贤:辛劳。相与:互相。弥缝:补救,设法遮掩以免暴露。匡救:挽救,救助。秽迹:污浊的行迹。昭彰:明显,显著。归:归宿,最终结局。

【译文】

《周易》指出,君子在内、小人在外为泰,君子在外、小人在内为否。……

好些人即使没有大罪恶,而居心刻薄妒忌,定要达到自己想要达到的个人目的。同意自己的就勾结，不同意自己的就憎恨。勾结的就相互支持，憎恨的就相互排斥。……邀皇帝身边被宠幸的人拉派结伙，遮蔽丑恶行径，稳固自己的地位。还幸亏同伙的人大都帮衬，相互补救。但是，污浊的恶劣行迹显著，小人的邪恶劣迹与名声怎么可能被遮掩住呢！

【提示】

泰、否两分，君子、小人可知。

12 方星变求言时，九卿各条奏数事，率有所避，无甚激切者，唯奎与李俊等言最直[1]，而武选员外郎崔升、彭纲，主事苏章，户部主事周轸，刑部主事李旦皆有言[2]。升、章言宦官、妖僧罪请亟诛窜，而尚书王恕今伊、傅，不宜置南京[3]。纲斥李孜省、继晓，请诛之以谢天下[4]。轸亦请诛梁芳、李孜省，并汰内侍，罢方书[5]。旦陈十事，且言："神仙、佛老、外戚、女谒，声色货利，奇技淫巧，皆陛下素所惑溺，而左右近习交相诱之[6]。"言甚切，帝以方修省，皆不罪[7]。后以吏盗鬻旧赐外蕃故敕事，下纲、章吏，贬之外[8]。而密谕吏部尚书尹旻出旦等，且书六十人姓名于屏，俟奏迁则贬远恶地[9]。旦乃与给事中卢瑀、秦昇、童玘同日俱谪[10]。

（《明史》卷一八〇《汪奎传》附《从子舜民传》）

【注释】

〔1〕方：正当，正在。星变：星象的异常变化。一般认为，星变预示要有凶灾。求言：指君主要求臣民上书言事。九卿：古代朝廷九个高级官

员，具体官名各朝代有所不同。率：大概，一般。激切：激烈，直接。唯：只有。奎：谓汪奎。李俊：本卷《李俊传》："岐山人，成化五年进士。除吏科给事中，屡迁都给事中。十五年，帝以李孜省为太常寺丞，俊偕同官言：……"以示反对。"最直"之奏疏，记载在《李俊传》："当是时，帝耽于燕乐，群小乱政，屡致灾谴，至二十一年正月朔申刻，有星西流，化白气，声如雷。帝颇惧，诏求直言，俊率六科诸臣上疏曰：'今之弊政最大且急者，曰近幸干纪也，大臣不职也，爵赏太滥也，工役过烦也，进献无厌也，流亡未复也。天变之来，率由于此。'"其下逐一论之。

〔2〕员外郎：官名，本指正员以外的郎官，唐后至明清，各部都有员外郎，位在郎中之次。主事：官名，明代各部司设置主事，官阶从七品升为从六品。

〔3〕升：谓崔升。章：谓苏章。宦官、妖僧：《汪奎传》载汪奎与人上奏十事，其中："妖僧继晓结中官梁芳，耗竭内藏，乞治芳罪，斩继晓都市。传奉官顾贤等皆中官恒从子而冒锦衣，李孜省小吏而授通政，宜尽斥以清仕路。"亟：急需，赶紧。诛：杀。窜：驱逐到外地。伊：谓伊尹。伊尹辅佐商汤灭夏建商。傅：谓傅说（yuè）。傅说在商朝后期辅佐高宗武丁使商朝复兴。宜：合适，应该。置：安置。明朝建国都设南京，成祖朱棣取得帝位后都迁北京，而南京还保留着朝廷的原有建置，只是实权已在北京。

〔4〕纲：谓彭纲。谢：道歉，承认错误。

〔5〕轸：谓周轸。亦：也。汰：淘汰。选留好的，不要留那用不着的。方书：方术之书。

〔6〕老：老子，此指代道家学派。外戚：指帝王的母族与妻族。女谒：谓通过宫中嬖宠的女子干求请托。声色：淫声与女色。古代以雅乐为正声，以俗乐为淫声。奇技：奇特的技艺。淫：过度，过分。淫巧，过度的精巧。素：向来，从来。惑：迷惑，迷恋。惑溺，犹沉迷。诱：引诱，诱惑。

〔7〕甚：很，非常。切：符合实际。修省：修身反省。不罪：没有治罪。

〔8〕鬻（yù）：卖。外蕃：属国。敕：诏书。下：交付，放进，投入。下吏，交付司法官吏审讯治罪。

〔9〕密谕：暗地里告知，私下个别告知。书：写，记。屏：谓皇帝御座后所立屏风的里侧一面。俟（sì）：等待。

〔10〕谪（zhé）：古代把高级官吏降职并调到边远地方做官为谪，又称贬谪。

【译文】

　　正遇星象出现变异而朝廷要求臣民上书言事的时候，朝中九卿大臣各自都分列事情条目上奏，一般对一些朝中君臣都较忌讳的事情有所回避，所以上书所奏之事没有什么过于激烈直接的，只有汪奎和李俊等人所奏事情最耿直明言，而武选官员员外郎崔升、彭纲，主事苏章，户部主事周轸，刑部主事李旦都上书指出了问题。崔升、苏章指出，宦官、妖僧的罪行请求尽快杀掉或驱逐到外地，而尚书王恕犹如今天的伊尹、傅说，不应该安置在南京。彭纲斥责李孜省、继晓，请求杀了他们，以此向天下人道歉谢罪。周轸也请求杀掉梁芳、李孜省，并且要淘汰官内作恶的太监等侍奉的人，废除用方技之书认识与判定事情。李旦陈奏了十件事，并且说："神仙、佛教、道教、外戚、女谒、俗乐淫声与女色、货物财利、奇特技艺、过度的精巧，都是陛下向来所沉迷的，而身边左右接近陛下、了解陛下习惯爱好的人，都相互诱惑陛下。"指出的问题很符合实际。皇帝因为正在修身反省，揭露皇帝这些丑事的人都没有治他们的罪。后来，借着官府中的小吏差役盗卖旧赐外蕃过去的诏书这件事，把彭纲、苏章交付司法官吏审讯治罪，贬到外地。皇帝密告吏部尚书尹旻把李旦等人逐出朝廷，还把六十人的姓名写在御座后所立屏风的内侧一面，等到有上奏外迁的时候，就把他们贬到边远恶劣的地方。于是李旦与给事中卢瑀、秦昇、童枊都在同一天被贬谪外地。

【提示】

　　大臣凭借形势切言，皇帝迫于形势不罪。只是一时应对，姓名早已记在屏风。日后俟机贬谪，于边远恶地受折磨。其罪何有？古人有言：欲加之罪，何患无辞？

　　耿直而言，祸随言后。危哉！其言！

　　13　熊绣，字汝明，道州人……举成化二年进士，授行人[1]。奉使楚府，巡茶四川，力拒馈遗[2]。擢御史，巡按陕西，左布政于璠以官帑银馈苑马卿邵进，绣发其罪[3]。璠遁赴京讦绣,帝并下绣吏,谪知清丰[4]。

(《明史》卷一八六《熊绣传》)

【注释】

〔1〕行人:官名。明代设有行人司,司中有行人之官,掌管传旨、册封、抚谕等事。

〔2〕力拒:坚决拒绝。馈遗(wèi):赠送。

〔3〕擢(zhuó):提升。御史:官名,职责为专门纠察弹劾别人的过错罪恶。布政:官名。明代中、后期,全国府、州、县等分别隶属南、北二京和十三布政使司,每司设左、右布政使各一人,为一省最高行政长官。后因军事需要,增设总督、巡抚等官,权位高于布政使。于璠(fán):时为陕西左布政使。官帑:国库。苑:养禽兽、种植林木的园子。苑马卿,谓负责管理园林养马事务的官员。发:揭发。

〔4〕遁:暗地里潜逃。讦(jié):揭发别人的隐私、过错。下:交付。吏:谓司法部门的官吏。谪(zhé):指官吏因罪而被降职或发配边远地区。知:主持,执掌。

【译文】

熊绣,字汝明,道州人……考中成化二年进士,被授予行人官职。奉命到楚地办事,巡察四川茶叶情况,坚决拒绝了地方官赠送的礼物。熊绣被提升为御史,巡视监察陕西。陕西省左布政使于璠用国库银赠送负责管理园林养马事务的官员邵进,熊绣揭发了于璠的罪行。于璠暗地里到京城,先告熊绣,于是皇帝把熊绣交付司法部门的官吏审治,以罪降职,到清丰县任知县。

【提示】

恶人先告状,好人受冤枉。遭殃!

14 陆昆,字如玉,归安人,弘治九年进士,授清丰知县[1]。以廉干征,擢南京御史[2]。武宗即位,疏陈重风纪八事[3]。……时"八党"窃柄，朝政日非[4]。昆偕十三道御史薄彦徽……上疏极谏[5]。……疏至……瑾怒，悉逮下诏狱，各杖三十，除名[6]。……后列奸党五十三人，昆、彦徽等并与焉[7]。瑾诛，复昆官致仕[8]。世宗初，起用，未行而卒[9]。

（《明史》卷一八八《陆昆传》）

【注释】

〔1〕弘治：明孝宗年号，共十八年(1488 至 1505 年)。

〔2〕干：有能力，能干。征：征召请来。

〔3〕武宗：孝宗子，继孝宗为帝，年号正德，共十六年(1506 至 1521 年)。风纪八事：《陆昆传》列八事为：一、奖直言。二、复面劾。三、明淑慝。四、核命令。五、养锐气。六、均差遣。七、专委任。八、励庶官。

〔4〕八党：指以刘瑾为首的八名太监，又称"八虎"。具体所指是刘瑾、马永成、高凤、罗祥、魏彬、丘聚、谷大用、张永等八人。柄：谓权力。

〔5〕偕：一起，共同。

〔6〕悉：全部。下：投入，放进。诏狱：朝廷所设监狱。杖：用棍棒打。除名：除去名籍，取消原有身份。

〔7〕并：都。与：参与。焉：在其中。

〔8〕致仕：退休。

〔9〕世宗：宪宗孙，武宗叔父之子。武宗死，无子，立世宗继帝位，年号嘉靖。

【译文】

陆昆，字如玉，归安人，明孝宗弘治九年(1496)进士。授官清丰县知县。因为廉洁能干，征召他，被提拔为南京御史。孝宗死后，其子武宗继位，陆昆上疏从八方面陈述重视社会风尚与国家纲纪的问题。……这时，"八党"掌握着大权，朝中的事情办得一天不如一天。陆昆联合十三个地区的御史薄彦徽……上疏极力谏诚规劝。……疏奏朝廷……刘瑾大怒,与陆昆一起上疏的人全部被逮捕押进诏狱,每人打三十棍,除去名籍,取消原有身份。……后来列出奸党五十三人,陆昆、薄彦徽等人都在里面。直到杀了刘瑾,陆昆才恢复官职后退休。武宗死,世宗继位。世宗初年,要起用陆昆,还没有上任就去世了。

【提示】
　　历代皇帝,时有被宦官所制者,以东汉末年、唐代后期、明代中后期为甚。

15　张衍瑞,字元承,汲人,弘治十八年进士。为清丰知县。以执法忤刘瑾,逮下诏狱,几死[1]。
　　　　　　(《明史》卷一八九《张衍瑞传》)

【注释】
　　[1] 忤(wǔ):不顺从,违背意愿。几:几乎。

【译文】
　　张衍瑞,字元承,汲人,明孝宗弘治十八年(1505)进士。授官为清丰县知县。因为执法判案没有顺从太监刘瑾的意愿,惹怒了刘瑾,把张衍瑞逮捕,押进诏狱,在狱中几乎被折磨死。

【提示】
　　明代太监横行,"八虎"弄权,东西厂法外施法,人人陷危。

16　韩邦奇,字汝节,朝邑人……登正德三年进士[1]。……
　　邦奇性嗜学,自诸经、子、史及天文、地理、乐律、术数、兵法之书，无不通究[2]。著述甚富，所撰《志乐》尤为世所称[3]。

弟邦靖，字汝度，年十四举于乡，与邦奇同登进士[4]。……

邦奇尝庐居，病岁余不能起[5]。邦靖药必分尝，食饮皆手进，后邦靖病亟，邦奇日夜持弟泣，不解衣者三月[6]。及殁，衰绖蔬食，终丧弗懈[7]。乡人为立"孝弟碑"[8]。

(《明史》卷二〇一《韩邦奇传》)

【注释】

〔1〕登：升，上，此谓考上。正德：明武宗年号，正德三年为公元1508年。进士：明代科举考试分地方与朝廷两级，地方考试在省为乡试，考中者称举人；国家考试在朝廷礼部为会试，考中者称进士。

〔2〕嗜：爱好。经：谓儒家经典。术数：方术。通究：精通研读。

〔3〕富：多。称：称赞。

〔4〕举于乡：在乡试中考中举人。

〔5〕尝：曾经。庐居：服丧期间，住在坟墓旁搭盖的一个简陋小屋里，即庐居。

〔6〕尝：吃。手进：亲手递给。亟：危急。持：守护。

〔7〕及：到。殁：死。衰(cuī)：同"缞"，用粗麻布制成的丧服。绖(dié)：丧服上的麻布带子。终：完，结束。懈：放松，懈怠。

〔8〕弟(tì)：同"悌"，弟兄亲爱。

【译文】

韩邦奇，字汝节，朝邑人……考上明武宗正德三年(1508)进士。……

邦奇的性情爱好学习，从各本儒家经典、诸子百家、史书到天文、地理、乐律、术数、兵法之书，无不精通研读。著述很多，所撰写的《志乐》尤其受到社会的称赞。

弟邦靖，字汝度，十四岁参加乡试，考中举人。正德三年与兄邦奇同一次考试考中进士。……

邦奇服丧期间，曾经在坟墓旁搭盖的小屋居住，病了一年多起不了床。邦奇吃药时，邦靖一定先尝，然后才给哥哥吃；邦奇吃饭喝水，邦靖都是亲手递给哥哥。后来，邦靖病了，病况危重，哥哥邦奇日夜哭着守护弟弟，连着三个月没有脱衣休息。到了弟弟邦靖去世，哥哥邦奇身上穿着丧服，腰间系着丧带，吃着蔬菜饭食，一直到丧事办完都是这样，毫无松懈。家乡的人，专为他们兄弟两个立了"孝悌碑"。

17　沈炼，字纯甫，会稽人，嘉靖十七年进士，除溧阳知县[1]。用伉倨，忤御史，调茌平[2]。父忧去，补清丰[3]。入为锦衣卫经历[4]。

炼为人刚直，嫉恶如仇，然颇疏狂[5]。每饮酒辄箕踞笑傲，旁若无人[6]。……

嵩贵幸用事，边臣争致赇遗，及失事惧罪益辇金赇嵩，赇日以重，炼时时扼腕[7]。一日从尚宝丞张逊业饮，酒半及嵩，因慷慨骂詈，流涕交颐，遂上疏……帝大怒，榜之数十，谪佃保安[8]。

既至……里长老……遣子弟就学[9]。炼语以忠义大节，皆大喜。塞外人素鸷直，又稔知嵩恶，争詈嵩以快炼。炼亦大喜，日相与詈嵩父子为常[10]。且缚草为人，象李林甫、秦桧及嵩，醉则聚子弟攒射之。或蹛骑居庸关口，南向戟手詈嵩，复痛哭乃归[11]。语稍稍闻京师，嵩大恨，思有以报炼。……斩炼宣府市，戍子襄极边。……取炼子衮、褒杖杀之[12]。

(《明史》卷二〇九《沈炼传》)

【注释】

〔1〕除：授官，任命。

〔2〕伉倨（kàng jù）：刚正不阿。忤（wǔ）：不顺从，违背意愿。

〔3〕父忧：父亲去世，为父服丧。补：补缺。

〔4〕入：谓由地方调京城任职。锦衣卫：即锦衣亲军都指挥使司。明太祖洪武十五年始设，原为管理护卫皇宫的禁卫军与掌管皇帝出入仪仗的官署，后逐渐演变为皇帝心腹，特令兼管刑狱，给予巡察缉捕权力。中期后，与东西厂并列，成为厂卫并称的特务组织。经历：官名，职掌文书。

〔5〕嫉：恨。疏：冷淡，淡漠。狂：傲慢。

〔6〕辄：就。箕踞（jī jù）：随意张开两条伸直的腿坐着，坐的样子像个簸箕，这是一种轻慢而不拘礼节的坐法。笑傲：傲气十足地大笑。

〔7〕致：送给，给予。遗（wèi）：赠送，馈赠。失事：处理事务有误或主持战事失败。罪：谓治罪。益：更加。辇：车。时时：常常，经常。扼腕：握住手腕，表示内心激烈、愤怒的情绪。

〔8〕慷慨：情绪激昂。詈（lì）：责备，责骂。交：二者相接。颐：指口腔的下部，俗谓下巴。搒（péng）：拷打。谪：降职发配。佃（tián）：耕种田地。

〔9〕既：已经。里：社会基层组织名称，多少户为一里历代不同；又，有的乡村农户聚集的村落称里。长老：老年人。子弟：泛指年轻后辈。

〔10〕塞外：边塞之外，泛指中国北边地区。素：向来，一向。戆（zhuàng）直：憨厚刚直。稔（rěn）：熟悉，熟知。快：痛快，快乐，使动用法，意谓使炼快乐。相与：一起。

〔11〕缚：捆绑。攒（cuán）：围困，围在中间。踔（chuō）：跳跃，超越。南向：即"向南"。戟手：伸出食指和中指指人，由于手指指的姿势像古代兵器戟，所以称戟手，后常形容愤怒或勇武之状。

〔12〕闻京师：即"京师闻"。思有以报：想找机会报复。市：人聚集的市场。戍：戍边，充军边疆。极边：非常遥远的边境。杖杀：用棍打死。

【译文】

沈炼，字纯甫，会稽人，明世宗嘉靖十七年（1538）进士，授溧阳县知县。办事刚正不阿，不顺从御史的意愿，被调到茌平县任知县。为父亲服丧后，派到清丰县补缺任知县，而后到京城任锦衣卫经历。

沈炼为人刚直，嫉恶如仇，但是对人非常冷淡傲慢。每次饮酒，总是随意张开两条直伸的腿像个簸箕坐在那里，轻慢而不拘礼节，边笑边饮，傲气十足，旁若无人。……

严嵩把持朝政，位高权势大，受皇帝重用。在边疆地区任职的大臣争着送礼贿赂以求能调回京城或内地，而处理事情有误或主持战事失败的大臣更是用车拉着黄金贿赂严嵩，贿赂的东西一天比一天贵重。面对这些，沈炼常常握着手腕，感到愤怒。有一天，沈炼跟尚宝丞张逊业一起饮酒，酒饮到一半，交谈的话题涉及到严嵩，沈炼便情绪激愤责骂，眼中的泪水顺着两腮流到了下巴，于是上疏弹劾严嵩……皇帝大怒，沈炼被拷打几十下，降级到塞外保安耕种田地。

到保安后……当地的老人……让年轻的后辈到学校受沈炼教育。沈炼给他们讲忠义大节，都很高兴。住在中国北方边塞外的人，向来憨厚刚直，又很清楚严嵩做的坏事，都争着责骂严嵩来使沈炼快活。沈炼也很高兴，天天和他们一起责骂严嵩、严世蕃父子二人，成为常事。并且把草捆绑成人，像李林甫、秦桧及严嵩的样子，沈炼喝醉酒后就聚集年轻人围着草人射。或超越居庸关的关口，站在关口南面，面向南，戟手指着南方责骂严嵩，又痛哭，哭后才回去。严嵩在京城慢慢地听到这些话，非常痛恨，想找机会报复沈炼。……沈炼在宣化府人聚集的市场被斩，子襄被发配充军到非常遥远的边境。……子衮、褒都被乱棍打死。

【提示】

耿直刚强的人要与邪恶凶暴的奸佞臣子做斗争，要有智有谋，也就是要用智用谋，要讲策略，只凭饮酒后的醉胆大声责骂，胡诌几句，不仅斗不倒奸诈邪恶，最终还会被对方算计。

18　张居正，字叔大，江陵人[1]。……嘉靖二十六年，居正成进士[2]。……

居正为人，颀面秀眉目，须长至腹，勇敢任事，豪杰自许，然沉深有城府，莫能测也[3]。……

世宗崩。……寻迁礼部右侍郎兼翰林院学士。月余，与裕邸故讲官陈以勤俱入阁，而居正为吏部左侍郎兼东阁大学士，寻充《世宗实录》总裁，进礼部尚书兼武英殿大学士，加少保兼太子太保，去学士五品仅岁余[4]。……

神宗即位……居正遂代拱为首辅。帝御平台，召居正奖谕之，赐金币及绣蟒斗牛服。自是赐赉无虚日。

帝虚己委居正，居正亦慨然以天下为己任。……慈圣徙乾清宫抚视帝，内任保，而大柄悉以委居正。居正为政，以尊主权、课吏职、信赏罚、一号令为主，虽万里外，朝下而夕奉行[5]。……

慈圣太后将还慈宁宫，谕居正谓："我不能视皇帝朝夕，恐不若前者之向学、勤政，有累先帝付托。先生有师保之责，与诸臣异。其为我朝夕纳诲，以辅台德，用终先帝凭几之谊。"[6]……

帝初即位，冯保朝夕视起居，拥护提抱有力，小忤格，即以闻慈圣，慈圣训帝严，每切责之，且曰"使张先生闻奈何"，于是帝甚惮居正[7]。及帝渐长，心厌之。乾清小珰孙海、客用等导上游戏，皆爱幸，慈圣使保捕海、用杖而逐之[8]。居正复条其党罪恶，请斥逐，而令司礼及诸内侍自陈，上裁去留[9]。因劝帝戒游宴以重起居，专精神以广圣嗣，节赏赉以省浮费，却珍玩以端好尚，亲万几以明庶政，勤讲学以资治理[10]。帝迫于太后，不得已，皆报可，而心颇嗛保、居正矣[11]。

帝初政，居正尝纂古治乱事百余条，绘图，以俗语解之，使帝易晓，至是，复属儒臣纪太祖、列圣《宝训》《实录》分类成书，凡四十[12]：曰创业艰难、曰励精图治、曰勤学、曰敬天、曰法祖、曰保民、曰谨祭祀、曰崇孝敬、曰端好尚、曰慎起居、曰戒游佚、曰正宫闱、曰教储贰、曰睦宗藩、曰亲贤臣、曰去奸邪、曰纳谏、曰理财、曰守法、曰敬戒、曰务实、曰正纪纲、曰审官、曰久任、曰重守令、曰驭近习、曰待外戚、曰重农桑、曰兴教化、曰明赏罚、曰信诏令、曰谨名分、曰裁贡献、曰慎赏赉、曰敦节俭、曰慎刑狱、曰褒功德、曰屏异端、曰饬武备、曰御戎狄[13]。其辞多警切。……帝皆优诏报许[14]。……

亡何，居正病。……及卒，帝为辍朝，谕祭九坛，视国公兼师傅者[15]。……赠上柱国，谥文忠[16]。命四品京卿、锦衣堂上官、司礼太监护丧归葬[17]。……

初，帝所幸中官张诚见恶冯保斥于外，帝使密诇保及居正，至是，诚复入，悉以两人交结、恣横状闻，且谓其宝藏逾天府，帝心动……执保禁中……谪保奉御居南京，尽籍其家金银珠宝巨万计[18]。帝疑居正多蓄，益心艳之[19]。……新进者益务攻居正，诏夺上柱国、太师，再夺谥[20]。居正诸所引用者，斥削殆尽[21]。……帝命司礼张诚及侍郎丘橓偕锦衣指挥、给事中籍居正家，诚等将至，荆州令先期录人口，锢其门，子女多遁避空室中，比门启，饿死者十余辈[22]。诚等尽发其诸子兄弟藏，得黄金万两，白金十余万两[23]。其长子礼部主事敬修不胜刑，自诬服寄三十万金于省吾、篆及傅作舟等，寻自缢死[24]。事闻，时行等与六卿大臣合疏请少缓之，刑部尚书潘季驯疏尤激楚[25]。诏留空宅一所，田十顷，赡其母[26]。……后言者复攻居正不已[27]。诏尽削居正官秩，夺前所赐玺书、四代诰命，以罪状示天下，谓当剖棺戮尸而姑免之，其弟都指挥居易、子编修嗣修，俱发戍烟瘴地[28]。

终万历世，无敢白居正者[29]。熹宗时，廷臣稍稍追述之，而邹元标为都御史亦称居正，诏复故官，予葬祭[30]。崇祯三年，礼部侍郎罗喻义等讼居正冤，帝令部议，复二荫及诰命[31]。十三年……尚书李日宣等言："故辅居正，受遗辅政，事皇祖者十年，肩劳任怨，举废饬弛，弼成万历初年之治，其时中外乂安，海内殷阜，纪纲法度莫不修明[32]。功在社稷，日久论定，人益追思[33]。"帝可其奏[34]。……

赞曰：……张居正通识时变，勇于任事。神宗初政，起衰振隳，不可谓非干济才[35]。而威柄之操，几于震主，卒致祸发身后[36]……可弗戒哉。

（《明史》卷二一三《张居正传》）

【注释】

〔1〕张居正：字叔大，号太岳，江陵（今湖北省荆州市）人。明世宗嘉靖四年（1525）生。张居正少时颖敏绝伦。嘉靖二十六年中进士。历任礼部右侍郎兼翰林院学士、吏部左侍郎兼东阁大学士、礼部尚书兼武英殿大学士等。神宗年间为内阁首辅。居正为政，以尊主权、课吏职、信

赏罚、一号令为主,虽万里外,朝下而夕奉行。执政掌权十年,万历九年(1582)病殁。

〔2〕嘉靖:明世宗年号,共四十五年(1522至1566年)。

〔3〕颀(qí):身体高大魁梧。勇敢:有勇气,有胆量。任:承担,担当。豪杰:指才能出众的人。自许:自夸,自我评价。沉深:即深沉,指思维深沉,处事沉着稳重。城府:城池与府库,这里用以比喻人的心机多而难测。

〔4〕世宗:宪宗之孙,兴献王朱祐杬之子,继武宗即位为帝,年号嘉靖。崩:皇帝死曰崩。寻:不久。迁:提升。入阁:进入内阁,成为内阁成员。内阁,朝廷的政务机构名称。明朝初年,为加强专制统治,废了宰相,于洪武十五年设置殿阁大学士,协助皇帝办理政务。永乐时,选翰林院讲读、编撰等人文渊阁当值,参与机务,称内阁。明朝中期以后,内阁职权渐重,兼领六部尚书,事实上成为皇帝的最高决策机关。充:充当,担任。进:晋升,提拔。去:距离,谓前后时间。仅:只。

〔5〕神宗:穆宗子,继穆宗即位为帝,年号万历,在位四十八年。拱:谓高拱。首辅:内阁大臣中的首席大学士称首辅,主持内阁大政,职权最重。虚己:自我谦虚。委:托付,委任。慨然:慷慨激昂的样子。柄:权。悉:全,都。课:考核,考查。号令:命令,发布命令。奉行:遵照实行。

〔6〕慈圣太后:万历帝生身母亲。将还:要回。累:妨碍。纳诲:进献善言。台:敬辞,用于对人的称呼,称呼对方的人或与人有关的事。以辅台德,即"以台德辅"。用:以。终:终结,完成。先帝:去世的皇帝,此指万历帝之父穆宗。凭几:典出《尚书·顾命》"皇后凭玉几,道扬末命",后以"凭几"指帝后临终付托。谊:同"义",道义,意愿。

〔7〕冯保:太监名。冯保与张居正关系很密切,相互利用,左右朝事。起居:起床睡觉及一天活动。拥护:跟随保护。提抱:扶持怀抱,谓看护照顾小孩子。有力:出了力气,有功劳。小:少,稍微。扞格:抵触。切责:严厉指责,严肃批评。惮:怕。

〔8〕乾清:宫名,皇帝所在。珰:指太监。导:引导,引领。上:谓皇帝。爱幸:得皇帝喜欢。杖而逐之:用棍棒打了赶出皇宫。

〔9〕条:条目,此言张居正把他们同伙的罪恶列出条目。党:同伙。自陈:自己说,自我交代。裁:决定。去留:赶走或留用。

〔10〕因:凭借,利用,谓借着这个缘由(机会)。游宴:游乐宴饮。精神:言精力体气。精力体气专而不散,多生皇子,广继圣业。嗣:子

孙,继承人。赉(lài):与"赏"同义连用,奖赏,赏赐。浮费:不必要的花费开支。却:拒绝,撤除。珍玩:珍贵的玩赏物。端:端正,使正确。好:喜好,爱好。尚:崇尚,重视。万几:典出《尚书·皋陶谟》"无教逸欲有邦,兢兢业业一日二日万几",孔传解云:"几,微也。言当戒惧万事之微。"后以"万几"指帝王日常处理纷繁的众多政务。庶:众,多。讲学:谓讨论经史。资治理:谓充实治国理论。

〔11〕嗛(xián):怀恨。

〔12〕纂:编辑,编集。治乱事:谓治理得好的事与治理得不好的事。俗语:通俗的话。至是:到这时,现在。属:嘱咐,委托。太祖:谓首帝朱元璋。列圣:谓首帝以后的各帝。《宝训》:训教的话。《实录》:记载皇帝言行的书。凡:共。四十:谓内容有四十个方面。

〔13〕励精图治:振奋精神尽力治好国家。敬天:尊重自然。法祖:效法祖先。崇孝敬:重视孝道。端好尚:端正喜好的和崇尚的。起居:指饮食、寝起等所有日常的生活状况。戒:防备。游佚:游玩取乐。正:整治好,整齐。宫闱(wéi):帝王的后宫,后妃的住所。储贰:继承人,指言太子。宗藩:又作"宗蕃",指受天子分封的宗室诸侯。因为他们拱卫王室,犹如藩篱,所以称宗藩。去:排除,赶走。纳:听从,采取。儆戒:警戒,戒备。务实:讲究实际,致力于实在的具体事情。纪纲:法度,法令制度。审官:考察职官以升贬之。守令:谓府的地方官太守与县的地方官县令。近习:受到君主宠幸亲近的人。外戚:指君主的母族、妻族。农桑:农民从事的农耕与蚕桑。名分:名位与身份。裁:删除或削减。贡献:拿出自己的给国家。敦:注重。褒:嘉奖。功德:功业与德行。屏:摈弃。异端:不同见解。饬:加强整治。武备:指军事力量。御:统治,治理。戎狄:少数民族名。一般称呼如西戎北狄。

〔14〕警切:形容文句精炼扼要而含义深刻。优诏:褒美嘉奖的诏书。报:告知。许:许可,答应。报许,指皇帝对臣所上奏章的批复。

〔15〕亡:音义同"无"。亡何,没有多久。辍(chuò):停止。

〔16〕谥(shì):君主与贵族大臣死后,根据生前的言行事迹,给予一个死后的名号,即为谥号。

〔17〕归葬:回家乡安葬。

〔18〕初:当初,原来。幸:亲近,宠爱。中官:谓宦官,太监。见:被。恶(wù):讨厌,憎烦。见恶,被憎嫌。斥:排斥,贬逐。外:谓宫外。诇(xiòng):刺探,探察。恣横:放纵专横。闻:说给皇帝听,使之知道。逾:超过。天府:谓朝廷。执:拘捕。禁中:君主所居宫内。谪(zhé):把高级官吏降职并调到边远地方做官。奉御:太监的一种职名。

籍：谓登记家的财产予以没收，抄家。巨万：万万，极言数目之多。

〔19〕艳：羡慕。

〔20〕新进者：指初入仕途，新被任用的官吏。务：用力，致力于。夺：削除，罢免。

〔21〕斥削：贬斥罢免。殆：接近。

〔22〕录：登记。锢（gù）：关闭。遁：隐藏。比：等到。启：开。

〔23〕发：揭露。白金：银子。

〔24〕不胜：忍受不了，难以忍受。自诬：自己说假话。服：招认。寄：存放，寄放。寻：不久，随即。自缢（yì）：自杀。缢，用绳子勒死、吊死。

〔25〕激楚：激愤悲痛。

〔26〕顷：土地面积单位，百亩为顷，即一百亩为一顷。赡（shàn）：供给，供养。

〔27〕已：止。不已，不止，不停。

〔28〕削：罢除，免掉。官秩：官吏的职位或者依品级而定的俸禄。玺书：谓皇帝的诏书。诰命：本来谓皇帝称作诰和命的命令，明清时期特指皇帝赠爵或授官的诏令。剖：破开。戮：陈尸示众。姑：宽容。发：发配，即把犯人押送到边远地方服役。发戍，发配到边远地方守卫边地。烟瘴地：谓边远条件恶劣的地方。

〔29〕终：终结，结束。白：陈述，辩白，申辩昭雪。

〔30〕熹宗：光宗子。稍稍：慢慢，逐渐。追述：述说过去的事情。称：称道，称扬，称赞。

〔31〕崇祯：明代末帝朱由检的年号。讼：申诉冤情。部议：朝廷各部讨论决定。

〔32〕十三年：崇祯十三年（1640）。受遗：接受穆宗生前嘱托的话。事：事奉，谓辅佐。皇祖：谓神宗。光宗是神宗之子，熹宗与崇祯帝是光宗子、神宗孙，所以称神宗为祖。十年：穆宗隆庆六年五月崩，神宗六月即皇帝位，次年为万历元年，万历十年六月张居正卒。张居正自穆宗崩前受命为首辅辅佐神宗，到神宗万历十年六月卒，时正十年。肩劳：首辅主持朝政，所以说一人为国事操劳。任：担当，承受。举：做起来，振兴。废：荒废，废弃无用。饬：整治。弛：松松垮垮，松懈，不振作。弼（bì）：辅佐，纠正。乂（yì）安：平安，安定。殷阜（fù）：丰盛，富足。修明：整齐严明。

〔33〕社稷：谓国家。论定：对一个人一生功过是非做出结论。益：更加。追思：追念，回想。

〔34〕可：许可，准许，同意。

〔35〕通识：学识渊博，通晓古今。时变：谓时事形势的变化。任：担任，承担，担当。起：振作，兴起，兴旺，发达。嬾：通"懒"，懒惰，不勤快。不可谓：不能说。非：不是。干济才：办事干练而又有效的人才。

〔36〕威柄：威势与权力。柄，权。操：把持，掌握。几：将近，几乎；又，及，达到。震主：使君主畏忌。卒：终于，到头来。致：招致，招来，造成。身后：谓张居正本人死了以后。

【译文】

张居正，字叔大，荆州府江陵县（今属湖北省荆州市）人。……明世宗嘉靖二十六年（1547），居正成为进士。……

居正为人，身体高大魁梧，眉目秀美，胡子很长，下垂到腹部，勇于承担事情，自我期许为一个敢作敢当、才能出众的人。但是，思维深沉，处事沉着稳重，心机多而人难测。……

世宗在嘉靖四十五年十二月去世……不久，居正升为礼部右侍郎兼翰林院学士，月余，与穆宗原为裕王时的府中旧人讲官陈以勤一并入阁，而居正为吏部左侍郎兼东阁大学士，不久担任编写《世宗实录》的总裁，升为礼部尚书兼武英殿大学士，加少保兼太子太保。穆宗隆庆六年张居正的提升由五品到极品最高级只用了一年多的时间。

神宗即位……张居正遂代替高拱作首辅，主持内阁大政。万历帝亲自到平台召见张居正表彰他，赏赐金币及绣蟒斗牛服。从此，天天赏赐，没有不赏赐的日子。

万历帝自我谦虚委任张居正，居正也就慷慨激昂地把治理天下作为自己的责任。……万历帝生母慈圣皇太后从寝宫迁移到乾清宫，抚养看护万历帝，宫内任用太监冯保，而朝廷的治事大权全都交给了张居正。居正治理政事，以尊重君主权力、考查官吏职能、信赏必罚、命令统一为主，即使在万里以外的远方，早晨颁发的命令，晚上就要实行。……

慈圣皇太后要回慈宁宫住，告知张居正说："我不能每天从早到晚看着皇帝，恐怕不如以前认真学习、勤谨政事，辜负先帝嘱托。先生有师教和保护的责任，与众臣不同。希望为我天天教导，用你的德行辅佐皇帝，来完成先帝去世时所托付的意愿。"……

万历帝刚即帝位，太监冯保看管着万历帝从早晨起床到晚上睡觉及一天的活动，跟随保护，扶持怀抱，看护照顾出了力气，有功劳。皇帝的行为稍有不合适，就告诉慈圣皇太后，慈圣皇太后教训万历帝很严，每次都严厉批评，并且说："让张先生知道了怎么办？"因为这个，万历帝非常怕张居正。到了万历帝渐渐长大，心里对冯保和张居正很厌烦。在乾清宫侍奉万历帝的小太监孙海、客用等领着皇帝游戏，都受到皇帝的喜欢，慈圣皇太后命冯保逮捕孙海和客用，用棍棒打了赶出官去。张居正又列了几条他们同伙的罪恶，请贬斥赶出官去；而命令司礼及各内侍太监都自我陈述自己作为，皇帝决定赶走或留用。借着这个机会，张居正劝万历帝戒游乐宴饮而重视举止行为，精力体气专而不散以多生皇子，减少赏赐以节省不必要的花费开支，不玩赏珍贵的玩赏物以端正爱好崇尚，亲自过问繁多杂事以明白很多问题，经常认真讨论经史以充实治国道理。万历帝迫于太后，不得已，张居正以上提出的事都表示同意，但是心里对冯保、张居正很是怨恨。

万历帝即位之初，张居正曾经编辑古代治理好的与治理不好的一百多条，绘画成图，用通俗的话解释它，使万历帝容易明白。现在，又托付有学问的臣记载首帝太祖和首帝以后的各帝列圣教训人的书《宝训》和记载皇帝言行的书《实录》，分类编成书，内容共有四十个方面：一是创业艰难，二是励精图治，三是勤学，四是敬天，五是法祖，六是保民，七是谨祭祀，八是崇孝敬，九是端好尚，十是慎起居，十一是戒游佚，十二是正宫闱，十三是教储贰，十四是睦宗藩，十五是亲贤臣，十六是去奸邪，十七是纳谏，十八是理财，十九是守法，二十是儆戒，二十一是务实，二十二是正纪纲，二十三是审官，二十四是久任，二十五是重守令，二十六是驭近习，二十七是待外戚，二十八是重农桑，二十九是兴教化，三十是明赏罚，三十一是信诏令，三十二是谨名分，三十三是裁贡献，三十四是慎赏赍，三十五是敦节俭，三十六是慎刑狱，三十七是褒功德，三十八是屏异端，三十九是饬武备，四十是御戎狄。许多言词都精炼扼要而涵义深刻。……张居正这些请，万历帝都颁布褒美嘉奖的诏书答应了。……

没有多久，张居正病了。……到了张居正去世，万历帝为张居正去世没有上朝，命令设九座祭坛祭奠，规格与国公兼师傅的相同。……赠上柱国，谥文忠。命四品京卿、锦衣堂上官、司礼太监护棺丧回荆州家乡安葬。……

当初，万历帝喜欢的太监张诚被与张居正亲近的太监冯保憎厌嫌烦，贬斥在宫外，万历帝使张诚暗地里刺探侦察冯保和张居正。到现在，张居正死了，张诚又回到宫中，将冯保、张居正二人交往结帮、放纵专横的状况全都报告了万历帝，并且说，他们家中收藏的宝物比朝廷还多。万历帝动了心……在宫中抓住冯保……降职为奉御太监住在南京，他的家全被抄了，金银珠宝要用巨万计算。万历帝怀疑张居正有更多储蓄，心中更加羡慕。……初入仕途及新被任用的官吏，更加用力攻击张居正，万历帝颁诏削除张居正上柱国、太师，又削除谥号。张居正向万历帝推荐的一些他认为可以重用的人，差不多全都被贬斥罢免。……万历帝命令司礼张诚和侍郎丘橓带锦衣卫指挥，给事中等到荆州去抄张居正家，张诚等人还没到，荆州的地方官太守、县令就提前动手了，登记了张居正家的人口，关闭了家的大门，子女大多躲藏在空房中，等到门打开的时候，已经饿死了十几位。张诚等人把张居正几个儿子、兄弟收藏的金银珠宝全都搜查出来，搜查到黄金万两，白银十余万两。张居正的长子张敬修，任礼部主事，受不了刑罚，自己说假话，招认有金三十万存放在曾省吾、王篆及傅作舟等人处，没几天，张敬修就上吊自杀死了。事情传到朝廷，申时行等与六卿大臣联合上疏，请求稍微缓用刑罚，刑部尚书潘季驯的奏疏尤其激愤悲痛。万历帝下诏留空宅一所，田十顷，赡养张居正母亲。……后来上疏的人又不停地攻击张居正。万历帝颁诏，全部免去张居正的职位与俸禄，收回以前赐的诏书、赐四代人诰命的皇帝命令，把罪状展示给天下人说："应该打开棺材，陈尸示众。为表宽容，对张居正就不那样做了。"张居正的弟弟张居易任都指挥，儿子张嗣修任编修，都发配到边远恶劣地方服役守卫边地。

直到万历年末，没有人敢讲述辩白张居正的冤情。熹宗时，朝中大臣逐渐追述起张居正的事情，都御史邹元标也称赞张居正。

熹宗下诏，恢复张居正原来的官职，给予享受安葬时的祭礼。崇祯三年，礼部侍郎罗喻义等申诉张居正的冤情。崇祯帝命令各部讨论，决定恢复二荫及诰命。崇祯十三年……尚书李日宣等上奏说："原来的辅佐大臣张居正，接受穆宗死前嘱托，作为首辅大臣，辅佐皇祖神宗十年，一人操劳，任劳任怨，振兴被抛弃荒废的事情，整治不振作的松懈风气，把万历初年治理得朝野安宁，全国富足，治国纲纪法度都齐备严明。这些功劳都有利国家，日子久了，认清了忠奸是非，人们更加追思想念原来的首辅张居正。"崇祯帝同意他们奏章中提出的意见。……

赞说：……张居正学识渊博，通晓古今，明晓时事形势的变化，敢于承担事情。神宗即位执政之初，张居正使衰败的时势兴旺发达，使懒散不勤治政事的时势振作起来，不能说不是办事干练而又有成效的人才。而因掌握着威势权力，已经使君主心惧畏忌，最终导致灾祸发生在死后。……可以不鉴戒吗？

19　（梅）之焕廉瓠自胜。尝言："附小人者必小人，附君子者未必君子。蝇之附骥，即千里犹蝇耳。"

（《明史》卷二四八《梅之焕传》）

【译文】

（梅）之焕廉洁自律做得好。他曾经说："依附小人的人一定是小人，依附君子的人未必是君子。比如苍蝇，附在骏马骥的身上即使马带他跑一千里，苍蝇照样还是苍蝇。"

20　天所生为性，人所为曰习耳[1]。

（《明史》卷二八二《魏校传》）

【注释】

〔1〕天：谓自然。天生，自然生成，自然赋予的，生来就有的。为：

做。习：学习。学会了，就成为习惯。耳：句末语气词。

【译文】
人生下来就具有的是本性，人用自己作为取得的叫习惯。

【提示】
先天为性，后天为习。

21 因显以探微，因细而绎大[1]。
　　　　　　　　《明史》卷二八二《王应电传》

【注释】
〔1〕因：利用，凭借。微：隐蔽不明显。绎(yì)：理出事物的头绪。

【译文】
利用显著的探求隐蔽而不明显的，利用细小的理出大的头绪。

【提示】
因显探微，因细绎大，两种治学研究方法。

22 （潘府）尝曰："居官之本有三[1]：薄奉养，廉之本也[2]；远声色，勤之本也[3]；去谗私，明之本也[4]。"又曰："荐贤当惟恐后，论功当惟恐先[5]。"
　　　　　　　　《明史》卷二八二《潘府传》

【注释】
〔1〕居官：做官，在官位。本：事情的根基。
〔2〕薄：少。奉养：供享受。廉：廉洁不贪奢。

〔3〕声：歌唱欢乐。色：指女人。
〔4〕去：离开。逸：说人坏话。私：私下，暗地里。逸私，即逸于私，在暗地里说人坏话。明：谓做事、对人光明正大。
〔5〕当：应该，应当。惟：只。论：评定。

【译文】

（潘府）曾经说："做官的根基有三条：少接受物质享受，是保持清廉的根基；远离娱乐、女人，是勤劳职事的根基；不在私下说人的坏话，是待人做事光明正大的根基。"潘府又说："推荐贤能人才，应该只怕落在别人的后面；评定功绩，应该只怕排在别人的前面。"

【提示】

谦，俭，清，淡。

23　陈茂烈，字时周，莆田人[1]。年十八，作《省克录》，谓颜之"克己"，曾之"日省"，学之法也[2]。

（《明史》卷二八三《陈茂烈传》）

【注释】

〔1〕陈茂烈：明孝宗弘治八年（1495）进士。
〔2〕《省克录》：陈茂烈所作。颜：颜渊。克己：克制自己的欲望，语见《论语·颜渊篇》。曾：曾参。日省：每天反省自己的思想和行为，语见《论语·学而篇》。

【译文】

陈茂烈，字时周，莆田县人。他十八岁写了一本书，书名《省克录》，书中，说颜渊按孔子"克己复礼为仁"的教导学着做，说曾参每天多次自我反省以求为人忠、交友信、学业进，都是学习的方法。

【提示】

学习方法众多,关键在于学习的人勤奋利用。

24 史五常,内黄人[1]。父萱,官广东佥事,卒,葬南海和光寺侧,五常方七岁,母携以归[2]。比长,奉母至孝,常恨父不得归葬,母语之曰[3]:"尔父杉木椟内,置大钱十,尔谨志之[4]。"母殁,庐墓致毁。既终丧,往迎父椟[5]。时相去已五十年,寺没于水久矣,五常泣祷,有老人以杖指示寺址。发地,果得父椟,内置钱如母言,乃扶归,与母合葬,复庐墓侧[6]。

(《明史》卷二九七《史五常传》)

【注释】

〔1〕内黄:县名,其地在今河南省北部,与广东南北相隔,距离很远。

〔2〕萱:五常父之名。官:担任的官职。卒:死。方:才,刚。携:带着。归:回家乡。

〔3〕比:等到。奉:侍奉,赡养。至:最,非常。恨:悔恨。

〔4〕尔:你。椟(chèn):棺材。谨:认真,小心。志:记。

〔5〕殁:死。庐:谓在去世人墓旁搭盖的服孝人服孝期间住的草房子。致毁:谓致使身体悲伤衰弱。既:已经。终:结束。

〔6〕去:离。发:挖掘,谓挖掘寺址周边。扶:谓护送灵柩。复:又。

【译文】

史五常,内黄县人。父亲史萱,在广东做官,任广东佥事。在任上去世,就近安葬在南海和光寺的旁边。父亲去世时,五常才七岁,母亲带着他回到家乡。等到史五常长大,事奉母亲特别孝顺,而他非常悔恨父亲没有能够回到家乡安葬。母亲告诉他说:"你父亲的棺材内面用的是杉木,棺材里放有十个大钱,你要小心记住它。"母亲死后，住在母亲墓旁搭盖的草屋子内为母亲服丧，因其过度悲痛，致使身体损伤。五常为母亲服丧时间过了以后，就前往广东接父灵柩回家。父亲去世后葬在和光寺旁的时间已有五十年，和光寺被大水冲刷淹没已经很久。五常哭泣祷告，有一位老人用手杖指示给五常原来和光寺的地址。在寺址周边挖掘，果然发现父亲的棺木，里面放有母亲说的十个大钱。于是守护着父亲的棺木回到家乡，和母亲合葬一起，又在父母墓旁搭盖了草屋，五常住在里面为父服丧。

【提示】
　　庐墓服丧。

卷三　子书

子书，要从先秦诸子说起，最后附带说到类书与丛书。

一、先秦诸子的产生

（一）社会制度的变革与学术文化由官府传布民间

西周时期，是中国奴隶社会的盛世。政治上，实行宗法统治，周王为天下宗主，封地建国，世卿世禄；学术上，学在王官，一切学术文化都控制在王公贵族手中，"物物有其官"，"官宿其业"（《左传》鲁昭公二十九年），"父子相传，以持王公"（《荀子·荣辱篇》）。当时，官师合一，不仕无学，也就是说，有官学而无私人之师教，有官书而无私家之著述。时至春秋，社会制度剧烈变革，奴隶社会已濒临土崩瓦解，到了寿终正寝之时，封建社会在母体中做过最后挣扎之后，即将降生人间。构成奴隶社会经济基础与上层建筑的各个方面，这时一个个地先后坍塌。在这种情况下，学术文化由官府严密控制的局面，失去它继续存在的政治与经济基础。于是，世宿学术文化之业的"畴人子弟"奔散四方，"或在诸夏，或在夷狄"。（《史记·历书》。"畴"，裴骃《集解》引如淳解曰："家业世世相传为畴。"）随着畴人散处各地，原本不得外传的文献资料也流布社会，王官之学便日渐下移，逐步从官府扩散到民间。于是，王官变为私教之师，官学成为私学。到春秋末期，这一变化已经十分显著。孔子首开私人讲学之风，广收门徒，传授历史文化知识，就是由学在官府到学流民间的重要标志，是政治制度的更替在学术文化上的反映。它对春秋、战国之际及战国时期学术文化的发展繁荣，起到奠基与推动的重要作用。

（二）列国纷争的政治形势与诸子百家的产生

学术文化在社会上的传播，逐渐形成一个新的知识分子队伍，即所谓士。由于处于社会制度的变革时期,所以社会上新旧阶级之间的斗争十分激烈。政治斗争的激化,演成各国之间频繁的战争。当时,列国纷争,社会动荡,强权政治,弱肉强食。各国的统治者,有的国势强大想进一步开拓疆土,有的国势弱小想求生存以免危亡;有的为求继续维持旧有的统治秩序,有的为求迅速发展新兴的阶级力量。他们都希望得到士这个阶层在理论上的支持与在实际行动上的帮助,为其出谋划策,以获富国强兵之效。顺应这种社会历史需要,士成为当时社会上最活跃的一个阶层。有的东奔西走,到处游说,一旦得到国君赏识,游说成功,便马上飞黄腾达,捞个一官半职;有的聚徒讲学,著书立说,以阐述、宣传自己的政治主张与学术思想。士人各从不同的阶级与社会集团的利益出发,议论政治,阐发哲理,相互之间进行理论上的争辩,开展思想上的斗争。于是,形成不同的学术派别,史称"诸子百家"。

(三)历代学者对先秦诸子产生条件的论述

先秦诸子产生的条件,主要有两个方面:一是学术渊源,二是社会条件。对此,历代学者多有论述。

(1)学术渊源

《庄子·天下篇》是早期论述先秦诸子问题的一篇学术论文。作者在文中提出道术、方术两个概念。道术,泛指学术,学说,就学术整体言。方术,一方之术,此与"道术"对举,特指整体学术领域中仅适用于一种情况或一个方面的学术,就学术局部言。作者认为,古代的道术,实为后世的方术之母。后世出现的各个学派的思想学说、政治主张,原蕴涵于古代道术之中。后来,由于世事变革,"道德不一",所以,天下不再有治"无乎不在"之道术者,而"得一察焉以自好"的"治方术者"多了起来,于是,出现了众多不同的学术派别。总之,上古学术是沿着道术分裂为方术的轨迹演进的。

班固据刘歆《七略》撰《汉书·艺文志》，将图书分为六个部分，称为"略"。在"诸子略"中，对诸子百家的学术渊源作了概要叙述："儒家者流，盖出于司徒之官"；"道家者流，盖出于史官"；"阴阳家者流，盖出于羲和之官"；"法家者流，盖出于理官"；"名家者流，盖出于礼官"；"墨家者流，盖出于清庙之守"；"从横家者流，盖出于行人之官"；"杂家者流，盖出于议官"；"农家者流，盖出于农稷之官"；"小说家者流，盖出于稗官"。显然，《汉志》认为，诸子的学术渊源皆出于王官。对《汉志》关于诸子出于王官的表述进行具体分析，可以归纳为三点：（一）先秦诸子各学派的学术皆渊源于王官之学。（二）先秦诸子各学派的学术分别渊源于某一王官之学。（三）"盖"之为言，推测不定之辞。后世学者多承袭《汉志》之说。近代章太炎《国故论衡》卷下《原学》："九流皆出王官，及其发舒，王官所不能与。官人守要，而九流究宣其义。"章氏认为，学术文化控制于官府之时，王官仅能世代因循，父子相传，墨守成规而已，不可能有所发展。官学传布社会之后，渐而演育出各个学派，原被禁锢于官府的学术文化才得到空前发展。本来，学在王官，官外无学，所以，后来的学术文化皆由王官之学演进而来，其理甚明。但是，《汉志》拘泥地必将某一学派说成是出于某官，未免牵强，恐难全与史实相合。

也有人提出诸子源于"六经"说。清人章学诚《文史通义·诗教上》："战国之文，其源皆出于'六艺'。""老子说本阴阳，庄、列寓言假象，《易》教也。邹衍侈言天地，关尹推衍五行，《书》教也。管、商法制，义存政典，《礼》教也。申、韩刑名，旨归赏罚，《春秋》教也。其他，杨、墨、尹文之言，苏、张、孙、吴之术，辨其源委，挹其旨趣，九流之所分部，《七录》之所叙论，皆于物曲人官得其一致，而不自知为六典之遗也。"今人也有持此说者。傅隶朴所著《国学概论（增订本）》第四编《子学》在《诸子不出于王官》中说:"诸子既不出于王官,渊源何自呢?我以为儒家由孔子建立,孔子的学说思想乃集尧、舜、禹、汤、文、武、周公之大成。所以他能以德行、政事、言语、文学四科教弟子。由于夫子之道大,三千弟子中有的得其一鳞半爪,有的得其一体,有的具体而微。这班人进入社会,弘扬师说,自不免有些偏差或者是过分强调的,于是便引起了许多反感,众说蜂起,群以儒家为集矢的对象,不过他们的思想言行虽起自对儒家的反动,但他们的学说基础仍建立在儒家的'六经'上。"所以,"说诸子学说出自儒家,绝不是阿私之论"。其实,诸子源于"六经"的命题,《汉志》已启其端。《汉志》"诸子略":"今异家者各推所长,穷知究虑,以明其指,虽有蔽短,合其要归,亦'六经'之支与流裔。"师古注:"其于'六经',如水之下流,衣之末裔。"《汉志》在探究诸子的学术渊源时,既认为皆出于王官,又指出皆为"六经"之余绪。本来,学在王官,官师合一,只有在王官失守、学流民间、官师分职的情况下,孔子才有可能开创私人收徒办学,整理原由官府职掌的典籍以教庶民弟子,创立儒家学派。显然,儒家学术与先秦诸子各家学术一样也是出于王官之学。儒家本来是先秦诸子中的一员,到汉代,儒学独尊,儒家地位才始居诸子之上。先秦诸子的学术皆渊源于王官之学,其中理应包括儒家学术在内,而后世有人认定先秦诸子的学术渊源于儒家之学,显然是在儒学独尊地位确定以后产生的学术观念。根据这种观念探究先秦诸子的学术与儒家学术的渊源关系,不可能得出符合历史实际的正确结论。

(2)社会条件

详论先秦诸子产生的社会条件,首推《淮南子·要略篇》。其文云:文王"为天下去残除贼而成王道,故太公之谋生";"孔子修成、康之道,述周公之训,以教七十子","故儒者之学生";墨子以儒者"礼烦扰而不说,厚葬靡财而贫民,服伤生而害事,故背周道而用夏政",于是主张"节财、薄葬、闲服"之墨家生;"桓公忧中国之患,苦夷狄之乱,欲以存亡继绝,崇天子之位,广文、武之业,故管子之书生";"齐景公内好声色,外好狗马,猎射亡归,好色无辩,作为路寝之台,族铸大钟","故晏子之谏生";战国之时"下无方伯,上无天子,力征争权,胜者为右,恃连与国,约重致,剖信符,结远援,以守其国家,持其社稷,故纵横修短生";"申子者,韩昭僖之佐。韩,晋别国也","晋国之故礼未灭,韩国之新法重出,先君之令未收,后君之令又下,新故相反,前后相缪,百官背乱,不知所用,故刑名之书生";"孝公欲以虎狼之势而吞诸侯,故商鞅之法生"。《汉书·艺文志》既认为诸子各家皆出王官,同时又指出诸子产生的社会条件:"皆起于王道既微,诸侯力政,时君世主好恶殊方,是以九家之术蜂出并作。各引一端,崇其所善,以此驰说,取合诸侯。"民国时,罗根泽在《战国前无私家著作说》中,从社会的政治体制与经济制度的变革分析战国诸子产生的社会背景。他说:"凡近于人事论之道术学说,无非所以解决当时之患难,俾社会国家渐进于理想。诸子学说,除晚出名家外,泰半属于人事论,故方术不同,皆思所以救世之弊。""春秋及春秋以前所以经纬万端者,无不以礼,故各种学说无产生之必要与可能。及至战国,世乱日亟,人心益诈,学者见先王之礼不能维持和平,于是各就所见,求所以维系改善之方。"罗氏又在文后附言中说:"自春秋以前为封建时代,于时之人,分贵族与农奴两个阶级。农奴无学识,不能著书立说;贵族不须要,抑且反对著书立说。至战国,则封建势力逐渐沦丧,资本势力日益膨胀,中产阶级率有求学之机会,由是学说因之蔚起。自春秋以前为贵族掌政时代,遵祖宗之遗法,守国家之旧典,无庸新说;至战国,则贵族逐渐失势,士人进而夺取政权,其所以夺取政权之利器,每恃自己之政见与学说,由是积极消极相乘相除,群走于著书立说之途焉。"(《古史辨》第四册)

(3) 先秦诸子产生条件总说

任何一种学术思潮的出现，都不可能一下子从天而降，不会在一朝一夕的短时间内形成，必有所自之学术渊源。同时，任何一种学术思潮所以能够出现，又都可以从当时的政治、经济、文化等方面找到原因，如果没有当时社会的需要并为之创造产生的条件，它也是不可能出现的。《庄子·天下篇》所说道术裂变为方术、《汉志》所说诸子出于王官，所指皆为诸子所自之学术渊源；《庄子·天下篇》《淮南子·要略篇》与《汉志》所说学术随着世事的变革应时而兴，所指皆为诸子产生之社会条件。合二说以论诸子学术之所以出现，方为全面。胡适在所著《中国哲学史大纲》的"附录"中载有一篇题为《诸子不出于王官论》的文章，认为《汉志》所说诸子出于王官"皆属汉儒附会揣测之辞，其言全无凭据"。"《淮南子·要略》自'文王之时，纣为天子'以下专论诸子学说所自出，以为诸子之学皆起于救世之弊，应时而兴"。"此所论列，虽间有考之未精，然其大旨以为学术之兴皆本于世变之所急，其说最近理"。他的结论是："吾意以为诸子自老聃、孔丘至于韩非，皆忧世之乱而思有以拯济之，故其学皆应时而生，与王官无涉。"胡氏是一非一，失之偏颇。

先秦诸子各学派之间的学术内蕴，既有互相矛盾对立的一面，又有互相重合相通的一面。各家之间既互相摈斥，又互相吸收。认识先秦诸子各家学术，既不可因其学术观点互相矛盾对立而忽略其学术思想中有彼此相通的一面，又不可因其学术思想中有彼此相通的一面而将双方学术视为源、流关系。关于先秦诸子的学术渊源及各家学术之间的关系，较为符合历史实际的解释应该是：先秦诸子的学术皆渊源于王官之学，都是为救时弊而应时产生。各从不同的立场出发采择救世之方，所以其方各殊而不一。但总括言之，各取一偏以为主，兼采他方为次以辅之。所以各家学术的内蕴往往是我中有你，你中有我，只是各家所取救世之方的主次不同，我主你次、我次你主而已。各家殊而不一之处，经过后学辗转传承，有的磨合归一了；有的由微而显，由小而大，甚至互为水火，不能兼容，百家争鸣之局面由此而生。

二、诸子学术派别划分与子部著录图书

先秦诸子，本为士人，何以称"子"？周初分封，分为公、侯、伯、子、男五等爵位，子为五等爵位之一。所以，在奴隶制盛世的西周，"大夫虽贵，不敢称子"。到春秋时期，王室衰微，公室日弱，政权下移，各国"执政之卿始称子"。春秋、战国之际，学流民间，士人的社会地位提高，于是"匹夫而为学者所宗"之师及从师受学之徒也都可以以"子"称之（顾炎武撰《日知录》卷四）。这样，"子"便成了春秋、战国之际及战国时期对一般学者的尊称。学者被尊称为子，他们的著作即称为子书。

（1）战国子书对先秦诸子学术派别的划分

根据先秦诸子各自的政治主张与学术思想将其归纳为若干学术派别，在战国子书中已见记载：

《庄子·天下篇》提到六家：一曰墨翟、禽滑釐，二曰宋钘、尹文，三曰彭蒙、田骈、慎到，四曰关尹、老聃，五曰庄周，六曰惠施。

《尸子·广泽篇》提到六家：一曰墨子，二曰孔子，三曰皇子，四曰田子，五曰列子，六曰料子。

《荀子·非十二子篇》提到六家：一曰它嚣、魏牟，二曰陈仲、史鰌，三曰墨翟、宋钘，四曰慎到、田骈，五曰惠施、邓析，六曰子思、孟轲。

《韩非子·显学篇》提到儒、墨两家为世之显学，而孔、墨死后，儒分为八，墨分为三。儒家八派：子张、子思、颜氏、孟氏、漆雕氏、仲良氏、孙氏、乐正氏。墨家三派：相里氏、相夫氏、邓陵氏。

《吕氏春秋·不二篇》提到十家：一曰老耽，二曰孔子，三曰墨翟，四曰关尹，五曰列子，六曰陈骈，七曰阳生，八曰孙膑，九曰王廖，十曰兒良。

这些战国子书提到先秦诸子的学术派别，有一个共同特点，就是都以这个学派的创始人或主要人物为代表，尚未概括为什么家。

（2）汉代学者对先秦诸子学术派别的划分

给先秦诸子各个学派一个什么家的名称，以高度概括各个学派的政治主张与学术思想，始于汉代司马谈的《论六家要指》（《史记·太史公自序》）。司马谈将先秦诸子归纳为六家，即：阴阳、儒、墨、名、法、道德。

班固承刘歆《七略》之说，在《汉书·艺文志》中将图书分为六部分著录：一曰六艺略，著录儒家经典与小学类图书；二曰诸子略，著录子书；三曰诗赋略，著录诗赋；四曰兵书略，著录兵家书；五曰术数略，著录天文、历谱、五行、卜筮等家书；六曰方技略，著录医学、神仙等家书。在"诸子略"中对诸子学术派别的划分，以司马谈六家为基础加以扩大，增纵横、杂、农、小说四家，共成十家。"诸子十家，其可观者九家而已"（《汉志》"诸子略"序），除去小说家，剩九家，学术史上称之为"十家九流"。

（3）《隋书·经籍志》子部类目的划分

魏、晋之际，产生四部分类方法，其中乙部收录子书。当时，只分四大部，而部下未立类目。唐初修《隋书·经籍志》，四部分类，合《汉志》的"诸子略""兵书略""术数略""方技略"而为子部，其下分为儒、道、法、名、墨、纵横、杂、农、小说、兵、天文、历数、五行、医方等十四家。

（4）两《唐志》子部类目的划分

《旧唐书·经籍志》与《新唐书·艺文志》的子部类目，除了《隋志》子部已有的十四个类目外，又增设杂艺术、类事、经脉(《新唐志》"类事"称"类书","经脉"称"明堂经脉"。)三个类目,扩大为十七个类目。

儒家学派,先秦时即为显学,汉代以后更是倍受尊崇,犹如国教;道教产生于东汉,与道家学派分流;佛教于东汉传入中国,南北朝时盛极一时。儒、道、佛合称"三教"。《隋志》以道、佛二教都是"方外之教",所以,子部"道家类"只著录道家之书,而道教言神仙符箓之书与佛教著作未入四部,只"录其大纲,附于四部之末"而已。到两《唐志》,道、佛二教的著作都归入子部"道家类",而在"道家类"下分为"道家""神仙""释氏"三个子目。这样,所谓"三教九流",都归入到了子部之中。

此后,子部著录图书的范围,大致如此。

(5) 子部著录的图书

从上述可知,子书产生于春秋、战国之际,兴盛于战国时期。所谓诸子,原指先秦士人,后扩大到后世学者。所谓诸子学派,原指政治及哲学思想方面的一家之言,后扩大到科学技术方面的专门知识。子部收录的图书,除子书外,还有道、佛等宗教著作。四部之中,子部内容最为庞杂,包括哲学、思想、科技(天文、历法、数学、医学、工艺、农业等)、文学及宗教等诸多方面的内容,保存着丰富而珍贵的史料,尤为各个单科专门史取之不尽的渊薮,是前人留给我们的一个多学科的知识宝库。

子部图书的数量,十分宏富。《四库全书总目》著录子部图书(类书除外)二千六百五十七部,二万四千八百三十五卷。《贩书偶记》与《贩书偶记续编》著录子部图书(类书除外)三千三百〇二部,二万三千一百五十卷。二者相加,共计五千九百五十九部,四万七千九百八十五卷。这大致反映了清代存世的前代子部书与清人撰写的子部书的总体情况。

三、子书丛书

自明代以来,汇刻诸子中重要学术派别的重要著作为一编的子书丛书，有数十种之多。

（1）诸子集成

民国时期，国学整理社汇辑、世界书局1935年出版的《诸子集成》，汇集了先秦到魏晋六朝诸子著作二十六家二十八种，编选较精，而且凡有注者都选用较好注本，20世纪五十年代以来中华书局曾多次重印，是最为通行的子书汇编本。

（2）新编诸子集成

为总结近几十年整理研究子书的新成果，中华书局于1982年决定选编一套新的子书丛书，名为《新编诸子集成》，收入先秦至唐、五代与哲学思想史研究关系较为密切的子书。拟收书二十九家四十六种，各书正文与注文皆加新式标点。其中没有现成注本的，有的进行注释，有的选择较好的版本进行校点。拟收之书有的是残阙或散佚之本，整理时区别不同情况，有的选取较好的现成辑本，有的进行补辑或重辑。《新编诸子集成》先出版各书的单行本，全部单行本出齐后出版精装合订本。

一、老　子

一、《老子》其书

《老子》,是先秦道家学派一部重要著作。

《老子》,又称《道德经》,是一部记述老子思想学说的著作。它的成书时间,也像其他先秦典籍一样,经过一个不断增益补充的过程。最后写成定本,约在战国中期。《老子》自先秦流传至今,有多种传本。今本全书分为上下两篇,上篇《道经》三十七章,下篇《德经》四十四章,共八十一章,约计五千字。

1973年12月,长沙马王堆三号汉墓出土大批帛书,其中有两种《老子》写本,分别称为甲本、乙本,抄于秦、汉之际。这两种本子与传世之本篇次不同,《德经》在前,《道经》在后,其中文字也时有出入。1980年,文物出版社出版国家文物局古文献研究室编《马王堆汉墓帛书（一）》,其内容有:《老子甲本及卷后古佚书图版》《老子乙本及卷前古佚书图版》《老子甲本释文》《老子乙本释文》。

1993年10月,在湖北省荆门市辖区内的郭店村发掘一号战国楚墓,出土简书,其中有《老子》甲、乙、丙三种本子。这是至今所见年代最早的《老子》传抄本,其学术价值可想而知。1998年,文物出版社出版荆门市博物馆编撰《郭店楚墓竹简》。2003年,清华大学出版社出版廖名春撰《郭店楚简老子校释》。

又，许抗生撰《老子评传》。熊铁基、马良怀、刘韶军撰《中国老学史》。董治安主编，王世舜、韩慕君编撰《老庄词典》。

二、老子其人

老子，据《史记·老子列传》记载，"老子者，楚苦县厉乡曲仁里人也，姓李氏，名耳，字聃，周守藏室之史也"，春秋末年人，孔子曾适周"问礼于老子"。他"修道德，其学以自隐无名为务"，后"著书上下篇，言道德之意五千余言"。但是，老子是否李耳，汉时已有人提出异议。司马迁在《老子列传》的最后，提供当时人的另外两种说法：或曰东莱子，亦楚人，与孔子同时；或曰周太史儋，后孔子百余年。并且说："世莫知其然否。"可见当时已有很多人弄不清楚了。后经两千年来历代学者的探讨，至今仍无定说。目前学术界的意见，归纳起来，主要有二：（一）春秋后期人，在孔子之先，即孔子向其学礼之李耳老聃。（二）战国中期人，具体所指，主要有二说：一说老子确系李耳，但李耳本是战国中期人，他的弟子为提高老学地位，在宣传中使孔子为其弟子，于是生年上移，成了年长于孔子的春秋人；一说老子是太史儋。诸说相较，老子其人，仍当以司马迁的意见近是。老子是中国哲学史上第一位伟大的哲学家。先秦道家学派所以称之为道家学派，是由于其创始人老子提出"道"这一学术命题与哲学范畴。老子说："有物混成，先天地生。寂兮寥兮，独立不改，周行而不殆。可以为天下母。吾不知其名，字之曰道，强为之名曰大。大曰逝，逝曰远，远曰反。故道大，天大，地大，人亦大。域中有四大，而人居其一焉。人法地，地法天，天法道，道法自然。"（《老子》第二十五章）老子认为，宇宙之间有道、天、地、人四种伟大的物质实体存在，其中道是最先出现的，早在天地剖分之前，宇宙尚为混沌状态之时，道已存在。道无声无形，不靠外力的帮助而存在，周而复始，不停运行，可以把它作为天下万物的根本。有道而后有天、地、人。人以地为法则，地以天为法则，天以道为法则，道以自身本来的样子为法则。这样，宇宙之间，形成道、天、地、人四大物质实体并存的状态，道先天、地、人而生，天、地、人的发展变化、运行规律，皆法道而行，道是宇宙间最伟大的存在，最根本的法则。老子提出的"道"这一哲学范畴，影响了两千多年的中国哲学史的发展。老子的社会观，一方面，猛烈抨击不合理的社会现实，责骂统治者，表现了反压迫、反剥削、爱自由的进步要求；另一方面主张小国寡民，鼓吹无为而治，又具有保守、倒退、愚民的消极因素。老子的哲学思想与社会观对后世都有重大影响，老子本人也被后世尊为道家学派之祖。

1　上善若水[1]。水善利万物而不争，处众人之所恶，故几于道[2]。居善地，心善渊，与善仁，言善信，正善治，事善能，动善时[3]。夫唯不争，故无尤[4]。

（第八章）

【注释】
〔1〕上善：大善，最善，特别的善，谓其品德非常高尚。
〔2〕善：善于。处：处于，待在。恶：讨厌，不喜欢。几：接近。道：老子的"道"，所指有多方面，这里指言事物的规律。以水言则谓天（自然）之道，以人言则谓人之道。
〔3〕居善地：以水言，在低洼的地方；以人言，处于低下卑微的社会地位。渊：深，此谓心地认真不苟。与：结交。仁：此谓有仁德的人。正：通"政"，谓政事。能：谓有才干的人。时：适时，恰在其时。
〔4〕唯：只是，单单。尤：过失。

【译文】
特别良善的人，心地像水一样。水的品性，善于帮助万物却不与万物争求什么，停留在众人讨厌的低洼地方，所以接近于道。

特别良善的人，处身能安于低下卑微的社会地位，心地能深沉不苟，结交有仁德的人，说话能真诚可信，政事治理好，做事有才能，行动善于利用时机。只因与世无争，所以没有过失。

【提示】
　　品德高尚的、最善良的人，应该是：品性若水，做到利万物、不争、处恶。

　　2　持而盈之，不如其已[1]。揣而锐之，不可长保[2]。金玉满堂，莫之能守[3]。富贵而骄，自遗其咎[4]。功遂身退，天之道[5]。

（第九章）

【注释】
　　[1] 持：拥有。盈：满，足，到处都是。已：止，谓停止积聚财富。
　　[2] 揣：《说文》"揣，捶之"。打造利器，火炼捶击。锐：锋利。长保：谓使其锋利长久保持而不损折。
　　[3] 堂：屋，室。满堂，整个屋子里放得满满的。莫：没有谁。
　　[4] 遗：留下。咎：灾祸。
　　[5] 遂：成功。天之道：自然的规律。

【译文】
　　拥有财物，财物积聚得到处都是，不如停止积聚。锤炼金属，使它尖锐锋利，但却不能使它的锋利长久保持而不损折。金玉满堂，没有谁能够长守不失。富贵而骄傲，会给自己招来灾祸。功成身退，是顺应自然规律的好做法。

　　3　企者不立，跨者不行，自见者不明，自是者不彰，自伐者无功，自矜者不长[1]。其在道也，曰："余食赘行，物或恶之[2]。"故有道者不处[3]。

（第二十四章）

【注释】

〔1〕企：踮起脚。跨：抬起一只脚向前或向左右迈大步，此言迈大步向前走。见：现。自见，自我表现。《老子》第二十二章云"不自见，故明"。彰：明，显著。伐：自夸，自我夸耀。矜：自大，自我尊大。

〔2〕赘：多余而无用。行：当作"形"，谓身体。物：指人。或：有的人。恶：厌恶，讨厌。

〔3〕处：所在的地方。

【译文】

为显示自己身高而踮起脚，反而站不稳；为显示行走快过别人而抬起脚向前迈大步，反而走不快；自我表现，不明智；自以为是，多是是非不明；自我夸耀，多是没有功劳；自我尊大，多是不能长久。上面这些，用道的原则衡量，只能说："不过是剩饭、赘瘤，人们大都憎恶它。"所以，品德高尚的有道之人，其思想行为都不会停留在上面这些状况。

【提示】

《老子》第二十二章云："不自见，故明。不自是，故彰。不自伐，故有功。不自矜，故长。夫唯不争，故天下莫能与之争。"可参读。

4 知人者智，自知者明。胜人者有力，自胜者强。知足者富。强行者有志。不失其所者久。死而不亡者寿。

（第三十三章）

【译文】

　　能了解别人，是有智慧；能了解自己，是明白人。打斗能胜过别人，是有力气的人；能克制消除自身弱点，是坚强的人。知道满足，就会经常觉得自己富有。坚持奋斗目标前进不动摇，是有志气的人。不放弃执着坚守的，就能时久有成。人死而其道德功业学说等仍久存人心不消亡，可称长寿。

　　5　名与身孰亲[1]？身与货孰多[2]？得与亡孰病[3]？甚爱必大费，多藏必厚亡[4]。知足不辱，知止不殆，可以长久[5]。

（第四十四章）

【注释】

　　[1] 名：名誉。身：自己，此指生命。孰：什么。
　　[2] 货：财物。多：重要。
　　[3] 亡：丧失。病：伤害。
　　[4] 甚：非常，过分。爱：怜惜，吝啬，舍不得。大费：多破费。厚亡：多丧失。
　　[5] 殆：危险。

【译文】

　　虚有的名誉与自身的性命，哪一样亲近？性命与财物，哪一样重要？得到与失去，哪一样有害？过分的吝啬，必定招致大的破费；多储藏财物，必定招致大量财物的损失。知道满足不会遭遇困辱，知道适可而止不会遭遇危险，如此，可以长久平安。

【提示】

　　知足、知适可而止，做到"二知"，可保长久平安。

6 罪莫大于可欲，祸莫大于不知足，咎莫大于欲得[1]。故知足之足常足矣[2]。

（第四十六章）

【注释】
〔1〕莫：没有什么。可欲：可以贪求的欲望，多欲，此谓贪得无厌。咎：《说文》"咎，灾也"。欲得：谓总想把想得到的东西弄到手。
〔2〕知足之足：知道到什么地步就该满足了。

【译文】
罪没有什么比贪得无厌大的了，祸没有什么比不知满足大的了，灾没有什么比总想把想得到的东西弄到手大的了。所以，人们应该知道欲望要有个界限，不要无限制地贪求，到什么地步该满足就适可而止，这样，就会心中总是满足的。

7 祸兮，福之所倚[1]。福兮，祸之所伏[2]。

（第五十八章）

【注释】
〔1〕兮：语气词，犹现代汉语"啊"。倚：倚靠。
〔2〕伏：隐藏。

【译文】
祸啊，是福倚靠的地方。福啊，是祸隐藏的地方。

【提示】
祸可以转化为福，福可以转化为祸。有时看来是福却带来的是祸，有时看来是祸却带来的是福。也就是坏事有时变成好事，好事有时变成坏事。

祸福不定，所以，顺利时不要忘乎所以，仍要谨慎从事，谦恭待人，严防福向祸的转化。受挫折时不要垂头丧气，视己一无是处，要冷静找出问题所在，大刀阔斧改进，以待祸向福的转化。

8 其安易持，其未兆易谋，其脆易泮，其微易散[1]。为之于未有，治之于未乱[2]。合抱之木生于毫末，九层之台起于累土，千里之行始于足下[3]。为者败之，执者失之，是以圣人无为故无败，无执故无失[4]。民之从事，常于几成而败之，慎终如始则无败事[5]。是以圣人欲不欲，不贵难得之货[6]；学不学，复众人之所过，以辅万物之自然，而不敢为[7]。

（第六十四章）

【注释】

〔1〕安：安定，稳定。持：维持，掌握，料理，操持。兆：征兆，苗头。谋：谋划，考虑对付、管理的办法。脆：弱。泮（pàn）：散，解。

〔2〕未有：还没有发生。

〔3〕合抱：人的两臂围拢。木：树。合抱之木，谓大树。毫末：毫毛的末梢，极言其细小。

〔4〕是以：因此。

〔5〕从事：做事。几：接近，快要，差不多。

〔6〕欲：欲望。不欲：没有欲望。此谓圣人的欲望就是没有欲望。贵：重视，看重。货：财物。第三章云："不贵难得之货，使民不为盗。"

〔7〕学不学：谓圣人的学习就是不学习。复：返回。谓补救众人的过错，使众人从错误的道路上返回。众人的过错是什么？是用人的聪明才智强制干预万物的自然发展。第六十五章云："民之难治，以其多智。故以智治国国之贼，不以智治国国之福。"

【译文】

事物稳定时容易掌握，事物还没有显出苗头时容易想办法处理，事物脆弱时容易分割化解，事物微小时容易分开打散。处理事情要在问题没有发生之前，治理社会要在乱子没有发生之前。合抱的大树从细小的幼芽产生，九层的高台从一筐土开始累起，千里远的行程从脚下第一步开始走。有作为的人难免有失败，有掌管的事物难免有损失，因此，圣人不做什么所以没有什么失败的，不掌管什么所以没有什么损失的。人们做事常常在快要成功的最后反而失败了，多是因为事情的最后疏忽大意，如果在事情的最后如同开始时那样谨慎认真，就不会有失败的事发生。因此圣人的欲望就是没有欲望，不重视珠宝等难得的财物；圣人的学习就是不学习，用不学习挽回众人用自己学习的知识强行干预万物自然发展的错误做法，以此辅助万物的自然发展，而不敢有所作为。

【提示】

慎终如始，无败事。

9　信言不美，美言不信。善者不辩，辩者不善[1]。知者不博，博者不知[2]。圣人不积，既以为人己愈有，既以与人己愈多[3]。天之道利而不害，圣人之道为而不争[4]。

（第八十一章）

【注释】

〔1〕信：诚实。美：华丽。辩：有口才，能说会道，此谓言谈花言巧语。

〔2〕知者：谓知识专一、研究探讨深邃的人。博：谓知识面广阔，但都知之不深。

〔3〕积：积聚，保留。既：尽。以：用来。己：自己。愈：更加。有：富有。与：给予。多：谓财富多。

〔4〕天：谓自然界。

【译文】

　　诚实的话一般不华丽,华丽的话大都不诚实。善良的人一般不花言巧语,花言巧语的人大都不善良。知识专深的人一般知识面不广阔,知识面广阔的人大都没有专深的真知识。圣人不积聚财物,尽力用财物为人做好事,而自己却更加富有;尽量将财物送给需要帮助的人,而自己的财富却更加多。自然界的法则,是有利于万物而不伤害万物;圣人的法则,是为人做事帮助他们而不与他们争夺什么。

【提示】

　　信、善、知。利而不害,为而不争。

二、墨　子

一、《墨子》其书

《墨子》,是先秦墨家学派一部重要著作。

《墨子》是墨家著述的汇编,其中有的是墨子言论行事的辑录,有的是墨家后学的作品。《汉书·艺文志》著录《墨子》七十一篇,后亡十八篇,今存五十三篇。《墨子》内容,可分为四个部分:第一部分,由《亲士篇》到《非儒篇》三十一篇,集中阐述墨子的主要思想学说。墨子思想学说的根本出发点,是谋求制止战争,安定社会,利于民生;中心内容,是书中提出的十大主张,即:尚贤、尚同、兼爱、非攻、节用、节葬、非乐、非命、尊天、事鬼。第二部分,《经》上下、《经说》上下、《大取》、《小取》六篇。这部分,后人称为《墨辩》,又称作《墨经》,主要讲述思想方法,即墨家的逻辑学,其中有关认识论与自然科学的内容,具有唯物因素,而对数学、力学、光学等方面的记载,在中国自然科学发展史上占有重要地位。第三部分,《耕柱篇》到《公输篇》五篇,记述墨子的言行,其中有墨子与时人的辩论,游说诸侯王公的言论,也有应答、教导弟子的谈话。这些具体而又生动的材料,阐发了墨子的思想学说,同时也表现了墨子肯于献身的斗争精神。第四部分,《备城门篇》以下十一篇,记述机械制造与守城之术,是中国古代机械工艺与军事科学的珍贵史料。由于墨家非攻,所以重视防御,这些篇章也是墨家学说中的重要组成部分。综观全书,墨家思想很多方面与儒家针锋相对,不少主张都是对儒家学说的批判,它是一个与儒家尖锐对立的学派。书中材料丰富,内容广泛,论述问题常引古书为证,或举史实为例,保存了不少有用的史料,是研治先秦史与思想史的一部重要子书。

清代孙诒让撰《墨子间诂》,中华书局1986年出版校点本。本书总结前人校注成果,加上孙氏自己的研究心得,对书中难解与错误之处,疏通考辨,多有订正。2002至2004年,北京图书馆出版社影印出版任继愈主编《墨子大全》,全三编,一百册。邢兆良撰《墨子评传》,王裕安、孙卓彩、郭震旦编撰《墨子大辞典》。

二、墨子其人

墨子,名翟,约生活于春秋末,战国初,稍晚于孔子,而早于孟子,鲁国人。他出身卑微,可能从事过手工业生产,生活俭朴,量腹而食,度身而衣。青年时期,曾"学儒者之业,受孔子之术",是一位孔门弟子。但后来因"以为其礼烦扰而不说,厚葬靡财而贫民,服伤生而害事"(《淮南子·要略篇》),于是,便背离儒学,倡导一系列与儒学相对抗的政治主张与思想学说,收徒授学,并身体力行,形成一个独立学派——墨家学派,成为战国时期与儒学并称的两大显学。

1　据财不能以分人者,不足与友[1]。守道不笃,遍物不博,辩是非不察者,不足与游[2]。

(《修身篇》)

【注释】

〔1〕据:占据,占有。足:可以。
〔2〕笃:忠实。游:交往。

【译文】

占有财富不能拿来分给众人的人,不可以和他做朋友。遵守道义不忠实,许多事物不了解,辨别是非不能够明察对错的人,不可以和他交往。

【提示】

墨家学派主张兼爱,爱众多的人。所以,重视道义,轻视财利。

2 务言而缓行,虽辩必不听[1]。多力而伐功,虽劳必不图[2]。慧者心辩而不繁说,多力而不伐功,此以名誉扬天下[3]。

(《修身篇》)

【注释】

〔1〕务:务必,一定。辩:说得好听,说得头头是道。
〔2〕伐:自夸,夸耀。图:取。
〔3〕慧:聪明。繁:多。

【译文】

事情一定说到前面而做事总是慢慢腾腾,即使话说得头头是道,人们也不会听从。多出力做事情而自夸有功,即使真的劳苦有功,人们也一定不会相信他说的话。聪明人心里明白而不多说,多出了力而不自夸功,因此扬名天下。

【提示】

少说多做,众人喜爱。

3 若使天下兼相爱,爱人若爱其身,犹有不孝者乎[1]？视父兄与君若其身，恶施不孝，犹有不慈者乎[2]？视子弟与臣若其身，恶施不慈，故不孝不慈亡有，犹有盗贼乎[3]？视人之室若其室，谁窃[4]？视人身若其身，谁贼[5]？故盗贼亡有，犹有大夫之相乱家，诸侯之相攻国者乎[6]？视人家若其家，谁乱？视人国若其国，谁攻？故大夫之相乱家，诸侯之相攻国者亡有。若使天下兼相爱，国与国不相攻，家与家不相乱，盗贼无有，君臣父子皆能孝慈，若此则天下治。故圣人以治天下为事者，恶得不禁恶而劝爱[7]？故天下兼相爱则治，交相恶则乱，故子墨子曰"不可以不劝爱人"者此也[8]。

（《兼爱上篇》）

【注释】

〔1〕其身：自身。犹：还。

〔2〕视：看待。恶：何，哪里，怎么。施：行。慈：和善，慈爱。

〔3〕亡(wú)：义同"无"。盗贼：强盗，用暴力抢夺。

〔4〕室：家。窃：偷。

〔5〕贼：伤害。

〔6〕大夫：诸侯分封各地的官员。家：大夫的封地称家。诸侯：天子分封各地建国治理的受封人称诸侯，诸侯的封地称国。

〔7〕下"恶"：凶恶。

〔8〕子墨子：墨子先生。"墨子"上冠"子"字，表示对墨子的尊敬。

【译文】

假设天下的人都相互亲爱，爱人像爱自己一样，还会有不行孝道的人吗？对待父兄与君主像对待自己一样，怎么能够不行孝道，还有不慈善的人吗？对待子弟与臣像对待自己一样，怎么能够行为不和善慈爱呢？所以，没有不行孝道与不和善慈爱的人，还会有盗贼吗？对待别人的家庭像对待自己的家庭一样，还有谁做盗贼行窃？对待别人像对待自己一样，还有谁做贼？所以，没有盗贼了，还有大夫相互之间扰乱封地、诸侯相互之间攻打封国的吗？对待别人的封地像自己的封地一样，谁来扰乱？对待别人的封国像自己的封国一样，谁来攻打？所以，大夫相互之间扰乱封地、诸侯相互之间攻打封国的事不会发生。假设天下人全都相互亲爱，国与国之间不相互攻打，大夫与大夫封地之间不相互扰乱，没有盗贼，君臣、父子都能做到君父和善慈爱、臣子施行孝道，若是这样，天下就治理好了。所以，圣人是把治理天下作为一生功业的，怎么能够不禁止恶行而鼓励亲爱呢？所以，天下人全都相互亲爱就社会平安康泰，彼此之间恶行相向就社会动乱，所以墨子先生说"不能够不鼓励亲爱人"这话就是这个意思。

【提示】

人多给社会爱，社会就会用平安康泰回报人。

4 古者有语曰：君子不镜于水而镜于人，镜于水见面之容，镜于人则知吉与凶[1]。

（《非攻下篇》）

【注释】

〔1〕镜：镜子，此谓用镜子照。

【译文】

古人有话说："君子"不用水作镜子照自己，而用人作镜子照自己，用水作镜子照人只能看见面部的容貌，用人作镜子就能够知道吉凶祸福。

【提示】

　　别人的吉凶祸福就是自己的一面镜子,它可以提醒警示自己如何做人,从中吸取经验教训。

5　民有三患:饥者不得食,寒者不得衣,劳者不得息。三者,民之巨患也。

(《非乐上篇》)

【译文】

　　老百姓有三个担忧:一是饥饿的人没有饭吃,二是寒冷的人没有衣穿,三是劳累的人得不到休息。这三条,是老百姓的大忧虑。

【提示】

　　解决了这三条,百姓生活改面貌。

6　入则孝慈于亲戚……是故使治官府则不盗窃,守城则不崩叛,君有难则死,出亡则送。此上之所赏,而百姓之所誉也[1]。

(《非命上篇》)

【注释】

　　〔1〕入:谓在家庭。亲戚:父母与关系亲近的人。是故:因此。府:收存财物的仓库。出亡:外逃。誉:称赞。

【译文】

　　在家庭,对父母孝敬,对亲近的人和善慈爱……因此,使管理官库不盗窃,率军抗敌守城不溃败叛逃,君有难就为君死难,君外逃就送君逃出。这是君主所赞赏,百姓所称誉的。

7　夫仁人事上竭忠,事亲务孝,得善则美,有过则谏,此为人臣之道也[1]。

(《非儒下篇》)

【注释】

〔1〕竭:尽。务:务必,必定,一定。

【译文】

　　有仁德的人事奉君主竭尽心力,事奉父母务必行孝道,对父母尊敬顺从,有善行就夸奖,有过错就劝改。这是为君、父的臣、子应该做的。

三、荀　子

《荀子》，战国荀况撰。

一、《荀子》其书

西汉末年，刘向整理群籍，整理荀子著作后写的《孙卿书录》说："所校雠中《孙卿书》凡三百二十二篇，以相校除复重二百九十篇，定著三十二篇。"刘向看到荀子著作有三百二十二篇，除去重复，编定三十二篇，题名《孙卿新书》。到唐代，杨倞重新编排三十二篇次序，书名改称《荀子》，并作注，为《荀子》最早注本。今本篇次，即倞编定。关于荀子思想流派归属，历来认为荀子是战国末儒家大师，《荀子》是先秦儒家学派重要著作。《韩非子·显学篇》言孔子后"儒分为八"，八儒中"孙氏之儒"的"孙氏"即谓荀子。《史记》荀子与孟子同传，《汉书·艺文志》列在儒家。但后世学者发现荀子思想并非与孔孟学说完全一致，汉代扬雄说荀孟在孔氏学派中"同门异户"，唐代韩愈认为荀子对儒学是"大醇小疵"。今天看来，荀子主要是儒家思想，也受法、道、名等各学派影响。就整个思想体系看，不失为儒学大师，但他又突破孔孟儒学说教，在批判地接受与总结先秦诸子基础上，提出一套顺应历史发展需要的思想学说。政治理论上，主张建立统一中央集权统治秩序，是反复强调的一个中心思想，隆礼、重法是"一天下"思想中主要内容。隆礼是继承儒家思想，重法是吸收法家主张。隆礼、重法构成他提出的王道、霸道思想理论基础。哲学思想上，反对天命论，认为人定胜天。一方面指出"天行有常"，肯定自然界及其规律的客观性；一方面又提出"制天命而用之"，肯定人的主观能动作用。另外，他对经济、军事、音乐、教育及文学艺术等都有精辟论述。

对荀子其人其书的研究著述甚多，如清末王先谦撰《荀子集解》，1979年北京大学《荀子》注释组注释的《荀子新注》，其后孔繁撰《荀子评传》等。

二、荀子其人

荀子，名况，战国末年赵国人，时人尊称荀卿，汉人避宣帝讳称孙卿。生卒之年不详，约活动于公元前298年至前238年这段时间。荀子年五十始游学齐国，在当时最大的文化学术中心稷下学宫聚徒讲学，受人尊重，三为祭酒（学官之长）。这期间曾赴秦考察政治情况，回赵讨论军事问题。后到楚国，春申君黄歇任其为兰陵令。公元前238年，春申君死，荀子失官，定居兰陵，写书数万言。

1　君子曰[1]：学不可以已[2]。青，取之于蓝，而青于蓝[3]；冰，水为之，而寒于水[4]。木直中绳，輮以为轮，其曲中规，虽有槁暴，不复挺者，輮使之然也[5]。故木受绳则直，金就砺则利，君子博学而日参省乎己，则知明而行无过矣[6]。故不登高山，不知天之高也；不临深溪，不知地之厚也[7]；不闻先王之遗言，不知学问之大也[8]。干、越、夷、貉之子，生而同声，长而异俗，教使之然也[9]。《诗》曰[10]："嗟尔君子，无恒安息[11]。靖共尔位，好是正直[12]。神之听之，介尔景福[13]。"神莫大于化道，福莫长于无祸[14]。

(《劝学篇》)

【注释】

〔1〕君子：指有德才的学者与官吏，此谓学者。

〔2〕已：止。

〔3〕取：提取。青于蓝：比蓝草还青，此言色。

〔4〕为：变成。之：指冰。寒于水：比水还凉。此由色、水之变，说明事物的后来者居上。

〔5〕中(zhòng)：符合。绳：测量曲直的墨线。鞣：使物弯曲的动作。规：画圆的工具。虽：即使。有：又。槁：枯干。暴：指太阳强晒。挺：直。之：它。然：这样。

〔6〕受绳：经过墨线测量后的校正。金：指用金属制造的刀斧枪剑等器具。砺：磨刀石。就砺，在磨刀石上磨。博：广泛。参：验证，检查。省：反省。乎：于。知：同"智"。

〔7〕临：由高看低，自上看下。溪：山涧，深山水沟。

〔8〕先王：古时帝王。遗言：留下的话，此言流传下来的教导、主张等。

〔9〕干、越、夷、貉：干、越为东南二国名，干国小，后被吴灭；越国位于吴国南，春秋末期吴王夫差时被越王句践灭亡。夷、貉(mò)：两个少数民族名，夷分布于东部；貉，同貊，分布于北部。

〔10〕《诗》：此引诗见《诗经·小雅·小明篇》。

〔11〕嗟尔：感叹语。恒：时间长久。

〔12〕靖：安。共：同"供"。尔：你。好：爱好。是：这。

〔13〕介：助。景：大。

〔14〕莫：没有什么。化：化育，受到教育。道：谓高尚的德操准则。化道，即"化于道"。

【译文】

有道德才能的人说：学习不可以停止。青色是从蓝草中提炼的，但是青色比蓝草还深；冰是水变成的，但是冰比水还凉。木材直得符合墨线，经过加工使它成为圆轮子，它圆得符合画圆的工具规，即使又干燥暴晒，它也不会再直，是加工使它变成这样的。所以，木材经过墨线测量校正就可取直，金属制造的刀斧枪剑等器具经过磨刀石磨就变锋利。有道德才能的人，广泛学习各种知识，又每天检查反省自己，就会智慧聪明而行为没有过错。所以，不登上高山顶就不知道天的高，不从高处往低处看就不知道大地的深厚；没有听到过古代帝王教导的话，就不知道学问的博大精深。干、越两国与夷、貊两个民族的人，刚生下来发出的声音相同，长大以后的风俗习惯、思想意识却互不相同，这是后天所受教育不同使他们这样的。《诗经·小雅·小明篇》说："唉，你这君子，不要老是享受安逸。要尽力职守，向那正直的人学习。神灵会佑助你，给你带来大福。"要得到神灵的佑助，最重要的是接受高尚道德的教育；要得到幸福，最重要的是长期不遭受灾祸。

2　吾尝终日而思矣，不如须臾之所学也[1]；吾尝跂而望矣，不如登高之博见也[2]。登高而招，臂非加长也，而见者远[3]；顺风而呼，声非加疾也，而闻者彰[4]。假舆马者，非利足也，而致千里[5]；假舟楫者，非能水也，而绝江河[6]。君子生非异也，善假于物也[7]。

（《劝学篇》）

【注释】
〔1〕吾：我。尝：曾经。须臾：一会儿。
〔2〕跂(qǐ)：踮起脚后跟站立。博见：看到的宽阔。
〔3〕臂：手臂，胳膊。
〔4〕疾：快。彰：明白，清楚。
〔5〕假：借助，凭借。舆：车。利：利落，此言腿脚利落走得快。致：达到。
〔6〕楫：船桨。能水：水性好，会游水。绝：横渡水。
〔7〕善：善于，擅长。

【译文】
　　我曾经整天苦思冥想，还不如学习一会儿的收获大；我曾经踮起脚尖看远处，还不如登到高处看得广阔。登到高处向人招手，胳膊并没有增加长度，而距离很远的人却都能看到；顺着风刮的方向呼喊,呼喊的声音没有加大,而听的人却都听得清清楚楚。凭借着车马出行的人,并不是腿脚行走利落,却能远行千里;凭借着船桨划船过水的人,并不是水性好,能游水,却能横渡过江河。有道德才能的人,并不是生下来就和别人不一样,而是擅于利用外物。

【提示】

要借助外力改变自身,就需要学习知识以充实自身。

3 南方有鸟焉,名曰蒙鸠,以羽为巢,而编之以发,系之苇苕,风至苕折,卵破子死。巢非不完也,所系者然也[1]。西方有木焉,名曰射干,茎长四寸,生于高山之上,而临百仞之渊,木茎非能长也,所立者然也[2]。蓬生麻中,不扶而直[3];白沙在涅,与之俱黑[4]。兰槐之根是为芷,其渐之滫,君子不近,庶人不服,其质非不美也,所渐者然也[5]。故君子居必择乡,游必就士,所以防邪僻而近中正也[6]。

(《劝学篇》)

【注释】

〔1〕以:用。为:造。编:编缠。发:毛发。系(jì):打结。苇苕(tiáo):芦苇的嫩条。折:断。卵:鸟蛋。完:完整,完好无损。

〔2〕临:靠近,挨着。木:树。射干是一种形似树的草本植物。仞:长度名,古代以七、八尺为一仞。渊:深水潭。

〔3〕蓬:飞蓬,草名。

〔4〕涅(niè):矾石,可做染黑色的染料。

〔5〕兰槐:又名白芷,一种香草名。渐:浸泡。滫(xiǔ):有臭味的泔水。服:佩戴在身上。

〔6〕就:接近。所以:用这种做法。邪僻:邪恶不正。中正:心地平和公正。

【译文】

南方有种鸟,叫作蒙鸠,用羽毛造鸟巢,用毛发将鸟巢编缠起来,将鸟巢系在芦苇的嫩枝条上,风来了,芦苇的嫩条被刮断,鸟巢摔到地上,鸟蛋摔破,幼鸟摔死。不是鸟巢不完好,是系鸟巢的芦苇嫩条被风刮断造成这种情况的。西方有种长得像树的草,叫作射干,草秆儿长只有四寸,生长在高山靠近深水潭的边沿上,射干秆没有长长,是它长的地方使它这样的。飞蓬生长在麻棵中,不用扶持就长的挺直;白色的沙土与黑色的染料矾放在一起,白色的沙就会与矾一样都成为黑色。兰槐的根作为香草,经脏水浸泡以后,君子不接近它,一般人不佩戴它,不是它的质地不美好,是脏水浸泡使它成了这样的。所以,君子居住一定选择周围环境好的地方,出门在外一定与有道德、有学识的人交往,这样来防备受到邪恶不善的人坏的影响,力求接触到心地平和公正的好人。

【提示】

外因起了关键作用。

4 积土成山,风雨兴焉[1];积水成渊,蛟龙生焉[2];积善成德,而神明自得,圣心备焉[3]。故不积跬步无以致千里,不积小流无以成江海[4]。骐骥一跃不能十步,驽马十驾功在不舍[5]。锲而舍之朽木不折,锲而不舍金石可镂[6]。……是故无冥冥之志者无昭昭之明,无惛惛之事者无赫赫之功[7]。

(《劝学篇》)

【注释】

〔1〕积:积累,垒起来,此言堆土成山。焉:于此。
〔2〕渊:深水潭。
〔3〕神明:非常高深的聪明智慧。自得:自然拥有。圣心:圣人的道

德思想。

〔4〕跬(kuǐ)：半步为跬。无以：没有办法。致：达到。

〔5〕骐骥：一天能跑千里的好马，人称千里马。驽马：不善于长跑的劣马。驾：驾车。十驾，驽马十次驾车，言其十天驾车走的路程。

〔6〕锲：刀刻。镂：刻。

〔7〕冥冥：糊里糊涂。昭昭：显著。此言只是默默攻读，智慧聪明。惛惛：糊糊涂涂。赫赫：显耀。此言只是埋头踏踏实实地做事，取得显耀功业。

【译文】

堆土成山，风雨就会从那里产生；积水成深水潭，蛟龙就会从那里生长；多行善事，成为美德，就会拥有非常高深的聪明智慧，具备圣人的道德思想。所以，不半步半步不停地走，就没有办法走到千里；不截住小水流的水，就没有办法形成江河大海。千里马一跃跑不了十步远，劣马十天跑很远的路是因为它不停地跑。雕刻东西中途放弃，腐烂的木头也刻不断；不停地雕刻，坚持到底，金属、石头都能雕刻成需要的形状。……所以，没有默默勤奋攻读的心志，就不会取得显著的聪明智慧；没有埋头踏踏实实做事，就不会取得显耀的功业。

5　见善，修然必以自存也〔1〕；见不善，愀然必以自省也〔2〕。

(《修身篇》)

【注释】

〔1〕修：修养。存：检查，思考自身。

〔2〕愀(qiǎo)：忧虑不安。省：反省。

【译文】

看到好的品德与行为，一定用看到的好品德与行为检查自己有没有差距，想想如何加强修养，向人学习；看到不好的品德与行为，一定用看到的不好品德与行为反省自己是否也是那样，想想如何加强修养，提高品德，多做善事。

【提示】

《论语·里仁篇》记载孔子的话说："见贤思齐焉，见不贤而内自省也。"

6 以善先人者谓之教，以善和人者谓之顺[1]；以不善先人者谓之谄，以不善和人者谓之谀[2]。是是、非非谓之知，非是、是非谓之愚[3]。伤良曰谗，害良曰贼[4]。是谓是、非谓非曰直。

(《修身篇》)

【注释】

〔1〕先：做在前面，引导人。和：和谐，顺应人，使人平和相处。
〔2〕谄、谀：皆言为讨好而奉承谄媚。
〔3〕是是：上"是"，认为是；下"是"，对，正确。是是，认为"是"正确。非非：上"非"，认为非；下"非"，不对，错误。非非，认为"非"错误。知：同"智"。
〔4〕谗：在人面前说别人的坏话。

【译文】

用善行引导人使人受到教育，用善行顺应人使人彼此和谐相处；用不好的行为做在前面是巴结奉承，用不好的行为顺应是谄媚讨好。肯定正确的，否定不正确的，是聪明有智慧；否定正确的，肯定不正确的，是愚蠢无知。伤害善良人的坏话叫作谗，伤害善良人的行为叫作贼。对就说对，不对就说不对，这是正直。

7 兼服天下之心[1]：高上尊贵不以骄人，聪明圣智不以穷人，齐给速通不以先人，刚毅勇敢不以伤人[2]。不知则问，不能则学，虽能必让，然后为德。遇君则修臣下之义，遇乡则修长幼之义，遇长则修子弟之义，遇友则修礼节辞让之义，遇贱而少者则修告导宽容之义。无不爱也，无不敬也，无与人争也，恢然如天地之苞万物[3]。如是，则贤者贵之，不肖者亲之[4]。

(《非十二子篇》)

【注释】

〔1〕兼：皆，都。

〔2〕以：因为。穷：窘迫，难堪。齐给速通：遇事比人反应快。先人：与人争先。

〔3〕恢然：广阔的样子。苞：同"包"，包容，容纳。

〔4〕贵：尊重。不肖：不善，不贤。

【译文】

要使天下人都心悦口服，就要这样做人：不因为职位高上、身份尊贵对人傲慢，不因为有聪明智慧使人窘迫难堪，不因为遇事比人反应快而与人争先，不因为刚强勇敢而伤害人。不知道的就问，不会的就学，即使有才干也一定要谦让。做到这样，就是有道德的人。遇到君主就行臣下的礼数，遇到乡亲就行长幼的礼数，遇到长者就行子弟晚辈的礼数，遇到朋友就行礼节辞让的礼数，遇到地位低微而又辈小年少者就用教导宽容的做法对待。没有人不被爱护，没有人不被尊敬，没有与人争夺打斗的事，心胸像天地包容万物那样广大开阔。做到这样，那么，贤者敬重他，不贤者亲近他。

8 请问为人父？曰：宽惠而有礼。请问为人子？

曰：敬爱而致恭[1]。请问为人兄？曰：慈爱而见友[2]。请问为人弟？曰：敬诎而不苟[3]。请问为人夫？曰：致功而不流，致临而有辨[4]。请问为人妻？曰：夫有礼则柔从听侍，夫无礼则恐惧而自竦也[5]。此道也，偏立而乱，俱立而治，其足以稽矣[6]。请问兼能之奈何[7]？曰：审之礼也[8]。

(《君道篇》)

【注释】

〔1〕致：达到，做到。

〔2〕慈爱：年长者对年幼者的仁慈怜爱。见：表现出。友：友爱。

〔3〕诎：同"屈"，服从，顺从。苟：随便，马虎。不苟，认真，郑重。

〔4〕流：放荡不羁。不流，言不淫乱，不乱搞。临：通"隆"，崇尚，重视，此言尊崇礼仪，守规矩。

〔5〕恐惧：谓谨慎小心的样子。竦(sǒng)：恭敬。

〔6〕稽：考察，验证。

〔7〕奈何：怎么办，此言怎么验证全都做到了。

〔8〕审：详查。

【译文】

请问为人父怎么做？回答说：对待儿辈，宽厚慈爱，该管教的时候就管教，而不胡乱地打骂训斥。请问为人子怎么做？回答说：对父辈敬重爱戴，做到非常孝敬恭顺。请问为人兄怎么做？回答说：对弟弟仁慈怜爱，表现出兄弟之间的友爱情深。请问为人弟怎么做？回答说：弟对兄敬重顺从，从不嘻嘻哈哈不在意。请问为人夫怎么做？回答说：与妻子和睦相处而不放荡自己的行为，做到尊崇礼仪守规矩而保持男女有别。请问为人妻怎么做？回答说：丈夫遵守礼仪就温顺地听从、侍奉伺候，丈夫不遵礼仪就谨慎小心地表现出对丈夫的恭敬。这些做法，如果只做到一部分就会搞乱,只有全都做到才能做好,这个道理完全可以用事实证实。请问怎么知道全都做好了呢?回答说:详查所做的是否合乎礼仪就知道了。

【提示】

父慈子孝,兄爱弟悌,夫礼妻从。

9 仁者必敬人。敬人有道:贤者则贵而敬之,不肖者则畏而敬之[1];贤者则亲而敬之,不肖者则疏而敬之。其敬一也,其情二也。

(《臣道篇》)

【注释】

[1] 不肖:不贤。

【译文】

有仁德的人一定尊敬人。尊敬人有不同的尊敬方法:对贤者是尊重而敬他,对不贤者是心怀畏惧而敬他;对贤者是心怀亲近而敬他,对不贤者是心怀疏远而敬他。就敬的做法来说是一样的,而所以敬对方的想法是两样的。

10 人之所恶何也[1]?曰:污漫、争夺、贪利是也[2]。人之所好者何也?曰:礼义、辞让、忠信是也。

(《强国篇》)

【注释】

[1] 恶:讨厌。
[2] 污漫:卑劣,贪赃,不廉洁。

【译文】
　　人讨厌的事是什么？回答说：人讨厌卑劣、争夺、贪求私利的行为。人喜好的事是什么？回答说：人喜好行合礼义、态度辞让谦和、待人忠厚诚实有信用的人。

　　11　人莫贵乎生，莫乐乎安[1]。所以养生安乐者，莫大乎礼义。人知贵生乐安而弃礼义，辟之是犹欲寿而刎颈也，愚莫大焉[2]。

(《强国篇》)

【注释】
　　[1] 莫：没有什么。贵：宝贵，珍贵，重要。乎：于。
　　[2] 辟：譬如。是：这。犹：像。刎：通"刎"，用刀割脖子。

【译文】
　　人没有什么比生命还宝贵，没有什么比安康还快乐。用来保养生命安康快乐的做法，没有什么比遵礼行义还重要。人们知道珍贵生命享受快乐安康，却不遵礼行义，把这种做法比作既想长寿又割脖子，没有比这更傻的傻瓜了。

　　12　天行有常，不为尧存，不为桀亡[1]。应之以治则吉，应之以乱则凶[2]。

(《天论篇》)

【注释】
　　[1] 天：天道，自然界。常：常行，规律。
　　[2] 应：对待，对应，顺应，适应。

【译文】

　　自然的运行有自己的规律,不因为尧是圣贤君主就存在,也不因为夏桀是残暴昏君就不存在。人君用好的治理措施顺应自然,社会就康泰吉祥;人君用混乱的治理措施违逆自然,社会就遭受灾难。

　　13　礼起于何也?曰:人生而有欲,欲而不得,则不能无求;求而无度量分界,则不能不争。争则乱,乱则穷[1]。先王恶其乱也,故制礼义以分之,以养人之欲,给人之求[2]。使欲必不穷乎物,物必不屈于欲[3]。两者相持而长,是礼之所起也[4]。

(《礼论篇》)

【注释】

　　[1]穷:财物不多,不够需求。
　　[2]恶(wù):讨厌。礼义:礼节与道德。养:调养。此谓用礼义制度的调节,使人的欲望得到满足。
　　[3]乎:于。屈:亏欠。
　　[4]两者:谓欲望与财物。相持:双方相互扶持、制约。长:长久。是:这。

【译文】

　　礼的出现是什么原因?回答说:人生下来就有个人欲望,欲望得不到满足,就不能没有追求;追求无度,没有满足的极限,就不能不相互争夺。相互争夺就引起社会动乱,社会动乱财物就更加贫乏。古代帝王厌恶社会的动乱,所以制定礼仪道德制度区分人的等级,用来调节人们的欲望,尽量使之得到满足。使人们的欲望一定不能因为财物的缺少而得不到满足,财物一定不能因为人们的欲望过高而匮乏,人的欲望与社会财富相互扶持制约,社会得以长久维持稳定平和。这就是礼义产生的原因。

14　礼者,谨于治生死者也。生,人之始也;死,人之终也。终始俱善,人道毕矣。

(《礼论篇》)

【译文】
　　礼,是小心恭敬地管理事奉人从生到死的规范做法。出生是人生的开始,死亡是人生的结束。生与死都按照礼数办理得十分妥当,人生道路就走完了。

15　丧礼者,以生者饰死者也,大象其生以送其死也[1]。故事死如生,事亡如存,终始一也[2]。

(《礼论篇》)

【注释】
　　[1] 饰:表示,显示。大:谓充分显示。象:如同。
　　[2] 存:在世。终:死亡。始:刚出生。一:一样,相同。

【译文】
　　丧礼,是用活人装饰死人,以非常像他活着的样子为他死后的遗体送葬。所以,事奉死者如同活着一样,事奉亡故的如同在世的一样,事奉已死去的与刚出生的都一样。

16　凡礼,事生,饰欢也;送死,饰哀也;祭祀,饰敬也。……葬埋,敬藏其形也;祭祀,敬事其神也;其铭诔系世,敬传其名也[1]。

(《礼论篇》)

【注释】

〔1〕铭：刻石记述死者一生事迹与功德的文字。诔：叙述死者事迹品德以哀悼死者的文章。系世：家世。

【译文】

所有礼数，一是事奉活着的，一是丧葬死去的。事奉活着的是显示欢喜，丧葬死去的是显示悲哀，祭祀死去的是显示尊敬。……葬埋是恭敬地埋藏死去的遗体，祭祀是恭敬地事奉死去的在天神灵，刻铭石、写诔文系世是恭敬地使死去的名传后世。

17　事生，饰始也；送死，饰终也。终始具，而孝子之事毕，圣人之道备矣〔1〕。

(《礼论篇》)

【注释】

〔1〕具：具备，全有。毕：完结，完成。

【译文】

事奉活着的人是要从生下来开始，丧葬死去的人要到丧事结束。从生事奉到死，孝子事奉老人的事做完了，圣人提出的孝道全都做到了。

18　治之经，礼与刑，君子以修百姓宁〔1〕。明德慎罚，国家既治四海平〔2〕。

(《成相篇》)

【注释】

〔1〕经：根本原则。以：用，谓用礼与刑。修：修养，律己。
〔2〕明德：使德明。

【译文】
　　治理国家的根本原则,是用礼仪与刑罚。君子用礼仪与刑罚修养要求自己,百姓就有礼守法,生活安宁。发扬以德治国,慎用刑罚,国家已经治理好,四海也就太平了。

19　亲亲、故故、庸庸、劳劳,仁之杀也[1]。贵贵、尊尊、贤贤、老老、长长,义之伦也[2]。

(《大略篇》)

【注释】
　　[1]亲亲、故故、庸庸、劳劳:其上字,皆作动词用。亲,亲爱,亲近。故,以多年交往的友情对待。庸,奖赏。劳,犒劳。其下字,皆用字之本义。亲,亲人。故,故交,老朋友。庸,功。劳,劳苦。杀:减少。
　　[2]贵贵、尊尊、贤贤、老老、长长:用法同上。伦:做人应该遵守的相互关系。

【译文】
　　亲爱亲近的人,以多年交往的友谊对待老朋友,奖赏有功的人,犒劳劳苦的人,这是仁爱的人分别待人。敬重地位高贵的人,尊重地位尊贵的人,崇尚贤德的人,照顾老人,尊重长辈,这是做人应该做到的。

20　平衡曰拜,下衡曰稽首,至地曰稽颡[1]。

(《大略篇》)

【注释】
　　[1]衡:平。这里解说古代三种跪拜礼。

【译文】

　　三种跪拜礼：一谓平衡，两手按地，头往下弯到与腰齐平；二谓下衡，两手按地，头往下弯到前额接触到手；三谓稽颡，两手按地，头往下弯到前额接触到地。

21　吉事尚尊，丧事尚亲[1]。

(《大略篇》)

【注释】

　　[1] 吉事：吉祥喜庆的事。尚：敬重，推崇。尊：谓尊贵的人。亲：谓与死者血脉亲近的人。

【译文】

　　办吉祥喜庆的事，敬重有尊贵地位的人，礼仪按尊卑排序。办丧事，重视与死者血脉亲近的人，礼仪按亲疏排序。

四、韩非子

《韩非子》，是先秦法家学派一部重要著作。

一、《韩非子》其书

《韩非子》是韩非死后，其门人搜集韩非著作及他人论述韩非学说的文章编辑而成。《汉书·艺文志》著录五十五篇，篇数与今本一致。韩非生活于战国末期，对先秦诸子学说批判地总结，吸取有益成分，丰富与成熟自己的思想学说，成为先秦诸子殿军。先秦法家，各有所主，商鞅主法，申不害主术，慎到主势。韩非总结先秦法家各派思想学说，提出以法为主，法、术、势三位一体的法治思想体系。何谓法、术、势？所谓法，即代表统治阶级意志与利益的国家制度、法律。国家法令制成条文，由官府公布，使大家知道，一律遵守，顺令赏，犯禁罚。所谓术，即用人的政策与策略，也就是君主驾驭臣民的手段。可知法是公开的，术是秘密的，所以韩非说"法莫如显，而术不欲见"（《韩非子·难三篇》）。也就是说，法系公开之法，术乃"潜御"之术。所谓势，即君主的地位与权力。总之，韩非主张加强君主的地位与权力，用权术手段统治臣民，人们一律依法行事。韩非的思想学说与政治主张，为建立专制主义中央集权国家政权提供了理论根据，使他成为先秦法家学说的集大成者。韩非还具有进步的历史观。他用发展的观点观察与认识历史，把人类社会从起源到他所处时代分为上古、中古、近古、当今四个时期，提出"不期修古，不法常可，论世之事，因为之备"与"世异则事异"，"事异则备变"（《韩非子·五蠹篇》）等观点，尖锐地批判了儒家复古守旧的历史观。

1974年，上海人民出版社出版陈奇猷《韩非子集释》。2000年，上海古籍出版社出版陈奇猷修订本《韩非子新校注》。又，周钟灵、施孝适、许惟贤主编《韩非子索引》。

二、韩非其人

韩非，战国末年韩国人。出身于贵族家庭，生年不详，卒于公元前233年。他与李斯都是荀子的学生，喜刑名法术之学。口吃，但文章写得很好。他眼见韩国日趋衰弱，曾数次向韩王上书，建议变法图治，未被采纳。于是，便写了数十篇文章，十余万字，来阐发他的政治主张。他的文章传到秦国，受到秦王嬴政的极度赞赏，感叹道："嗟乎，寡人得见此人，与之游，死不恨矣。"（《史记·老子韩非列传》）当李斯告知秦王作者是韩非时，秦王便攻韩求非。于是，公元前233年韩王派韩非入秦。由于李斯、姚贾的谗害，韩非被秦王下狱，当年在狱中自杀。

1　不知而言不智，知而不言不忠。

（《初见秦篇》）

【译文】

不知道而乱说是不聪明，知道而不说是不诚实。

2　明主之所导制其臣者，二柄而已矣[1]。二柄者，刑、德也。何谓刑德？曰：杀戮之谓刑，庆赏之谓德[2]。

（《二柄篇》）

【注释】

〔1〕导：通"道"，由。制：管理，掌握。柄：重要方法。而已：罢了，言仅此无它。

〔2〕庆：义与"赏"同。庆赏，赏赐。

【译文】

贤明君主用来管制众臣的，只有两个重要办法。两个重要办法，一是刑罚，二是仁德。什么是刑罚、仁德？回答是：杀戮说的是刑罚，赏赐说的是仁德。

3　夫事以密成，语以泄败[1]。

（《说难篇》）

【注释】

〔1〕夫：句首语气词。以：因为。

【译文】

事情因为保密而办成了，说的话因为泄密而坏了事。

4　凡奸臣，皆欲顺人主之心以取亲幸之势者也[1]。是以主有所善，臣从而誉之[2]；主有所憎，臣因而毁之[3]。凡人之大体，取舍同者则相是也，取舍异者则相非也[4]。今人臣之所誉者，人主之所是也，此之谓同取[5]。人臣之所毁者，人主之所非也，此之谓同舍。夫取舍合而相与逆者，未尝闻也[6]。此人臣之所以取信幸之道也[7]。

（《奸劫弑臣篇》）

【注释】

〔1〕幸：喜欢。势：地位。
〔2〕是以：因此。誉：夸奖。
〔3〕毁：诋毁，说对方坏话。
〔4〕大体：大率，大概，大致。
〔5〕同取：谓君臣都认为好，可取用。
〔6〕相与：相互。逆：反方向，相反。
〔7〕所以：用来。道：道路，做法。

【译文】

所有奸臣，都是想通过顺从君主的心思来取得君主亲近喜爱的地位。因此，君主喜欢的，臣就夸奖他；君主憎恶的，臣就诋毁他。人的大致情况，一般都是取舍的选择相同人就相互肯定，取舍的选择不同人就相互否定。如今，臣所夸奖的，正是君主肯定的，这种情况，称为同取。臣所诋毁的，是君主否定的，这种情况，称为同舍。取舍的选择一样，而对是非相互之间却认识相反，这种情况没有听说过。这是人臣用来取得君主信任喜爱的做法。

5　仁者，谓其中心欣然爱人也[1]。其喜人之有福，而恶人之有祸也。生心之所不能已也，非求其报也[2]。

(《解老篇》)

【注释】

〔1〕欣然：高兴的样子。
〔2〕生心：性情。以字言，"生心"为"性"。已：停止，阻止。

【译文】

有仁德的人，是说他的内心就非常乐意亲爱别人。他希望别人享受幸福，特别不愿意看到别人遭遇灾难。生下来就心地仁厚，善行不止，并不是为了索求别人的报答。

【提示】
　　有仁心方有善行。修养道德是根本。

6　义者，君臣上下之事，父子贵贱之差也，知交朋友之接也，亲疏内外之分也[1]。臣事君宜，下怀上宜，子事父宜，贱敬贵宜，知交友朋之相助也宜，亲者内而疏者外宜[2]。义者，谓其宜也。

(《解老篇》)

【注释】
　　[1] 上下：指君臣。差：等，差别，等级。知交：知己的朋友。接：交往接触。分：分别，不同。
　　[2] 怀：心中存有。

【译文】
　　义，是说明君臣上下的事情，父子贵贱的差别，知己朋友的交往接触，亲疏之间内外的分别。臣事奉君做得适宜得当是因为臣心中存有君做得适宜得当，子事奉父适宜得当是因为子尊敬父做得适宜得当，知己朋友之间交往中互相帮助适宜得当是因为分别亲者内疏者外适宜得当。义的意思，说的是事情做得适宜。

【提示】
　　义，宜也。凡是事情应该做、做得对，皆为义。

7　礼者，所以貌情也，群义之文章也[1]。

(《解老篇》)

【注释】
　　〔1〕所以：用来。貌：饰，显示外部表现。情：状态，情况。文章：粉饰，张扬。

【译文】
　　礼，是用来表示人之自身内在仁义道德的外在表现的，众多义行都是由礼彰显出来。

【提示】
　　礼者，人之内在仁义道德之外在表征。外在之义行，皆由礼彰显出来。人之外在待人处事无礼者，乃内在无仁义道德之高尚境界所致，当修养自身，提高素质。

　　8　祸难生于邪心，邪心诱于可欲[1]。可欲之类，进则教良民为奸，退则令善人有祸。

（《解老篇》）

【注释】
　　〔1〕可：值得。

【译文】
　　灾祸的发生是由于心术不正，心术不正是受到欲望的诱导。欲望这种东西，严重的能让守法的善良百姓干坏事，不严重的也能使守法的善良百姓遭受灾祸。

【提示】
　　欲望勿过大，心地要平正。

　　9　宋之鄙人得璞玉而献之子罕，子罕不受[1]。鄙人曰："此宝也，宜为君子器，不宜为细人用。"子罕曰："尔以玉为宝，我以不受子玉为宝[2]。"是鄙人欲玉，而子罕不欲玉。故曰："欲不欲，而不贵难得之货[3]。"

(《喻老篇》)

【注释】
〔1〕宋：周朝诸侯国，其地在今河南省商丘市一带。鄙人：居住在郊野的人。璞玉：未雕琢的玉。子罕：宋国大夫名。
〔2〕尔：你。
〔3〕是：这。欲：爱好。

【译文】
宋国一位居住在郊野的人得到一块没有雕琢的玉献给子罕，子罕不要。献玉的人说："这是宝物，应该作君子的器物，不应该让地位卑微的人拥有。"子罕说："你把玉作为宝，我把不要你的玉作为宝。"这表明，献玉人喜爱玉，子罕不喜爱玉。所以说："不管喜爱不喜爱，都不要过于看重难得的器物。"

【提示】
不以"人送之物"为宝，而以"不收人送之物"为宝。

10　知之难，不在见人，在自见，故曰"自见之谓明"。

(《喻老篇》)

【译文】
了解人是不容易的，不在于不容易了解别人，而在于不容易了解自己，所以说能够做到自己了解自己可以称作是明白人。

【提示】

因为自知不易,所以有"人贵自知之明"的说法。

11 古之人,目短于自见,故以镜观面;智短于自知,故以道正己。故镜无见疵之罪,道无明过之怨。目失镜则无以正须眉,身失道则无以知迷惑。

(《观行篇》)

【译文】

古代的人,看自己时目光短浅,所以要用镜子看;了解自己时知识缺乏,所以用做人的道理端正自己。所以用镜子看自己就没有看不到身上的毛病的过错;坚持正道行事就不会犯明显的错误。眼睛不用镜子看人面目,看不清楚人的胡子眉毛;做人不走正道,就很难从迷道走上正道。

12 爱多者则法不立,威寡者则下侵上。是以刑罚不必则禁令不行。

(《内储说上篇》)

【译文】

私爱多法制就不能执行,没有权威在下的就会欺负在上的。因此,刑罚不坚决执行,禁令就推行不下去。

13 赏誉薄而谩者下不用,赏誉厚而信者下轻死[1]。

(《内储说上篇》)

【注释】

〔1〕赏:赏赐。誉:赞誉,称赞。谩:欺骗,蒙蔽。信:信用。轻死:把死看得轻,不怕死。

【译文】

对手下人赏赐、称赞少而又常常欺骗,手下人就不为自己尽心效力。对手下人赏赐、称赞多而又言而有信,手下人就为自己拼命效力。

14 君子不蔽人之美,不言人之恶[1]。

(《内储说上篇》)

【注释】

〔1〕蔽:遮盖,掩盖。

【译文】

君子不掩盖别人的好处,不说别人的坏处。

【提示】

不蔽人之美,不言人之恶。此乃人之美德。

15 夫良药苦于口,而智者劝而饮之,知其人而已已疾也[1]。忠言拂于耳,而明主听之,知其可以致功也[2]。

(《外储说左上篇》)

【注释】

〔1〕夫:句首语气词,无实义。已:止。

〔2〕拂：违背。致：取得。

【译文】
　　良药苦口，而聪明的人却劝人喝它，因为知道喝它可以治好自己的病。忠言不同于自己的说法，而贤明君主仍要听从它，因为知道听从它可以办事有成效，能成功。

16　曾子之妻之市，其子随之而泣。其母曰[1]："女还，顾反为女杀彘[2]。"妻适市来，曾子欲捕彘杀之。妻止之曰："特与婴儿戏耳[3]。"曾子曰："婴儿非与戏也。婴儿非有知也，待父母而学者也，听父母之教。今子欺之，是教子欺也。母欺子，子而不信其母，非以成教也。"遂烹彘也[4]。

（《外储说左上篇》）

【注释】
　　〔1〕之市：往市场去。
　　〔2〕女(rǔ)：义同"汝"，你。顾：等待。反：义同"返"。彘：猪。
　　〔3〕特：只是。
　　〔4〕烹：煮。

【译文】
　　曾子的妻子往市场去，她儿子跟随妈妈一起去了，却哭了起来。他妈妈说："你现在先回去，等我回家杀猪给你吃。"妻子从市场回到了家，曾子就想捉住猪杀了给小儿子吃。妻子阻止他说："只是与小儿子说着玩罢了。"曾子说："小孩子不能与他们开玩笑。小孩子不懂事，什么都靠向父母学，听从父母的教诲。如今您欺骗他，是教他学会欺骗。母亲欺骗儿子，儿子就不再相信母亲，这不是用来教育孩子的好办法。"于是，就杀猪煮了。

【提示】

父母教育孩子，常用两种说假话的方法：一是，向孩子许诺做不到的事。二是，向孩子许诺没想兑现的事。今家长教子，需警惕之。

17　圣人不期修古，不法常可，论世之事，因为之备[1]。宋人有耕者，田中有株，兔走触株，折颈而死，因释其耒而守株，冀复得兔，兔不可复得，而身为宋国笑。今欲以先王之政，治当世之民，皆守株之类也[2]。

（《五蠹篇》）

【注释】

〔1〕期：期望。修：此字当为"循"，遵循。古：谓古法。法：效仿。常可：长久不变的法规。此言不墨守成规。论：探究，研究。因：依据。备：设置，准备。此言根据当时的社会情况，制定相应的治理措施。

〔2〕株：树桩子。走：跑。折：断。释：放下。耒（lěi）：翻土农具。冀：希望。身：自身，本人。

【译文】

圣明君主不期望遵循古代法制，不效仿长久适用的治理措施，探求当时情况，据以制定治理方法。宋国有人在田地耕地，地里有一个树桩子，跑着的兔子撞上树桩子，撞断脖子死了。于是耕地的人放下翻土的耒，守在树桩子那里，希望再得到一个撞死在这里的兔子。撞死在这里的兔子不会再得到，而自己却被宋国人耻笑。今天有人想用古代君王的治国方法治理今天的人民，都是守株待兔一类的想法。

【提示】

凡事皆当顺应当时情况，不可墨守成规。

五、白 虎 通 义

《白虎通义》，又名《白虎议奏》《白虎通》《白虎通德论》，其书收文四十三篇。东汉班固编撰。

班固一生的重要著作是继司马迁《史记》之后撰写的《汉书》，所以，其情况不再赘述。

西汉建立之初，尊崇道家的黄老之术，实行无为而治。文、景以后，儒家入世有为的思想越来越被统治者重视。到了武帝，接受董仲舒建议，罢黜百家，独尊儒术，官方正式确立儒家思想作为主导的统治思想的地位。董仲舒是天人感应、君权神授、五德终始的主要倡导者。这时的儒学，已经不是孔、孟的纯儒，而成为儒术与方术的混合物、结合体。特别是到了西汉末年，谶纬盛行，阴阳五行神学思想都成了儒学的主干内容。东汉建立以后，有的学者面对经学章句烦琐、经说纷歧的状况，希望能够借助朝廷的力量加以解决。经典章句烦多，难使学者得其要领；经说歧异，难使经义适应统治者的需要。所以，解决这些经学问题，既是学人的愿望，也正好应合了朝廷的意愿。于是在汉章帝建初四年(79)，下诏在白虎观召开会议，讲议"五经"同异。会议记录，由班固整理编辑，成《白虎议奏》，即《白虎通义》。《后汉书·儒林列传》记载："建初中，大会诸儒于白虎观，考详同异，连月乃罢。肃宗亲临称制，如石渠故事，顾命史臣，著为《通义》。"故后题书名《白虎通义》，又名《白虎通》《白虎通德论》。《白虎通义》将会议讨论的问题归纳概括，选其重要者分为四十三个方面，各标篇目，将会议就每一问题讨论的情况记述其下。有的问题意见一致，《白虎通义》就在该篇综合论述其主要观点；有的问题意见不一致，《白虎通义》就在该篇分别叙列各种不同观点。由此看来，《白虎通义》很像是一部或综合或分述各家经学观点的经学名词解释汇编。由于这次会议由章帝亲自临会主持，所以，虽为经学的学术会议，却颇具官方的政治性质。本来，经学的产生，就同时有它的两重性：一方面，经学是学术；另一方面，经学又作为统治阶级的主导思想在社会教化中发挥作用。汉章帝亲临主持白虎观经学研讨会，目的就在于要突显与加强经学的后一种属性。从《白虎通义》的内容来看，这一目的基本上达到了。这次会议，进一步将宗教神学与儒学经典结合起来，神学思想融入经学，使神学经学化，经学神学化，构建起一套儒家经典与宗教神学相结合的思想统治理论。

《白虎通义》将自然界秩序与人类社会秩序紧密结合起来，以此解释人类社会秩序中的各种关系。在首篇《爵篇》中，开篇就论证了君权神授，曰："天子者，爵称也。爵所以称天子者何？王者父天母地，为天之子也。"最高统治者以天为父，以地为母，是上天的儿子，接受上天的命令治理天下。这种说教，为强化与巩固君主的神圣与独尊地位制造理论根据。在《天地篇》中，提出天道左旋，地道右周，"所以左旋右周者，犹君臣阴阳相对之义"。在《日月篇》中，提出天左旋，日月五星"右行者，犹臣对君也"；又提出日月东行而日迟月疾，所以如此，是因为"君舒臣劳也"。

中国古代把构成各种物质的复杂成分概括为金、木、水、火、土五种元素，并用生、克来说明它们之间互相转化与制约的关系，称为五行。古人常以五行来说明宇宙万物的起源与变化。战国末期，阴阳家邹衍创立五德终始学说，把五行看成五德，认为金、木、水、火、土五种物质的德性相生相克,并终而复始地循环变化。他以此解释人事,认为历代王朝各代表一德,按照五行相生或相克的顺序成败兴衰,交互更替,周而复始。王朝的更替,是随着五行的循环运动进行的。《白虎通义》对五行的论说,更多的是用五行来附会人类社会的伦理关系。《五行篇》曰:"地之承天,犹妻之事夫,臣之事君也。""子顺父,臣顺君,妻顺夫,何法?法地顺天也。""君有众民,何法?法天有众星也。""长幼,何法?法四时有孟仲季也。""丧三年,何法?法三年一闰,天道终也。"这里,连续发出四十一个"何法"之问,指出四十一种人类社会人伦与五行的关系,认为人类社会中的诸多伦理关系,都是效法五行之间的关系形成的。《白虎通义》又把几种人伦关系从众多人伦关系中抽选出来,谓之"三纲六纪",且设专篇予以论述。《三纲六纪篇》:"三纲者,何谓也?谓君臣、父子、夫妇也。""君臣、父子、夫妇,六人也,所以称三纲何?一阴一阳谓之道,阳得阴而成,阴得阳而序,刚柔相配,故六人为三纲。"以阴阳解说三纲,君、父、夫为阳,臣、子、妇为阴;以阴从阳,阳主阴辅,所以君为臣纲,父为子纲,夫为妇纲。这样,三纲作为最重要的伦理规范与永恒的政治准则,成为所有人伦关系的总纲。

《白虎通义》阐述与论证的问题,虽多是步着董仲舒倡导的后尘,兼采谶纬之说,并非其第一次提出,但其作为东汉的官方哲学,在中国哲学史上仍占有不可忽视的地位;特别是它宣扬的神学化的经学与伦理观,更对后世影响深远。

清代,不少学者校勘本书,陈立撰《白虎通疏证》十二卷。近代,刘师培撰《白虎通义斠补》《白虎通德论补释》《白虎通义源流考》等。

1 臣所以有谏君之义何[1]？尽忠纳诚也[2]。《论语》曰[3]："爱之，能勿劳乎[4]？忠焉，能勿诲乎[5]？"《孝经》曰[6]："天子有诤臣七人，虽无道，不失其天下[7]。诸侯有诤臣五人，虽无道，不失其国[8]。大夫有诤臣三人，虽无道，不失其家[9]。士有诤友，则身不离于令名[10]。父有诤子，则身不陷于不义。"

(《谏诤篇》)

【注释】

〔1〕谏：规劝。义：谓合乎正义与符合道德规范的道理或行为。何：为什么，是怎么回事。
〔2〕纳：献出。
〔3〕《论语》：引文见《论语·宪问》。
〔4〕勿：不。劳：辛劳，费心，此言为之劳。
〔5〕焉：犹"之"。诲：教导，引导。
〔6〕《孝经》：引文见《孝经·谏诤章》。
〔7〕诤：直言规劝。虽：即使。天下：天子治理的疆域称天下。
〔8〕国：天子分封给诸侯的疆域称国。
〔9〕家：诸侯在国内分封给大夫的土地称家。
〔10〕士：谓统治阶级中最底层的官吏及有知识的学者。令：美好。

【译文】

臣为什么要规劝君呢？是要向君尽献忠诚。《论语·宪问篇》说："爱戴君，能不为君辛劳吗？忠于君，能不教导君走正道吗？"《孝经·谏诤章》说："天子有诤臣七人，即使无道，不会失去天下。诸侯有诤臣五人，即使无道，不会失去国。大夫有诤臣三人，即使无道，不会失去家。士有直言规劝的朋友，自己就不会得不到美好的名声。父亲有直言规劝的儿子，自己就不会陷入不义的境地。"

【提示】

　　立身处世，要善听人言。

　　2　宗者，何谓也[1]？宗者，尊也。为先祖主者，宗人之所尊也[2]。

（《宗族篇》）

【注释】

　　〔1〕谓：说。何谓，即谓何。
　　〔2〕主：根本。先祖的根本，即宗族先祖的继承人。宗人：同族的人。

【译文】

　　宗，说的是什么意思？宗，是尊重的意思。作为宗族先祖的继承人，受到全体同族人的尊重。

　　3　宗，其为始祖后者为大宗，此百世之所宗也[1]。

（《宗族篇》）

【注释】

　　〔1〕后：继承人。大宗：宗法制度，一夫多妻，嫡妻所生子为嫡子，也简称嫡。嫡妻生多子，长子称嫡长子。作为同一宗族先祖继承人的，是历世嫡系长房的嫡长子，所以嫡系长房称为大宗，其余皆为小宗。

【译文】

　　同一家族，作始祖继承人的是历世嫡系长房的嫡长子，所以嫡系长房为大宗。这是永远都不改变的宗法制度。

4 族者，何也？族者，凑也，聚也，谓恩爱相流凑也[1]。上凑高祖，下至玄孙。一家有吉，百家聚之，合而为亲。生相亲爱，死相哀痛。有会聚之道，故谓之族。

(《宗族篇》)

【注释】

〔1〕凑、聚：皆"聚集在一起"的意思。流：谓时间的推移。

【译文】

族，是什么意思？族，是"凑合""聚集"的意思，是说互相帮衬亲近，随着时间的推移而凑合聚集。聚合上自高祖，下到玄孙。一个家庭有喜庆的事情，宗族的各户聚集一起，都感到亲情深切。人在世的时候彼此亲爱，有人死的时候彼此哀伤悲痛。有集聚人的办法，所以称它为族。

5 族所以有九何？……父族四，母族三，妻族二。四者，谓父之姓为一族也，父女昆弟适人有子为二族也，身女昆弟适人有子为三族也，身女子适人有子为四族也[1]。母族三者，母之父母为一族也，母之昆弟为二族也，母之女昆弟为三族也[2]。母昆弟者男女皆在外亲，故合言之也[3]。妻族二者，妻之父为一族，妻之母为二族。妻之亲略，故父母各一族[4]。

(《宗族篇》)

【注释】

〔1〕父之姓：与父一姓的同族人。父女昆弟：父之姐妹，即姑母。

适：女子嫁人。身：自身，本人。

〔2〕母之父母：即外祖父、外祖母。母之昆弟：母的兄弟，即舅父。母之女昆弟：母的姐妹，即姨母。

〔3〕外亲：指女系的亲属。如母、祖母的亲属，及女、孙女、姐妹、侄女、姑母等的子孙。

〔4〕略：简单。

【译文】

　　族要有九族，为什么？……父族有四族，母族有三族，妻族有二族。父族的四族，是说父的同姓为一族，父的姐妹嫁人且有子为二族，本人的姐妹嫁人且有子为三族，本人的女儿嫁人且有子为四族。母族的三族，是说母的父母为一族，母的兄弟为二族，母的姐妹为三族。母的兄弟、姐妹都属外亲，所以合在一起说。妻族的二族，是说妻的父为一族，妻的母为二族。妻的亲属较为简单，所以妻的父、母各为一族。

【提示】

　　所谓九族，还有一说，即：以自己为本位，从自己开始，上推五世至高祖，下推五世至玄孙，为九族。

6　人所以有姓者何？所以崇恩爱、厚亲亲、远禽兽、别婚姻也[1]。故纪世别类，使生相爱、死相哀、同姓不得相娶者，皆为重人伦也[2]。

（《姓名篇》）

【注释】

　　[1]崇：重视。厚：言感情深厚。亲亲：上"亲"，动词，亲近，亲爱；下"亲"，名词，亲人，亲近的人。别婚姻：上古同姓不婚，所以用姓分别双方能不能通婚。

　　[2]世：世次，辈分。类：谓姓别。重：重视，此谓对人伦因重视而

严格遵守。人伦：礼教所规范的一些人与人之间的关系准则。

【译文】

　　人要有姓，为什么？姓，是用来表示重视恩爱，深厚亲爱亲近的人，行事远离犹如禽兽的作为，分别双方可否通婚。所以纪其世次，分其姓别，使生互相亲爱，死互相悲哀，同姓不能通婚。这些，都是为了严格遵守礼教规范的一些人与人之间的关系准则。

【提示】

　　《国语·晋语四》记载司空季子云："同姓为兄弟。"黄帝之子二十五人，其得姓者十四人，为十二姓，姬、酉、祁、己、滕、箴、任、荀、僖、姞、儇(xuān)、依是也。昔少典娶于有蛴氏，生黄帝、炎帝。黄帝以姬水成，炎帝以姜水成。故黄帝为姬，炎帝为姜。异姓则异德，男女相及，以生民也。同姓则同德，男女不相及，畏黩敬也。是故娶妻避其同姓。故异德合姓，同德合义。

　　许慎《说文解字》解释"姓"曰："姓，人所生也。古之神圣人，母感天而生子，故称天子。因生以为姓，从女生。"段玉裁注云："因生以为姓，若下文神农母居姜水因以为姓，黄帝母居姬水因以为姓，舜母居姚虚因以为姓是也。感天而生者母也，故'姓'从'女生'，会意。其子孙复析为众姓，如黄帝子二十五宗，十二姓，则皆因生以为姓也。"

7　所以有氏者何[1]？所以贵功德，贱伎力[2]。或氏其官，或氏其事，闻其氏即可知其德，所以勉人为善也[3]。……王者之子称王子，王者之孙称王孙[4]。诸侯之子称公子，公子之子称公孙[5]。公孙之子，各以其王父字为氏[6]。……禹姓姒氏，祖昌意以薏苡生[7]。殷姓子氏，祖以玄鸟子生也[8]。周姓姬氏，祖以履大人迹生也[9]。

(《姓名篇》)

【注释】
〔1〕氏：今犹姓。上古姓、氏本有分别，战国中期始有混用，西汉中期司马迁写《史记》多云"姓某氏"，即既姓又氏，汉代以后姓、氏通称"姓"。若从上古分称姓、氏言，人先有姓，后有氏；若从上古姓、氏之源言，姓源于女系之女祖，氏源于男氏之男祖。

〔2〕贵：重视。贱：轻视。伎：同"技"，技艺。

〔3〕或：有的，有的人。氏其官：以其官名作为氏称，如司马等。事：长期做的事情，如长期从事屠、卜者以屠、卜为氏等。德：德行，言人内外，在心为德，施外为行。勉：勉励。

〔4〕王：周朝时期，拥有天下的君主称王。称王子：以"王子"作为王之子的氏称。称王孙：以"王孙"作为王之孙的氏称。

〔5〕诸侯：天子将各地划为诸多地区分封给诸侯，诸侯国的君主称公。称公子：以"公子"作为公之子的氏称。称公孙：以"公孙"作为公之孙的氏称。

〔6〕王父：祖父。

〔7〕姒(sì)：禹之姓。薏苡(yì yǐ)：草名，多年生草本植物，茎直立，叶披针形，颖果卵形，灰白色，果仁叫薏米。《大戴礼记·帝系篇》云，黄帝产昌意，昌意产颛顼，颛顼产鲧，鲧产禹。《吴越春秋》记载："鲧娶有莘之女，年壮未孳，嬉于砥山，得薏苡而吞，意若为人所感，因而妊孕，剖腹而生禹。"此记禹母吞食薏苡草有感而孕，剖腹生禹。《史记·夏本纪》首句"夏禹名曰文命"，《正义》引《帝王世纪》云："父鲧妻修己，见流星贯昴，梦接意感，又吞神珠薏苡，胸坼而生禹。"

〔8〕殷：即商朝。契(xiè)：商人的男祖先。玄鸟：谓燕子。玄，黑色。燕子黑色，故称玄鸟。玄鸟子，谓燕子蛋。《史记·殷本纪》云："殷契，母曰简狄……行浴，见玄鸟堕其卵，简狄取吞之，因孕生契。契长而佐禹治水有功。"舜命契为司徒，封于商，赐姓子。

〔9〕履：踩。迹：脚印。《史记·周本纪》云，周后稷，母曰姜原。"姜原出野，见巨人迹，心忻然说，欲践之，践之而身动如孕者。居期而生子，以为不祥……因名曰弃。"弃善耕农，尧举弃为农师，舜封弃于邰，号曰后稷，别姓姬。又，《史记·秦本纪》云："秦之先，帝颛顼之苗裔孙曰女修。女修织，玄鸟陨卵，女修吞之，生子大业。"大业生

大费。大费佐舜调驯鸟兽，是为柏翳，舜赐姓嬴。

【译文】

　　人要有氏，为什么？氏，是用来表示重视功业道德，轻视技艺能力。有的用官名作氏称，如司马等；有的用从事的工作作氏称，卜氏等。听到人的氏称，就可以知道他的德行，用氏称来勉励人们多做善事。……王的儿子氏称为王子，王的孙子氏称为王孙。诸侯的儿子氏称为公子，公子的儿子氏称为公孙。公孙的儿子各用自己祖父的字作为氏称。……夏因为先祖母吞食薏苡有感，孕而生子，所以禹姓姒。殷因为先祖母吞食燕子蛋有感，孕而生子，所以姓子。周因为先祖母踩了巨人的大脚印有感，孕而生子，所以姓姬。

【提示】

　　《史记·五帝本纪》"弃为周，姓姬氏"句，裴骃《集解》引郑玄语云："姓者，所以统系百世，使不别也。氏者，所以别子孙之所出。故《世本》之篇，言姓则在上，言氏则在下也。"

　　古籍中，记载诸多人类太古时期社会境况的传说。如《韩非子·五蠹篇》记有"构木为巢，以避群害"的后人所谓有巢氏时代，记有"钻燧取火，以化腥臊"的后人所谓燧人氏时代；《周易·系辞下》记有"作结绳而为网罟以佃以渔"的后人所谓伏牺氏时代；记有"斫木为耜，揉木为耒"与"日中为市"的后人所谓神农氏时代。关于太古男女相接，生男育女的事情，古籍也有记载。《列子·汤问篇》记云："男女杂游，不媒不聘。"《白虎通义·号篇》记云："古之时，未有三纲六纪，民人但知其母，不知其父。能覆前而不能覆后。"这是说，在原始社会初期，没有任何约束人的制度。男女之间的性交往，是一群女子与一群男子杂乱的相互性交往，今天是这一个人，明天可能换了另一个人。这种婚配形式，史称群婚制。女子有孕，不知道自己怀的是哪一个男人的孩子，孩子出生后自然不知道谁是他的父亲，所以同一个氏族部落的男女老少都随女祖一个姓，女子主持氏族部落事务，形成以女子为中心的社会形态，史称母系氏族社会时期。所以，后人创造文字时,凡早期的姓都有"女"旁,如姜、姬、姞、嬴、姚等。到了原始社会后期,在氏族部落中,男子的经济地位与社会地位都超过女子,原来的群婚制也已由对偶婚制代替,子女的血统关系由确认生母转而变成确认生父,形成以男子为中心的社会形态,史称父系氏族社会时期。

若依传说历史,黄帝时期始创各种规制,男女婚配已由原来的杂乱相交而定为一男一女的对偶婚配。于是由此进入父系氏族社会。直到今天,依然延续着父系血统的世代传承。

长期生活在男女对偶婚制的父系社会中的人们,对几千年前男女杂乱婚配故而人只知母不知父的母系社会时期的群婚制认识迷茫,于是就想法对只知女祖而无男祖的历史史实做出解释。我们从古籍对史前历史的解说可见这种认识的端倪。

8　人必有名何?所以吐情自纪,尊事人者也。

(《姓名篇》)

【译文】

人一定要有名,为什么?名,是用来显露自己纪自己的情状,以尊谦恭谨的德行待人处事。

9　人所以有字何[1]?所以冠德明功,敬成人也[2]。

(《姓名篇》)

【注释】

〔1〕字:在本名以外取的与本名意义相关的另一个名,叫作字。如孔子之子名鲤字伯鱼,曹操名操字孟德,诸葛亮名亮字孔明,张飞名飞字翼德,岳飞名飞字鹏举。古代,男子成人,不便直呼其名,于是就另取一个与本名涵义相关的别名,称之为字,以表其德,后因称字为表字。《礼记·曲礼上篇》:"男子二十冠而字。"郑玄注云:"成人矣,敬其名。"又《礼记·檀弓上篇》:"幼名,冠字,五十以伯仲,死谥,周道

也。"颜之推撰《颜氏家训·风操篇》亦云:"古者,名以正体,字以表德。"

〔2〕冠德:通过冠礼取字表德。明功:显示功业。

【译文】

人要有字,为什么?人要有字,是要成人以后,通过冠礼,取字表德,显扬功业,以此表示对成人的敬重。

【提示】

冠而字之,敬其名也。

六、潜 夫 论

《潜夫论》，东汉王符撰。

王符，字节信，东汉安定郡临泾县（今甘肃省镇原县东南）人。生卒之年不详，生活年代大约主要在和帝、安帝、顺帝、桓帝时期。少好学，有志操，与马融、窦章、张衡、崔瑗等友善。当时，读书人大都通过到处求当权者引荐的途径以谋仕进。王符刚正耿直，愤疾世俗，不攀附权贵，以廉洁自持，因而终生未仕，隐居写书。书成，不欲显扬其名，故题名《潜夫论》。

《潜夫论》全书十卷，三十六篇。其所收文章，多为讨论治国安民之术的政论之文，少数涉及哲学问题。王符的一生，经历东汉由兴盛到衰败的整个历史演进过程，目睹并亲自感受了各种政治势力之间的交互斗争所造成的严重社会问题，特别是到了他的人生晚年，已是东汉后期，朝政腐败，吏治黑暗，统治阶级内部宦官、外戚、官僚士大夫三大政治集团之间的斗争日益剧烈，党锢之祸屡起，中央集权日衰，致使经济萧条，民生凋敝，社会动乱。王符面对这样的政治社会现实，用批判的眼光，审视洞察，认真思考如何能够扭转时局，而使国治民安。他提出，应该加强中央集权，树立君主权威，严肃政令法制，选用贤才能士，实行富民政策，兴教化以淳民风。《衰制篇》："民之所以不乱者，上有吏；吏之所以无奸者，官有法；法之所以顺行者，国有君也；君之所以位尊者，身有义也。义者君之政也，法者君之命也。人君思正以出令,而贵贱贤愚莫得违也,则君位于上而民氓治于下矣。"君尊则令行,令行则国治。《潜叹篇》:"凡有国之君,未尝不欲治也,而治不世见者,所任不贤故也。"代代有贤,但并非代代用贤,因此常有乱世。国欲治,必用贤。如何选任贤能,首先,要破除尊卑贵贱的等级观念。《本政篇》:"贤愚在心,不在贵贱;信欺在性,不在亲疏。"任贤之法,重在考功。《考绩篇》:"凡南面之大务,莫急于知贤;知贤之近途,莫急于考功。"考功可收"昭贤愚而劝能否"之效。在王符的社会政治思想中,民本思想十分突出。《忠贵篇》:"帝王之所尊敬、天之所甚爱者,民也。今人臣受君之重位,牧天之所甚爱,焉可以不安而利之、养而济之哉!"《爱日篇》:"国之所以为国者,以有民也。"无民则无国,民乃立国之本,所以治国必重民事。民事的要务有二,一曰富之,一曰教之;二者之次,先使富之,而后教之。王符在《浮侈篇》对东汉虚浮奢侈诸端,无论巨细,皆予举列,咸加批判。他在篇首指出:"今举世舍农桑,趋商贾,牛马车舆填塞道路,游手为巧充盈都邑。治本者少,浮食者众","则民安得不饥寒?饥寒并至,则安能不为非?为非则奸宄,奸宄繁多,则吏安能无严酷?严酷数加,则下安能无愁怨?愁怨者多,则咎征并臻,下民无聊,而上天降灾,则国危矣。"要使国家转危为安,就要安民、富民;要使民安、民富,就要使民事农桑,治本业。在《务本篇》中,王符开出他使"民富而国平"的治理良方。《务本篇》:"夫为国者以富民为本,以正学为基。""夫富民者,以农桑为本","教训者,以道义为本"。王符认为,治国之要在务本抑末。何为治国之本?有二:一曰实业之本,一曰教化之本。实业有三,教化有五,各有本末。实业三,即农桑、百工、商贾,守本则民富,事末则民贫。教化五,即教训、辞语、列士、孝悌、人臣,守本则仁义兴,事末则道德坏。实业有三而重在农桑,教化有五而重在教训。农桑富民,民富而后可教,于是正学以教训之,则仁义道德兴而社会风俗淳。这就是王符所开出的治国良方。关于工、商与农的关系，先秦至汉论者很多，但皆以农为本，以工、商为末，且皆以重本（农）抑末（工、商）为论证之归宿。王符借用本、末之名，而改变并扩大本、末各自原有蕴义的内涵，使工、商与农三业皆各有本末，王符所谓务本抑末，是三业并重而又各抑本业之末流。这一社会经济思想，对后世产生了积极的影响。

在哲学上，元气一元论是王符的基本哲学思想。王符认为，在远古的太素时代，宇宙只是一团幽深混沌的元气，没有形迹。众多精气汇聚合并，浑然一体，没有什么能够控制驾驭。这种状态延续了很久的时间，混沌的元气突然迅速自行发生变化，分化出清气与浊气，变为阳气与阴气。阳气与阴气各有形体，实由它们产生了天地。天地阴阳二气的交互作用，化育出万物。中和之气化育出人类，来主宰治理自然界。王符批判继承先秦以来学者关于宇宙形成的气论思想，认为"元气"是宇宙的唯一本原，提出元气一元论的宇宙观，对后世哲学思想家产生了一定的影响。

清代汪继培撰《潜夫论笺》，今人彭铎为之校正。

1　养生顺志，所以为孝也[1]。今多违志俭养，约生以待终[2]。终没之后，乃崇饬丧纪以言孝，盛飨宾旅以求名，诬善之徒从而称之[3]。此乱孝悌之真行，而误后生之痛者也。

（《务本篇》）

【注释】
〔1〕养生：谓赡养父母。
〔2〕俭：少。约：简略，节省。终：死。
〔3〕终没："没"与"终"同义连用，皆谓死。乃：却，反而。崇：重视。饬：整治。丧纪：丧事。纪，犹"事"。飨：用酒食款待宴请人。

旅：客。名：谓孝名。诬：用虚而不实的语言说谎话。诬善，谓用不实之词吹嘘称赞这种做法为孝行。

【译文】
　　赡养父母，一切都能顺从父母的意愿，这样做就是孝。如今多是违背父母的意愿，很少关心父母的修心养身，而是用简单的做法赡养老人，等待老人死去。去世以后，却将重视办理丧事说成是孝，隆重地宴请宾客来求得孝名，用不实之词胡乱吹嘘的人从而称赞这种做法。这是扰乱孝悌的真正德行，使后人对什么是孝悌产生错误认识，这是很令人痛心的事。

【提示】
　　养生顺志为孝。违志俭养，约生待终，终而重丧事，凡此之行，皆非真孝，只是不孝子盗取孝名而已。

　　2　世人之论也，靡不贵廉让而贱财利焉，及其行也，多释廉甘利[1]。

（《遏利篇》）

【注释】
　　[1]靡：没有。贵：尊重，看重。廉：清廉，廉洁。让：谦逊，谦让。贱：鄙视，瞧不起。释：放下，舍去。甘：愿意。

【译文】
　　社会上的人谈论的，无不看重清廉谦让而瞧不起贪婪财物牟取私利，到了自己做的时候，却多是放弃清廉愿意得到财利。

【提示】
　　加强自身品德修养，自能想到做到。

3　财贿不多，衣食不赡，声色不妙，威势不行，非君子之忧也[1]。行善不多，申道不明，节志不立，德义不彰，君子耻焉[2]。是以贤人智士之于子孙也，厉之以志，弗厉以诈[3]；劝之以正，弗劝以邪[4]；示之以俭，弗示以奢[5]；贻之以言，弗贻以财[6]。是故董仲舒终身不问家事，而疏广不遗赐金[7]。子孙若贤不待多富，若其不贤则多以征怨[8]。故曰：无德而贿丰，祸之胎也[9]。

（《遏利篇》）

【注释】

〔1〕贿：财物。财、贿同义连用。赡：丰富，充足。妙：美好。
〔2〕申：说明，申述。节：节操，气节。志：志向。彰：显著。
〔3〕是以：因此。厉：严厉。弗：不。诈：欺诈，欺骗。
〔4〕劝：勉励。邪：不正，谓做人不正直，做事用歪门邪道。
〔5〕示：显示，将某种东西展示给人看。
〔6〕贻：遗留。言：话，谓对后人训示如何做人处事的话。
〔7〕是故：所以。董仲舒：西汉人，著名学者，是汉代今文经学大师，儒家学派重要代表人物。《汉书·董仲舒传》记载，董仲舒先后两次担任诸侯国的国相，"正身以率下"，"及去位归居，终不问家产业，以修学著书为事"。疏广：人名，西汉人。宣帝时，疏广与兄子疏受同时分别任宣帝太傅与太子少傅。在位五年，广谓受曰："吾闻：'知足不辱，知止不殆。''功遂身退，天之道也。'今仕至二千石，宦成名立，如此不去，惧有后悔。"于是二人以病"上疏乞骸骨。上以其年笃老，皆许之，加赐黄金二十斤，皇太子赠以五十斤"。"广既归乡里，日令家共(供)具设酒食，请族人故旧宾客与相娱乐。"赐赠之金花费殆尽。人问为此之意，广曰："吾岂老悖不念子孙哉？顾自有旧田庐，令子孙勤力其中，足以共(供)衣食，与凡人齐。今复增益之以为赢余，但教子孙怠堕耳。贤而多财则损其志，愚而多财则益其过。且夫富者，众人之怨也，吾既亡以教化子孙，不欲益其过而生怨。又，此金者，圣主所以惠养老臣也，故乐与乡党宗族共飨其赐，以尽吾余日，不亦可乎！"于是族人说服，皆以寿终。

〔8〕征：招来，招惹。
〔9〕胎：根源。

【译文】

财物不多，衣食不足，声音长相不美，没有威严势力，不是君子担忧的。做善事不多，道理申述不明白，没有坚定的操守志向，德义不显著，这些是君子感到耻辱的。因此，贤人与有知识的人，对于子孙，严厉要求他们要有志气，不是要他们用欺诈对人。勉励他们走正道，不纵容他们走歪门邪道。用俭省朴素给他们作榜样，不要用奢侈豪华影响他们。将教育他们加强道德修养、如何做人处事的话留给他们，不要留给他们过多的财产。所以，汉武帝时的董仲舒晚年离开官场家居时，从不过问家产，只以修学著书为事。汉宣帝时的疏广年老退休家居，日令家供具设酒食请族人故旧宾客相与娱乐，朝廷赐赠之黄金花费殆尽，未留给子孙。子孙如果贤良，不用等着享用长辈留下的丰足的财产；子孙如果不贤良，长辈留下丰足的财产反而给子孙招惹怨恨。所以说：没有道德而财产丰厚，是灾祸的根源。

【提示】

知足不辱，知止不殆。功遂身退，天之道也。

4　世之所以不治者，由贤难也[1]。所谓贤难者，非直体聪明服德义之谓也[2]。此则求贤之难得尔，非贤者之所难也[3]。故所谓贤难者，乃将言乎循善则见妒，行贤则见嫉，而必遇患难者也[4]。

（《贤难篇》）

【注释】

〔1〕贤难：一则贤者难得，二则贤者难做。

〔2〕直：只是，仅仅。
〔3〕尔：句末语气词，无实义。
〔4〕乃：是。将：要。乎：于。见：被。

【译文】
　　社会不能治理好的原因，是由于求贤难、做贤也难。所谓贤难，不只是说体察明锐、遵依德义。这里指的是求贤难得，不是指贤者难做。所以，所说的贤者难做，是要对事情发表符合事实的正确意见就会被嫉妒，做任何事情都根据事实、依规办理就会被憎恨，最终必然遭遇患难。

【提示】
　　求一位贤者难，做一位贤者更难。

　　5　今世俗之人，自慢其亲而憎人敬之、自简其亲而憎人爱之者不少也[1]。

（《贤难篇》）

【注释】
　〔1〕慢：态度冷淡，没有礼貌。亲：指双亲，谓父母。简：义犹"慢"，怠慢无礼。

【译文】
　　今天世俗之人，自己对父母没有礼貌却怨恨别人敬重父母，自己对父母态度冷淡却怨恨别人亲爱父母，这样的人不少。

　　6　谚曰[1]："一犬吠形，百犬吠声[2]。"世之疾此固久矣哉[3]！吾伤世之不察真伪之情也[4]。

（《贤难篇》）

【注释】

〔1〕谚：谚语。在人间流传的固定语句，用简单通俗的话语反映出深刻的道理，叫作谚语。

〔2〕吠：狗叫。形：一个人或一个物件。吠声：听见狗叫声，别的狗也都叫起来。

〔3〕世：社会上。疾：厌烦，憎恶。固：本来。矣哉：句末语气词连用，加强感叹语气。

〔4〕伤：忧伤。

【译文】

谚语说："一个狗对着一个人或是一个对象叫，百个狗听见了就都跟着叫。"世上的人们厌恶这种事本来就很久了呀！我忧伤世上的人们不考察事情的真伪就人云亦云、随声附和。

7　国之所以治者君明也，其所以乱者君暗也[1]。君之所以明者兼听也，其所以暗者偏信也。

（《明暗篇》）

【注释】

〔1〕暗：糊涂，不明白。

【译文】

国家治理好的原因是君主英明，国家治理不好的原因是君主昏庸。君主英明的原因是兼听众人的意见而采纳，君主昏庸的原因是偏听个别人的意见而信从。

【提示】

兼听则明，偏信则暗。治国、做人，皆如此。

8 凡骄臣之好隐贤也,既患其正义以绳己矣,又耻居上位而明不及下,尹其职而策不出于己[1]。

(《明暗篇》)

【注释】

〔1〕骄臣:骄傲狂妄之臣。隐:掩蔽,隐瞒。正义:公正。绳:纠正,约束,制约。耻:羞耻,羞愧。明:明确,清楚。策:计策,策划,谋略。尹:官。尹其职,任其官职。

【译文】

凡是骄傲狂妄之臣,都好压制掩盖有德才的贤者,因为既担忧贤者以公正的态度纠正、制约自己,又耻于居于上级官位而明察事理还不如下级的人,任其官职而办事的方略却不是出于自己的谋划。

【提示】

贤者做人处世:谦恭待人,不恃才傲物。

9 贤愚在心,不在贵贱[1]。信欺在性,不在亲疏[2]。

(《本政篇》)

【注释】

〔1〕愚:愚昧无知。
〔2〕信:诚实。性:品性,谓做人的品德表现。

【译文】

有德才与愚钝无知在于心的思维是否灵敏,不在于社会地位的高低贵贱。诚信与欺诈在于人的品德好坏,不在于关系的亲疏远近。

10　周公之为宰辅也，以谦下士，故能得真贤[1]。祁奚之为大夫也，举仇荐子，故能得正人[2]。今世得位之徒，依女妹之宠以骄士，借亢龙之势以陵贤，而欲使志义之士匍匐曲躬以事己，毁颜谄谀以求亲，然后乃保持之，则贞士采薇冻馁，伏死岩穴之中而已尔，岂有肯践其阙而交其人者哉[3]？

（《本政篇》）

【注释】

〔1〕宰辅：辅佐周王的人。下：处在下面的位置。士：贤士，即道德高尚又有知识才能的人。《盐铁论·此复篇》云："昔周公之相也，谦卑而不邻以劳天下之士，是以俊乂满朝，贤智充门。"邻，通"吝"。劳，犒赏。

〔2〕祁奚：春秋时晋国大夫，任中军尉。《左传》鲁襄公三年载祁奚事。

〔3〕骄：骄横傲慢，此谓对贤士骄横傲慢。借：凭借，仗恃。亢龙：喻指骄横无德之君。陵：欺侮。匍匐：爬行。曲躬：曲身行礼。毁颜谄谀：意谓不顾脸面拍马屁。持：谓扶持佐助。贞：坚守自己遵信的原则坚定不变。薇：野菜。馁：饿。岩穴：山洞。而已：罢了。尔：句末语气词。岂：难道。阙：此谓官宦人家的门户。

【译文】

周公作为周武王、周成王的辅佐大臣，用谦卑的待人态度自己处在贤士下面的位置，所以能够得到真正有德才的贤士。祁奚作为春秋时期晋国大夫，举荐自己的仇人与儿子，所以能够得到真正的人才。如今得到官位的小人，依靠女妹的得宠来对贤士骄横傲慢，仗恃骄横无德之君欺侮贤士，想要使有志气、守正义的贤士爬着、曲身来事奉自己，不顾脸面拍马屁来求得自己亲近，然后成为扶持佐助自己的人，则坚守自己原则的人，采野菜吃，受冻挨饿，躺着死在山洞之中了事，难道有人愿意走进这些人的大门与他们交往吗!

11 夫有不善未尝不知,知之未尝复行,此颜子所以称庶几也[1]。

(《慎微篇》)

【注释】

〔1〕复行:重犯。颜子:指孔子学生颜回。《论语·雍也篇》:"哀公问:'弟子孰为好学?'孔子对曰:'有颜回者好学,不迁怒,不贰过。'"称:称道,称赞。庶几:差不多。《论语·先进篇》记孔子的话说:"回也其庶乎。"庶,即庶几。"庶几"一般用于称赞的语句,何晏《集解》云:"言回庶几圣道。"

【译文】

自己的作为有不善,事后知道了自己的过失,知道以后就不再重犯那样的过失,孔子的好学生颜回差不多能做到,所以孔子说到颜回的学问道德时称道:"回也其庶乎!"

【提示】

不迁怒,不贰过。

12 祸福无门,惟人所召。天之所助者顺也,人之所尚者信也,履信思乎顺,又以尚贤,是以吉无不利也[1]。亮哉斯言,可无思乎[2]?

(《慎微篇》)

【注释】

〔1〕尚:尊重,重视。履:实践,实行。乎:于。是以:因此。

〔2〕亮：亮堂，明白。斯：此，这。

【译文】

　　惹祸来福本来没有固定的门，是人自己的行为召来的。天所帮助的是顺天意合人心的，人所看重的是诚实可靠的，实践谨守诚信，思考顺天意合人心，又重视贤德才能，因此吉祥而没有不顺利的。这话说得明白呀，可以不好好地想想吗？

13　富贵未必可重，贫贱未必可轻。人心不同好，度量相万亿。

(《交际篇》)

【译文】

　　富贵不一定要看重，贫贱不一定要看不起。人的心里想的好恶不同，衡量事情是非的标准相差十万八千里。

14　世有大难者四，而人莫之能行也[1]：一曰恕，二曰平，三曰恭，四曰守。夫恕者仁之本也，平者义之本也，恭者礼之本也，守者信之本也[2]。四者并立，四行乃具。四行具存，是谓真贤[3]。四本不立，四行不成。四行无一，是谓小人。

(《交际篇》)

【注释】

　　[1] 难：不容易。莫：没有谁。行：做到。
　　[2] 恕：宽容。孔子说，恕者，"己所不欲，勿施于人"；又说，"己欲立而立人，己欲达而达人"。所以恕者，仁人之心，仁人之行。本：根本，根基。平：平正，平者无高低，正者不偏斜，亲疏同爱，智愚同待，

贫富同视。义：宜，不偏不倚，立身处事适宜得体，所以平者为义。恭：谦敬，长幼尊卑皆尊重而恭敬之，谦让而礼待之。守：谓心志坚定不移，不随波逐流，不人云亦云，说话算数，信守承诺。所以说守是有信誉的根本。

〔3〕并：谓同时都有。

【译文】

世上有非常难达到的四个方面，没有人都能达到：一是恕，二是平，三是恭，四是守。恕，恕者爱人，爱人之心由己及人，是人道德与行事的根本。平，人心平正，是立身处事适宜得体的根本。恭，谦敬，对人尊重而恭敬之，谦让而礼待之，是懂礼貌、有礼节的根本。守，谓坚守心志不改变，是诚信的根本。四方面的心志都确立正确，四方面就都能做好。四方面都能做好，这是真正有贤德的人。四个方面的心志道德没有确立，四个方面的作为都不会有善行。四个方面的作为都没有善行，这是小人。

15　昔者圣王……赐姓命氏，因彰德功[1]。……尧赐契姓子；赐弃姓姬；赐禹姓姒，氏曰有夏[2]；伯夷为姜，氏曰有吕[3]。下及三代，官有世功，则有官族，邑亦如之[4]。后世微末，因是以为姓，则不能改也[5]。故或传本姓，或氏号、邑、谥，或氏于国，或氏于爵，或氏于官，或氏于字，或氏于事，或氏于居，或氏于志[6]。若夫五帝三王之世，所谓号也[7]；文、武、昭、景、成、宣、戴、桓，所谓谥也；齐、鲁、吴、楚、秦、晋、燕、赵，所谓国也；王氏、侯氏、王孙、公孙，所谓爵也；司马、司徒、中行、下军，所谓官也；伯有、孟孙、子服、叔子，所谓字也；巫氏、匠氏、陶氏，所谓事也；东门、西门、南宫、东郭、北郭，所谓居也；三鸟、五鹿、青牛、白马，所谓志也。凡厥姓氏，皆出属而不可胜纪也[8]。

(《志氏姓篇》)

【注释】
〔1〕因：凭借，根据。彰：表扬。
〔2〕赐契姓子：《诗经·商颂·玄鸟篇》云"天命玄鸟，降而生商"。这是说，女子简狄在河中洗澡，有燕从空中飞过，坠其子（卵，蛋），简狄吞食而孕，生契建商。《史记·殷本纪》云，契长而佐禹治水有功，舜命契作司徒，"封于商，赐姓子氏"。有夏：即夏。
〔3〕伯夷：舜臣名。有吕：即吕。
〔4〕及：到。三代：尧舜之后，是夏、商、周三个朝代，合称三代。
〔5〕微末：微小，微弱。因：延续。是：这些，谓三代与三代以前的赐姓命氏。
〔6〕故：所以。或：有的。于：犹"以"。氏于国，即氏以国，谓以国为氏。志：其义不详。
〔7〕若夫：至于，用于句首或段落的开始，表示下面另提一事。五帝：五帝所指，有数说。《史记·五帝本纪》谓黄帝、颛顼、帝喾、尧、舜为五帝，后世多从此说。三王：谓夏禹、商汤、周文武王，此指三代时期。
〔8〕凡：凡是，所有。厥：其，那些，这些。出属：产生的属类。

【译文】
　　古代圣贤的君王……为臣赐姓命氏，用来表彰他们的道德功绩。……尧赐契姓子；赐弃姓姬；赐禹姓姒，氏名夏；伯夷姓姜，氏名吕。到了夏、商、周三代，官员有了传世功绩，就有了以官名为氏，还有了以封地名为氏。三代以后，人们对姓氏已不再过于重视，因为这个原因，先前有的姓氏没有再改变。所以，有的传承原来的姓，有的用号、封地、谥作氏，有的用国名作氏，有的用爵位名作氏，有的用官名作氏，有的用字作氏，有的用从事的职事作氏，有的用居住地名作氏，有的用"志"作氏。至于五帝、三王时期用来称呼的是号，其后用来称呼的文、武、昭、景、成、宣、戴、桓是谥名，用来称呼的齐、鲁、吴、楚、秦、晋、燕、赵是国名，用来称呼的王氏、侯氏、王孙、公孙是爵位名，用来称呼的司马、司徒、中行、下军是官名，用来称呼的伯有、孟孙、子服、叔子是字，用来称呼的巫氏、匠氏、陶氏是从事的职事名，用来称呼的东门、西门、南宫、北郭是居住地名，用来称呼的三乌、五鹿、青牛、白马是"志"。所有那些姓氏，都有它产生的属类，不可能全都记录下来。

【提示】

　　南宋初年郑樵撰《通志》，其于《氏族略》之《序》中云："五帝之前无帝号，有国者不称国，惟以名为氏，所谓无怀氏、葛天氏、伏羲氏、燧人氏者也。至神农氏、轩辕氏，虽曰炎帝、黄帝，而犹以名为氏，然不称国。至二帝而后，国号唐、虞也。夏、商因之，虽有国号，而天子世世称名。至周而后，讳名用谥，由是氏族之道生焉。最明著者，春秋之时也。春秋之时，诸侯称国未尝称氏，惟楚国之君世称熊氏，荆蛮之道也。支庶称氏未尝称国，或适他国则称国，如宋公子朝在卫则称宋朝，卫公孙鞅在秦则称卫鞅是也。秦灭六国，子孙皆为民庶，或以国为氏，或以姓为氏，或以氏为氏，姓氏之失自此始。故楚之子孙可称楚亦可称芈，周之子孙可称周子南君亦可称姬嘉；又如姚恢改姓为妫，妫皓改姓为姚。兹姓与氏浑而为一者也。自汉至唐，世有典籍讨论兹事，然皆出于一时之意，不知澄本正源，每一书成，怨望纷起。臣今此书则不然，帝王列国世系之次本之史记，实建国之始也。诸家世系之次本之春秋世谱，实受氏之宗也。先天子而后诸侯，先诸侯而后卿大夫士，先卿大夫士而后百工技艺；先爵而后谥，先诸夏而后夷狄，先有纪而后无纪。绳绳秩秩，各归其宗，使千余年湮源断绪之典，灿然在目，如云归于山，水归于渊，日月星辰丽乎天，百谷草木丽乎土者也。臣旧为《氏族志》五十七卷，又有《氏族源》《氏族韵》等书，几七十卷，今不能备，姑载其略云。"

16 卫侯灭邢，昭公娶同姓，言皆同祖也[1]。近古以来，则不必然[2]。古之赐姓，大谛可用，其余则难[3]。周室衰微，吴、楚僭号，下历七国，咸各称王[4]。故王氏、王孙氏、公孙氏及氏谥、官，国自有之。千八百国，谥、官万数，故元不可同也[5]。及孙氏者，或王孙之班也，或诸孙之班也[6]。故有同祖而异姓，有同姓而异祖。亦有杂厝，变而相入，或从母姓，或避怨仇[7]。

(《志氏姓篇》)

【注释】

〔1〕卫侯：谓卫文公。卫国是侯爵，所以称卫侯。邢：国名，姬姓。卫灭邢，事见《春秋左氏传》鲁僖公二十五年记载。经云："卫侯毁灭邢。"传云：经云"卫侯毁灭邢"，"同姓也，故名"。据《春秋左氏传》，毁为卫文公名而非字，因为《春秋》记事之例，记各国君主用字而不用名，只有贬义记君主时才用名而不用字。这里为何用名？因为他灭了同姓国。昭公：谓春秋鲁昭公。鲁昭公娶同姓女作妇，事见《春秋左氏传》鲁哀公十二年记载。经云："孟子卒。"传云："昭夫人孟子卒。昭公娶于吴，故不书姓。"《左传》于鲁隐公元年前记隐公父鲁惠公事云："惠公元妃孟子。孟子卒，继室以声子，生隐公。宋武公生仲子，仲子生而有文在其手，曰为鲁夫人，故仲子归于我，生桓公。"鲁惠公三妃都是宋国女子，宋是商后，姓子。上古时期，姓氏分明，姓别婚姻，氏辨贵贱，所以男称氏，女称姓。鲁惠公三妃皆宋女，称呼都用姓，而吴国为周文王大伯父吴太伯后，姓姬，与周同姓，依时制，同姓不能通婚，鲁昭公与吴国女子结婚属于违制婚姻，所以避姓而称"子"，时人认为不合礼，名不顺。

〔2〕近古：近时。则：却。然：这样。不必然，不一定是这样，即在今天同姓的人不一定同祖先。

〔3〕大：谓大姓。谛：确实。

〔4〕周室：周朝王室，谓周王。吴、楚：地处南方的两个诸侯国。吴在东南浙、闽一带，楚在湖北以南至海南一带。僭(jiàn)：超越本分。僭

号,超越本分冒用帝王的称号。历:经过。七国:指战国时期的秦、齐、楚、韩、魏、赵、燕七国。咸:皆,都。

〔5〕千八百国:极言当时各地建国之多。元:原本,本来。

〔6〕及:涉及。班:行列,类次。

〔7〕亦:也。厝(cuò):杂乱。杂厝,杂乱。《汉书·夏侯婴传》云:夏侯婴,姓氏夏侯,名婴。"初,婴为滕令奉车,故号滕公。及曾孙颇尚主(尚主,娶公主为妻),主随外家姓,号孙公主,故滕公子孙更为孙氏"。怨仇:仇恨,此谓仇人,仇家。

【译文】

卫文公消灭邢国,鲁昭公娶吴国同姓女子为夫人,遭到时人责备,是说他们彼此都姓姬,是同一个祖先。时至近期,却不一定同姓的人都源自同一个祖先。古代的赐姓,大姓确实可以世代长期使用,其余的姓要长期使用就难了。周朝王室权势衰弱,偏处南方的吴国、楚国也都超越本分称王。到了战国时期,秦、齐、楚、韩、魏、赵、燕七国都各自称王,所以,王氏、王孙氏、公孙氏及以谥为氏、以官为氏,各国国内都有这些。各地建立的大小国家有千百个,谥号、官名多得上万,所以,姓氏本来不可能全都相同。就像涉及孙氏的,有的是"王孙"之"孙"一类的,有的是甲孙、乙孙等众多"孙"之类的。所以,有的是同源于一个祖先却不姓同一个姓,有的是同姓一个姓却不是源于同一个祖先。也有不同姓氏杂乱地混在一起,将自己原来的姓氏改为别的姓氏,成为别的宗族的族人,有的改为母亲的姓氏,有的为躲避仇人而改一个别的姓氏。

【提示】

太古知母不知父,尊母系,随女祖得姓。后改尊父系,改随男祖得姓。宗族群居,同祖一姓。历时多年,宗族繁衍人众,须分群聚居。为分别各个群聚之居,各起一名,则谓氏。从此有姓有氏。所谓姓者,统其先祖之所自出,氏者别其子孙之所自分;姓统系百代而不改,氏则可随其所出而变更。下至战国,姓氏杂乱难分,同祖异姓及异祖同姓者也渐多见。秦、汉之后,再区分姓氏之别，已无实际意义。

17 晋穆侯生桓叔[1]。桓叔生韩万，傅晋大夫，十世而为韩武侯，五世为韩惠王，五世而亡国[2]。……及留侯张良，韩公族，姬姓也[3]。秦始皇灭韩，良弟死不葬[4]。良散家赀千万，为韩报仇[5]。击始皇于博浪沙中，误椎副车[6]。秦索贼急，良乃变姓为张，匿于下邳，遇神人黄石公，遗之兵法[7]。及沛公之起也，良往属焉[8]。……凡桓叔之后，有韩氏、言氏、婴氏、祸余氏、公族氏、张氏，此皆韩后姬姓也[9]。

（《志氏姓篇》）

【注释】

〔1〕晋穆侯：西周后期周宣王时晋国国君。

〔2〕韩：国名，周武王之后，姓姬。《左传》鲁僖公二十四年记载云："邘、晋、应、韩，武之穆也。"以昭穆排次，周以弃为男始祖，为昭，世次排到周武王为昭，其子就是穆。所以，武之穆，即武之子。可知，韩国是周武王之后，姓姬。亡国：秦国灭韩国，在公元前230年，下距秦灭六国统一天下十年。

〔3〕及：到。留侯：张良于秦末随刘邦反秦有功，刘邦建汉，封张良留侯。韩公族：谓张良是韩国国君宗族的族人。

〔4〕不葬：没能正式举行葬礼。

〔5〕散：散发，花费。赀：钱财。

〔6〕博浪沙：地名。椎：谓用椎打击。

〔7〕索：搜查。匿：藏。下邳：地名。神人：高人。黄石公：高人的姓氏名号。遗(wèi)：送给。

〔8〕沛公：谓刘邦。起：谓起兵反秦。属：归属，做部下。焉：兼词，于此。

〔9〕韩氏、言氏、婴氏、祸余氏、公族氏、张氏：此皆韩后姬姓也。

【译文】

晋穆侯生桓叔。桓叔生韩万,作晋君师傅,为大夫。韩万十世后是韩武侯,韩武侯五世后是韩惠王,韩惠王五世后韩国灭亡。……到留侯张良,是韩国国君宗族的族人,姓姬。秦始皇灭亡韩国,张良的弟弟死了都没能举行正式葬礼安葬。张良拿出千万家财寻求强人刺杀秦始皇,为韩国报仇,在博浪沙用椎击打秦始皇,结果用椎误击了副车,没有击中秦始皇坐的车。秦对刺杀的人搜查得很紧,张良就改变姓氏为张。躲藏在下邳,遇到一位高人黄石公,赠送他一部兵法书。等到刘邦起兵反秦的时候,张良前往归属刘邦,做刘邦的部下。……所有桓叔的后人,有韩氏、言氏、婴氏、祸余氏、公族氏、张氏,这些都是韩国姬姓后人所用的氏。

【提示】

姬姓后为韩氏(以国名为氏)。氏再分为多氏(其中有张氏,因避仇改韩氏为张氏)。

18 苦成,城名也,在盐池东北,后人书之或为"枯",齐人闻其音则书之曰"库成",敦煌见其字呼之曰"车成",其在汉阳者不喜"枯""苦"之字则更书之曰"古成氏"[1]。堂溪,溪谷名也,在汝南西平[2]。禹字子"启"者,"启","开"之字也[3]。前人书堂溪误作"启",后人变之则又作"开"。古漆雕开、公冶长,前人书"雕"从易省作"周",书"冶"复误作"蛊",后人又传作"古",或复分为古氏、成氏、堂氏、开氏、公氏、冶氏、漆氏、周氏[4]。此数氏者,皆本同末异。凡姓之离合变分,固多此类,可以一况,难胜载也[5]。

(《志氏姓篇》)

【注释】

〔1〕盐池：地名，在河东郡安邑（在今山西省夏县）西南。书：写。或：有的。更：改。

〔2〕汝南西平：汝南郡西平县，在今河南省舞阳县东南。

〔3〕字子启：用"启"作儿子的字。启开之字：是用"启"作"开"的字。

〔4〕漆雕开、公冶长：据《论语·公冶长篇》记载，二人皆孔子学生。盅：古时"冶""盅"音同。复：又。

〔5〕固：本来。况：比方。胜：尽，全部。

【译文】

苦成，城的名字，在盐池东北，后人写它有的写成"枯"，齐地人听到它的读音就写它为"库成"，敦煌人看到它的字形叫它作"车成"，那些在汉阳的人因不喜欢"枯""苦"二字就将它们改写作"古成氏"。堂溪，是溪谷的名字，在汝南郡西平县。禹用"启"作儿子的字；启，是用作"开"的字。前人写"堂溪"误作"启"，后人改"启"作"开"。古代漆雕开、公冶长，前人写"雕"从易省作"周"，写"冶"又误作盅，后人又传写作"古"，有的又分为古氏、成氏、堂氏、开氏、公氏、冶氏、漆氏、周氏。此数氏者，都是原本姓氏相同而传到后世不同了。凡是姓氏的分离、合并、改变，本来多是这里所说的种种情况，可以用这里说的情况作比方，很难一一记述。

【提示】

姓氏改字，古来多有。今不同姓氏者可能是同祖兄弟，同姓氏者可能是不同姓氏的路人。

有脉系世次千年传承至我者，我认千年同姓氏者为祖；无脉系世次千年传承至我者，我不认千年同姓氏者为祖。

七、风俗通义·姓氏篇

《风俗通义》,应劭撰。应劭,东汉末年人。其家数世官宦,劭官至泰山郡太守。

应劭熟悉汉代典制礼仪,写有《汉官仪》《礼仪故事》《风俗通义》等书。东汉末年,政治黑暗,朝纲腐败,社会昏乱,风气败坏。应劭身处其时,深有所感,于是写了《风俗通义》,以期端正风俗。《风俗通义》在流传过程中散佚甚多,有整篇全佚者,有佚段落者,也有佚字句者。《姓氏篇》全佚,今本收在《佚文》中。这里辑语文字,采用中华书局1981年出版王利器撰《风俗通义校注》。

1 万类之中,惟人为贵。……盖姓有九[1]:或氏于号,或氏于谥,或氏于爵,或氏于国,或氏于官,或氏于字,或氏于居,或氏于事,或氏于职[2]。以号,唐、虞、夏、殷也[3];以谥,戴、武、宣、穆也;以爵,王、公、侯、伯也[4];以国,齐、鲁、宋、卫也;以官,司马、司徒、司寇、司空、司城也;以字,伯、仲、叔、季也[5];以居,城、郭、园、池也[6];以事,巫、卜、陶、匠也[7];以职,三乌、五鹿、青牛、白马也[8]。

(《姓氏篇》)

【注释】

〔1〕姓：这里所说的姓，实是下文说的氏。

〔2〕或：有的。

〔3〕唐：尧。虞：舜。

〔4〕王：西周统治天下之天子称王。公、侯、伯：是诸侯三等爵位名。诸侯国君主的称呼，如国谥连称就在谥下加"公"，如宋襄公、鲁桓公、秦穆公；如国爵连称，爵下不加字，如宋公、鲁侯、秦伯。

〔5〕字：古人有姓、氏，有名、字。伯、仲、叔、季，是男子的排行用字，伯是长，即老大，第一，又称昆、孟；仲，第二；叔，第三；季，第四，又多个兄弟的最后一个皆可称季。

〔6〕城：谓城区。郭：城外近郊。

〔7〕巫：用祈祷鬼神为人求福、消灾、治病的活动。卜：古人用火烤灼龟甲、兽骨，通过甲、骨显示出的裂纹预测吉凶。后来，凡用物件预测吉凶的活动皆称为卜。陶：用松软黏土烧制的器具叫作陶器。

〔8〕职：字义不明。

【译文】

万类生物，只有人是尊贵的。……人有从九个方面取得的姓氏：有的用号作为氏，有的用谥作为氏，有的用爵位名作为氏，有的用国名作为氏，有的用自己长期在位的官名作为氏，有的用长辈的字作为氏，有的用居住地的地名作为氏，有的用自己长期所做事情的名称作为氏，有的用职作为氏。用号作为氏，唐氏、虞氏、夏氏、殷氏就是；用谥作为氏，戴氏、武氏、宣氏、穆氏就是；以爵位名作为氏，王氏、公氏、侯氏、伯氏就是；用国名作为氏，齐氏、鲁氏、宋氏、卫氏就是；用自己长期在位的官名作为氏，司马氏、司徒氏、司寇氏、司空氏、司城氏就是；用长辈的字作为氏，伯氏、仲氏、叔氏、季氏就是；用居住地的地名作为氏，城氏、郭氏、园氏、池氏就是；用自己长期所做事情的名称作为氏，巫氏、卜氏、陶氏、匠氏就是；用职作为氏，三乌氏、五鹿氏、青牛氏、白马氏就是。

2 张氏，张、王、李、赵，皆黄帝赐姓也。又，晋国有解张、高张侯,自此晋国有张氏[1]。

(《姓氏篇》)

【注释】

〔1〕晋:诸侯国名,其地在今山西省及其周边地区。解张:又称张侯,春秋中期晋国大夫。《左传》鲁成公二年记载齐、晋鞌之战时,晋军帅郤克之御者前言是解张,后又言是张侯。杨伯峻注"解张"云:"文八年之解扬,襄三年之解狐,皆晋人,以解为氏。"又注"张侯"云:"张侯,即解张。张是其字,侯是其名。古人名、字连言,先字后名。"《左传》鲁文公八年提及解扬。杨伯峻注云:"《说苑·奉使篇》云:'霍人解扬字子虎,故后世言霍虎。'《通志·氏族略(三)》云:'晋大夫解扬、解狐之族,其先食采于解。'"

【译文】

张氏,张、王、李、赵,都是黄帝赐的姓氏。还有,晋国有解张、高张侯,从此以后,晋国有了张氏。

【提示】

解氏用封邑地名作为氏,解氏的先人是何姓氏,不知道。解张侯用字"张"作为氏,从此以后,解氏的人成了张氏后人的祖先。高张侯与解张侯的情况相同,从此以后,高氏的人成了张氏后人的祖先。何人是张氏初祖?哪些张氏子孙是张氏初祖之后人?没人能说清楚。

卷四　家训专书

家训是中国传统文化的重要组成部分。家训是我国家庭教育的重要方式。它在中国历史上对个人的修养、治家发挥着重要作用，是国家富强必不可少的方面。

元古时代，人类社会经历了氏族、家庭的变迁。这都是形成一个国家的基石。在国家不安定和国法不明确之际，家训即可发挥稳定社会秩序的力量。家族为了维持必要的法制制度而拟定一定的行为规范来约束家族的人，这便是家法家训的最早起源。

自汉初起，家训著作随着朝代演变逐渐丰富多彩。家谱中记录了许多治家教子的名言警句，是历代治家的经验总结和智慧结晶，是中华文化的重要组成部分。历代名人志士、文豪学者、社会贤人、世家大族，多以家训的形式训诫子孙，申饬后代，成为人们修身齐家的典范。

在家谱中有不少家训家规。当中最为人称道的名训，如《颜氏家训》，《朱家格言》等。《颜氏家训》教育家人治家、修身、治学、养生等诸多方面，是一部很好的家训教科书。《家范》是一本家训类的书，书中辑录经史记载的各种历史人物对修身有示范作用的事迹。"取经史所载圣贤修身齐家之法，凡十九门，编类训子孙。"《曾国藩家训》收录很多教育家人的家书，在写给叔父、夫人、侄子、儿子等的书信中，有持家、治学、修身、为人、处世、养生等诸多方面的内容，教育子孙后代。

家训之所以为世人所重，因其主旨为推崇忠孝、教导礼义廉耻，也是族规家法中的重要内容。家训恰是先辈与后代为人处世的宝典。在现代社会中显示了传统文化的魅力。

一、颜 氏 家 训

《颜氏家训》，颜之推撰。

颜之推，字介，生活在南北朝中后期至隋朝初期。

《颜氏家训》成书于隋朝初年。全书七卷二十篇，其卷篇之目为：卷一，序致一、教子二、兄弟三、后娶四、治家五；卷二，风操六、慕贤七；卷三，勉学八；卷四，文章九、名实十、涉务十一；卷五，省事十二、止足十三、戒兵十四、养生十五、归心十六；卷六，书证十七；卷七，音辞十八、杂艺十九、终制二十。

家训之作，以此为祖。书之篇目内容，包括治家、修身、治学、养生等诸多方面。显然，《颜氏家训》是一部很好的家训教科书，所以受到历代推重。

1　生子咳㖩，师保固明孝仁礼义导习之矣[1]。凡庶纵不能尔，当及婴稚识人颜色、知人喜怒，便加教诲，使为则为，使止则止[2]。比及数岁，可省笞罚[3]。父母威严而有慈，则子女畏慎而生孝矣。吾见世间，无教而有爱，每不能然[4]。饮食运为，恣其所欲[5]。宜诫翻奖，应诃反笑[6]。至有识知，谓法当尔[7]。骄慢已习，方复制之，捶挞至死而无威，忿怒日隆而增怨，逮于成长，终为败德，孔子云"少成若天性，习惯如自然"是也[8]。俗谚曰："教妇初来，教儿婴孩。"诚哉斯语！

（《教子篇》）

【注释】

〔1〕咳：婴儿笑貌。师保：老师。固：固然，当然。明：阐明，说明。导：教导。

〔2〕凡：普通人，一般人。庶：众。纵：纵然，即使。尔：这样。及：到。婴稚：小孩子。颜色：脸色，面目。加：进行。

〔3〕比及：等到。省：看察，知晓。笞：用鞭、杖、或板子打。

〔4〕每：每每，常常。然：这样。

〔5〕运为：犹言所为。恣：放纵。

〔6〕宜：应该。翻：反而。诃：同"呵"，呵斥。

〔7〕谓：以为，觉得。当：该。当尔，该是这样。

〔8〕方：才。复：又。制：管理，管束。捶挞：用鞭子或棍子打人。隆：大，厉害。逮：到，及。败：败坏，毁坏。孔子云：此引孔子语见《汉书·贾谊传》引贾谊《陈政事疏》。少成：年少却做事稳重如成人。天性：谓人生下来就具有的品质或性情。

【译文】

生的小孩知道了哭笑，老师本来就该用说明孝仁礼义的道理教导他们学习了。普通民众即使做不到这样，也应该到小孩能够识别人的面目、知道人的喜怒，就进行教诲，让他做他就做，让他止他就止。等到长几岁，可以了解犯什么错误要受鞭子抽、板子或棍子打。这样，父母威严中又有慈爱，则子女惧怕谨慎中便生发了孝心。我见世上，没有教育而只有溺爱，大都不能这样。吃喝作为任其放纵欲望，应该训诫的反而夸奖，应该呵斥的反而欢笑。到有识别能力的时候，以为制度应该是这样的。骄横傲慢已成习惯，才又管束他，用鞭子抽、棍子打到死而镇不住他，忿怒天天厉害而反增怨恨。等到长大成人，终究成为败坏道德的人，孔子说"少成若天性，习惯如自然"就是这个意思。俗话说："教育小孩的妇人当初来，就是从小孩婴儿时开始的。"这话说得真对呀。

2　王大司马母魏夫人，性甚严正[1]。王在湓城时，为三千人将，年逾四十，少不如意，犹捶挞之，故能成其勋业[2]。梁元帝时，有一学士，聪敏有才，为父所宠，失于教义[3]。一言之是，遍于行路，终年誉之[4]；一行之非，掩藏文饰，冀其自改[5]。年登婚宦，暴慢日滋[6]。

（《教子篇》）

【注释】
〔1〕王大司马：谓南朝梁代王僧辩。
〔2〕湓(pén)城：地名，今江西省九江市。逾：超过。少：稍微。捶挞：用鞭子、棍子或拳头打人。勋业：功业。
〔3〕梁元帝：南朝梁代元帝。学士：谓读书人。教义：教育的道理。
〔4〕是：正确，对。誉：夸奖。
〔5〕掩藏：掩藏遮蔽，隐藏。文饰：掩饰。冀：希望。
〔6〕登：到。宦：做官。暴慢：暴躁傲慢。滋：增加，厉害。

【译文】
　　王大司马的母亲魏夫人，性情非常严格端正。王大司马在湓城任职时，为率领三千人的将军，年岁已过四十，母亲稍微不如意，还鞭子抽，棍子打，所以能够成就儿子的功业。梁元帝时，有一个读书人，聪明灵敏，有才华，被父亲宠爱，所以较少接受教育的道理。一句话说对了，父亲见人就夸，包括路上的行人，而且全年都在夸奖儿子；一件事做错了，父亲为儿子遮盖掩饰，希望儿子自己知过能改。年岁到了结婚、做官，暴躁、傲慢一天天更加厉害。

【提示】
　　管束与溺爱。

3　夫有人民而后有夫妇,有夫妇而后有父子,有父子而后有兄弟。一家之亲,此三而已矣。自兹以往,至于九族,皆本于三亲焉,故于人伦为重者也,不可不笃[1]。

(《兄弟篇》)

【注释】
　　[1] 人伦:人与人之间尊卑、长幼等关系。笃:诚信,实在,厚道。

【译文】
　　世上有了人而后有夫妇,有了夫妇而后有父子,有了父子而后有兄弟。一家的亲人,只有父、子、兄弟这三代罢了。从这三代往下到九族,都是源于父、子、兄弟三代亲族,所以在人与人之间尊卑、长幼的关系上是最重要的,不能不实实在在深厚地亲爱。

4　吉甫,贤父也[1]。伯奇,孝子也[2]。以贤父御孝子,合得终于天性,而后妻间之,伯奇遂放[3]。曾参妇死,谓其子曰[4]:"吾不及吉甫,汝不及伯奇[5]。"王骏丧妻,亦谓人曰[6]:"我不及曾参,子不如华、元。"并终身不娶[7]。此等足以为诫。其后,假继惨虐孤遗,离间骨肉,伤心断肠者,何可胜数[8]。慎之哉!慎之哉!

(《后娶篇》)

【注释】

〔1〕吉甫：即尹吉甫，周宣王时名臣，有子伯奇，父慈子孝。伯奇母早亡，吉甫娶后妻，诬蔑伯奇，吉甫轻信，将伯奇赶出家门。吉甫后感悟而悔，射杀后妻。

〔2〕伯奇：尹吉甫之子。

〔3〕御：管理。合得：应当，应该。天性：谓父慈子孝的德性。间：离间。放：逐出。

〔4〕曾参：孔子学生，孝子。其子：曾参的儿子曾华、曾元。

〔5〕不及：比不上。汝：你。

〔6〕王骏：西汉人。《汉书·王吉传》记载，王吉之子王骏，妻死，不复娶。人问其故，骏说：骏德不如曾参，子比不上曾参之子。《三国志·管宁传》记载，管宁妻卒，人们劝宁娶，宁说："每省曾子、王骏之言，意常嘉之。岂自遭之，而违本心哉？"

〔7〕并：都。

〔8〕假继：继母。惨：凶狠，恶毒。孤遗：遗孤，即前妻死后留下的独生子。

【译文】

尹吉甫是位好父亲，伯奇是个大孝子。好父亲管理孝顺儿子，应当父慈子孝始终如一。而后妻挑拨离间，于是伯奇被父赶出家门。曾参妇死，参对他儿子说："我比不上吉甫，你比不上伯奇。"王骏丧妻，也对人说："我比不上曾参，子比不上曾参的儿子曾华、曾元。"曾参、王骏二人都一辈子没有再娶。曾参、王骏终身不娶后妻的做法，完全可以作为告诫。在那以后，继母凶狠恶毒地虐待前妻留下的独生子、挑拨离间父子亲情，使之伤心断肠的，哪里能数得过来。谨慎小心娶后妻的事呀！谨慎小心娶后妻的事呀！

【提示】

后妻之诫，警示世人。

5 《后汉书》曰[1]：安帝时，汝南薛包孟尝，好学笃行，丧母，以至孝闻[2]。及父娶后妻而憎包，分出之。包日夜号泣，不能去，至被殴杖[3]。不得已，庐于舍外，旦入而洒扫[4]。父怒，又逐之，乃庐于里门，昏晨不废[5]。积岁余，父母惭而还之[6]。后行六年服，丧过乎哀[7]。既而弟子求分财异居，包不能止，乃中分其财[8]。奴婢，引其老者，曰[9]："与我共事久，若不能使也[10]。"田庐，取其荒顿者，曰[11]："吾少时所理，意所恋也[12]。"器物，取其朽败者，曰[13]："我素所服食，身口所安也[14]。"弟子数破其产，还复赈给[15]。

（《后娶篇》）

【注释】

〔1〕《后汉书》：引文见《后汉书》卷三九。

〔2〕安帝：东汉安帝，107至125年在位。汝南：郡名。薛包孟尝：人称，姓薛、名包、字孟尝。笃：老实、厚道、诚信。至：极，最。

〔3〕及：到。去：离去，离开。殴：打。殴杖：用棍杖打。

〔4〕庐：简陋的房屋。

〔5〕里：上古五家为一邻，五邻为一里，后来里成为社会基层组织名称，设里长一人。昏晨：谓子对父母所行昏定晨省之礼。父母晚上就寝，子女为父母整理床铺，服侍父母安睡，为昏定；早晨父母起床，要去向父母问候请安，为晨省。省，探望，问候。《礼记·曲礼上》"凡为人子之礼，冬温而夏凊，昏定而晨省"，郑玄注云："定，安其床衽也。省，问其安否何如。"孔颖达疏云："定，安也。晨，旦也。应卧当齐整床衽，使亲体安定之后退。至明旦，既隔夜，早来视亲之安否何如。"

〔6〕还之：使之还。

〔7〕六年服：服丧六年。乎：于。

〔8〕中分：平分。

〔9〕引：取。

〔10〕若：你。

〔11〕顿：犹废也。

〔12〕理：治理，管理。恋：想念不忘，不忍分离。
〔13〕朽：腐烂。败：毁坏。
〔14〕素：向来。服：用。
〔15〕数：几次，多次。破：谓丧失财产。还复赈给：谓将自己分得的财产又给了侄子以救济他的家庭生计。

【译文】
　　《后汉书》记载：东汉安帝时，汝南郡薛包字孟尝好学，做人行事敦厚实诚，母亲去世，以最孝的好名声传诵乡里。等到父亲娶了后妻，憎恶薛包，将薛包从家中分了出去。薛包流着泪日夜号啕大哭，不能离家而去，以至于被用棍杖殴打。没有办法，只好在家的房舍外搭一个简陋的草房住，每天早晨去家打扫院落。父亲发怒，又将薛包从家门外往远处赶，薛包就将简陋的草房搭在了离家远的里门那里，依旧坚持每天晚上来给父母整理床铺，侍奉父母安寝；每天早晨到父母床前问候请安。时间过了一年多，父母心感歉疚，让儿子回了家。后来，父母去世，薛包都服孝六年。丧制本来服丧三年，薛包服丧六年，悲哀超过丧制。时间过了不久，弟弟的儿子要求分家，薛包劝止不行，就平分家产。分奴婢，薛包要老年人，说："他们与我在一起做事时间久了，你们不好使唤。"分田地房舍，薛包要那些荒废的，说："这些都是我年少时候管理的，念想它们舍不得分开。"分器物，薛包要那些腐烂毁坏的，说："这些是我向来用惯的与吃惯的，用这些器具身体舒坦，吃这些食物正合口味。"分家之后，弟弟的儿子几次家业破败，薛包都拿出自己分得的部分财产又给了侄子以救济他的家庭生计。

【提示】
　　孝子不仇父母，仇父母者非孝子。

　　6　可俭而不可吝已[1]。俭者，省约为礼之谓也；吝者，穷急不恤之谓也[2]。今有施则奢，俭则吝[3]。如能施而不奢，俭而不吝，可矣。

(《治家篇》)

【注释】

〔1〕吝：吝啬，吝惜，谓人过分爱惜自己的财物，当用的时候也舍不得拿出来使用。已：用同"矣"，句末语气词。

〔2〕穷：贫困。急：紧急，危急。恤：救济，抚恤，怜悯。

〔3〕施：把财物送给贫穷的人。奢：过分。

【译文】

可以节省而不可以吝啬。节省，是说俭省节约是符合礼的要求的；吝啬，是说过分怜惜财物以致舍不得拿出来救济贫穷及遭受危难的人。如今，对人施舍往往过分，自己节省又往往显得吝啬。如果能够做到肯于施舍而又不过分，节省而又不吝啬，那就好了。

7　昔者，周公一沐三握发，一饭三吐餐，以接白屋之士，一日所见者七十余人[1]。晋文公以沐辞竖头须，致有"图反"之诮[2]。门不停宾，古所贵也[3]。

(《风操篇》)

【注释】

〔1〕周公：周武王之弟姬旦。封于鲁，未就封，留王室辅佐周王治理天下。沐：洗头发。餐：此指吃的食物。接：接纳，欢迎。白屋：《汉书·萧望之传》"致白屋之意"句颜师古注云："白屋，谓白盖之屋，以茅覆之，贱人所居。"白屋之士，谓穷读书人。《史记·鲁周公世家》记周公的话说："我一沐三捉发，一饭三吐哺，起以待士，犹恐失天下之贤人。"

〔2〕晋文公：春秋时期晋国国君。辞：拒绝。竖：幼年仆人。头须：竖之名。图：考虑，思考。反：谓其考虑事情与正常时相反。人洗头发

时，头往下低，负责想事之心上下倒着，所以想问题要与正常时反着。

诮：带有讽刺性的责备。《左传》鲁僖公二十四年记载：晋国公子重耳出亡国外时，负责保管国库财物的竖头须未跟随流亡，而是留在了国内。后重耳回国为君，是为晋文公。竖头须求见晋文公，"公辞焉以沐。谓仆人曰：'沐则心覆，心覆则图反，宜吾不得见也。居者为社稷之守，行者为羁绁之仆，其亦可也，何必罪居者？国君而仇匹夫，惧者甚众矣。'仆人以告，公遽见之"。

〔3〕停：停留，停滞，滞留。

【译文】

过去，周公洗一次头发就要用手将头发从水中握起来多次，吃一顿饭就要将吃到口中的食物吐出来多次，用来接待来访的贤能人士，一天要接待七十多人。晋国公子重耳流亡国外十多年回国为君，即晋文公。竖头须要求晋文公见他，晋文公用正在洗头发的理由拒绝了他，于是招惹来竖头须对晋文公"沐则心覆，心覆则图反"的批评。门口没有来访贤能人士滞留而未得接见，这是古代看重的。

【提示】

谦逊人身旁多贤士。不记旧恶，不念新怨，世无仇人，己与人同得安乐。

8 与善人居，如入芝兰之室，久而自芳也[1]；与恶人居，如入鲍鱼之肆，久而自臭也[2]。墨子悲于染丝，是之谓矣[3]。君子必慎交游焉[4]。孔子曰[5]："无友不如己者。"

(《慕贤篇》)

【注释】

〔1〕芝兰：两种香草名，古代常用来比喻德行的高尚、环境的美好等，此喻居住环境的良好。

〔2〕鲍鱼：鱼名。鲍鱼肉可食，有咸味。肆：铺子。

〔3〕"墨子"句：《墨子·所染》云："子墨子见染丝者而叹曰：'染于苍则苍，染于黄则黄，所入者变其色亦变，五入而已则为五色矣。故染不可不慎也。'"

〔4〕交游：交往，交友来往。

〔5〕孔子曰：此引文见《论语·学而篇》。

【译文】

与善良的人居住在一起，如同进了种养香草芝兰的屋子，时间长了自己身上也变香了。与恶人居住在一起，如同进了卖鲍鱼的铺子，时间长了自己身上也有了鲍鱼的臭味。墨子哀叹染丝可使被染物变色，表述的就是这个意思。君子一定要谨慎地与人交往。孔子说："不要和德才都不如自己的人交朋友。"

【提示】

交友当慎。

9　用其言，弃其身，古人所耻。凡有一言一行取于人者，皆显称之，不可窃人之美以为己力，虽轻虽贱者，必归功焉[1]。窃人之财刑辟之所处，窃人之美鬼神之所责[2]。

（《慕贤篇》）

【注释】

〔1〕虽：即使。焉：犹"之"，指做好事的人。

〔2〕辟：法律。处：处理。

【译文】

用人的指教意见却不尊重指教人的尊严，这是古人感到耻辱的事。只要有说的一句话、做的一件事是向人学来的,都要显著地称赞他,不可将人做的好事拿来作为自己做的,事情即使既不重要又不值钱,一定要将功劳归于做好事的人。偷窃人的财物要刑法制裁,窃取人做的好事要受到鬼神的责备。

【提示】
　　窃人之美以为己力,非做人之道。

　　10　夫所以读书学问,本欲开心明目,利于行耳[1]。未知养亲者,欲其观古人之先意承颜怡声下气,不惮劬劳以致甘腝,惕然惭惧起而行之也[2]。未知事君者,欲其观古人之守职无侵见危授命,不忘诚谏以利社稷,恻然自念思欲效之也[3]。

(《勉学篇》)

【注释】
　　[1]学问:知识。
　　[2]亲:双亲,谓父母。意:揣想。承:接受,迎合。颜:面部表情。怡:愉快,喜悦。下气:语气低。惮:怕。劬(qú):劳累。致:达到。甘:香甜。腝(ér):熟烂。惕然:惶恐。
　　[3]授命:献出生命。社稷:国家。恻然:哀怜,悲伤。效:效法,学习。

【译文】
　　读书的目的是为了有知识,有了知识本来是要打开心扉、获得敏捷的思维,使眼睛看问题准确明晰,有利于做事为人。不知道如何赡养父母的人,想要通过读书知道古代的人事先揣想父母的心思,迎合父母的脸色,用低微的语气和父母说话,不怕劳累做的饭菜香甜熟烂,惶恐不安,惭愧惧怕,赶快行动起身,做自己该做的事情。不知道如何事奉君主的人,想要通过读书知道古代的人谨守职位不越职侵权,遇有危难甘愿为国献身,为了国家利益总是不忘诚心实意地劝诫君主,自己想念起来实是哀伤,真想向他们学习。

【提示】
　　读书知孝。今无君而有长,事长犹然。

11
孝为百行之首,犹须学以修饰之,况余事乎[1]!
(《勉学篇》)

【注释】
　　[1]犹:还。修饰:整装打扮,使身体外表整齐美观,此谓加强自身修养,提高道德才能。

【译文】
　　孝为百行之首,还须要学习来提高道德才能,何况其他事情呢!

12
梁元帝尝为吾说[1]:"昔在会稽,年始十二,便已好学[2]。时又患疥,手不得拳,膝不得屈[3]。闭斋张葛帏避蝇独坐,银瓯贮山阴甜酒,时复进之,以自宽痛[4]。率意自读史书,一日二十卷。既未师受,或不识一字,或不解一语,要自重之,不知厌倦[5]。"帝子之尊,童稚之逸,尚能如此,况其庶士,冀以自达者哉[6]!
(《勉学篇》)

【注释】

〔1〕梁元帝：南朝梁代元帝萧绎，在位四年（552至555年）。
〔2〕会稽：地名，其地在今浙江省绍兴市。
〔3〕疥：疥疮，传染性皮肤病，病处奇痒。
〔4〕张：打开。葛：葛布，纺织品。帏：同"帷"，帐子。瓯：盛酒的器具。贮：储存。山阴：地名，其地在今浙江省。宽：谓减轻病痛。
〔5〕率意：随意而为。或：有的。
〔6〕逸：闲适安乐。尚：还。庶士：众多普通读书人。冀：希望。达：取得显耀的官职或社会地位。

【译文】

梁元帝曾经给我说："过去在会稽时，才十二岁，就已好学。当时又患了疥疮病，手不能拳曲，膝不能弯曲。关上书房门，打开葛布做的帐子，为躲避苍蝇，一个人坐在帐子里，银酒器中盛着山阴酿造的甜酒，时常喝点它，用它来减轻一些自己疥疮病的疼痛。由于自己的喜好，随意拿了史书读，一天读二十卷，既没有接受过老师的讲授，有的地方一个字不认识，有的地方一句话不懂什么意思，自己都要重视，反复阅读思考以求弄个明白，从来不知道厌烦疲倦。"身居皇帝之子的尊贵地位，年龄还在嬉耍玩乐的幼稚儿童阶段，还能这样勤奋好学，何况众多的普通的、希望通过自己勤奋努力取得高贵的仕途官职或显耀的社会地位的读书人呢？

13　古人勤学，有握锥、投斧、照雪、聚萤[1]。锄则带经，牧则编简，亦为勤笃[2]。梁世彭城刘绮……早孤家贫，灯烛难办，常买荻尺寸折之，然明夜读[3]。……义阳朱詹……好学，家贫无资，累日不爨，乃时吞纸以实腹，寒无毡被，抱犬而卧，犬亦饥虚，起行盗食，呼之不至，哀声动邻，犹不废业，卒成学士。[4]……东莞臧逢世，年二十余，欲读班固《汉书》，苦假借不久，乃就姊夫刘缓乞丐客刺书翰纸末，手写一本……卒以《汉书》闻[5]。

(《勉学篇》)

【注释】

〔1〕握锥:《战国策·秦策》云:"苏秦读书欲睡,引锥自刺其股,血流至足。"股,大腿。投斧:《北堂书钞》卷九七与《太平御览》卷六一一皆引《庐江七贤传》云:"文党,字仲翁。未学之时,与人俱入山取木,谓侣人曰:'吾欲远学,先试投我斧高木上,斧当挂。'仰而投之,斧果上挂,因之长安受经。"照雪:《初学记》与《太平御览》卷一二引《宋齐语》云:"孙康家贫,常映雪读书。清淡,交游不杂。"聚萤:《晋书·车武子传》云:"武子,南平人。博学多通。家贫,不常得油,夏月则练囊盛数十萤火以照书,以夜继日焉。"练,丝织品。萤,指萤火虫。

〔2〕锄则带经:《汉书·兒宽传》云:"带经而锄,休息辄读诵。"辄,就。《三国志·魏志·常林传》裴松之注引《魏略》云:常林"性好学,汉末为诸生,带经耕锄,其妻常自馈饷之,林虽在田野,其相敬如宾。"诸生,读书人。馈饷,送饭。牧则编简:《汉书·路温舒传》云:温舒父"使温舒牧羊,取泽中蒲,截以为牒,编用书写。"牒,小简为牒。编,谓编缀蒲牒用来书写。勤笃:勤奋忠厚。

〔3〕梁世:梁代。彭城:地名,其地在今徐州市。刘绮:人名。孤:孤儿,死父曰孤。荻:草本植物,生长在水边,形状像芦苇。然:古"燃"字,燃烧。

〔4〕义阳:地名,《隋书·地理志》荆州有义阳郡义阳县。朱詹:人名。累:连续。爨:烧火做饭。实腹:填满肚子,谓充饥。《北户录》卷二引朱詹事云:"朱詹饥即吞纸,寒即抱犬读书。"

〔5〕东莞(guǎn):地名,徐州东莞郡东莞县,在故鲁国郓邑。臧逢世:人名。苦:苦于,此谓为借时不能太久而苦恼、犯愁。假、借:同义连用,即"借"。刘缓:姐夫名。乞丐:索求。刺:名片。书翰:书信。古时竖行书写,客之名片、书信边幅都较宽长,所以有较多的空白处可以容纳书写的文字。

【译文】

古人勤奋读书的,有多种办法。《战国策》记载,苏秦在读书困乏想睡时，就用锥子扎自己的大腿，血流到脚。苏秦之法，人谓握锥。《庐江七贤传》记载，文党本来是一个上山打柴的人，想出外求师学习，便用自己砍柴的斧子作验证，以将斧子扔到高树而能被树挂住为满足自己愿望之证，所试果得其愿，于是到长安学习经学。文党之法，人谓投斧。《初学记》引《宋齐语》记载，孙康家贫，经常借着下雪后的雪光读书。孙康之法，人谓映雪。《晋书·车武子传》记载，车武子家贫，常常买不起点灯的油，夏天就捉好多萤火虫装在丝囊袋里，夜晚借萤火虫发出的光读书，车武子夜以继日地读书，博学多通。车武子之法，人谓聚萤。《汉书·儿宽传》云："带经而锄，休息辄读诵。"《三国志·常林传》裴注引《魏略》云：常林"性好学，汉末为诸生，带经耕锄。"儿宽、常林之法，人谓带经。《汉书·路温舒传》云：温舒父"使温舒牧羊，取泽中蒲，截以为牒，编用书写。"编缀蒲牒用来书写。路温舒之法，人谓编简。也都是勤奋笃学的行为。南朝梁代刘绮……早孤家贫，买不起灯油蜡烛，常常买荻按尺寸截断，夜晚燃着，用它明亮的光读书。刘绮之法，人谓折荻尺寸。……荆州义阳朱詹，好学，家贫无资财，常常几天没有饭吃，就常常吞吃写字的纸填满肚子充饥，寒冷没有毡被，就抱着狗取暖读书。狗也饿了，站起来跑出去偷食吃。主人喊着它，它也不停地一直跑，嚎啕的叫声惊动了四邻，于是四邻也感到狗饿得很可怜。可是主人仍然坚持不停地不放弃自己的学业，终于使自己的学业成功，成为社会上著名的学者。朱詹之法，人谓吞纸抱犬。……徐州东莞县臧逢世，二十多岁时，想向人借读班固《汉书》，为借的时间不能太久而苦恼，就向姐夫刘缓索求与宾朋交往的名片书信，利用名片书信边幅空白手抄《汉书》阅读……终于以精通《汉书》闻名。臧逢世之法，人谓客刺书翰。

【提示】

好学佳话。

14　人之虚实真伪，在乎心，无不见乎迹，但察之未熟耳[1]。一为察之所鉴，巧伪不如拙诚，承之以羞大矣[2]。

（《名实篇》）

【注释】
〔1〕乎：于。迹：形迹，即外部行为表现出来的迹象。但：只是。察：查看，考察。熟：仔细。耳：而已，罢了。
〔2〕一：一旦。为：被。鉴：审辨。拙诚：憨厚诚实。承：受。羞：羞耻，耻辱。

【译文】
人之虚实真伪，都在内心，而又没有不由外部行为表现出来，只是人们没有仔细察看罢了。一旦被察看审辨出来，做人巧诈虚伪不如憨厚诚实，遭受到的耻辱就大了。

【提示】
做人之德，以诚信为本，巧诈虚伪为人不齿。

15　铭金人云[1]："无多言，多言多败。无多事，多事多患。"至哉，斯戒也[2]。

（《省事篇》）

【注释】
〔1〕铭金人：《说苑·敬慎》："孔子之周，观于太庙，右阶之前，有金人焉，三缄其口，而铭其背曰：'古之慎言人也，戒之哉，戒之哉。无多言，多言多败；无多事，多事多患。'"
〔2〕至：极，最，此谓非常好。斯：这。

【译文】
慎言金人铭文告诫人说："不要多乱说话，多乱说话可能多坏事。不要多惹事，多惹事可能多遭难。"这句告诫人的话，说得太好了。

【提示】
多言有失，多行惹事。岂可不慎？

16　夫生不可不惜，不可苟惜[1]。涉险畏之途，干祸难之事，贪欲以伤生，谗慝而致死，此君子之所惜哉[2]；行诚孝而见贼，履仁义而得罪，丧身以全家，泯躯而济国，君子不咎也[3]。自乱离已来，吾见名臣贤士临难求生，终为不救，徒取窘辱，令人愤懑[4]。

（《养生篇》）

【注释】
〔1〕惜：爱惜，珍惜。苟惜：不当珍惜而珍惜。
〔2〕涉：行走，跋涉。险畏：险恶。干：招惹，招致。谗：说人坏话。慝：邪恶。谗慝，指说人坏话的恶人。
〔3〕诚：本来应是"忠"字，因隋文帝杨坚之父名忠，作者为避隋讳改"忠"用"诚"。诚孝，即忠孝。见：被。贼：伤害，杀害。履：施行。全：保全。泯：死。躯：身躯，谓自身。泯躯，献身。咎：责怪。
〔4〕乱离：谓侯景之乱。侯景，南北朝时人，原在北朝东魏，官至司徒。后降南朝梁，受封河南王。作乱，攻梁都建康（今江苏省南京市），自立为帝，国号汉，建元太始。事败，被部下所杀。已来：以来。窘辱：困迫凌辱。愤懑(mèn)：愤慨，气愤。

【译文】
生命不可不珍惜，不可不当珍惜而珍惜。行走险恶的道路，招惹祸难的事情，因贪求私欲而伤害到生存，因说人的坏话而遭致死亡，这些是君子所珍惜的；尽忠行孝而被杀，施行仁义而获罪，用自己的死亡保全全家的生命，用自己的献身挽救国家，这些是君子不责怪的。从国家叛离战乱以来,我看到那些所谓的有名大臣与贤能的读书人,面对国难当头而只知寻求自我生存,最终也没能自救,徒受困迫凌辱,令人气愤。

【提示】
　　生不可不惜,不可苟惜。

二、家　　范

　　《家范》，十卷，家训类书，北宋司马光撰。

　　司马光，字君实，北宋中期陕州夏县(今山西省夏县)人，宋真宗天禧三年(1019)生，仁宗宝元初年进士，曾官天章阁待制兼侍讲、知谏院。英宗时，为龙图阁直学士。神宗即位(1068)，为翰林学士、御史中丞；熙宁三年(1070)，王安石执政变法，司马光政治上属保守一派，为朝廷反对新法的旧党领袖，因与主张变法的新党政见不合，于是次年便自请西京御史台(闲职)，在洛阳居住十五年。哲宗即位(1085)，太皇太后临政，起用旧党，任司马光为尚书左仆射兼门下侍郎(相职)。司马光尽罢新法，贬斥新党，数月之间，新法铲革略尽。

　　司马光自幼喜读史书，并且重视历史的借鉴作用。一生著述很多，最著名的是他主持编写的编年通史巨著《资治通鉴》。

　　司马光是北宋中期著名的政治家与历史学家，于哲宗元佑元年(1086)去世。死后赠温国公，谥文正。

　　《家范》是一本家训类的书。书中辑录经史记载的各种历史人物对人修身有示范作用的事迹。南宋晁公武撰《郡斋读书志》卷十收录《家范》云：《家范》"取经史所载圣贤修身齐家之法，分十九门，编类以训子孙。"《四库全书总目》卷九一"子部·儒家类一"收录《家范》云：《家范》"首载《周易·家人》卦辞及节录《大学》《孝经》《尧典》《诗·思齐篇》语以为全书之序。

其后,自《治家》至《乳母》凡十九篇皆杂采史事可为法则者,亦间有光所论说,与朱子《小学》义例差异而用意略同,其节目备具,简而有要,似较《小学》更切于日用。且大旨归于义理,亦不似《颜氏家训》徒揣摩于人情世故之间。朱子尝论《周礼·师氏》云:'至德以为道本,明道先生以之。敏德以为行本,司马温公以之。'观于是编,犹可见一代伟人修己型家之梗概也。"

1 父父、子子、兄兄、弟弟、夫夫、妇妇,六亲和睦,交相爱乐而家道正,正家而天下定矣[1]。

(《治家篇》)

【注释】

〔1〕上"父":父亲。下"父":意谓对子尽做父的责任。其下"子子""兄兄""弟弟""夫夫""妇妇",皆依其语式解其语意,同"父父"。六亲:此六亲,谓父、子、兄、弟、夫、妇。

【译文】

父亲对儿子尽到做父亲的责任,儿子对父亲尽到做儿子的责任;兄长对弟弟尽到兄长的责任,弟弟对兄长尽到弟弟的责任;丈夫对妻子尽到丈夫的责任,妻子对丈夫尽到妻子的责任。父、子、兄、弟、夫、妇和睦,互相之间亲爱喜欢,就能家风端正,端正家风就天下安定了。

2 为人祖者,莫不思利其后世,然果能利之者鲜矣[1]。何以言之[2]?今之为后世谋者,不过广营生计以遗之[3]。田畴连阡陌,邸肆跨坊曲,粟麦盈囷仓,金帛充箧笥[4]。慊慊然求之犹未足,施施然自以为子子孙孙累世用之莫能尽也[5]。然不知以义方训其子,以礼法齐其家[6]。自于数十年中勤身苦体以聚之，而子孙于时岁之间奢靡游荡以散之，反笑其祖考之愚不知自娱，又怨其吝啬无恩于我而厉虐之也[7]。始则欺绐攘窃以充其欲，不足则立约举债于人，俟其死而偿之[8]。观其意，惟患其考之寿也[9]。甚者，至于有疾不疗，阴行酖毒亦有之矣[10]。然则向之所以利后世者，适足以长子孙之恶而为身祸也[11]。……盖由子孙自幼及长，惟知有利，不知有义故也[12]。

(《祖篇》)

【注释】

〔1〕莫：没有谁，没有人。鲜：少。
〔2〕何以：即"以何"，凭什么。
〔3〕营：谋求。生计：维持生活的办法。遗：留下。
〔4〕田畴：泛指田地。阡陌：田地的分界。邸肆：邸店，古代兼具货栈、商店、客舍性质的地方。《唐律疏议》为"邸店"释名曰："邸店者，居物之处为邸，沽卖之所为店。"跨：超越。坊曲：泛指街巷。粟：农作物中的谷子。盈：满。囷：一种圆形的谷仓。帛：丝织品。充：装满。箧笥：装物的竹箱子。
〔5〕慊：心里不满足。慊慊然，心里不满足的样子。施：喜悦自得。施施然，喜悦自得的样子。
〔6〕然：但是。义方：行事应该遵守的规范与道理，后多用来指家教的正确方法。齐：整治，整理。
〔7〕勤身苦体：劳苦身体。时：季。今一年之四季，古称四时。此言一生数十年辛勤劳苦积累的财富，在不到一年的短短几个月就被子孙挥霍完了。考：父亲。吝啬：抠门，过分爱惜自己的财物，该用时也舍不得用。厉虐：暴烈，严厉。
〔8〕绐：欺诳。攘：盗窃，盗取。举债：借债。俟：等待。偿：还。
〔9〕寿：长寿，活大岁数。
〔10〕甚：严重，厉害。阴：暗地里。酖毒：毒酒。
〔11〕然则：这样，如此。向：往日，以前。适：恰好。

〔12〕盖：句首语气词，无实义，只是表示下承上文申说原因。

【译文】

作为祖辈，没有人不想为后人留些有利的东西，但是果真能够有利于后人的东西，少呀。凭什么这样说？如今为后人谋划的，不过是多方面谋求使后人生活得富裕一些，将这些财富留给后人。田地的地边挨着地边，店铺客栈多得跨越街巷，谷子、小麦盛满了圆形粮仓，黄金、丝绸装满了大小的竹箱子。一则，心里不满足，觉得积聚的财富还不够多；一则，心里又喜悦自得，自己以为子子孙孙好多辈也没人能用完自己积聚的这些财富。但是，不知道用行事应该遵守的规范与道理教育自己的儿子，用礼仪、法规整治自己的家庭。自己在几十年中勤劳辛苦积聚的财富，而子孙在不到一年的时间内就奢侈游荡挥霍完了。反而嗤笑他的祖父、父亲傻瓜，不知道自己享乐。又埋怨祖父、父亲吝啬，舍不得多给自己一些钱财而对自己却暴躁严厉。开始，用说谎话欺骗、盗窃来满足自己的挥霍欲望，不能满足就立约向人借债，等父亲死后还债。看他的意思，只怕他的父亲长寿活大岁数。还有更严重的，以致父亲有病不给治、暗地里给父亲喝毒酒，这样的事情也有呀。这样，往日想要用来留给后人有利的东西，恰好完全成了养成子孙恶习的东西，这也成为祖父、父亲终遭灾难的祸根。……造成这样的结局，是因为子孙从小到大只知道有利，不知道有义的缘故。

【提示】

以义方训子，以礼法齐家。做人，不仅知利，更要知义。

3 涿郡太守杨震，性公廉，子孙常蔬食步行[1]。故旧长者或欲公为开产业，震不肯，曰[2]："使后世称为'清白吏子孙'，以此遗之，不亦厚乎[3]？"

（《祖篇》）

【注释】

〔1〕涿郡：郡名，其地在今河北省涿县。太守：郡的行政长官名。杨震：太守名。

〔2〕故旧：旧友。长者：年高有德的人。或：有人。开：办。产业：泛指土地、房屋、店铺等财产。

〔3〕清白：清廉洁白，没有污点。遗：留下。

【译文】

涿郡太守杨震，做人公正廉洁，子孙常吃的是蔬菜粗粮做的家常便饭，外出步行。一些年高有德的旧友想让杨震为孩子们开办土地、房屋、店铺等产业，杨震不肯做。他说："使后世子孙称作'清白吏子孙'，用这个留给子孙，不也是丰厚的遗产吗？"

4 自古知爱子，不知教，使至于危辱乱亡者，可胜数哉[1]！夫爱之，当教之使成人[2]。爱之而使陷于危辱乱亡，乌在其能爱子也[3]？

（《父篇》）

【注释】

〔1〕至：达到，谓达到什么程度、或什么境界。危：损害，危难，处于危险境地。辱：侮辱，受侮辱。乱：打扰，扰乱，指行为不规，扰乱社会。亡：死亡，指打架斗殴，意外死亡。胜：能够承担。

〔2〕夫：句首语气词。当：应该。成人：身体长大成熟且已兼具德才的人。

〔3〕乌：疑问代词，哪里。此句为宾语前置，即为"其能爱子也在乌"，意谓："那能够爱子的做法在哪里呢？"

【译文】

自古以来，只知爱子，不知教子，使子以至于或遭危难、或受侮辱、或行为不规扰乱社会、或打架斗殴意外死亡等等境况，可以数得清吗？爱子，就应该教育子，使子长大成人，成为一个德才兼备的人。爱子却使子陷入到或遭危难、或受侮辱、或行为不规扰乱社会、或打架斗殴意外死亡等等境况，那能够爱子的做法在哪里呢？

【提示】

爱子必教。爱而不教，害子终生。

5　为人母者，不患不慈，患于知爱而不知教也[1]。古人有言曰："慈母败子[2]。"爱而不教，使沦于不肖，陷于大恶，入于刑辟，归于乱亡[3]。非他人败之也，母败之也。自古及今，若是者多矣，不可悉数[4]。

(《母篇》)

【注释】

[1] 患：忧虑，担心。
[2] 败：害。
[3] 沦：陷入。不肖：德行不好。刑辟：刑法，刑律。
[4] 是：此。若是，像这样。悉：全部。

【译文】

作为儿子的母亲，不担心她对儿子不爱，担心她对儿子只知道爱而不知道教育。古人有一种说法："慈母害子。"只知道爱而不知道教育，使儿子沦为德行不好，陷于大恶，违犯刑法，胡作非为，治罪判死。不是别人害了儿子，是母亲害了儿子。从古代到今天，像这样的事很多，多得没法全都数出来。

【提示】

慈母败子。

6　孟轲之母,其舍近墓[1]。孟子之少也,嬉戏为墓间之事,踊跃筑埋[2]。孟母曰:"此非所以居之也。"乃去[3]。舍市傍,其嬉戏为衒卖之事[4]。孟母又曰:"此非所以居之也。"乃徙舍学宫之傍,其嬉戏乃设俎豆、揖让、进退[5]。孟母曰:"此真可以居子矣。"遂居之。孟子幼时,问"东家杀猪何为",母曰"欲啖汝"[6]。既而悔曰[7]:"吾闻古有胎教,今适有知而欺之,是教之不信[8]。"乃买猪肉食[9]。既长就学,遂成大儒[10]。彼其子尚幼也,固已慎其所习,况其长乎[11]?

(《母篇》)

【注释】
〔1〕孟轲:孟子名。舍:住房,住处。
〔2〕嬉戏:玩耍。
〔3〕去:离开。
〔4〕傍(bàng):靠近,挨着。衒:大街叫卖。
〔5〕设:摆设,摆上。俎豆:俎与豆是两种祭祀、宴飨时所用的礼器,也用来泛指各种礼器。
〔6〕何为:即"为何"。啖(dàn):吃。汝:你。啖汝,给你吃。
〔7〕既而:时过不久。
〔8〕适:是,则。信:诚实。
〔9〕食:吃,此言给孟子吃。
〔10〕既:已经。就:靠近,接近。就学,今言到学校学习,古言外出到老师那里去向老师学习。
〔11〕彼:指孟母。尚:还。固:就。况:何况。

【译文】
　　孟子的母亲,她住的地方靠近墓地。孟子小的时候,玩耍的都是与坟墓有关的事，蹦蹦跳跳，筑墓埋葬。孟子的母亲说："这里不是用来居住的地方。"于是离开了这里。孟子的母亲迁到靠近市场的地方居住，孟子玩耍的都是大街叫卖的事。孟子的母亲又说："这里不是用来居住的地方。"于是迁到靠近小学校的地方居住，孟子玩耍的就是摆设祭祀或宴飨时用的俎豆等礼器，学着做揖让、进退等行礼动作。孟子的母亲说："这里真是可以让儿子居住的地方。"于是就居住到了这里。孟子小的时候，问"东家为何杀猪"，孟子的母亲说"想要给你吃"。时过不久，孟子的母亲后悔地说："我听说古代有胎教，如今却是孩子已经懂事而欺骗他，这是教孩子不诚实。"于是就买了猪肉给孟子吃。孟子长大以后，出外就师求学，于是成为大儒学家。孟母在儿子还幼小的时候就已经对儿子所学谨慎选择，何况在儿子长大以后呢！

【提示】

孟母三迁。

7　齐相田稷子，受下吏金百镒，以遗其母[1]。母曰："夫为人臣不忠，是为人子不孝也[2]。不义之财，非吾有也。不孝之子，非吾子也。子起矣。"稷子遂惭而出，反其金而自归于宣王，请就诛[3]。宣王悦其母之义，遂赦稷子之罪，复其位，而以公金赐母[4]。

(《母篇》)

【注释】

〔1〕齐：诸侯国名。相：国相，辅佐国君治理国家。田稷子：相名。镒：古代重量单位，一说一镒二十两，一说一镒二十四两。古时计量黄金多用镒。遗(wèi)：赠与，送给，此言儿子送给母亲。

〔2〕夫：句首语气词，无实义。不忠：辅君治国，理当清廉，今受贿金，故斥"不忠"。是：此，这。

〔3〕反：还回。就：接受。诛：杀。

〔4〕赦：免除。复：恢复。

【译文】
　　齐国相田稷子，接受下面官吏送给自己的一百镒黄金。田稷子将人送的一百镒黄金拿来孝敬母亲。母亲说："作人臣不尽心辅君治国而私受贿赂是不忠，这样的人作人子不会善行孝道。不义之财不是我应该拥有的。不孝的儿子，不是我的儿子。你站起来吧。"稷子于是惭愧地走出来，将黄金还回本人，自己主动去向齐宣王请罪，接受诛杀。齐宣王很高兴田稷子母亲的深明大义，于是免除了田稷子的罪，恢复了他的相位，并将一百镒黄金作为"公金"赐给了田稷子的母亲。

　　8　礼，夫为人子者，出必告，反必面。

（《子上篇》）

【译文】
　　依孝道，作为父母的儿子，外出远行做事，一定告知父母；外出远行做事回来，一定看望父母，当面看到父母是否平安健康。

【提示】
　　出告反面。

　　9　礼，父母有过，下气怡色，柔声以谏[1]。谏若不入，起敬起孝[2]。说，则复谏[3]；不说，则与其得罪于乡党州闾，宁孰谏[4]。……或曰[5]："谏则彰亲之过，奈何[6]？"曰："谏诸内、隐诸外者也[7]。谏诸内，则亲过不远；隐诸外，故人莫得而闻也[8]。且孝子善则称亲，过则归己。《凯风》曰[9]：'母氏圣善，我无令人[10]。'其心如是,夫又何过之彰乎[11]?"或曰:"子孝矣,而父母不爱,如之何?"曰:"责己而已[12]。"

(《子下篇》)

【注释】

〔1〕下气:低声下气,不敢大声说话、呼吸,形容小心谨慎的样子。怡:喜悦,愉快。谏:规劝尊长或朋友改正错误。

〔2〕起:更加,越发。

〔3〕说(yuè):义同"悦",高兴,喜悦。复:又,再。

〔4〕乡党州间:社会基层组织名称,根据《周礼·地官·大司徒》记载,周制,五家为比,五比为间,四间为族,五族为党,五党为州,五州为乡。后世历代名称与户数不尽相同。这里用"乡党州间"泛指各级社会基层官吏。宁:宁可,宁愿。孰:程度深。孰谏,谓尽力规劝。司马光解说曰:"子从父之命,不可谓孝也。"其意盖谓既已知父之误,当孰谏。

〔5〕或:有的人。

〔6〕彰:显著,宣扬,此谓宣扬出来。

〔7〕诸:兼词,义"之于"。之,指过;于,在。本句意即"谏之于内",也就是"在家谏过"。

〔8〕故:所以。莫:没有人。

〔9〕《凯风》:《诗经》诗篇名。

〔10〕圣:有智慧,明事理。令:美好。《凯风》是一篇歌唱母亲的诗。诗中写道:"母氏圣善,我无令人。""有子七人,母氏劳苦。""有子七人,莫慰母心。"母亲有七个儿子,劳苦可知,可是没有一个孝顺儿子使母亲得到宽慰,心感喜悦。诗的作者对这位母亲充满了赞许与同情。

〔11〕是:此,这样。

〔12〕责:责备。而已:罢了,这是一个表示限定的词,意谓只有这个,没有别的。

【译文】

依孝道,父母有过错,儿子就该小心谨慎地面带喜悦,用低声细语规劝父母改正。儿子规劝的话父母如果听不进去，儿子要对父母更加尊敬，更加孝顺。父母高兴的时候，就再规劝。父母不高兴，与其父母坚持过错，得罪了乡党州间各级官吏，宁可使父母不高兴也要尽力规劝父母改正过错。……有人说："规劝就会使父母的过错宣扬出去，怎么办？"回答是："规劝父母的过错是在家中，对外人是隐瞒着的。在家中规劝父母改正过错，父母的过错就不会传出去；对外人隐瞒着，所以外人没有谁能够听说。况且，孝子遇有善事就说是父母做的，遇有错事就说是自己做的。《诗经·凯风》说：ّ母亲聪明又善良，我却不是好儿子。'儿子这样有孝心，又怎么会宣扬父母的过错呢？"有人说："儿子孝顺父母，父母却不爱儿子，怎么办？"回答是："责备自己就行了。"

【提示】
　　子对父母之过，只知顺从而不劝谏，不可谓孝子。

三、小　学

《小学》，是朱熹、刘清之撰写的家训。

《小学》内容，分内、外两篇。内篇四目，一曰立教，二曰明伦，三曰敬身，四曰稽古。外篇二目，一曰嘉言，二曰善行。六目之中，以明伦最为重要，诚为全书内容的核心主干。所谓明伦，就是阐释说明伦理纲常，也就是明父子之亲、君臣之义、夫妇之别、长幼之序、朋友之信等人之五伦。

《小学》作者有两位，一是朱熹，一是朱熹弟子刘清之。

朱熹(1130至1200年)，字元晦，号晦庵，别称考亭、紫阳，徽州婺源(今江西省婺源县)人。生在福建延平龙溪。死后谥文，史称朱文公。朱熹一生历仕南宋高宗、孝宗、光宗、宁宗四朝，曾先后任泉州同安主簿、知南康军、秘阁修纂等职。学术上，朱熹著述颇多，除《小学》外，有《四书章句集注》《周易本义》《诗集传》《楚辞集注》《通鉴纲目》《近思录》等。其学术思想，全面继承程颢、程颐两兄弟的学说，在学术史上成为宋代理学的集大成者。

刘清之，字子澄，江西临江人，朱熹弟子。生卒年不详。其著述，除《小学》外，有《曾子内外杂篇》《训蒙新书外书》《戒子通录》《墨庄总录》《祭仪》及文集等。

关于《小学》作者，朱熹《晦庵集》有癸卯朱熹《与刘子澄书》，内中言及《小学》之编写体例乃朱熹制定，初稿为朱熹与刘清之合编,初刊事宜由刘清之办理。所以,《小学》其后刊本,作者皆署名朱熹、刘清之二人。

1　程子曰[1]:"古之人自能食能言而教之,是故小学之法,以豫为先[2]。盖人之幼也,知思未有所主,则当以格言至论日陈于前……使盈耳充腹,久自安习,若固有之者[3]。后虽有谗说摇惑,不能入也[4]。若为之不豫,及乎稍长,意虑偏好生于内,众口辩言铄于外,欲其纯全,不可得已[5]。"

(《诸儒小学总论》)

【注释】

〔1〕程子:宋代理学家。

〔2〕是故:所以。豫:预先,事前。先:做在事情开始的前面。

〔3〕盖:句首语气词,无实义。主:主体,专注一种想法。格言:语意重要的语句。至论:观点正确而又论述精辟的最好理论。陈:讲述,诵读。固:本来。

〔4〕虽:即使。谗说:诋毁的坏话。摇:骚扰。惑:迷惑,认识不清。入:接受。

〔5〕及:等到。乎:于。铄(shuò):毁谤。已:句末语气词,用如"矣"。

【译文】

程子说:"古代的人出生以后,从能吃饭、会说话开始就教育他。所以小学的教育方法,是在幼儿还不懂事之前就受教育。人在幼年,知道思考了,而还没有专注一种想法,就应该用语意重要的语句、观点正确而又论述精辟的最好理论天天诵读讲解给他听……使他耳朵听的、心里记的,都是天天给他诵读讲述的,久而久之,很自然地就习惯了这种学习方法,好像心里本来就有这些学到的知识。以后即使有诋毁的坏话骚扰迷惑，也不会接受。如果不事先教育幼儿，等到稍微长大，思想的偏好在内心产生，众人诋毁的话也都说了出来。想要他的品德行为全都纯正，不能够得到了。"

【提示】

　　重视幼儿的教育。今人对待还不懂事的幼儿，尽其性子，任其胡闹，不合礼貌的话随便说，不合礼貌的事随便做，任他闹翻天，一笑了之。认为现在孩子小，还不懂事，等他懂事了就好了。殊不知，不懂事的思维与言行已习以为常，要使他张口就说出懂事有礼貌的话，抬脚伸手就做出对人有利的善事，难呀。

　　2　古者小学，教人以洒扫、应对、进退之节，爱亲、敬长、隆师、亲友之道，皆所以为修身、齐家、治国、平天下之本，而必使其讲而习之于幼稚之时[1]。

（《小学句读》）

【注释】

　　[1]洒扫：先用水洒湿地上的灰尘，然后将地扫干净。应对：酬对，对答。进退：谓举止，行动。节：礼，礼节。隆：尊重。亲友：亲近朋友，与朋友友爱。道：道理。修身：培育身心，修养德性。齐：整治，整理。平：治，治理。本：根本。修、齐、治、平，大学之事。古人由小学收心养性，心性的根基已得确立，入大学受修、齐、治、平之教，就容易接受了。

【译文】

　　古时候的小学，教人如何洒水扫地、如何回答尊长的问话、如何规范自己的举止等礼节，教人亲爱父母、恭敬兄长、尊重老师、亲近朋友的道理。小学教人的这些，都是为大学之时教人修身、齐家、治国、平天下的根基，所以必须在小学的幼儿时期讲读、练习。

3　小学之方，洒扫、应对。入孝出恭，动罔或悖[1]。行有余力，诵《诗》读《书》[2]。

(《小学题辞》)

【注释】
〔1〕罔：无，没有。或：稍微。悖：错误。
〔2〕诵：诵读，即读出声音来。《诗》：即《诗经》。先秦称《诗》，汉后称《诗经》。《书》：即《尚书》。先秦称《书》，汉后称《尚书》，又称《书经》。《诗》《书》皆儒家经典。

【译文】
小学教育方法，教人洒水扫地，答对长者提问。回到家行孝道，出了家门对人恭敬，举止动作没有稍微的错误。这些都学好了，还有精力，就诵《诗经》，读《尚书》。

4　《弟子职》曰[1]："先生施教，弟子是则，温恭自虚，所受是极[2]。见善从之，闻义则服[3]。温柔孝弟，毋骄恃力[4]。志毋虚邪，行必正直。游居有常，必就有德[5]。颜色整齐，中心必式[6]。夙兴夜寐，衣带必饬[7]。朝益暮习，小心翼翼，一此不懈[8]。是谓学则[9]。"

(《内篇·立教》)

【注释】
〔1〕《弟子职》：《管子》一篇名。
〔2〕先生：老师。是：这，指老师教的知识。则：效仿，学习。是则，即则是，意谓学习老师教给的知识。温：温和。恭：谦逊。自虚：不

自满。极：深究。所受是极，意谓深究学到的知识。朱熹注云："所受是极，云受业去后，须穷究道理到尽处也。"

〔3〕服：义同"从"，服从，谓从而行义。

〔4〕弟：同"悌"。毋：不要。恃：依仗。

〔5〕游：外出。居：在家。常：通常做法，习惯。就：接近。

〔6〕颜色：谓人外表容貌。中心：内心。式：准则。

〔7〕夙：早。兴：起床。寐：睡。夜寐，晚睡。饬：整理。

〔8〕益：增多，谓学到新知识。小心翼翼：严肃虔敬，谓以谨慎虔敬之心对待学习。一：用心专一。

〔9〕则：规则，方法。

【译文】

《弟子职》说："老师教育学生，学生按照老师教的学习。温和谦逊不自满，深究学到的知识。见到善良的人就向他学习，听到合乎正义的事就去做。温柔孝悌，不要傲气十足轻视人，也不要依仗势力欺负人。心立志向，不要空虚不实际，也不要心志不正，行为一定正直。外出与在家都有通常做法，一定与道德高尚的人接近交往。容貌外表整齐庄重，内心一定要有规范准则。早起晚睡，衣服腰带一定整理好。早晨学的新知识，傍晚就要复习，严肃虔敬，一丝不苟，专一学业不松懈。这就是学习方法。"

【提示】

学习规则。

5 《明伦第二》：明，明之也。伦，人伦也。其目有五：明父子之亲，明君臣之义，明夫妇之别，明长幼之序，明朋友之交[1]。

(《内篇·明伦》)

【注释】

〔1〕《明伦》是朱熹《小学·内篇》的第二个篇题。此条乃明末陈选《小学集注》的注文。

【译文】

《明伦第二》:"明伦"的明,是明白的意思;"明伦"的伦,是人伦的意思。《明伦第二》包含以下几项内容:明白父子之间亲近的关系,明白君臣之间的上下礼仪,明白夫妇之间的内外之别,明白长幼之间的尊卑顺序,明白朋友之间的诚信之交。

6 孔子曰:"不爱其亲而爱他人者谓之悖德,不敬其亲而敬他人者谓之悖礼[1]。"

(《内篇·明伦》)

【注释】

〔1〕亲:双亲,即父母。悖:违背,不合。

【译文】

孔子说:"有人不亲爱自己父母而却亲爱其他的人,这是违背道德。有人不敬重自己的父母而却敬重其他的人,这是不合礼仪。"

【提示】

孟子曰:"老吾老以及人之老,幼吾幼以及人之幼。"他人该爱当敬,自己的父母更该爱当敬,爱、敬他人而却不爱、敬生养自己的爹娘,岂不大误!

7 夫贱防贵、少陵长、远间亲、新间旧、小加大、淫破义,所谓六逆也[1]。君义、臣行、父慈、子孝、兄爱、弟敬,所谓六顺也。去顺效逆,所以速祸也。

(《内篇·稽古》)

【注释】

〔1〕夫:句首语气词,无实义。贱:卑贱,言地位低微。防:伤害。贵:尊贵,言地位高。陵:欺负。远:疏远。间:离间,挑拨使不团结。新:谓新识的人。小、大:均谓德。加:凌辱。淫:谓歪门邪道。破:损害。义:谓光明正道,与"淫"对言。逆:不顺为逆。

【译文】

地位低微而卑贱的人伤害地位高而尊贵的人,年岁小欺负年岁大的人,疏远的人离间亲近的人,新认识的人离间老朋友,无德小人凌辱德高望重的人,走歪门邪道的人伤害走光明正道的人,这是所说的六种悖逆不顺的状况。君用正当的做法待臣,臣用尊君行为施行君命,父爱子,子孝父,兄爱弟,弟敬兄,这是所说的六种情理和顺的状况。弃顺用逆,就会很快惹来祸端。

【提示】

六顺、六逆。

8 汉昭烈将终,敕后主曰[1]:"勿以恶小而为之,勿以善小而不为。"恶虽小而可戒。

(《外篇·嘉言》)

【注释】

〔1〕汉昭烈:汉,谓三国蜀汉。昭烈:谓刘备。三国时,刘备入川建汉,史称蜀汉,于成都称帝,死后谥昭烈。敕:皇帝的诏令。后主:谓刘备之子刘禅。刘禅继刘备为蜀汉帝,史称后主。

【译文】

刘备临终给儿子刘禅说:"不要以为有的恶事很小就去干它,不要以为有的善事很小而不去做它。"恶事即使小也应该远离而不做。

【提示】

小善必为而利人积德,小恶必远离而戒。

9 诸葛武侯《戒子书》曰[1]:"君子之行,静以修身,俭以养德。非淡泊无以明志,非宁静无以致远[2]。夫学须静也,才须学也。非学无以广才,非静无以成学。慆慢则不能研精,险躁则不能理性[3]。年与时驰,意与岁去,遂成枯落,悲叹穷庐,将复何及也[4]。"

(《外篇·嘉言》)

【注释】

〔1〕诸葛武侯:诸葛亮,字孔明,三国时任蜀汉丞相,死后谥忠武,人称诸葛武侯。

〔2〕淡泊:不追求名利。宁:安。致:达到,实现。

〔3〕慆慢:怠慢,怠惰。险躁:轻薄,浮躁。理:调理,涵养。

〔4〕驰:喻指时间过去得快。意:谓年轻时的意愿、志向。枯落:以秋冬草木枝枯叶落喻指人已到老年。庐:简陋的房屋。复:又。谓又哪里来得及补救呀。

【译文】

诸葛亮《戒子书》说:"君子的做法,用安静修养身心,用简朴修养道德。不淡泊名利没办法表明志向,不安静没办法实现远大目标。学习必须安静,才智必须学习。不学习没办法扩展才智,不安静没办法成就学业。怠惰就不能研究精深,浮躁就不能涵养性情。年岁与时间过去得很快，当年的意志与年华都没有了，就像秋冬草木枝枯叶落那样已到晚年，在破旧的茅草房中穷困潦倒，悲伤哀叹，又怎么办呀。"

【提示】

孔明此戒子之书，诚然句句格言。

10　范鲁公质为宰相，从子杲尝求奏迁秩，质作诗晓之[1]。其略曰：

戒尔学立身，莫若先孝悌，怡怡奉亲长，不敢生骄易，战战复兢兢，造次必于是[2]。

戒尔学干禄，莫若勤道艺，尝闻诸格言，学而优则仕，不患人不知，惟患学不至[3]。

戒尔远耻辱，恭则近乎礼，自卑而尊人，先彼而后己，《相鼠》与《茅鸱》，宜鉴诗人刺[4]。

戒尔勿放旷，放旷非端士，周孔垂名教，齐梁尚清议，南朝称八达，千载秽青史[5]。

戒尔勿嗜酒，狂药非佳味，能移谨厚性，化为凶险类，古今倾败者，历历皆可记[6]。

戒尔勿多言，多言众所忌，苟不慎枢机，灾厄从此始，是非毁誉间，适足为身累[7]。

(《外篇·嘉言》)

【注释】

〔1〕范质：南北朝时人。从子：兄、弟之子称从子，即侄子。杲(gǎo)：从子名。迁：升。秩：官职，品级。晓：晓得，明白。晓之，使他明白。

〔2〕尔：你。立身：在社会上做人处事。莫：没有什么。孝：敬顺父母。悌：尊重兄长。孝悌乃立身之本，所以首先要有孝悌的品德。怡：喜悦，欢乐。怡怡，形容喜悦欢乐的样子。奉：侍候，养护。易：轻视，怠慢。战战：恐惧害怕的样子。兢兢：谨慎的样子。造次：行事鲁莽、轻率。是：这里，指孝悌。

〔3〕干：求。禄：俸禄。勤：勤劳，勤奋。道：道理。艺：技术，手艺。诸："之于"的合音词。此句谓尝闻之于格言，即曾在格言里听到它。格言：含有劝戒和教育意义的精练语句。优：有余力。"学而优则仕"就是这里所说的格言，此语见于《论语·子张篇》。仕：做官。患：忧虑，担心。

〔4〕恭：尊敬人。乎：于。《相鼠》：引诗见《诗经·相鼠》。相：视，看。《茅鸱(chī)》：诗名，久已亡佚。鉴：借鉴，对照。刺：讽刺，讥讽。

〔5〕放旷：放荡，放纵，行为不受礼法约束而浪荡不羁。端士：德行端正的人。周孔：周公与孔子。垂：流传。名教：谓人伦。人伦有五，各有名有实。齐梁：齐朝与梁朝。尚：崇尚，看重，重视。清议：清虚之谈。一时社会名流对当代政治或政治人物的议论，称为清议。八达：谓晋胡毋辅之、谢鲲、阮放、毕卓、羊曼、桓彝、阮孚、光逸。八人终日清谈酣饮，为旷达之士。当时虽称誉之，但其清谈内容无礼无法，得罪名教，所以其姓名久已玷污史册。秽：玷污。青史：历史。古代史书皆竹简编联，故称青史。

〔6〕嗜：喜好。狂药：谓酒。酗酒醉后乱性，丧失理智，故称酒为之狂。移：改变。化：变成。倾败：失败。历历：一个一个的都清清楚楚。

〔7〕忌：戒除。苟：如果。枢：门上的转轴，是开门、关门的关键部件。机：古代有一种兵器叫弩弓，是利用机械力量射箭的弓，机械是弩弓射出箭的关键部件。这里多言成为招来灾祸的关键，所以借用"枢机"喻指多言。厄：灾害。毁：诋毁，毁谤。誉：称赞，赞美。适：恰好。累：连累，牵连。

【译文】
　　南北朝时人范质，封鲁公，任宰相。侄子范杲曾经为他升迁官职请求范质上奏，范质给他写了一首诗，使他明白不可这样做的道理。诗的大概意思说：

告戒你学习立身做人，没有什么比得上先学习孝悌。高兴地侍候父母、尊敬兄长，不敢产生骄傲、怠慢情绪，战战兢兢，谨小慎微。若有鲁莽、轻率行为，一定要用孝悌纠正自己。

告戒你学习求得官职享受俸禄的方法，没有什么比得上勤奋学习道理与技术。曾在格言中听说"学而优则仕"，意思是学习了有余力就做官。不担心别人不知道自己学习了，只是担心自己没有学习到什么。

告戒你要远离使自己蒙受耻辱的事。对人恭敬接近于礼仪，要自我谦卑，敬重别人，首先是知道敬重别人，而后是自己要谦逊待人。《相鼠》与《茅鸱》两首诗的讽刺诗句，应该作为做人的镜子用来对照自己。

告戒你不要放荡不羁，不遵礼法。放荡不羁，不遵礼法，不是端正做人、依规行事的人。周公、孔子传诵人伦名教，南朝齐梁前后却崇尚空谈时政的人，其中八位清议旷达名流，时人称誉"八达"，而后历经千年，被人诟病，历史遭玷污。

告戒你不要嗜好酒，酒水不是好喝的东西。能改变谨慎厚道的德性，使人变成凶恶危险一类的人，从古到今失败的人，一个一个的都还清清楚楚记得。

告戒你不要多说话，多说话是人们忌讳的。如果不是时时谨慎少说而是到处胡言乱语，灾祸就会从这里开始，是是非非、诬谤过誉的事，正好完全能够成为自己的连累，使自己受到伤害。

【提示】

教育晚辈诗。

11　古灵陈先生为仙居令，教其民曰[1]："为吾民者父义……母慈……兄友……弟恭……子孝……夫妇有恩……男女有别……子弟有学……乡闾有礼[2]。……贫穷患难，亲戚相救。婚姻、死丧，邻保相助[3]。无堕农业，无作盗贼，无学赌博，无好争讼[4]。无以恶陵善，无以富吞贫[5]。行者让路……耕者让畔，斑白者不负戴于道路[6]……则为礼义之俗矣。"

（《外篇·嘉言》）

【注释】

〔1〕古灵：村名。陈先生：姓陈，名襄，字述古，宋朝福州人。仙居：县名。

〔2〕乡闾：乡邻，邻里。

〔3〕保：古代社会基层户籍编制的一种名称。邻保，邻居。

〔4〕堕：荒废，废弃。争讼：争辩是非曲直。

〔5〕陵：欺负。吞：侵吞，吞并。

〔6〕畔：田地的边界。斑白：头发花白的老人。负：用肩背着。戴：用头顶着。

【译文】

古灵村的陈襄先生为仙居县令，教育他的民众说："作为我县的民众，要做到：父亲要端正治家……母亲要对子慈爱……兄要友爱弟……弟要尊敬兄……子要孝父母……夫妇恩爱……男女有别……子弟有学上……乡邻有礼节。……贫穷人家遭难亲戚相救，遇有红白事邻居互相帮助。不要荒废农业，不要做盗贼，不要学赌博，不要好与人争辩曲直是非，不要用恶劣的行为欺负善良的人，不要用财富吞并贫穷人家仅有的一点维持生计的财产。走路的人要互相让路……耕田的人要互相让地边，使道路上没有花白头发的老人肩背、头顶物品在路上行走……做到这些，我县就能行礼义的风俗了。"

【提示】

礼义之地行礼义之俗。

12　《童蒙训》曰[1]："当官之法，唯有三事：曰清，曰慎，曰勤[2]。知此三者，则知所以持身矣。[3]"

（《外篇·嘉言》）

【注释】
〔1〕《童蒙训》：家训类著作，宋人吕本中撰。
〔2〕清：廉洁不污。慎：谨慎遵守礼法。勤：勤劳职事。
〔3〕持：把握，把持，坚持。持身，谓把持住自己做人的德操。

【译文】
《童蒙训》说："当官的做法，只有三件事：一是清廉不贪，二是慎行守法，三是勤奋做好工作。知道这三条，就知道了如何把持住自己做人的德操了。"

【提示】
保持自身德行的三条：清、慎、勤。

13　范忠宣公戒子弟曰[1]："人虽至愚，责人则明[2]；虽有聪明，恕己则昏[3]。尔曹但常以责人之心责己，恕己之心恕人，不患不到圣贤地位也[4]。"

（《外篇·嘉言》）

【注释】
〔1〕范忠宣公：姓范，名纯仁，字尧夫，忠宣是其谥号，宋人。
〔2〕虽：即使。至：最，很。
〔3〕恕：宽恕，原谅，不计较别人的过错。昏：头脑糊涂，神志昏乱不清。
〔4〕曹：辈。尔曹，你辈，你们这些人。但：仅，只是。患：忧虑，担心。

【译文】

范纯仁先生戒子弟说:"人即使最愚钝,责备别人的过错也会说得明明白白;即使有的人很聪明,宽恕自己的过错时也总是稀里糊涂说不清楚。你们只要常用责备别人过错的想法责备自己的过错,常用宽恕自己过错的想法宽恕别人的过错,就不担心自己达不到圣人贤者的境界了。"

【提示】

圣贤境界:以责人之心责己,以恕己之心恕人。

四、曾文正公家训

《曾文正公家训》，曾国藩撰写。

曾国藩（1811至1872年），字伯涵，号涤生，湖南省湘乡县人。清代道光十八年（1838）进士。先后任翰林院庶吉士、侍讲学士、内阁学士、礼兵工刑吏诸部侍郎等职。太平军攻进湖南，曾国藩受命任湖南团练大臣，专门率湘军镇压太平军，以功为太子太保，封一等勇毅侯，任两江总督、直隶总督。同治十一年（1872）卒，谥文正。

曾国藩在学术上颇有成就。死后，于清朝末年就有人汇编曾氏著作。开始，有传忠书局组织编纂的《曾文正公全集》，于光绪三年（1877）刊印。其后，长沙学者曹耀湘主持编辑的《曾文正公家训》，由传忠书局于光绪五年刊印。《曾文正公家训》单行本，分上下两卷，精选曾国藩教育家人的家书一百一十七封，上卷五十五封，下卷六十二封。其中，一封写给叔父，两封写给夫人，一封写给侄子，其余一百一十三封，都是写给儿子曾纪泽、曾纪鸿二人的。家书内容，关于持家、治学、修身、为人、处世、养生等多方面。曾国藩《曾文正公家训》问世后，颇得社会好评，学者侯王渝说："言近旨远，意诚词恳。娓娓不倦，尤足振聩发聋，警顽立懦，使人涤瑕荡秽，化恶迁善，于转移风气，变化气质，所关匪浅。"

《曾文正公家训》的传本很多，有的是单行本，有的是与家书、日记合刊本,有的是与《曾文正公全集》合刊本等,皆可参读。

1　余服官二十年,不敢稍染官宦气习,饮食起居尚守寒素家风[1]。极俭也可,略丰也可,太丰则吾不敢也[2]。凡仕宦之家,由俭入奢易,由奢返俭难[3]。尔年尚幼,切不可贪爱奢华,不可惯习懒惰[4]。无论大家小家,士农工商,勤苦俭约未有不兴,骄奢倦怠未有不败[5]。

(咸丰六年九月念九夜写给子纪鸿文)

【注释】
〔1〕服:从事,承担。官宦:泛指官员。气习:气质,习性。起居:指日常生活习惯。尚:还。寒素:门第低微,地位卑下。
〔2〕极:非常。略:略微,稍微。丰:丰盛,丰富。
〔3〕仕:做官。仕宦,即官宦。
〔4〕尔:你。切:务必,一定。贪:过分。
〔5〕士:泛指读书人,知识阶层。

【译文】
　　我任官职二十年,不敢稍微感染做官人的习气,饮食与平时的生活习惯还遵守着小户人家的做派。非常节俭可以,稍微丰盛可以,太丰盛我就不敢了。所有官员之家,从俭朴升到奢侈容易,从奢侈返回到俭朴难。你的年岁还小,务必不可过分喜爱奢侈豪华,不可养成懒惰习惯。无论大家、小家,读书人、农民、各种工匠、商人,勤劳辛苦,俭朴节约,没有不兴旺的;骄傲奢侈,懒惰懈怠,没有不衰败的。

【提示】
　　俭兴奢衰。

2 读书之法,看、读、写、作四者,每日不可缺一。
（咸丰八年七月二十一日写给子纪泽文）

【译文】

读书的方法,有四个方面,一是用眼睛看书,二是用嘴读书,三是练习写字,四是写作各种文体的文章。这四个方面,每天不可缺一。

【提示】

字写得好坏,是一个人的门面,认识一个人往往从他写的字开始。

3 作人之道,圣贤千言万语,大抵不外"敬""恕"二字[1]。"仲弓问仁"一章,言"敬""恕"最为亲切[2]。……此立德之基,不可不谨。

（同上）

【注释】

[1] 大抵:大概。不外:离不开。恕:用己之心推想别人之心。

[2] 仲弓问仁:在《论语·颜渊》第二章,全文云:"仲弓问仁。子曰:'出门如见大宾,使民如承大祭。己所不欲,勿施于人。在邦无怨,在家无怨。'仲弓曰:'雍虽不敏,请事斯语矣。'"按杨伯峻《论语译注》的译文,该章的意思是:仲弓问怎样去实践仁的道德。孔子道:"出门工作好像去接待贵宾,使唤百姓好像去承当大的祀典,都得严肃认真,小心谨慎。自己所不喜欢的事物,便不要去给别人。在工作岗位上不对工作有怨恨,就是不在工作岗位上也没有怨恨。"仲弓道:"我虽然迟钝,也要照您的话去做。"

【译文】

做人的道理,圣贤说了千言万语,大概离不开"敬""恕"

二字的涵义。《论语·颜渊》"仲弓问仁"这一章记载孔子所讲"敬""恕"的意思最好。……这是确立道德的基础，不可不谨慎。

【提示】
　　做人之道，不外"敬""恕"。

4　汝读"四书"，无甚心得，由不能"虚心涵泳，切己体察"[1]。朱子教人读书之法，此二语最为精当[2]。
　　　　　　（咸丰八年八月初三日写给子纪泽文）

【注释】
　　[1] 汝：你。"四书"：谓《大学》《中庸》《论语》《孟子》。涵泳：游泳时，身体不在水表面，而是身涵水中，则是潜泳。以此借喻人之治学，谓人深入学问中研究领会，为涵泳。切己：密切联系自身。体察：体会察考。
　　[2] 朱子：朱熹，宋代理学集大成者。

【译文】
　　你读"四书"，没有什么心得体会，是由于你不能做到朱熹说的"虚心深入研究领会，密切联系自身体会考察"。朱熹教育人读书的方法，这两句话是最精确恰当的。

【提示】
　　朱熹教人读书之法：虚心涵泳，切己体察。

5　君子之道，莫大乎与人为善[1]。
　　　　　　（咸丰八年十月二十五日写给子纪泽文）

【注释】

〔1〕莫：没有什么。大：重要。乎：于。与：帮助，对待。为：做。

【译文】

君子做人的准则，没有什么比帮助人做善事还重要。

6　早起也，有恒也，重也，三者皆尔最要之务[1]。

（咸丰九年十月十四日写给子纪泽文）

【注释】

〔1〕恒：常。重：稳重，庄重，即不轻浮。要：重要。务：事。

【译文】

清晨要早起，立志做事要持之以恒，待人处事要稳重。这三条，都是你加强修养最重要的事情。

7　昔吾祖星冈公，最讲求治家之法：第一起早，第二打扫洁净，第三诚修祭祀，第四善待亲族邻里[1]。凡亲族邻里来家，无不恭敬款接，有急必周济之，有讼必排解之，有喜必庆贺之，有疾必问，有丧必吊[2]。此四事之外，于读书、种菜等事，尤为刻刻留心[3]。

（咸丰十年闰三月初四日写给子纪泽文）

【注释】

〔1〕修：治，办理。亲族：谓亲属与同族的人。里：古代长期使用的社会基层单位名称，各朝代的每里户数多少不尽相同。邻里，此是泛指与自己家邻近的人家。

〔2〕周：接济。讼：争辩事理是非。排解：调解。吊：亲自到丧事人

家祭奠死者，慰问家人。
〔3〕刻刻：时时，时刻。

【译文】
　　过去，我祖父星冈公，最讲求治家的方法：第一要早起，第二要打扫洁净，第三要虔诚举办神灵与祖先的祭祀，第四要善待亲属、同族的人与近邻。凡是亲属、同族的人与近邻来家，都要恭敬热情接待，有急需解决的困难接济他，有争辩事理是非难分难解的一定要帮他们调解了，有喜事一定庆贺他们，有疾病一定要问候，有丧事一定要祭奠死者并慰问家属。这四种事情以外，对于读书、种菜等事情，尤其要时时留心，不可荒废。

　　8　吾教子弟，不离八本、三致祥[1]。八者，曰：读古书以训诂为本，作诗文以声调为本，养亲以得欢心为本，养生以少恼怒为本，立身以不妄语为本，治家以不晏起为本，居官以不要钱为本，行军以不扰民为本[2]。三者，曰：孝致祥，勤致祥，恕致祥。
　　（咸丰十一年三月十三日写给子纪泽、纪鸿二人文）

【注释】
　　〔1〕致：获得。
　　〔2〕训诂：对古书文字的解释。晏：迟。

【译文】
　　我教育子弟，离不开"八本""三致祥"。八本是说：读古书，把解释文字意义作为根本；写作诗词文章，把语句声调韵律作为根本；赡养父母，把能够得到父母欢心作为根本；自身养生，把少恼怒发脾气作为根本；立身做人，把不乱说话惹是生非作为根本；治理家庭，把不懒散清晨不迟迟晚起作为根本；在官位上，把不向人索要钱财作为根本；军事行动，把不扰乱民众作为根本。三致祥是说：孝敬父母获得吉祥，勤苦辛劳获得吉祥，宽恕待人获得吉祥。

9　尔累月奔驰酬应，犹能不失常课，当可日进无已[1]。人生惟有"常"是第一美德[2]。……年无分老少，事无分难易，但行之有恒，自如种树、畜养，日见其大而不觉耳[3]。

（同治元年四月初四日写给子纪泽文）

【注释】
　　[1] 失：放弃，丢掉。当：应该。可：是。已：停止。
　　[2] 惟：只。
　　[3] 但：只要。恒：即"常"，长期坚持不动摇就是"恒"。有恒就有成，能恒最后就能取得成绩。

【译文】
　　你数月奔走应酬，还能不放弃长时间一直坚持学习的内容，应该是学业天天进步不止。人的一生，只有"常"是第一美好的品德。……年龄不分老少，事情不分难易，只要做起来长期坚持，持之以恒，自会像栽种的树木、豢养的牲畜，天天看见它长大，却一点没有感觉到。

【提示】
　　"常"是人生第一美德。

10　凡世家子弟，衣食起居无一不与寒士相同，庶可以成大器[1]。若沾染富贵气习，则难望有成[2]。吾忝为将相,而所有衣服不值三百金,愿尔等常守此俭朴之风,亦惜福之道也^[3]。

(同治元年五月二十七日写给子纪鸿文)

【注释】

〔1〕世家:世代为官享受俸禄之家,后泛指世代显贵之家或大的家族。起居:指日常生活习惯。寒士:贫苦的读书人。寒,谓家境贫苦而地位低微。庶:差不多,接近。大器:喻指大才,即能担当大事的人。

〔2〕沾染:因接触而受到影响,多指受不良影响。气习:风气与习惯。

〔3〕忝(tiǎn):羞耻,羞愧,常作谦词用,言自己担任某职、某事,不称职,不胜任,自感羞辱。吾忝为将相,自谦谓我愧居将相之位。愿:希望。尔等:你们。

【译文】

　　凡是世家子弟,穿衣、饮食与平时的生活习惯没有一样不与贫苦的读书人相同,差不多可以成为担当大事的人才。如果受到富贵风气与习惯的不良影响,就很难有希望成为有用人才,取得成就。我愧居将帅、丞相高位,但所有衣服不值三百金,希望你们永久保持这种俭朴作风,这也是珍惜幸福的做法。

【提示】

　　将相之位,寒士之风,惜福之道。

11　吾家累世以来,孝弟勤俭^[1]。辅臣公以上吾不及见^[2]。竟希公、星冈公皆未明即起,竟日无片刻暇逸^[3]。竟希公少时在陈氏宗祠读书,正月上学,辅臣公给钱一百为零用之需,五月归时,仅用去一文,尚余九十八文还其父,其俭如此。星冈公当孙入翰林之后,犹亲自种菜收粪[4]。吾父竹亭公之勤俭，则尔等所及见也。今家中境地虽渐宽裕，侄与诸昆弟切不可忘却先世之艰难[5]。有福不可享尽，有势不可使尽[6]。"勤"字工夫，第一贵早起，第二贵有恒[7]。"俭"字工夫，第一莫着华丽衣服，第二莫多用仆婢雇工[8]。凡将相无种，圣贤豪杰亦无种，只要人肯立志，都可以做得到的。……但须立定志向，何事不可成[9]？何人不可作？

（同治二年十二月十四日写给侄纪瑞文）

【注释】

〔1〕累世：数世，世世。

〔2〕辅臣公：曾祖父辈。不及：没有赶上。

〔3〕竟希公、星冈公：二位祖辈。竟日：全天。片刻：一会儿。暇逸：空闲休息。

〔4〕当：在。孙：曾国藩自指。翰林：此谓翰林院。翰林院职掌编写国史及草拟制诰等，内依其职位高低有众多官名，皆可简称翰林。

〔5〕诸：众。昆：兄。切：务必。却：去，掉。

〔6〕"有福"至"使尽"句：有福尽享则奢侈淫逸而不勤俭，有势尽用则横行霸道欺负人而不谦谨。故言之以戒后人。

〔7〕贵：以……为贵，重要。

〔8〕着(zhuó)：穿。

〔9〕但：只。

【译文】

我们家数世以来，都坚守着孝悌勤俭的家风。辅臣公以上的先人，我没有赶上看到他们。竟希公、星冈公都是早晨天不亮就起来，整天没有一会儿停下来休息。竟希公少年时，在陈氏家族的宗祠跟着老师读书，正月开始上学，辅臣公给一百文钱作为零花钱，到五月放假回家的时候，只花了一文钱，还余下九十九文钱又还给了父亲，竟希公的节俭就是这样。星冈公在孙子我进了翰林院为官以后，还亲自种菜、拾粪。我父亲竹亭公的勤劳节俭，你们都赶上见到了。如今家的状况虽然渐渐宽裕，侄你与你的诸位兄弟务必不可忘掉先世的艰难。有福不可尽享福而忘勤俭，有势不可尽使势而忘谦谨。"勤"字工夫，第一重要的是早起，第二重要的是有恒。"俭"字工夫，第一不穿华丽衣服，第二不多用仆人侍女雇工。所有将相都无种，不是生下来就该做将相；所有圣贤豪杰也无种，不是生下来就该是圣贤豪杰。只要人肯立志向，都可以做得到的。……只要立定志向，何事不能办成？何人不能做到？

【提示】

孝悌勤俭，志恒有成。

12　尔在外，以"谦""谨"二字为主。世家子弟，门第过盛，万目所属[1]。临行时，教以……力去傲、惰二弊，当已牢记之矣。

（同治三年七月初九日写给子纪鸿文）

【注释】

〔1〕门第：指家庭社会地位与家庭成员文化素质。盛：兴盛。属（zhǔ）：注意力集中在一点。

【译文】

你在外，待人处事要以"谦""谨"二字为主。世家官宦子弟，家庭门第过于兴旺盛大，众人的眼睛都在看着。外出临行的时候，教你……努力去掉骄傲、懒惰的毛病，应该已经牢牢地把它记在心中了。

【提示】

持谦、谨，去傲、惰。

13　尔等奉母在寓,总以"勤""俭"二字自惕,而接物出以谦、慎[1]。凡世家之不勤不俭者,验之于内眷而毕露[2]。余在家,深以妇女之奢逸为虑[3]。尔二人立志撑持门户,亦宜自端内教始也[4]。

（同治四年闰五月初九日写给子纪泽、纪鸿二人文）

【注释】
〔1〕寓:家,府第。惕:戒惧。接物:接触外物,此谓与人交往。
〔2〕验:查验,检察。眷:亲属,家属。内眷,指女眷。毕:全部。
〔3〕深:很,非常。奢逸:奢侈享乐。
〔4〕宜:应该。端:端正,纠正。

【译文】
　　你们在家侍候母亲,总是要用"勤""俭"二字的要求自我警惕,而在外出的时候用谦逊谨慎的态度与人交往。凡是世家的家庭成员不勤劳、不俭朴的,从女眷的穿戴打扮、作派风气检验它就会全部显露出来。我在家的时候,因为妇女奢侈享乐非常忧虑。你们二人立志支撑门户,也应该从端正女眷穿戴打扮、作派风气的教育开始。

14　家之兴衰,人之穷通,皆于勤惰卜之[1]。

（同治五年七月二十日写给子纪泽、纪鸿二人文）

【注释】
〔1〕穷:贫苦困窘,不得志。通:显赫顺利,有名望。于:从。卜:预料,推断。

【译文】
　　家业的兴旺与衰败,一个人的穷困潦倒不得志与显赫顺利有名望，都可从一家人的勤劳与懒惰推断出来。

【提示】
　　勤惰卜兴衰。

　　15　李申夫之母尝有二语云[1]："有钱有酒款远亲，火烧盗抢喊四邻[2]。"戒富贵之家不可敬远亲而慢近邻也[3]。

　　　　　（同治五年十一月二十八日写给子纪泽文）

【注释】
　　[1]李申夫：人名。
　　[2]款：招待。
　　[3]慢：慢待，即对人态度冷淡，没有礼貌。

【译文】
　　李申夫的母亲曾经说过两句话："有钱有酒，用来款待离自己家远的亲戚；自己家失火或是盗贼入室抢劫，呼喊近邻求救。"这两句话告诫富贵人家，不可敬重远道的亲戚而慢待近邻。

【提示】
　　俗话说远亲不如近邻。

　　16　余生平略涉儒先之书，见圣贤教人修身，千言万语，而要以"不忮不求"为重[1]。忮者，嫉贤害能，妒功争宠，所谓"怠者不能修，忌者畏人修"之类也。求者，贪利贪名，怀土怀惠，所谓"未得患得，既得患失"之类也[2]。忮不常见，每发露于名、业相侔，势、位相埒之人[3]。求不常见，每发露于货财相接，仕进相妨之际[4]。将欲造福，先去忮心，所谓"人能充无欲害人之心，而仁不可胜用也"[5]。将欲立品，先去求心，所谓"人能充无穿窬之心，而义不可胜用也"[6]。忮不去，满怀皆是荆棘[7]；求不去，满腔日即卑污[8]。余于此二者，常加克治，恨尚未能扫除净尽[9]。尔等欲心地干净，宜于此二者痛下工夫，并愿子孙世世戒之[10]。

（同治九年六月初四日写给子纪泽、纪鸿二人文）

【注释】

〔1〕生平：一生。略：略微，粗略，稍微。涉：谓接触到。略涉，粗略阅读。忮(zhì)：嫉妒，忌恨。不忮不求，首见《诗经·雄雉篇》，末章四句云："百尔君子，不知德行？不忮不求，何用不臧？"诗意是：众多君子，不知道用仁德行事吗？不嫉妒，不贪求，怎么会不善良？《论语·子罕篇》孔子引用了"不忮不求，何用不臧"这两句诗，可参读。

〔2〕怀：眷恋，恋念。土：故土，即常年安居的地方。惠：恩惠。怀惠，谓感念尊长的恩惠。未得患得：语出《论语·阳货篇》，记载孔子认为卑鄙小人是这样的："其未得之也，患得之。既得之，患失之。苟患失之，无所不至矣。"依历代学者引其文字与其文语意，"未得患得"之"患"下当有"不"字，句作"未得患不得"。这样，孔子解说卑鄙小人心态与作为的意思是：当他没有得到他想要的东西时，生怕得不到；当他已经得到想要的东西时，又怕失掉它。如果已经得到想要的东西，怕再得而复失，为使自己想要的东西永归己有，他会想出最恶劣的点子，干出最凶狠的勾当，来达到目的。

〔3〕每：每每，往往。发露：发生，显露出。侔：等齐，相当。埒(liè)：等同，并列。

〔4〕货：财物。接：近。谓拥有财富多少相近，差不多。仕：做官。进：谓官职的升迁。妨：妨碍，阻碍。

〔5〕造福：给人带来幸福。胜：尽。

〔6〕立品：修养品德。义：符合事理的道德行为。

〔7〕荆棘：泛指山野丛生的带刺小灌木，这里喻指环境困难，障碍很多。

〔8〕即：就，接近。卑污：卑鄙龌龊。龌龊，不干净。这里用来形容人拘于小节，气量狭小，以喻人的品质恶劣。

〔9〕克治：即"克制"。克制，抑制，压制，不使之发展。恨：悔，遗憾。

〔10〕心地：指人的内心。痛：彻底。愿：希望。

【译文】

　　我一生粗略阅读儒家圣贤的书，看到圣贤教育人们修养自身，说了千言万语，而要把"不忮不求"作为重要的修身教条。什么是忮？忮就是对品德、才能比自己强的人心怀怨恨嫉妒，嫉恨取得功业的人，通过使手段、耍计谋争着取得别人对自己的宠爱喜欢，所说的"懒怠无能的人没有这种本事做，有这种恶劣品质与行为的人惧怕别人用这种做法对付自己"，就是指的这一类人。什么是求？求就是贪求满足无限的个人欲望，极力追求自己想要得到的东西，贪求物质利益，贪求名誉声望，眷恋故土久居之地，感念尊长的恩惠，所说的"想得到的东西还没有得到，怕最后也不能得到；想得到的东西已经得到，又怕再失掉它"，就是指的这一类人。忮类的人并不常见，往往发生显露在名望、功业等齐相当、权势官位相差不多的人之间。求类的人并不常见，往往发生显露在财富多少接近、官职升迁相互有妨碍的时候。要想给人带来幸福，先要去掉忮心，就是所说的"人能充满没有想要伤害人的心思，仁爱之心就永远用不完"。要想修养品德，先要去掉求心，就是所说的"人能充满没有挖墙洞、爬墙头偷盗行窃的心思，符合事理的道德行为就永远用不完"。忮不去掉，满胸膛装的都是像山野丛生的带刺小灌木刺扎着人的心，使人前行艰难，要想走上正途，举步维艰，步步有障碍。求不去掉，满胸腔装着拘于小节、气量狭小、品质恶劣的人卑鄙龌龊的心肠。我对忮、求常常压制不使它张扬，遗憾的是，还没能扫除干净。你们要想内心干净无瑕，应该对忮、求彻底花时间、出力气扫除干净，并希望子孙世世戒除忮、求。

【提示】
　　戒除忮、求。出自《论语》的成语：患得患失。

17　历览有国有家之兴，皆由克勤克俭所致，其衰也则反是[1]。

（同上）

【注释】
　　[1]历：遍。览：观，看。克：能够。致：达到，实现。是：这。

【译文】
　　遍观所有国、家的兴盛，都是由于能够勤劳能够俭朴得来的；所有国、家的衰败，都是不能够勤劳（逸惰）、不能够俭朴（奢侈）造成的。

【提示】
　　勤俭兴家。

18　由俭入奢，易于下水。由奢反俭，难于登天[1]。

（同上）

【注释】
　　[1]于：表示比较，意谓"比登天还难"。

【译文】
　　家风从俭朴改为奢侈，比走进水中还容易；从奢侈回到俭朴，比登天还难。

19　自修之道，莫难于养心。心既知有善、知有恶，而不能实用其力以为善去恶，则谓之自欺。方寸之自欺与否，盖他人所不及知，而已独知之[1]。故《大学》之"诚意"章两言"慎独"。果能好善"如好好色"，恶恶"如恶恶臭"，力去人欲，以存天理，则《大学》之所谓"自慊"、《中庸》之所谓"戒慎""恐惧"，皆能切实行之[2]。

（同治十年十一月初二日写给子纪泽、纪鸿二人文）

【注释】

〔1〕方寸：谓内心。

〔2〕"好善""如好"二"好"：作动词用，爱好，喜好。"好色"之"好"：作形容词用，美好。恶恶：上"恶"作动词，憎恶；下"恶"作形容词，坏。人欲：一个人的欲望，即人的私欲。天理：符合事理的自然规则。自慊：自足自快，自我满足。切实：符合实际，实实在在。

【译文】

　　自我修养的方法，没有什么比修养内心还难。内心既然知道有善、知道有恶，却不能实实在在使用自己的力量为了存留住善而铲除恶，把这种状况叫作自我欺骗。内心自欺与不自欺，一般别人是不能够知道的，只有本人独自知道。所以《大学》"诚意"章中两次提及"慎独"。果真能够喜好善良"像喜好美色"，憎恶凶恶"像憎恶恶臭"，努力去掉人的私欲，内心充满天理，那么，《大学》所说的"自我满足"，《中庸》所说的"戒备谨慎""畏惧担心"，都能够实实在在地做到了。

【提示】

　　慎独。

　　20　孔门教人，莫大于求仁，而其最切者，莫要于"欲立立人，欲达达人"数语[1]。

（同上）

【注释】

　　[1]大：好。求：修养。切：贴近，符合。要：重要。"欲立立人，欲达达人"：见于《论语·雍也篇》："子贡曰：'如有博施于民而能济众，何如？可谓仁乎？'子曰：'何事于仁，必也圣乎！尧舜其犹病诸！夫仁者，己欲立而立人，己欲达而达人。能近取譬，可谓仁之方也已。'"

【译文】

　　孔子门下的学者教育人，没有什么比修养仁德还好。而修养仁德最切合实际的，没有什么比"自己想要站立得住，就帮助别人也要站立得住；自己想要事事进行得顺利通达，就帮助别人也事事进行得顺利通达"这几句话还重要。

【提示】

　　己所不欲，勿施于人。己欲立而立人，己欲达而达人。

后　记

一生学问路

张衍田自述

1938年3月26日，我出生在河南省清丰县城西南的张庄里村。父母都是农民，家境贫寒，又赶上河南连续几年的大灾荒，只能天天喝树叶汤，树叶汤里加点小米。吃饭时，我靠在母亲怀里，等着吃母亲喝完树叶汤后碗底留下的一点点小米。母亲用绿豆面炸丸子到集市去换小米熬粥喝，集市离家八里路，中途要歇两次，她饿得走不动了，也舍不得拿一个丸子吃。有一次，我大伯父从外边回来，给我带来一个窝窝头，我馋得很想拿过来吃，可是饿得没有力气，只得在地上坐着，站都站不起来。

每次想到这些，我都禁不住两眼泪流。这就是我来到这个世界开始做人的根基。这个根基很糟糕，但是它却为我一生好好做人、好好待人、好好做事、好好治学，奠定了稳固坚实的思想基础。

一、少年求学岁月

我六七岁时开始上学，老师教同学们朗诵的第一句课文就是"中国人不打中国人"，这应该是在赶走了日本人，蒋介石想要打内战的时候。其时，我的家乡已经开始土地改革，贫穷的农民分到了地，翻了身，开始过上"三十亩地一头牛，老婆孩子热炕头"的好日子，村里有了学校，小孩子也都上学了。我在学校尊重老师、认真学习、守纪律、表现好，所以学生排队上操或者排队放学时，不管我的个子比别的学生是高还是低，老师总让我排在第一名，走在最前面。老师为了激发学生上学的积极性，奖励每天早晨最早到校的学生一支粉笔。我为了得第一名，让父母在鸡叫一遍时就叫醒我。鸡叫一遍大约在凌晨三四点钟，离天亮还早，当然都是父亲陪我同去，父子俩在学校的栅栏门外一直等候到天亮。后来，老师指定我当班长。淮海战役时，我的家乡住满了刘邓大军的部队，刘邓总指挥部就设在我们县城东南的单拐村。我这个小班长不仅在校管学习，还要负责指派及检查本村范围的儿童团站岗放哨查路条的情况。

那时候，小学的教育分为初小与高小，一到四年级为初小，五、六年级为高小。村里没有高小，区的所在地才有一所初小、高小都有的完全小学。我们村属于固城区，全区每年招生一次，考试被录取的到完全小学读高小。当时上学，上上停停，1950年我才读初小三年级，就以第八名的成绩考入固城完全小学高小第三班，学习一个学期后便辍学在家劳动。我虽是个小孩子，但当地的农活样样都干。想读书时，我就自己找书读。白天，下地干活带着书，在回家的路上读，在干活休息的时候读；晚上，在油灯下读。下地干活要起早，如果晚上读书时间太晚，第二天早晨便起不早，耽误干活。所以，晚上父亲常站在窗外催促我早睡。后来，我把褥子堵在窗户上，父亲在窗外就看不到屋里的灯光了。

在这期间，农忙时我就劳动，农闲时到本村小学插班学习。除此之外，我还想到一个学习知识的方法，就是学戏文。小的时候，家乡豫北农村流行大平调戏，不少村都有本村农民自己组织的戏班子，几个人或十几个人不等，锣鼓弦子、梆子应有尽有，特别显眼的是敲的梆子个头大。村里的戏班子不是正式剧团，没有戏装，不登台演出，只是坐在板凳上敲打着唱，所以人们都叫他们"板凳头"。我们村有"板凳头"，唱的都是历史戏，我跟他们学唱，知道了好多历史知识。

1952年，我又以第二名的成绩考入固城高小第五班。这次中途又要辍学，因为父母觉得翻身了，有地了，在家种地比什么都好，可是我不甘心。我姨在邻县工作，我向她求助。我姨说："衍田爱学习，成绩好，你们不让他上学，我就把他带走，到我那里去上学。"最后商定，高小毕业后，考上初中我就继续上学，考不上就不再考了，老老实实在家当农民。

在固城高小第五班上学的时候，有一个插曲影响了我的一生。一位家在固城的同班女同学叫王青淑，我们二人在学习过程中逐渐有了相互爱慕的感情，后经双方家庭请媒人说合，又经传小帖、看八字，最后定了亲。这时候，我们只有十三四岁，直到1963年才结婚。她在开封师范学院（今河南大学）学习历史，我在北大学习中国古典文献。毕业后，我留校工作，她从河南省调来北京，在北大附中任教。在我长期从事教学与科研工作中，得到她的很多帮助。在年仅十三四岁的时候就喜遇终身伴侣，这要感谢上天的恩赐。

1954年，我高小毕业，考上了清丰县第一中学初中。考试后放秋假，我在家劳动，收秋、种麦。一天，一个在县卫生局担任领导工作的街坊来到我家，说县卫生局需要一位通讯员，如果愿意去，马上就可以上班。听到这个消息，全家人都劝我去工作，不要上中学了。因为中学毕业后如果找不到工作，还得回家当农民。一连几天，家人也没能攻下我这个堡垒。我始终只是一句话："我要上学。如果中学毕业后找不到工作，回家当农民也心甘情愿。"就这样，秋假后我进了县一中初中第十五班。1957年，我初中毕业，因为成绩优异，未经考试，被破格保送到本校高中第三班。

中学六年，教我们的各科老师都很优秀，使我受到很好的教育。我虽然各科平衡发展，但对语文尤有兴趣。我养成了四个习惯：一是背书。背诵《语文》课本中的精彩课文，背诵小说中的精彩段落,背诵古典诗文名篇,背诵词典中的词条。背书需要时间,我有的是时间。学校离家十几里地,星期六下午从校回家,星期日下午从家返校,都是徒步走着,走在农村地里的小路上,尽可静静背书,尽可放声朗诵。只要知道珍惜时间,可利用的时间有的是。二是记读书笔记。课外阅读,什么书都读,读什么记什么。现在,只有初中一年级和二年级上学期的部分读书笔记还保留着,仅初二上学期就写了五册,其中一册封皮的里页上写着:"书籍是人类进步的阶梯。吃饭是人生不可缺少的,学习也是不可缺少的精神食粮!1955－9－7。"这是我自幼就酷爱读书的见证。三是写日记。每天身有所行则记之,心有所感则论之,日记是一个随笔性质的自由天地。四是模仿作文。学习《语文》课文、读书时,遇有文章好的开头、结尾、倒叙、插叙等篇章布局,对风景、人物、事件等的精彩描写,就模仿它的写作技巧,构思并写作一篇文章。学习数、理、化,我采取"三面围歼"的方法,就是理解道理,背记公式与定理,大量做题。每到学期末与同学一起复习功课,对方问到课本中的某道例题,我可以立即说出在第几页的什么位置。当时学习成绩采用五分制,我的各科成绩平衡发展,基本门门五分,四分的很少。这种状况一直维持到高中毕业。

1960年,我高中毕业。高考前要填高考志愿表,我为选报什么专业着实为难了一阵子,最后还是找到了自己的志趣所在,选定中文系。选报什么学校?我不敢报全国重点学校,我是河南人,第一志愿报的是郑州大学,第二志愿报的是开封师范学院。后来,班主任找我谈话,鼓励我说学校领导希望我报考全国重点大学,为学校争荣誉。于是,我第一志愿改报了北京大学,第二、三志愿依次为郑州大学、开封师院。当时考点设在邻县濮阳,我从濮阳县高考回来在家等通知,忐忑的心情可想而知。

高考前后,有一件事使我一生难忘。高考前,军事院校提前招生。在政治、业务条件经内部审查合格后,宣布招生名单,其中有我,但我在检查身体时出了问题,血压低——90 mmHg/60 mmHg。县医院查体的大夫让我喝热水、到室外跑步,结果都无济于事,血压总是上不来,于是落选了。县兵役局(后改名为武装部)的领导看中了我,决定把我留在兵役局工作。高考后,我在家住了一段时间,接到要我到县兵役局报到的通知。去后,局长找我谈话,说:"军事院校去不了,就在兵役局参军吧。局里人员,除了一名通讯员外,全是军官。你的军衔定为准尉,武汉军区已把军服发出,不用几天就可以穿上。"我在兵役局住了一夜。第二天,县文教局收到我考上北京大学中文系的录取通知书。兵役局向河南省高考招生办公室请示,回答是:"如果考上省属学校,我们有权调整,可以让你们留下学生在县工作。北大是全国重点大学,我们省招办无权留人,你们只能放行。"就这样,我当了一天没穿军装的军人,便离开家乡,到北京上大学了。

二、与古文古书结缘

北京大学中文系设三个专业:一是语言学专业,二是文学专业,三是古典文献专业。当时高考报志愿,只报校、系,不报专业,新生入校后才分专业。学生都愿意学文学专业,不愿意学语言学和古典文献。系里开会动员,说明三个专业的各自特点,鼓励学生报语言学专业与古典文献专业。古典文献专业是1959年才设置的,并且全国独此一家,专门培养古典文献方面的专业人才。一则我对古典文献有兴趣,再则又是系里号召,于是就进了古典文献专业。从此,我便与中国古典文献结下了不解之缘。

北京大学文科学制五年。1965年,我大学毕业后留校工作,分配到北京大学党委机关任职。工作之余,我喜欢读书,更喜欢读古书,有时还喜欢习作古诗文。习作古诗文始于中学时期,后来心有所感,文思生发,禁不住援笔抒怀,所以时有拙作自赏。

国家困难时期，我写了一首"三五七言"《咏志》以自勉："书架满，钱袋空。不图享受好，只求学业精。手不释卷口吟诵，箪食瓢饮乐无穷。"对于晚辈，我亦如是教之，闻其学业有进则喜以贺之，闻其学业受挫则忧以勉之。一位朋友之子学业常有进退，友以此为忧，我写了一首诗送其子，题名《警励贤侄》，以励其进取之志："令尊来书惊我心，瞻前顾后须思寻。既知荒业损德艺，当思奋志攻书文。古有囊萤穴壁事，今无悬梁刺股人？今日疚悔昨日事，莫待明日又悔今。"我多年远离家乡，思亲、思乡之情萦于胸，于是咏诗抒怀。一为《兄妹念》："屈指数我几胞亲？只有兄妹两个人。兄年耳顺患喘病，起居无时不挂心。妹无工作苦度日，父母遗训永记存。远隔天外难得见，无物可解思念深。"一为《何日不想》："窗外黄昏笼晚霞，游子何日不想家？二十余载离故土，唯对典籍慰年华。"我的家乡清丰县，古顿丘地，因隋朝出现孝子张清丰，而于唐代始置清丰县。一次回乡过春节，专程到县城西瞻仰"清丰亭"，写了一首《清丰颂》："清丰亭前说清丰，清丰千载垂英名。清丰孝亲感天地，清丰至今沐遗风。"我还写过一首《避邪正身歌》，以此抒示自己的立身人格，又欲以之戒正世人："避邪正身甭求医，拙药一副赠君吃：勿存向上爬的野心，忌有拍马屁的脾气。不慕地位名利，不求重用赏识。不贪财色权势，不期锦衣鼎食。心胸光明磊落，不搞阴谋诡计。一切稳走正道，不靠邪门发迹。做事一丝不苟，主动勤奋努力。做人谦谨厚道，待人热诚平易。粗茶淡饭布衣，一身廉直正气。甘居陋室享清苦，安贫守道乐无极。有朝一日，跳梁小丑跌跟头，来去过客灭形迹，无须担心自己出问题。此系养生之道，照办终身受益。"写诗作文，既练文笔，又抒情怀。读其文，便可识其人，信哉斯言！

我在学校机关工作几年，虽然一切顺利，但却无法摆脱愈来愈强烈的读书欲望。于是，我决定转到业务岗位。当时，换工作岗位的通常做法是接用单位举行考试，考试通过才可以换。欢迎我去的单位有两个——一是中文系古典文献教研室，去了讲授"古籍整理"课；一是历史学系中国古代史教研室，去了讲授"历史古汉语"。历史古汉语是结合历史讲古文，我特别喜欢。于是我走进了历史学系的考场，考场里只有两个人应考。第二天，我接到历史系的通知，欢迎我到历史系任教。

1978年末，我获准到本校历史学系任教，讲授历史古汉语，课名"中国历史文选"。由于课时的需要，这星期报到，下星期就上课，没有准备时间。于是我给自己提出六个字："干着学，学着干。"就这样，我迈开了向学问大道进军的步伐。

学习历史必须读古书，因为古书是古代历史的载体，古代历史都记载在古书中。要读古书，必须学古文，因为古书中记载的古代历史都是用古文写的。由此可知，讲授历史古汉语，涉及有关中国古代文献与历史古汉语的众多具体课程，必须具备中国古代文献与历史古汉语以及历代史实等多方面知识。我从"中国历史文选"这门课起步，逐渐扩展，先后讲授的有"中国历史文选""春秋左传选读""四部文献举要""四部文献学术源流""中国古代文献研究""中国古代文献学"等课程。任教期间，我于1990年受中央广播电视大学之聘，担任中央电大"中国历史文选"课程主讲教师。

随着授课内容的扩展与深入，很自然地带动了自己的学术研究，我先后发表了一系列文章：《"文献"正义》《经史子集四部概说》《史记校点误例辨正》《四部文献学术源流述略》《"中国历史文选"的课程建设》《谈〈中国历史文选〉教材的文选与注释》；出版专著：《史记正义佚文辑校》《中国历史文选》等，合著：《中国古代文献简明教程》《资治通鉴新注》《宋朝诸臣奏议（校点本）》《中国文化导读》等。

三、"退而不休"的退休生活

2000年前后,北大对教授的退休年龄进行调整。确定教授六十三岁退休。2001年我正好六十三岁,于是就退休了。

退休以后离开工作岗位,对很多人来说,怎么重新安排自己的生活成为一个新的问题。我无此感觉。几十年如一日,我都是遵照自己的生活规律过日子,现在只是将去学校上课这项工作抹掉了。我的生活规律具体来说就是:每天早晨五点半前后起床、洗漱,六点前后坐在电脑前工作;七点半前后吃早饭,饭后稍作休息,在八点半到九点前后出去活动一个多小时,约在十点前后回家工作。中午十二点前后吃午饭,饭后午休,午休后工作。傍晚五点后出去活动,活动约四十分钟回家吃晚饭。晚饭后不工作,晚上九点半就寝。我有时到家乡赋闲住几天,几乎每次回家乡夫人都要说:"我们从北京回到家乡,大环境改变了,但是每天的具体安排一点儿都没有变。"的确是这样。既是规律,就要坚持,长时间坚持,规律就成了自身适应的习惯。概言我养成的生活习惯,先是活动,再是工作。活动为了强身,身强才能支撑自己更好地工作。

所谓活动,谓强健身体。

我和夫人说,不同的年龄段做不同的活动。夫人在北京大学附中任教,五十五岁退休。她退休前,我们在住处附近慢跑步。退休后,我们一起登香山。每星期两次,雨雪无阻,一次不落,每次都要登到山顶,成为香炉峰的常客。后来,社会上都说老人登山不好,对两腿膝盖关节磨损伤害大,于是我们从香山退回到颐和园,在颐和园登较低的万寿山。时间不久,我们又从颐和园的万寿山退回住处小区来了。不登山,就在住处小区活动。住处小区符合老年人健身的活动多种多样,我选了快步走。为什么?一是匀速;二是匀强度;三是四肢同时活动;四是走时要快到使内脏各器官活动速度超过平时,以增强内脏活力。我认为,平路快步走是老年人健身的最好活动方式。老年人必须活动,只有活动才有活力;最忌懒惰,懒惰不活动,百病都会生。过去人们只说长寿,较少强调健康,今天要讲长寿,更要讲健康。健康长寿才能发挥余热,老有所为。

所谓工作,就是读书写作。

退休以后,由于我身体状况还算康健,所以先后做了一些事情,并取得一些成果。北京大学承担的多个国家科研项目中,有一个项目是编纂《儒藏》,这个项目的任务是将古代学者研究儒家学说的著作汇编为一部大丛书。2005年末,我受聘参与审阅《儒藏》校点书稿的工作至今,这是我退休后参与的一项重要的国家学术项目工程。校点古书,甚是不易;审读校点正误是非,更费斟酌。我细读严审,力求自己的工作能为项目提高校点质量起点作用。《日知录集释》的校点者在写的《校点说明》中说:"此稿经北京大学《儒藏》编纂与研究中心的张衍田先生认真审读,斧正颇多,使校点者受益匪浅,在此谨致真诚的感谢。"我感谢校点者对我工作的肯定,也为自己做了一点有价值的工作高兴。

我在参与《儒藏》编纂工作的同时,也在从事自己的学术研究工作。从退休到现在,我发表了一些文章,出版了几本著作。我长期从事历史古汉语与中国古代文献的教学与研究,学问平平,成绩微微,只是《中国历史文选(增订版)》与《国学教程》两书分别获选"北京高等教育精品教材""北京大学优秀教材奖";2019年出版的《中国古代纪时考》入选中国图书评论学会2019年度"中国好书榜",备受读者好评。这使我一生走在学问路上,终得以心情欣慰,意愿亦足矣。

自古学人,重在"道德文章",首推道德,次及文章。我步先哲之教,一生孜孜于道德文章之间,多次受到校系表彰。在此,就不一一赘述了。只是校系给了这么多荣誉,我自感做的不够,受之汗颜，所以我一向把这些荣誉作为自己继续努力向前的指路标，用以鞭策自己。

我将自己一生做人、治学概括为：做人老老实实，要忠厚；治学踏踏实实，要严谨。"忠厚、严谨"总括了我的做人、治学，"古书、古文"总括了我的全部学业。人退休了，离开了工作岗位，但是退而不休，"道德文章"仍是我努力向前的指路标，修养身心、读书研究一直陪伴着我，并将伴随我继续走未来的人生路。

二〇一九年六月